原発被曝労働者の労働・生活実態分析

原発林立地域・若狭における
聴き取り調査から

髙木和美
TAKAKI Kazumi

明石書店

はしがき

　『原発被曝労働者の労働・生活実態分析——原発林立地域・若狭における聴き取り調査から』公刊の意図は、現在でも、50年後でも、一史料として、どなたにでも手に取って頂けるようにしておくところにある。

　本書は、2部構成である。第1部は、筆者が1988年1月初頭に提出した修士論文である。第2部は、元原発被曝労働者梅田隆亮氏による原発労災給付不支給処分取消を求める裁判（2012年2月17日、福岡地裁に提訴。2016年4月15日請求棄却。その後原告側は控訴。高裁判決は2017年12月4日予定）における、原告側意見書（一審）の一つである。

　史料としての価値の如何は読者の評価によるが、第2部第2の2に記したとおり、2011年3月11日に発生した福島第一原子力発電所事故後、筆者が会員であるなしにかかわらず、複数の社会科学領域の学術団体から、1980年代の調査であっても、原発被曝労働者の労働と生活実態に関する報告を求められた。80年代の調査研究の成果は幾つか論文として公表しているが、それらのおおもととなる修士論文は未公表であった。そこに埋もれたままの資料を小分けせずに公表しておく意味はあるのではないかと考えた。

　また、いわゆる「梅田訴訟」のための意見書（2015年11月10日提出）は、修士論文にも収めきれていない被曝労働者とその家族（遺族）の生の声を、80年代の聴き取り記録に当たり直してまとめたものである。梅田訴訟の弁護団から、様々な領域の科学者に意見書を要請するにあたり、社会科学領域の研究論文で、原発労働者の労働と生活実態、労災申請が困難な労働者の実情を記したものは、筆者のもの以外に見当たらなかったと聞いている。一意見書ではあるが、これが、おちこぼれなく人間のいのちと健康を護る方向での、今後の原発被曝労働者の雇用・労働条件や労災問題対策の検討に、多少なりとも役立てばと思う。また、多少なりとも、梅田氏に続く労災訴訟関係者の参考文献になればありがたい。

　公刊するにあたり、修士論文において引用していた新聞記事の数点を割愛した。また、文意を分かりやすくするために、最小限の字句修正をした。しかし、調査・執筆した1986〜87年の筆者の視野・到達点が未熟であっても、内容的

には一切手を加えていない。今日の知見を加えず、当時収集した資料と筆者単独で行った聴き取り調査の記録をそのまま残すことが、「史料」的意味合いを持つと思う故である。研究者が、働く人々とその家族のくらしの実態が見える現代の史料を収集・保存し、誰もが手に取れるように公刊することの大切さは、『新修彦根市史』現代史の史料編と通史編を編むチームに加わらせて頂いて痛感したところである。

　筆者は修士課程に入った当時、労働・生活問題を調査研究するための理論を身につけておらず、研究の方法も知らなかったから、労働問題と生活問題の関係や働く人々とその家族が、人たるに値する土台を確保して自立しうる社会的条件が、実際のところどうなのか、一から探っていくほかなかった。統計的な分析がある程度可能な調査対象者数として100人（三桁）を目標としたかったが、いかにも困難であったので50人を目標に置いた。自ら設けた調査期間内に一定の内容を記録できた人数は、労働者及びその遺族に限ると50人に至らなかった。当時社会人入学の制度はなく、2年間しか修士課程に在籍できない私的事情があり、聴き取り以外の調査期間と、論文提出日から逆算してぎりぎりの分析・執筆期間を確保した。日本の労働者政策、労働法の諸問題を詳細に分析できるような勉学は、今日においても筆者の抱える課題である。その道の専門家に学んでいかねばならない。社会福祉の対象課題の構造に関する研究も途上である。

　86～87年の調査研究をもとに、80年代終盤から90年代初頭にいくつか公表した著書・論文が、関心ある方々に2000年代に入っても読まれてきた事実、2011年3月11日の東北地方太平洋沖地震による福島第一原子力発電所事故後、複数の学術団体から研究報告を求められたこと等を考慮し、2011年5月、当時明石書店第二編集部編集長であった神野斉氏に、本にしうる条件について尋ねた。氏は、もう一本新しい論文を加えて公刊しましょうと応じて下さった。すでに筆者は、時間はかかるが新たに調査を開始しそれがある程度まとまった時点で、論文を書く心づもりをしていた。筆者が80年代に調査をして以降、2012年から調査を再開するまでの経緯は、第2部第2章に記した。2011年5月以降、公私ともの理由で調査研究に集中するための条件を確保できず、「意見書」づくりを開始したのは、2015年8月であった。

　「梅田訴訟」の弁護団が収集された文献の中に、筆者の論文も含まれていた。

はしがき

2014年2月に裁判の傍聴に行った際、そのことを知った。その後弁護団との交流が続くなか、梅田氏が敦賀原発で被曝された同じ時期に敦賀原発をはじめ若狭地域に林立する原発で働いていた被曝労働者の聴き取り記録をすべて読み返す心づもりをした。

2015年時点の筆者が、80年代の調査記録を再分析したものが「意見書」といえる。もちろん、2012年以降の聴き取り調査結果も「意見書」に盛り込んだ。2012年以降の調査対象者の中には、梅田氏が敦賀原発へ行かれた時期に働いていた元労働者が複数存在する。80年代に公表していた学術論文があった故に弁護団とのつながりができたことを思うと、学術論文や学術書として公表しておくことの大事さを思う。

原発に限らず核廃棄物処理や廃炉作業、除染作業等の被曝労働を担っている人々とその家族の生命・健康・生活の維持・再生産の実態を社会科学的に調査研究した事例は極めて「まれ」であり、そこに国際的な原子力産業と共にこれを維持しようとする国の作り上げてきた環境を見る。また、原子力産業の側ではないにしても、チェルノブイリ事故を経験しても、原子力の利用を肯定する立ち位置から自由でなかった研究者の存在も見る。その立ち位置から距離を取り長年社会が抱く真理の解明を説いてきたはずの研究者たちでさえ、特定の権威や組織の利害に影響され、被曝労働者の実態解明を志す者の歩み出しをさえぎることがあった。こうしたもうひとつの環境もあって、「まれ」な事例が、いつまでも「まれ」な事例になってしまっている。

第2部は、更に推敲しページ数を絞った論文とすべきだったかもしれないが、そうすると「意見書」ではなくなる。弁護団からは、「意見書全部」を公表してほしいとの要望があった。筆者自身も、「意見書」そのものを公表することにより、被告側や司法の側が、どのように現実を見たかを広く問うことができると考えた。

2016年春、明石書店編集部部長の神野氏と相談の上、修士論文と意見書を併せて「史料」的意味のある本をつくる運びとなった。岐阜大学活性化経費による出版助成を活用できるめぐりあわせもあった。

第1部、第2部において、労働問題（労災補償のあり方も含めて）と生活問題の密接不可分の関係を、調査結果を生かして理論的に分析する展開はできていない。また、半失業者を膨大に生み出す企業活動と政府の労働者政策の関係や、

労働者（失業者）とその家族（遺族）が抱え込む労働問題に規定された生活問題の構造と対策のありようを分析すること、福島のような巨大事故を経験せず、日本で最も長きに渡り商業炉や実験炉が林立している若狭地域の、今日までの産業構造、就業構造の歴史的分析等について、本書には盛り込めていない。若狭地域における原発被曝労働者とその家族の聴き取り調査は今後も継続するつもりであり、諸先輩に学びながら、課題に臨みたい。

　被曝労働者やその家族の生涯を、生の声を、疾病統計や死因統計、生活保護統計の中に埋もれたままにせず、社会の仕組みと不可分に存在する一人ひとりの人間が歩んだ道のりとして記録し、社会の矛盾を生々しく追跡できる書として、その矛盾の構造から矛盾を克服する方法をつかみ取る手がかりの書として、本書を活用頂けるならばこの上なくありがたい。

　調査・分析のいたらない点や今後調査研究を進めるにあたりどのような目配りをすべきかなど、大方のご批判、ご教示を得て励みにすることができれば幸いである。

目　次

はしがき ………………………………………………………………… 3

第1部　日雇労働者の生活問題と社会福祉の課題
若狭地域の原発日雇労働者の生活実態分析から ……………………… 13

序　章　研究の目的と方法　15

第1章　若狭地域の原発日雇労働者の就労実態とその背景　21

第1節　若狭地域の原発をめぐる歴史と諸情勢 ……………………… 21
はじめに ………………………………………………………………… 21
1項　日本の原子力発電所のはじまりと近年の動き ………………… 22
2項　若狭地域の原子力発電所建設の歴史 …………………………… 25

第2節　若狭地域の原発労働者全体からみた日雇労働者の位置・構図 … 38
はじめに ………………………………………………………………… 38
1項　若狭地域の人口 …………………………………………………… 38
2項　若狭地域の産業構造の変化 ……………………………………… 46
（1）産業別事業所数・就業者数 …………………………………… 46
（2）勤労人口の流出流入―原発労働者の需要と供給― …………… 48
3項　若狭地域の原発労働者の構図 …………………………………… 60
（1）従事者の被曝線量 ……………………………………………… 60
（2）下請労働者における階層性 …………………………………… 63
（3）下請労働者の数 ………………………………………………… 70

第2章　若狭地域原発日雇労働者の生活実態の特徴　75

はじめに ………………………………………………………………… 75
（1）事例調査研究の目的 …………………………………………… 76
（2）事例調査の方法 ………………………………………………… 79

第1節　日雇労働者の形成過程とその特徴
―担い手の主力は中高年層― ……………………………… 89

第2節　著しい健康破壊と生活問題の累積
　　　　　ー脆弱な生活構造に加えての健康破壊のインパクトー … 107
はじめに ……………………………………………………………… 107
1項　賃金と労働時間 ……………………………………………… 108
2項　原発日雇と生活保護 ………………………………………… 112
3項　健康破壊の特徴 ……………………………………………… 117

第3節　労働者の孤立・閉鎖性
　　　　　ー社会問題として問題が表面化しにくい地域性・分断のメカニズムー 134
　小　括 ……………………………………………………………… 138

第3章　若狭地域原発日雇労働者の生活問題対策と社会福祉　146

第1節　若狭地域原発日雇労働者の生活問題構造と社会福祉の位置づけ… 146
第2節　若狭地域原発日雇労働者の生活問題の地域性に社会福祉はどう対応するか … 149

おわりに（第1部について）　157

参考文献・資料一覧　160

資料集　167
（資料1）聴き取り調査による実態メモ（項目別）………………… 168
　1　原発にたどりつくまで …………………………………… 168
　2　原発下請労働の特徴 ……………………………………… 169
　3　労働実態・現場状況 ……………………………………… 171
　4　労働者、住民生活にみる特徴 …………………………… 175
　5　若狭地域と労働者・住民のこれから …………………… 176
　6　これからの取り組み ……………………………………… 177
　7　身体の変化、気づいたこと、健診のなかみ …………… 177
　8　夫の死亡前後の状態 ……………………………………… 178
　9　生前、妻がきいた夫の仕事の訴え ……………………… 179
　10　面接調査について思うこと ……………………………… 180

11　家計について …………………………………………………………… *180*
　　12　原子力発電所・放射線について ……………………………………… *181*
（資料２）原子炉内作業求人の件（1982.3.26 労働者Ａより聴取）………… *183*
（資料３）聴き取り調査の抜粋事例 ……………………………………………… *189*
（資料４）中学１年生対象の課題作文説明資料 ……………………………… *208*
（資料５）日雇労働者の労働と生活実態（聴き取り調査から）…………… *211*
（資料６）日本原子力発電敦賀２号機建設共同受注体制資料 …………… *218*
（資料７）某原発安全教育用テキスト ………………………………………… *222*
（資料8-1）非破壊検査技術者名簿等 ………………………………………… *228*
（資料8-2）一般健康診断個人票 ……………………………………………… *229*
（資料8-3）電離放射線健康診断個人票 ……………………………………… *230*
（資料９）原子力発電所の事故・故障等の報告件数一覧（電気事業用）【抜粋】… *231*
（資料10）死因別死亡者数の推移 ……………………………………………… *232*
（資料11）生活保護関係の諸表 ………………………………………………… *233*
（資料12）事業所数・農家戸数の推移 ……………………………………… *257*
（資料13）事業所及び農家等従業者数の推移 ……………………………… *267*
（資料14）電源交付金関係諸表 ………………………………………………… *277*
（資料15）原子力発電所と被曝労働者にかかわる用語一覧 ………………… *282*
（資料16）原子力に関する略年表（福井県内原子力発電所の歩みとの関連で）… *287*

第２部　原発労災裁判梅田事件に係る原告側意見書 ……… *321*

第1　意見の趣旨　322

第2　はじめに　325

1　本意見書の構成…………………………………………………………… *325*
2　本意見書のもととなった、原発労働者の聴き取り調査について *325*
　⑴　筆者の職歴と研究者としての専門領域、研究テーマ ………………… *325*
　⑵　調査目的、調査対象者、調査期間、調査方法などの概要 …………… *329*

第3 調査結果　334

1a 原発に至る経路 ……………………………………………… 334
- (1) はじめに ………………………………………………………… 334
- (2) 電力会社正規雇用 …………………………………………… 335
- (3) 元請、1次、2次下請正社員 ……………………………… 335
- (4) 3次以下の下請正社員 ……………………………………… 336
- (5) 2次以下の下請の親方 ……………………………………… 336
- (6) 日雇、一人親方 ……………………………………………… 337

2b 原発関連会社で就労するための仲介者等 ………………… 338
- (1) はじめに ………………………………………………………… 338
- (2) 家族自身、親戚、縁者が地元有力者または電力会社に働きかけて就業 … 339
- (3) 家族自身，親戚、縁者が元請会社や1次、2次下請会社に働きかけて就業 … 340
- (4) 親戚、集落住民、知人の世話で下請会社に就業 …………… 340
- (5) 自ら下請会社を作った ……………………………………… 341
- (6) 親族が下請会社経営、そこへ就業 ………………………… 341
- (7) 元請会社から採用の申し出 ………………………………… 341
- (8) 電力会社正社員が婿養子に入り地元住民となり、結果「家族が就業」となっている例 … 341
- (9) ムラぐるみ …………………………………………………… 342

3c 下請構造、作業指示系統 …………………………………… 344
- (1) 多重下請構造の全体像 ……………………………………… 344
- (2) 作業の指示系統 ……………………………………………… 345
- (3) 賃　金 ………………………………………………………… 345
- (4) 下請会社の立場の不安定性、恒常的に仕事が発注されている下請会社の条件 … 346
- (5) 期間雇用の日雇労働者、一人親方の立場の弱さ ………… 347

4d 不安定就労 …………………………………………………… 348

5e 作業内容の説明 ……………………………………………… 349
- (1) 雇入時 ………………………………………………………… 349
- (2) 雇入後 ………………………………………………………… 350
- (3) 作業時 ………………………………………………………… 350

6f 教　育 ………………………………………………………… 351

（1） 放射線、閾値に関する労働者の認識 ………………………… 351
（2） 放管と親方、作業員たちの実情 …………………………… 352

7g 被曝線量の違い ……………………………………… 353
（1） 電力会社正社員と下請会社労働者の被曝線量の違い ……… 353
（2） 下請労働者における、被曝線量の違い ………………… 354

8h 労務管理・地域管理 ………………………………… 355
（1） 労災封じ ……………………………………………… 355
（2） 労災が疑われる元請正社員の処遇 ……………………… 358
（3） 国籍差別を受けた極貧層の次世代が築いた会社の自主規制 ………… 360
（4） 言論の自由や思想信条の自由を奪う労務管理 ………… 361
（5） 作業・労働環境の話を封じる労務管理 ………………… 363
（6） 地域管理 ……………………………………………… 365

9i 作業環境・作業条件 ………………………………… 368
（1） 原発内における過酷な作業環境 ………………………… 368
（2） 五感で感じられずとも労働者たちは確実に被曝していく ………… 369
（3） 適正とは言い難い現場管理 …………………………… 369
（4） 原発労働者の立場の弱さ ……………………………… 370

10j 被曝労働 ……………………………………………… 371
（1） 具体的な労働内容 …………………………………… 371
（2） 高線量被曝労働 ……………………………………… 374
（3） 高線量被曝したあとの除染等 ………………………… 377

11k ずさんな被曝管理・被曝線量の扱い、線量計の扱い ……… 378
（1） 被曝管理の甘さによる預け等の「工夫」…………………… 378
（2） 放射線管理手帳の扱い ………………………………… 379
（3） 線量計の扱い ………………………………………… 380

12l 線量計の不具合 …………………………………… 381

13m 健康状態 …………………………………………… 382

14n 健康診断 …………………………………………… 383

15o 労災の扱い ………………………………………… 384
（1） 使用者及び労働者の労災隠し ………………………… 384
（2） 労災申請数自体が少ないこと ………………………… 385

	(3) 被曝労働と労災との因果関係切断のための人事異動	………………… 386
	(4) 労災以外の方法での解決の横行	………………………… 386
	(5) 労災申請の実態	…………………………… 387
	(6) 制度の抜け道を利用した労災隠し、労災事故調査の実態	………… 387

16 p 怪我・病気即失業 ………………………………… 389

17 q 地元労働者の他県原発での就労 ……………………… 389

| | (1) 生活の場を地元に持つ原発ジプシー | ……………………… 389 |
| | (2) 定検時期を電力会社間で調整 | …………………………… 390 |

18 r 地元外労働者 …………………………………………… 390

	(1) 県外者の若狭定住	……………………………………… 390
	(2) 一時的に集められる県外者	……………………………… 391
	(3) 県外労働者の出身地	…………………………………… 392
	(4) 県外短期契約者の扱い	………………………………… 392

19 s 地元外労働者の定住例 ……………………………… 394

20 t その他 ………………………………………………… 395

21   まとめ ………………………………………………… 395

第4 おわりに 401

別紙資料 402

別紙1：1980年代聴き取り一覧	……………………………… 404
別紙2：2012年以降聴き取り一覧	…………………………… 443
別紙3：原子炉内作業求人の件（1982.3.26 労働者Aより聴取）	…… 472
別紙4：原発労働者の健康問題対策や労災封じに関する問題を取り上げた国会質疑等について	… 475

| あとがき | ………………………………………………… 480 |
| 著者紹介 | ………………………………………………… 484 |

第1部

日雇労働者の生活問題と社会福祉の課題

若狭地域の原発日雇労働者の生活実態分析から

第1部　日雇労働者の生活問題と社会福祉の課題

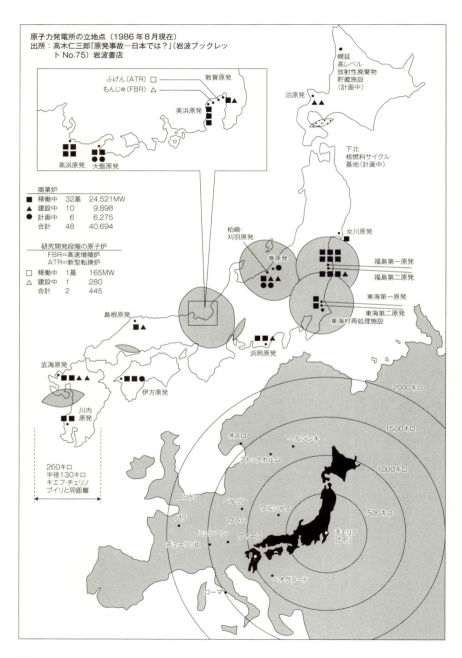

序 章

研究の目的と方法

　労働者階級の主体形成や生命と暮らしを守る条件が、今どのような状態にあるのかを見てとる場は、労働の場と家庭および地域であろう。それぞれの場所や時期に生み出される生活問題があるが、その生活問題が最も厳しく表われるのは、低所得・不安定層の人々においてであろう。日雇労働者は、低所得・不安定層の一典型といえよう。筆者は生活問題を、次の4つの視点から捉える。①雇用条件、②社会保障・社会福祉制度の利用状況、③健康、④家庭、地域における協力・共同のなかみ。

　生活問題を捉えるためには、日雇労働者が日雇労働に従事せざるをえず現在に至った過程と、その過程の中でもたらされた健康破壊や、個々の労働者の孤立（無権利状態）等の実態を掘りおこすことが、重要な作業の一つとなるであろう。

　そうして掘りおこした生活問題への一対策として、社会福祉を位置づけ、その役割・課題を明らかにするための道すじを検討する。

　拙稿では、生活問題として、とりわけ健康、生命の保持についての問題を抱えた、若狭地域の原子力発電所（以下、原発と略す。）で働く日雇労働者を取りあげる。

　本研究のねらいは、4点ある。

　1点目は、若狭地域の原子力発電所で働く日雇労働者（以下、原発日雇と略す[1]。）の生活問題を構造的に捉えることである。2点目は、原発日雇の生活問題は特殊なものではなく、わが国の広範な労働者の問題と共通していることを明らかにすること。つまり、①労働者としての権利の行使ができず、不安定な労働状態にあり、②時間的に不規則で、低賃金、危険労働に従事していること、③生命そのものが引きかえになる可能性のある被曝労働である故に、心身の健康崩壊と加齢とによって、地域の重大な老人問題となりうること等は、原発日

雇のみの問題ではないのである。3点目は、原発日雇の生活問題対策のひとつとしての社会福祉の位置づけを明らかにすること、4点目は、以上のような作業をすることによって、社会福祉の現場実践や現場職員が地域の一労働者として、住民として取り組む運動の基本的方向をみいだす手がかりを蓄積することである。

『・生活問題は、基本的に、生産手段や資産の所有から切りはなされている多数の労働者階級の労働力の再生産過程にかかわる社会問題である。したがって、・それは剰余価値の生産を基本的・直接的な目的として維持される資本主義生産（社会）にとっては副次的・付随的な問題であり、基本的な生産＝労働過程における社会問題との関連において把握されなければならない。・すなわち、生活問題の範囲、内容およびその性格は、資本主義生産の全機構および運動法則との関連で、具体的・理論的に把握されなければならない。・同時に、資本主義社会における労働力（商品）の再生産の課題と構造（メカニズム）を持っている。その矛盾を統一的に把握する視点と方法（論理）が明確にされなければならないであろう。・このような基礎の上に、資本主義社会が必然（構造）的に生み出す社会問題としての生活問題とそれに対応する政策体系の構造、したがってその一環として社会福祉の位置と役割を明らかにすることができるのである[2]』。

以下、生活問題というとき、上記を前提とする。

若狭地域とは、敦賀市を含む美浜町、三方町、上中町、小浜市、大飯町、高浜町、名田庄村の2市5町1村をさす[3]。福井県では嶺南地方と呼ばれている地域である。

若狭地域は、東西に細長い地形である。若狭湾一帯は、風光明媚な海水浴場として知られ、夏季は、京阪神・中京方面からの観光客で埋めつくされる。海岸沿いに国道27号線とJR（単線）の鉄道が、ほぼ並行して町々を貫いている。国道を走るバス（名古屋鉄道系資本の「福鉄バス」がその中心で、一部JRバスが運行されている）も、列車も、ほぼ1時間に1本運行されている程度であり、住民生活の足とはなり得ていない。バスや電車の路線から離れた集落の住民は、極めて「公共交通機関」を利用しにくい環境にある。

国道27号線は、敦賀市の起点から京都府舞鶴市との境界まで、約74kmある。

JR小浜線は、敦賀市から舞鶴市に至る境界まで、約80kmある。

原発は、敦賀市、美浜町、大飯町、高浜町に立地している。それぞれの市町

序　章　研究の目的と方法

の中心となっている駅から、約 15km 前後のところにある。原発建設地はいずれも（原発が立地するまでは）、陸の孤島といわれた僻地であった。

　序章では、何故若狭地域の原発で働く日雇労働者を取りあげるかを述べ、そして、各章で取りあげる内容に簡単に触れる。

　まず、この調査研究に取り組んだ直接的なきっかけは、若狭地域に居住し、原発で働いているうちに癌で倒れ、死亡した人や、疾病にかかった後、生活保護受給世帯になったケースを具体的に知ったことからである。死亡したり、生活保護受給世帯になる前に、「予防」することができなかったのかという疑問と、原発日雇の実態を科学的にみきわめられぬまま、結果として表われた生活困難に、わずかに対応している社会福祉や、医療の現場を目のあたりにしてきた体験とが、筆者にはあった。

　若狭地域は、わが国の資本主義の体制が推し出す「エネルギー部門」を支える拠点として捉えられるのではなかろうか。『わが国の原子力発電所は既に 33 基、約 2,470 万 kW が運転を開始しており、昭和 60 年度のわが国の総発電電力量の約 26％をまかなう程になっております。これは、石油火力発電所の実績を上回り、石油代替エネルギーの重要な位置を占めていることを意味しております。本県においては、運転中のもの 11 基 793 万 kW、建設中のもの 2 基 144 万 kW、建設準備中のもの 2 基 236 万 kW となっております[4]』と、福井県当局はいっている。

　原子力委員会は、『将来にわたり、電力の安定供給を確保するため、今後とも着実に原子力発電規模を拡大していく必要があるが、原子力発電所立地点数の将来の見通しは、ある一定の条件の下に試算すると、2000 年には少なくとも、20 サイト程度と見込まれ、2030 年には 30 サイトを超えると想定される[5]』とした上で、原子力発電施設の立地円滑化のための重点施策として、①原子力施設の安全運転実績の積み上げ、②安全確保及び環境保全に係る地元理解の増進、③地域振興方策の充実、④地元合意形成の円滑化とＰＡ活動の充実の 4 点をあげ、さらに新規立地地点の幅を広げるため、通常地盤立地方式、地下立地方式、海上立地方式についても検討する必要があるといっている[6]。

　産業の根幹は「エネルギー」である。わが国の電力生産に関する問題や、原発が石油代替エネルギーになり得るものかどうか、立地のための国策の実相等についての検討は、ここでは加えない。ともかく、国当局や原子力産業の側が、

17

第1部　日雇労働者の生活問題と社会福祉の課題

　自国内での「エネルギーの長期安定供給」をうたい文句にした原発が、集中林立した土地が若狭地域なのである。

　その科学技術の最先端をいくといわれる原発を支えるために、最も危険な労働を担っているのが、日雇労働者である。

　わが国の新しいエネルギー政策を担う拠点となってきた地域の歩みと、そのエネルギー産業を支える最底辺の労働者の、労働と生活の実態を掘りおこし、そこから捉えうる生活問題に制度的に最終的に対応する位置にある社会福祉の課題を探っていく作業は、社会的意義を持つものであろう。

　さらに、若狭地域を取りあげる理由は、暮らしは一定の地域で営まれるものだからである。一定の地域で生活している原発日雇の抱える生活問題の地域性に、社会福祉はどう対応しうるかという課題にせまることにもなるといえるのではなかろうか。一定の広がりとまとまりをもつ地域社会は、社会問題を包括的に抱えているといえよう。

　次に、何故、原発日雇を取りあげるかを述べる。

　『……「日雇労働者」層は、戦後期の「不規則・単純労働者」階層の中軸をなす部分であり、現代の「低所得層」としての「不安定就業階層」の中核部分

表０－１　「低所得・不安定層」の構成

階　　　　層	内　　容
労働者階級	
生産労働者下層	鉱業、手工業、陸上運輸、海上運輸　５～20人雇用者、建設業　５人以上雇用者、上記産業臨時雇用者
単 純 労 働 者	日雇的単純労働者、常用的単純労働者
商 業 使 用 者	商業　１～４人雇用者、臨時雇用者
サービス業使用人	サービス業　１～29人雇用者、臨時雇用者
家 内 労 働 者	手工業　１人業主、工業　１～４人業主、工業　２～４人雇用者
自営業者層	
建 設 職 人	建設　２～４人業主、家族従業者　１～４人雇用者
手 工 業 者	手工業　２～４人業主、家族従事者　１～４人雇用者
名目的自営業者	行商露天商、建設　１人業主、サービス業　１人業主、商業　１人業主、ブローカーその他雑業

「生活分析から福祉へ－社会福祉の生活理論－」江口英一編著（1987年、光生館）29ページから転記した。

をなすものであった。

「日雇労働者」の労働内容や社会的構造、またその位置づけ等については、高度経済成長の過程で、一定の変化を蒙っているとはいえ、今日もなお、それが現代の「貧困層」における重要な位置をしめていることにかわりないだろう。それは「不安定就業」とか「不安定雇用」という表現をとってその階層的範囲を広げつつある[7]。

『われわれは貧困－低所得－不安定諸階層を基準として包括性、一般性なるものを考えているのであって、それ以外の一般階層もそのような階層に組み込まれる危険性を強くもつのであるから、ここを基準に、包括性を強化し、脱落や適用洩れを皆無にしていくということである。ただ、われわれの考える「低所得・不安定」階層の基準を、もし具体的に考えるとすると、そのレベルはかなり高いところまで含まれなければならないと考えている[8]』。

以上のことから、日雇労働者は、低所得・不安定層の典型として捉えうる。低所得・不安定層の構成については、以下に記す範囲で捉えられている。一つは、表 0-1 に示されている通りである。また、「不安定雇用・低所得労働者層」として『規模 100 人未満の事業所に雇用されている労働者、職人、運転手、商業・サービス業関係に雇用されている労働者、臨時・日雇労働者、パートタイマー、家内労働者など[9]』がその範囲にあるとし、区分しているものである。

『社会福祉は貧困を基準とするということを意味する[10]』。

原発日雇は、貧困層を代表する労働条件下にあり、かつ短期間であっても働くことそのものが、不可視的に生命と引きかえになりうる危険労働を、国策のもとに担わされているといえよう。

原発日雇の労働・生活問題を顕在化させることは、地域・職場においてタブー視され続けている観がある。反面、「タブー」を打ち破り生活問題解決の糸口をつかみ得る主体が、原発日雇であろう。

各章のなかみについて若干述べる。

第 1 章は、原発日雇の生活問題の背景を述べる。若狭地域の原発をめぐる歴史と、産業構造の変化を捉えることは、原発日雇が生み出される必然性を浮きぼりにすることになろう。そして、原発日雇の就労構造の特徴にふれる。

第 2 章では、事例調査分析を中心にして、原発日雇の生活問題の実態、その特徴を引き出す作業をする。原発日雇の形成過程や生活問題の特徴を構造的に

第1部　日雇労働者の生活問題と社会福祉の課題

捉えることを試みる。

　第3章は、原発日雇の生活問題のどこに社会福祉が対応し得ているか否かについて検討する。生活問題の構造と、生活問題対策の一部に対応する社会福祉の制度的位置をおさえた上で、社会福祉の課題について述べる。

　全章を通じて、実態を把握し、そこから問題点と課題を引き出す方法を大事にした。しかし、原発日雇の実態やその背景の全容は明らかにし得ていない。拙稿では、限られた期間に単独で挑んだ事例調査を最も重要視した。

【注】

1　特に、ことわりを入れず、原発日雇と記した時は、若狭地域に居住している日雇労働者をさす。なお、死亡者も含む。
2　三塚武男「生活問題と地域福祉」（右田紀久恵・井岡勉編著『地域福祉－いま問われているもの－』　ミネルヴァ書房　1984）　143ページ
3　三方町と上中町は、2005年3月に合併し、若狭町となった。大飯町と名田庄村は、2006年3月に合併し、おおい町となった。
4　『発電所の運転・建設年報』'85年版　福井県原子力環境安全管理協議会　1986　－はじめに－
5　『原子力開発利用長期計画』原子力委員会　1987　143ページ
6　前掲書5　144～147ページ
7　江口英一『現代の「低所得階層」』上　未來社　1979　155ページ
8　江口英一「「福祉」の基準とその将来―むすびにかえて―」（江口英一編著『生活分析から福祉へ―社会福祉の生活理論―』光生館　1987）260ページ
9　三塚武男「生活問題と地域福祉」（前掲書2）87ページ
10　前掲書7　255ページ

第1章

若狭地域の原発日雇労働者の
就労実態とその背景

第1節　若狭地域の原発をめぐる歴史と諸情勢

はじめに

『21世紀の原子力を考える[1]』は、通商産業省の編集によるもので、政府と企業の原子力開発についてのビジョンが述べられている。

立地地点の傾向として『「在来型立地方式」による原子力発電所の立地可能地点は、良好な地盤、相当規模の用地、大量の冷却水の3要件を備えなければならない。このため、今後の国土利用の進展を勘案すれば、需要地からみて遠隔化し、かつ偏在化の方向にある[2]』といっている。さらに『限られた立地地点の有効利用を図るという観点から、既存地点も含めて立地地点ごとの基数の増加、大規模ユニットの設置等最も効率的な電源開発を推進する。その際、大規模ユニット化に伴う運用面での経済性確保の観点から共同開発等広域運営を積極的に展開する[3]』といっている。

あらわな言葉で示されていないが、用地の要件は、できるだけ危険を密閉でき、人口密度の少ないところに集中的に建設することが望ましい。つまり、万一の事故の場合もできるだけ直接的被害を受ける頭数が少なくてすむところでなければならないという意図が隠されているのではなかろうか。1964年5月、原子力発電所の立地条件として原子力委員会が決めた「原子炉立地審査指針」には、「低人口地帯でなければならない」とされている[4]。

また地元への経済効果については、『国、地方公共団体、事業者は、地元への経済波及効果が一層高まるように各種制度の運用や発注、雇用等に十分心がける[5]』としている。この心がけた結果がどうであったかは、福島県をみても

第1部　日雇労働者の生活問題と社会福祉の課題

福井県をみても、なるほどとうなずける[6,7]。両県とも豊かな経済基盤が築かれてはいないといえよう。

　ともかく今日、原発立地は、バラ色の地域開発に結びつくと信ずる者はなくなったのではあるまいか。

　原子力開発が、わが国においてどのようにはじまり、何故若狭地域が、世界に類のない原発林立地域になっていったかを簡単に振り返りたい。若狭地域は、道路や公共交通網等の整備が遅れている地域であったし、住民運動が育ちにくい支配・管理のしやすい地域である上に、阪神工業地帯に送電する点では、比較的距離が短い利点があったこと等が、原発開発推進者側の「立地条件」の中にあったのかもしれない。しかし、住民運動、労働運動は芽ばえ育ってきている。

1項　日本の原子力発電所のはじまりと近年の動き

　わが国では1950年に、放射性同位元素による研究が再開された。1951年のサンフランシスコ講和条約以降は、種々の原子力研究開発の動きが続いた。

　『……そのひとつは、自由党（現在の自民党の前身）が発表した科学技術庁の設置案です。この案では、付属機関として、「原子力兵器を含む科学兵器の研究、原子動力の研究、航空機の研究」を目的とする中央科学技術特別研究所をおくことになっていました。この案はもちろん実現しませんでしたが、日本の保守政治家の一部の核武装志向の現れとして注目されます[8]』。わが国の原子力開発の動きには、アメリカの動きが強く反映しているといえよう。軍事技術そのものとして開発された原子力の先進国は、米、英、ソ連、仏であった。アメリカでは、原子力にたずさわる人々の性格や交友関係、国への忠誠度がＦＢＩによって調査されたし、原子力施設の労働者の権利制限が行われた[9]。この事実は開発当初から現在に至るまでのわが国の原発労働者に対する管理体制に通ずるものがある。

　1953年、アメリカは、経済的採算を見通した上で、原子力政策を軍事利用から非軍事利用へと変化させた。原子力開発政策の変化に伴って、民間産業の原子力発電開発の動きの出ている時期にアメリカを訪ねていたのが、改進党（自民党の前身）の中曽根康弘代議士であった。

　帰国した中曽根氏は『保守三党（改進党、自由党、日本自由党）の共同提案として2億3500万円の原子炉築造費と1500万円のウラン探鉱費を昭和29年度

図 1-1 日本の電力需給（出所：高木仁三郎『チェルノブイリ最後の警告』七ツ森書館，1987，67 ページから転載）

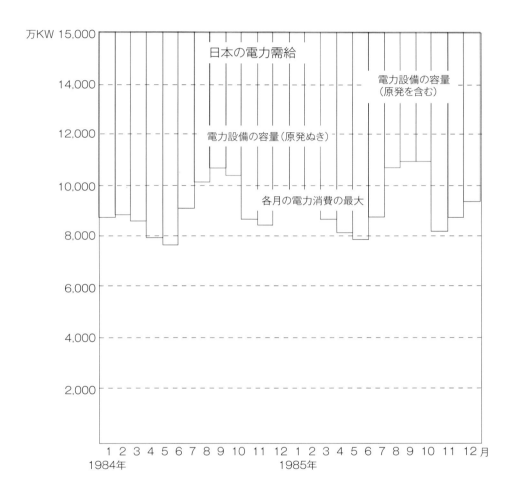

予算の修正として、突然国会に提出したのです。この提案は3日後の3月4日に、それこそあっという間に衆議院を通過[10]』とあるように、1954年からわが国でも、原子力開発政策が具体化した。

『アメリカは、原子力発電技術の開発でのソ連との競争関係の中で、将来の

第1部　日雇労働者の生活問題と社会福祉の課題

市場確保をねらって友好国との原子力協定をすすめる方針をとりました。日本にも早くから働きかけてきましたが、1955年6月に研究用原子炉のための濃縮ウラン供与などの規定を含む協定が仮調印され、同年11月に正式に成立し』、この協定を実質的なものにするためにわが国では、次々と研究開発体制が整備されていった。

　1956年には、経済団体連合会が原子力平和利用懇談会を作った。三菱、三井、住友、日立、第一銀行系の5グループが、それぞれ原子力委員会や懇談会を作った。

　『このことは、戦後解体された産業界を、金融資本系列ごとに公然と再編成する契機になりました[12]』。

　1957年に、当時の福井県知事が会長、福井大学学長が副会長になって、福井県原子力懇談会が設立されている。福井県内の研究者や行政当局者が、わが国の情勢を読んで自発的に原子力懇談会を作ったとは考えにくいが、国土総合開発法が、そのベースにあったといえよう。

　今日のわが国のエネルギー消費量と発電能力は図1-1の示すところである。原発増設・開発は今、原子力産業自身の利潤の保持のために、現実とみあわない進み方になっているようである。電気事業法はガス事業法と同じく、いわゆる公益事業法である。制度的に厚く保護され、かつその上に総合原価主義による高利潤・安定経営を保証されているエネルギー独占産業故に進みうる開発の方向であろうか。

　わが国の原子力開発計画で最も新しいものは1987年6月に原子力委員会が発表した「原子力開発利用長期計画」である。石油危機直後に策定された計画により発電の目標規模を鈍化させてはいるが、依然として原子力発電推進路線である。1986年4月に起きたソビエト連邦（現：ウクライナ）のチェルノブイリ原発事故後に原子力安全委員会は、日本の安全対策を早急に改める必要はないという見解を示し、核燃料サイクルの確立など従来の基本路線に沿って開発を推進する計画をたてている（1987年6月23日付朝日新聞参照）。

　石油危機以後、わが国の産業構造は転換し、エネルギー消費の節約の道をたどった。『しかし同時に原子力発電設備容量が全電源設備容量の14%に達し、また原子力発電を優先的に稼働させていることから、全発電力量では23%（84年度）を超えつつある。このことは負荷追従運転が技術上困難である現在の原

子力発電技術にとって新たに深刻な矛盾をひきおこしつつある[13]』。

一方、1987 年 12 月 13 日には、「原発問題住民運動全国連絡センター」が結成された。原発や核燃料再処理施設等の立地反対、既設原発の安全規制と防災対策の確立などを要求して、たたかっている全国各地の住民運動団体・グループの全国的規模での組織的・系統的な交流と情報交換を目的として結成されたのである（1987 年 12 月 14 日付けの赤旗による）。

2項　若狭地域の原子力発電所建設の歴史

若狭地域の原子力発電所建設をめぐる歴史を時期区分した。原発の建設状況と労働者・住民の動きにかかわらせて 6 期に分けた。区分は以下の通りである。

第 1 期	1960 ～ 1969	建設初期
第 2 期	1970 ～ 1971	稼働し問題化した時期
第 3 期	1972 ～ 1976	増設密集化の時期
第 4 期	1977 ～ 1979	建設休止及び増設準備期
第 5 期	1980 ～ 1984	増設再開と原発労働者問題顕在化の時期
第 6 期	1985 年以降	建設阻止運動の活発化とチェルノブイリ事故以降

第 1 期は、1960 年から 1969 年までの 10 年間である。

1950 年代後半には、国土総合開発法に基づいた各地方開発法が次々と成立した。また地域の工業化をめざす都道府県段階の開発計画や経済計画が策定された。福井県では 1956 年に「経済振興 5 カ年計画」を、1961 年には「総合開発計画」を策定した。しかし、福井県の大規模な工業地域化は成功しなかった。全国規模の大企業本位の労働力流動化政策・高度経済成長のうねりの中で、福井県の多くの町村は過疎化した。労働力は太平洋ベルト地帯に流出し、県民所得は、全国平均を下回った。平野部をほとんど持たない若狭地域は、県内においてもより貧困な地域である。二次産業は福井市をとりまく地域（嶺北）に集中していた。若狭地域（嶺南）は一次産業の比重が大きく、かつ兼業農家がその中心であった。

原発建設を目的にして最初に用地調査がなされたのは、嶺北の砂丘地帯であったが、地盤の条件から、用地は敦賀市に選定された。

25

第1部　日雇労働者の生活問題と社会福祉の課題

表 1-1　若狭地域原子力発電所建設工期年表

状況	発電所名	着工年月	運転開始年月
運転中 （11基）	敦賀1号	42.02	45.03
	美浜1号	42.08	45.11
	美浜2号	43.08	47.07
	高浜1号	45.04	49.11
	高浜2号	46.02	50.11
	ふげん	46.08	54.03
	美浜3号	47.07	51.12
	大飯1号	47.10	54.03
	大飯2号	47.11	54.12
	高浜3号	55.11	60.01
	高浜4号	55.11	60.06
建設中 （2基）	敦賀2号	57.03	62.03
	もんじゅ	60.09	67.10
建設 準備中 （2基）	大飯3号	52.02	66.08
	大飯4号	62.02	67.06

▲　『発電所の運転・建設年報　昭和60年度版』（福井県原子力環境安全管理協議会発行）から作成

26

第1章　若狭地域の原発日雇労働者の就労実態とその背景

　建設初期に、原発建設推進側として位置づく福井県や若狭地域の市町当局は、どんなことを住民に伝えていたのだろうか。簡単に、引用文献によってこの点にふれておく。

　『敦賀半島に2つの原子力発電所が建設されることになったことは本県の産業、観光に新時代を作る歴史的意義を持っている。…（中略）…また建設工事と観光対策をかねて、企業会社の協力を得て敦賀半島の一周道路などを作り、同半島の総合的な開発を行う決意である[14]』。『安全は国が保障する、地元にはお金がおちる[15]』。『市町理事者、ならびに関係地区代表は5月中下旬に、原子力施設先進地である茨城県東海村を相ついで視察した。そのころ県から予定候補地として申し入れがあってから、地区労評などが中心となって「原子炉は爆発の虞がある」「魚や米がとれなくなる」といって反対の狼煙（のろし）を上げたが、関係者の先進地視察の結果、何らそのような心配はない。道路がよくなり、地区がうるおうなら…（中略）…賛成すべきだ…（中略）…綿田町長、中谷同町議長の見解であった。同時に畑守敦賀市長、桃井助役、敦賀市議会も、「反対する理由は何一つない、原子炉設置が市民のためにならないのならともかく、市の発展に役立つなら、本腰を入れて誘致運動を進めたい」とした[16]』。『敦賀半島に原発建設を希望していた日本原電や関西電力も原発はすでに「技術的にも経済的にも商業発電炉として実績を持った"実証炉"だ」として安全性を強調していた[17]』。『建設側は、その不安を少しでも柔らげようと、原発建設を条件に、①道路建設や②地域開発への協力を申し出た。③また原発建設工事は5年から7年の長い年月を要するので、この間は地元住民を雇用し、働く場を提供したい。④また、営業運転に入れば温排水の漁業への影響も考えられるので漁民に漁業補償金の支払も考えていると、生業面での協力も申し出た。この中で特に人びとの心を捉えたのは「道路・それも舗装された道路」の建設だった。長い間、陸の孤島として閉ざされてきた敦賀半島の人たちにとって、道路は長年の夢だ[18]』。

　1960年当時、福井県原子力懇談会の副会長であり、福井大学学長であった長谷川万吉氏（京都帝大理学部卒）が、京都大学が中心になって計画していた「関西研究用原子炉」の用地を福井県内で探してみてはどうかと、同懇談会に助言した。この研究炉用地は、大阪府高槻市や京都府宇治市等に求められたが、地元住民の反対にあい、用地選定が難航していたのであった[19][20]。

第1部　日雇労働者の生活問題と社会福祉の課題

　結局、大阪府泉南郡熊取町に決定したのだが、当初のこの話からも、用地選択の仕方が経済基盤が弱く住民運動の組織されにくい地域に傾いていったことがうかがえる。

　第1期は敦賀1号機、美浜1号機、2号機の建設期であった。

　第2期は1970年から1971年の短期間で区切った。

　この時期は、敦賀1号機、美浜1号機の運転が開始され、美浜2号機、高浜1号機、2号機の建設期にあたる。稼働しはじめた原発が次々と事故をおこし、その安全性が、稼働と同時に問題となった。設備利用率（＝（発電電力量／認可出力×暦時間数）×100％）が低く経済性についても問題とされた。

　すでに大飯1号機、2号機の建設計画が明らかになっていた大飯町では、1971年に原発誘致を進める町長のリコール運動が高まった。その運動の中で町長は辞任した。大飯町における原発建設をめぐる行政、議会、住民の動きは、1971年11月中の中日新聞記事を参照されたい。稼働と同時に問題化した時期である。1971年は美浜町でも、3号機建設をめぐって議会が紛糾した。「当時4号機建設計画もあったらしいが、それは公表されていない。3号機については建設阻止できるつもりで活動していたが、各議員の心を動かすだけのカネが動いたのではないだろうか」と当時の共産党議員山口寛治氏は言っている（当時の美浜町議会議員定数は24名で、内2名が共産党議員）。

　「1971年当時、美浜町では3号機建設のための土木工事が始められていた。H漁業協同組合や、原発立地行政区に隣接した行政区の住民たちが署名運動を展開し、「美浜町を明るくする会」として、3号機建設反対の陳情書を美浜町議会に提出した。これによって3号機のための土木工事が約6カ月停止状態となった。一方で電力会社の下請仕事によって成りたっていた業者は、特に日雇仕事で生計を維持していた同和地区の多くの居住者をまきこんで、工事が再開されねば明日からの生活ができないと宣伝し、署名を集め3号機建設促進の陳情書を議会に提出した。結局、翌1972年に工事は再開された。電力会社のカネの使い方は巧妙だ」と前出の山口元議員は言う。

　大企業や国・自治体の権力層の利害を、地元住民の目先の利害に置き換えて、推進派、反対派という地元住民どうしが角つきあわせるように事が運ばれたといえよう。原発の安全性の問題や労働者・住民の生活の不安定さの責任の所在をぼかし、地元住民の分断が企業の手によってなされていったのではなかろう

第１章　若狭地域の原発日雇労働者の就労実態とその背景

1971 年 11 月 4 日付　朝刊　中日新聞

原発　不信と希望と　＜上＞

苦悩する大飯町

県が開発をける

44年すんなり誘致決定

着々工事が進む関電大飯原発の建設予定地―大島半島吉見地区

ひなび大飯郡の村、大飯郡大飯町に怪物が現れ狂っている。"原発"という名の怪物が――。関西電力の原子力発電所施設をめぐり、大飯町は騒否の暮らしにほんろうされ、悲惨の色を見せている。三回の町政臨時会のうち後半地区では、一時中止を求める声が、本郷地区では誘致にかかった町民の、細部の戸が、大飯地区は原発を望いながら、遠く恐れるためやむなしの戸が、それぞれ会場を圧した。

大飯町に関西電力の原発誘致　数回の紛糾が続され、満二致を決定した。建設予定地の大島半島吉見地区は地が具体化し始めたのが四十四年で同社では――。

県が開発をける

「経済効果欲待出来ない」と、県が開発を怖っ"孤立感"

年、同年１月から県へ誘致申請、同年三月十五日、同町商工会、漁協、農協、区長会の各地元による誘致委員会が発足した。同年四月十日町定例議会で、大島半島から選ばれた二議員から「大島半島の吉見地区に関電の原子力発電所を誘致、代わりに大飯の縦貫道路を大島に本わる」の誘致決議案が出され、満場一致で可決した。こんな社会情勢のなかで、みよい町造りの会（永谷清連合会）

沈黙守り着々工事

すでに建設地の吉見地区では土地造成工事は終わり、現在、大島半島を縦断する工事用道路の収用、造成を進めている。町有地約四・八㌶の収用は終わり、私有地も順次に進んでいる。また大飯町本郷と結ぶ半島を大飯町本郷と結ぶ半島の縦貫道路が切り開かれる。

工事用道路を造成

総建設費は二千八百七十億円（初期燃料費七十億円別）。１号機は五十二年十月、二号機は五十三年六月運転開始の予定。

第1部　日雇労働者の生活問題と社会福祉の課題

1971年11月5日付 朝刊　中日新聞
（赤煉瓦部長特記ﾘ）

原発 不信と希望と〈中〉

大島の悲願、

ほしい道路と橋
好条件に恐怖忘れる

大島半島一突伏湾に沿って細長く突き出た半島。小浜市から西へ車を走らせ、加斗、難波江、釣り、ピヤ狩りなどで観光収入もふえつつある、昭和三十年、大飯町本郷から大飯（おおい）行くのは一日四回の船便しかない。小浜市と合併して「大飯町大飯」になる。日々の浜（ひうら）は、不便を耐えるンバ生活を続け、不便を耐え忍んだのだ。原発に対する悲願と

間には鮒五疋の準急舗装道路を設け、各集落への連絡道路を通るのが含まり、連絡道路建設谷町長が就任した九月七日、池上町長が大飯漁協組合、同漁協。決定去る月二十九日の町政懇談

条件。大飯住民は飛びついた。しかも連絡補助金として一億三千万円が払われ、一世帯当り十一二百万円の現金がころがり込んだ。

ふるさとの荒廃招く

しかしそれと同時に村を追い込んだのは、原発に対する悲願と

き）河村、西村、浦底、大島、日々の浜、音海は突伏湾の各集落路がやっと百六十戸、八百四十人が住んでいる。ほとんどが漁港。

底びき網漁が五割

年間四億円。船は約千五百トン、タイ、カレイ、イカ、ブリで、小型船の底びき網漁が五〇％を占めている。

い漁業、最近は"秘密の秘おい捨て、捕走は"秘密の秘〇〇を占めている。

百十三戸のアーチ橋建設請けに、大島と大飯町の渡航を結ぶ橋の建設は大島住民の夢。四十八年度完成工事費約十二億、大飯崎―木郷間に延長四千五百八十三mのアーチ橋建設請け

しかし、大飯住民の"悲願"は、決まらなかった。相次ぐ反対運動で原発工事中止の申し入れならんな

日々進む大飯住民が原発への不安と交換した橋の工事

日井本村住民、各区長が合計二十人の連名で「道、橋が通るため、大飯湾の原発に同意むけ大飯湾に好条件が差出かもれない」しかし「負の世帯は地域住民は不安が消えない」の決意したい大飯、女性たちはこの場所にあるため、不安と反対の主張があるようだ、騒音や安の大飯湾民銀犯小西一時騒ぎは中止、安全がるこれなはならない」と反対運動をしながら小集会が暴走される事、河村氏宅大飯ほか

一時中止の声も、

大飯住民の声は、合併後十六年間、大飯湾の原発に同意してきたため大飯湾に好条件が出るかもしれない。しかし「負の世帯は困っない」「地域住民は不安が消えない」の生活をしていくためにもう、船でかった、原発は怖いが、自刀開拓に読まれるを得なかった。方法がない自分たちの生活を守るためにめどがない、と、大人たちは怖い方ものだ。しかし大人の生活を守るためにめどが切り替えたいと一時中止してくれるなら、大体の住民は大賛成だ、と一時中止してくれるなら、明確なピジョンを示してほしいか来た、いつ原発うち、面戻るか明確なビジョンを示してほしい」「将来うち、面戻るか明確なビジョンを示してほしい」と訴える。

30

第1章　若狭地域の原発日雇労働者の就労実態とその背景

1971年11月6日付 朝刊　中日新聞
(第3種郵便物認可)

原発 不信と希望と ＜下＞

ドロ沼の様相へ

広がる反対の輪
大飯町民 議会の決断を迫る

（おわり）

第1部　日雇労働者の生活問題と社会福祉の課題

1971年11月28日付 朝刊　中日新聞

原発工事中止の悲願実らず

―― 大飯町臨時議会 ――

"信じられない"
傍聴席に怒りの声

1981年7月2日付 朝刊　福井新聞

原電敦賀

下請けが労組結成

「被ばく量を確認させろ」

放射能漏れ出事故と一連の不祥事で運転停止処分中の日本原電敦賀発電所で働く下請け労働者が、1日、労組を結成、日本原電と同発電所の両社に団交を申し入れた。

新労組は全日本運輸一般労働組合関西地区生コン支部（武建一委員長）の原子力発電労働者分会（若狭正一分会長）。日本原電をはじめ関電の原発下請け労働者百八十三人が参加。近く県と市に対し、関係企業の両社が同労組と話し合うための行政指導を申し入れる。

同原発の下請け事業所は約三百。今回の事故で定期検査が延期されたため四百五十人から五百人に縮小された。解雇された労働者のうち四十一－五十人が同労組に加入。「安心して働ける生活保障のようにし、発病の場合は電離放射線労働災害補償制度と原子力損害賠償法の適用が受けられるよう企業は正確なデータを提供せよ」など十四項目を要求している。

県と市に対しては「下請け労働者の雇用保障と賃金労働条件などを図るため関連企業に対し▽発電所の技術・放射線管理責任者は、現場作業に立ち会い、労働組合と話し合いがもたれること▽放射線管理手帳は本人が所持し、被ばくデータを労働者自身がわかるようにし、記入の際には本人に確認させる▽工事業者をはじめ業者に対して企業補償すること」と申し入れる。

「安全な労働条件の確立」の中では▽発電所の技術・放射線管理責任者は、現場作業に立ち会い▽放射線管理手帳は本人所持▽被ばくデータを労働者自身に確認させる▽中間企業のピンハネ防止と全国統一の賃金価格▽休業補償、再雇用の保障を求める▽一方的契約解除違反に反対し▽「安心して働ける生活保障の確保するなど六項目を掲げている。

同支部の武委員長は「全国二十二カ所の原発で労組が結成されたのは初のケース。労働者の安全と待遇改善はもちろん国民の生命を守る意味からもがんばりたい」と話した。

第1部　日雇労働者の生活問題と社会福祉の課題

か。また行政や議会幹部もその分断に関与しているといえよう。

　第3期は1972年から1976年の間である。

　高浜1号機、2号機、ふげん、美浜3号機、大飯1号機、2号機の計6基の建設が同時進行する時期であった。

　若狭地域では、道路、上下水道、し尿処理場、病院、体育館等の公共施設の整備がたちおくれていた。自治体当局は、この「遅れ」に対処する財源を電源三法交付金に求めた。政府や電力会社・原子力産業の側は、公共施設整備財源を求めて、「自治体」が原発建設を望むという条件下で増設を進めるという形がとられた[21]。石油危機以降のエネルギー危機と地方財政危機とが、原発の新増設の動きと結びついてみえる。

　第4期は1977年から1979年までの、さらなる増設の準備期であった。すでに9基の原発が建設済みあるいは建設終了間近という時期であったが、高浜3号機、4号機、敦賀2号機の建設準備に入り、さらに、もんじゅ建設の計画が出ていた。もんじゅは、高速増殖炉で、これは高速中性子による核分裂エネルギーを利用する一方、消費された核分裂性物質よりも多いプルトニウムを生産する原子炉である。

　軽水炉で用いられる海水冷却のかわりにナトリウム金属冷却を用いる。高速増殖炉開発の話は「夢の原子炉」として、1948年ごろからすでに検討されていた[22]。

　高速増殖炉の建設は危険すぎるとして、県内では反対運動が活発化した。『原子力発電に反対する福井県民会議は、1976年7月に結成された。「もんじゅ」建設に反対する「敦賀市民の会」「原子力発電所設置反対小浜市民の会」「大飯町住みよい町造りの会」や福井県労働組合評議会など、市民・労働者その他によって結成された組織である[23]』。

　しかし増設計画は推し進められていった。

　高浜町では、3号機、4号機の建設に反対して初の共産党議員が1979年に誕生した。保守色のみにみえた町には、若い共産党議員を当選させうる支持層があったのである（1979年当時、議員定数20名、内共産党議員1名。その後定数削減で1983年から定数18名、内共産党議員1名）。

　第5期は1980年から1984年の5年間である。

　高浜3号機、4号機、敦賀2号機の建設期であり、大飯3号機、4号機、も

34

んじゅの建設準備期であった。低経済成長下で、若狭地域の多くの自治体当局は原発増設を望んだ。原発に依存して成り立っていた地元の中小建設業会や機械工業会は、1982年に日本原電に対し、仕事の発注を求める陳情書を提出している[24]。このことについては、後にまた触れることにする。

1981年4月以降、敦賀1号機で大量の放射性廃液がタンクからあふれた事故を発電所が隠蔽していたことが発覚し、原発の運転停止という事態がおきた。仕事ができない末端の下請業者は、日雇労働者を解雇した。失業しても何の生活保障もない日雇労働者たちの不満・危機感は、原発の下請労働者の組合結成へと発展した[25]。組合の正式名称は、「全国日本運輸一般労働組合関西地区生コン支部原子力発電所分会」（以下、原発労組と略す）という。

一気に盛り上がった組合運動であったが、各々の労働者の生活基盤の脆弱さと電力会社の地縁血縁をからめとった激しい組合つぶしが展開され、組合員の結束は長く保てなかった。多くは組織労働者としての経験を持ってこなかった組合員であった。雇用関係が極めてあいまいで、労働者の直接的な雇われ先も常に流動的であったことも、連帯の力量を規定した。

しかし、この原発労組の結成によって、種々の下請労働者の労働条件改善がなされた。①被曝許容量が下げられ、②被曝線量の記入も勝手に書きかえられないように、鉛筆からボールペンに改められた。③日当が千円ほどあがったり、④雇用保険がかけられるようになったケースもあった[26]。

さらに、国会で「放射線管理手帳の改ざん問題」が取りあげられる動きにつながったが、電力会社の元請会社による、下請労働者管理（行動監視）の体制は、さらに厳しいものとなった[27]。

「組合結成当時、原発下請労働者は、全国で約7万人いるといわれたが、原発で働く者が安全でないのに、どうして危険な原発の足もとにいる住民が安全といえるのか」と斎藤征二氏（全国日本運輸一般労働組合関西地区生コン支部原子力発電所分会・分会長）は言っている（筆者聴き取り）。

組合ができてようやく原発労働者の労働問題が表面化した。西成労働福祉センター（大阪府内・通称「釜ヶ崎」にある財団法人）による原発関連のデータが積極的に収集されたのは1982年であった。1979年以降に原発ルポルタージュも次々と出版されている[28]。

1983年に大飯町では、3号機、4号機の建設反対ののろしをあげた青年共

第1部　日雇労働者の生活問題と社会福祉の課題

産党議員が誕生した（議員定数66名、内共産党議員1名）。一方、1982年10月10日付けの電気新聞において、日本原子力発電の伊藤俊夫会長は、「誰かが軌道修正を言い出してもいい時期にきている」と言っている。

第6期は1985年以降である。

1985年に、高速増殖炉もんじゅの建設差止訴訟が起こされた。原発建設阻止を訴える運動が法廷でも繰り広げられることになった。エネルギー産業の発展と生命のひきかえはできないという主張のもとに原告団40名が、国と動力炉・核燃料開発事業団を相手どり、設置許可処分の無効確認と建設・運転差止めを提訴したのである。この訴訟においては、「人格権」と「環境権」が差止請求の根拠にすえられている[29]。

そして1986年4月26日、チェルノブイリ原発事故が起きた。原子力発電所のかかえる問題は、立地地域の問題に止まらず、国境をこえ地球全体のものとなった。

この事故によって、反原発運動は世界的にいっそうの広がりをみせた。原発に従事する労働者の不安は増大した。1次下請会社で、原発下請労働者の安全教育にたずさわっているF1氏[30]は、「確かに不安を口にする人が多くなった。安全だといってもチェルノブイリ事故はあったじゃないかと下請労働者から言われる」と語った。

わが国の政府も電力会社も、日本にある原子炉はソ連のものと型がちがう。ソ連と比べて日本の安全対策は行き届いていると連呼した。1986年10月26日の原子力の日のポスター（科学技術庁作成）には、「すっかり暮らしのパートナー、原子力」「今原子力は電気の4分の1を発電している大切なエネルギー源です」とあった。1986年10月26日付け赤旗によれば、安全ピーアールにつとめる「地元説明会」は、チェルノブイリ事故後5月、6月の2カ月間に15地域、57回開催されている。地元とは、原発立地県と記されている。

1986年6月に科学技術庁から出されたパンフレット「わが国の原子力発電所の安全性とソ連チェルノブイリ原子力発電所事故」のあらましを次に記しておく。

『●昭和61年4月26日、ソ連ウクライナ共和国にあるチェルノブイリ原子力発電所で事故が発生しました。●この事故によって日本にも放射線を出す物質が運ばれてきましたが、健康への影響は心配ありません。●わが国の原子炉は十分な安全対策がほどこされ、何重ものチェックを受けているので安全です』。

第 1 章　若狭地域の原発日雇労働者の就労実態とその背景

　わが国では、チェルノブイリ事故とほぼ同時期に「原子力開発利用長期計画」
の改定作業が始まり、原子力委員会は 1987 年 6 月 22 日付けで「長期計画」を
発表した。

　しかし「わが国は安全」といってよいのだろうか。高木仁三郎は次のように
指摘している。『アメリカの最近の研究報告の中で非常に重要なものが一つあ
ります。それは今まで原発で起こっている事故を、具体的に、特にアメリカを
中心に分析してみると、事故が起こるということは、原子炉のタイプとか形と
か安全装置とか、そんなことには関係ないんだというんです。これはオークリッ
ジ研究所という原子力を推進している機関の研究です。事故というのはどうい
う時に起こるかというと、小さな事故の重なり合いの確率で決まってくる。こ
の重なり合いの確率というのは、あんまり原子炉のタイプとかによらない[31]』。

　一方、原発の経済性には敏感な企業の側は『これから電調審（電源開発調整
審議会）に上程し、建設を本決まりにしようとしている原発計画について、軒
なみ、昨年度の計画より一年遅れとしている。しかも、それは今年度が初めて
ではなく、毎年毎年、先送りにしているのである[32]』。

　このような情勢の中で、若狭地域の原発日雇労働者たちは、日々の生活を抱
え、原発を事故なく稼働させ続けるための最底辺の支え手として、被曝を続け
ている。

　もうひとつ原発にかかわる最近の若狭地域の出来事に注目しておきたい。
1986 年 9 月 14 日付けの赤旗で報じられたが、原発はわが国にとって安定した
エネルギーの供給源となるといった内容の資料を配布して、1 年生に作文を書
かせた中学校があった。福井県高浜町立高浜中学校の 1 年生に配られた資料は
原文を転記し、資料 4 とした。国際的な原発の動向をふまえず、原発の安全性
についての客観的な資料といいがたいものを配って教材とすることは、特に義
務教育の場においては許されないことである。政治的、意図的な教育活動によ
り次代を担う者の柔軟な判断力を阻害することで、誰が利益を得ることになる
のであろうか。

　原発密集地帯となった若狭地域は、21 世紀にむけて、通産省の示す「ビジョ
ン[33]」の通り展開するのであろうか。1986 年、1987 年段階の「ビジョン」や「原
子力開発利用長期計画」の実行は、若狭地域の労働者・住民にとって安全で健
康な生活の条件をもたらすものといえるのか。

37

第1部　日雇労働者の生活問題と社会福祉の課題

第2節　若狭地域の原発労働者全体からみた日雇労働者の位置・構図

はじめに

　前節で、若狭地域が原発を抱えこんできた歴史に触れた。この原発を支え稼働させるために不可欠[34] な被曝要員[35] といわれる原発日雇の位置・構図を雇用構造や、若狭地域の産業構造からみていく。

　『不当労働行為における「使用者」とは、作業の指示監督をし労働条件を決定するなど、労働者に対する支配力を有する者を指すと解されている。原電や元請け会社と現場労働者との間には、形式上「下請契約」が幾重にも介在しているように見えるが、この「下請」の内実は原発に労働者を供給し賃金をピンはねするだけの意味しかない。被曝管理など労働条件の重要部分を決定するのは原電や元請け会社である。わが国の原発が正式社員と一体となった下請労働者の労働を抜きにしては、一日も稼働できないという原点を踏まえるなら、原電と元請け会社の使用者性は容易に認められるであろう[36]』。このように本来の雇用主が原発日雇にとって、見えにくくなっているのが現実である。しかし、みきわめることは可能である。1987 年 10 月 26 日付朝日新聞において、北炭真谷地炭鉱の閉山にともなう下請労働者の扱われ方が具体的に記されている。最も搾取され、あげく使い捨てられる底辺労働者の生きる条件に関する問題は、放置されてはならない。

1項　若狭地域の人口

　表 1-2 には、原発立地町の美浜町、高浜町、大飯町の 3 町と、福井県においては、人口の増減が原発に影響されていないと思われる丸岡町の人口の推移を示した。

　敦賀地域雇用開発推進会議の文書によれば、『本地域の人口は昭和 55 年において 84,886 人で、人口密度は 1 ㎢あたり 170.0 人で県平均の 189.6 人より低くなっている。…（中略）…労働人口は 44,813 人（男子 26,346 人、女子 18,467 人）で、労働力率は 68.7％（男子 84.2％、女子 54.4％）で県平均の 70.5％（男子 82.8％、女

第1章　若狭地域の原発日雇労働者の就労実態とその背景

表 1-2　7区分による年度別人口表（美浜町）

（単位：人　，　割合＝%）

年度	総人口	性別等	区分	0-14 歳	15-24 歳	25-34 歳	35-44 歳	45-54 歳	55-64 歳	65 歳～
60	13,862	男	人数	2,270	874	1,020	739	663	609	553
		6,728	割合	16.38	6.31	7.36	5.33	4.78	4.39	3.99
		女	人数	2,160	878	1,028	946	795	645	682
		7,134	割合	15.58	6.33	7.42	6.82	5.74	4.65	4.92
		計	人数	4,430	1,752	2,048	1,685	1,458	1,254	1,235
		13,862	割合	31.95	12.64	14.77	12.16	10.52	9.05	8.91
65	13,358	男	人数	1,854	932	852	949	663	589	625
		6,464	割合	13.88	6.98	6.38	7.10	4.96	4.41	4.68
		女	人数	1,770	948	915	1,036	815	673	737
		6,894	割合	13.25	7.10	6.85	7.75	6.10	5.04	5.52
		計	人数	3,624	1,880	1,767	1,985	1,478	1,262	1,362
		13,358	割合	27.13	14.07	13.23	14.86	11.06	9.45	10.20
70	13,157	男	人数	1,546	943	898	1,051	725	596	644
		6,403	割合	11.75	7.17	6.82	7.99	5.51	4.53	4.89
		女	人数	1,499	913	914	1,023	897	696	812
		6,754	割合	11.39	6.94	6.95	7.78	6.82	5.29	6.17
		計	人数	3,045	1,856	1,812	2,074	1,622	1,292	1,456
		13,157	割合	23.14	14.11	13.77	15.76	12.33	9.82	11.07
75	13,092	男	人数	1,459	907	942	881	915	603	668
		6,375	割合	11.14	6.93	7.19	6.73	6.99	4.61	5.10
		女	人数	1,374	835	933	920	1,012	732	911
		6,717	割合	10.49	6.38	7.13	7.03	7.73	5.59	6.96
		計	人数	2,833	1,742	1,875	1,801	1,927	1,335	1,579
		13,092	割合	21.64	13.30	14.32	13.76	14.72	10.20	12.06
80	13,036	男	人数	1,398	869	1,006	810	944	632	705
		6,364	割合	10.72	6.66	7.72	6.21	7.24	4.85	5.41
		女	人数	1,332	714	919	886	990	835	996
		6,672	割合	10.22	5.48	7.05	6.79	7.60	6.41	7.64
		計	人数	2,730	1,583	1,925	1,696	1,934	1,467	1,701
		13,036	割合	20.94	12.14	14.77	13.01	14.84	11.25	13.05
85	13,384	男	人数	1,371	831	1,038	960	872	859	764
		6,695	割合	10.24	6.21	7.75	7.17	6.52	6.42	5.71
		女	人数	1,304	648	880	903	887	962	1,105
		6,689	割合	9.74	4.84	6.57	6.75	6.63	7.19	8.26
		計	人数	2,675	1,479	1,918	1,863	1,759	1,821	1,869
		13,384	割合	19.99	11.05	14.33	13.92	13.14	13.61	13.96

▲国勢調査より作成

第1部　日雇労働者の生活問題と社会福祉の課題

表 1-2　7区分による年度別人口表（高浜町）

(単位：人　,　割合＝%)

年度	総人口	性別等	区分	0-14歳	15-24歳	25-34歳	35-44歳	45-54歳	55-64歳	65歳〜
60	11,817	男	人数	1,849	741	813	660	639	493	449
		5,644	割合	15.65	6.27	6.88	5.58	5.41	4.17	3.80
		女	人数	1,787	818	853	879	705	503	628
		6173	割合	15.12	6.92	7.22	7.44	5.97	4.26	5.31
		計	人数	3,636	1,559	1,666	1,539	1,344	996	1,077
		11,817	割合	30.77	13.19	14.10	13.02	11.38	8.43	9.11
65	10,773	男	人数	1,330	803	655	695	625	546	448
		5,102	割合	12.35	7.45	6.08	6.45	5.80	5.07	4.16
		女	人数	1,308	841	722	846	771	556	627
		5,671	割合	12.14	7.81	6.70	7.85	7.16	5.16	5.82
		計	人数	2,638	1,644	1,377	1,541	1,396	1,102	1,075
		10,773	割合	24.49	15.26	12.78	14.30	12.96	10.23	9.98
70	10,841	男	人数	1,166	760	697	843	653	564	550
		5,233	割合	10.76	7.36	6.43	7.78	6.02	5.20	5.07
		女	人数	1,144	798	729	817	834	623	663
		5,608	割合	10.55	7.36	6.72	7.54	7.69	5.75	6.12
		計	人数	2,310	1,558	1,426	1,660	1,487	1,187	1,213
		10,841	割合	21.31	14.37	13.15	15.31	13.72	10.95	11.19
75	11,577	男	人数	1275	752	966	807	752	572	599
		5,723	割合	11.01	6.50	8.34	6.97	6.50	4.94	5.18
		女	人数	1,268	606	890	782	837	720	751
		5,854	割合	10.95	5.23	7.69	6.75	7.23	6.22	6.49
		計	人数	2,543	1,358	1,856	1,589	1,589	1,292	1,350
		11,577	割合	21.96	11.73	16.03	13.73	13.73	11.16	11.66
80	11,818	男	人数	1,309	680	1,041	818	851	577	687
		5,963	割合	11.08	5.75	8.81	6.92	7.20	4.88	5.81
		女	人数	1,276	494	842	757	812	785	889
		5,855	割合	10.80	4.18	7.13	6.41	6.87	6.64	7.52
		計	人数	2,585	1,174	1,883	1,575	1,663	1,362	1,576
		11,818	割合	21.87	9.93	15.93	13.33	14.07	11.53	13.34
85	12,310	男	人数	1,336	811	931	953	767	696	768
		6,262	割合	10.85	6.59	7.56	7.74	6.23	5.65	6.24
		女	人数	1,250	532	750	868	752	826	1,070
		6,048	割合	10.16	4.32	6.09	7.05	6.11	6.71	8.70
		計	人数	2,586	1,343	1,681	1,821	1,519	1,522	1,838
		12,310	割合	21.01	10.91	13.66	14.79	12.34	12.36	14.93

▲国勢調査より作成

第1章　若狭地域の原発日雇労働者の就労実態とその背景

表 1-2　7区分による年度別人口表（大飯町）

（単位：人　,　割合＝%）

年度	総人口	性別等	区分	0-14 歳	15-24 歳	25-34 歳	35-44 歳	45-54 歳	55-64 歳	65 歳～
60	6,958	男	人数	1,056	453	501	386	365	300	309
		3,370	割合	15.18	6.51	7.20	5.55	5.25	4.31	4.44
		女	人数	1,005	442	492	496	399	347	407
		3588	割合	14.44	6.35	7.07	7.13	5.73	4.99	5.85
		計	人数	2,061	895	993	882	764	647	716
		6,958	割合	29.62	12.86	14.27	12.68	10.98	9.30	10.29
65	6,080	男	人数	804	388	334	406	335	296	320
		2,883	割合	13.23	6.38	5.49	6.68	5.51	4.87	5.26
		女	人数	749	402	399	470	417	327	433
		3,197	割合	12.32	6.61	6.56	7.73	6.86	5.38	7.12
		計	人数	1,553	790	733	876	752	623	753
		6,080	割合	25.54	12.99	12.06	14.41	12.37	10.25	12.38
70	5,717	男	人数	677	359	310	421	334	301	321
		2,723	割合	11.84	6.28	5.42	7.37	5.84	5.27	5.62
		女	人数	597	382	318	434	445	357	461
		2,994	割合	10.44	6.68	5.56	7.59	7.78	6.25	8.06
		計	人数	1,274	741	628	855	779	658	782
		5,717	割合	22.28	12.96	10.98	14.96	13.63	11.51	13.68
75	6,055	男	人数	607	449	483	429	440	334	356
		3,098	割合	10.02	7.41	7.98	7.09	7.27	5.52	5.88
		女	人数	554	329	366	399	445	392	472
		2,957	割合	9.15	5.43	6.04	6.59	7.35	6.47	7.80
		計	人数	1,161	778	849	828	885	726	828
		6,055	割合	19.18	12.85	14.02	13.67	14.62	11.99	13.67
80	6,026	男	人数	617	457	478	359	417	320	377
		3,025	割合	10.24	7.58	7.93	5.96	6.92	5.31	6.26
		女	人数	564	301	407	345	431	430	523
		3,001	割合	9.36	4.99	6.75	5.73	7.15	7.14	8.68
		計	人数	1,181	758	885	704	848	750	900
		6,026	割合	19.60	12.58	14.69	11.68	14.07	12.45	14.94
85	6,650	男	人数	656	424	643	556	452	396	427
		3,554	割合	9.86	6.38	9.67	8.36	6.80	5.95	6.42
		女	人数	611	276	425	353	400	441	590
		3,096	割合	9.19	4.15	6.39	5.31	6.02	6.63	8.87
		計	人数	1,267	700	1,068	909	852	837	1,017
		6,650	割合	19.05	10.53	16.06	13.67	12.81	12.59	15.29

▲国勢調査より作成

第1部　日雇労働者の生活問題と社会福祉の課題

表 1-2　7区分による年度別人口表（丸岡町）

（単位：人　,　割合＝%）

年度	総人口	性別等	区分	0-14歳	15-24歳	25-34歳	35-44歳	45-54歳	55-64歳	65歳～
60	23,021	男	人数	3,547	1,713	1,663	1,186	1,140	884	719
		10,852	割合	15.41	7.44	7.22	5.15	4.95	3.84	3.12
		女	人数	3,421	2,315	1,769	1,594	1,301	910	859
		12169	割合	14.86	10.06	7.69	6.93	5.65	3.95	3.73
		計	人数	6,968	4,028	3,432	2,780	2,441	1,794	1,578
		23,021	割合	30.27	17.50	14.91	12.08	10.60	7.79	6.85
65	23,067	男	人数	3,087	1,852	1,551	1,429	1,126	952	824
		10,821	割合	13.38	8.03	6.72	6.20	4.88	4.13	3.57
		女	人数	3,052	2,484	1,657	1,652	1,445	1,036	920
		12,246	割合	13.23	10.77	7.18	7.16	6.27	4.49	3.99
		計	人数	6,139	4,336	3,208	3,081	2,571	1,988	1,744
		23,067	割合	26.61	18.80	13.91	13.36	11.15	8.61	7.56
70	22,687	男	人数	2,796	1,737	1,486	1,656	1,158	993	936
		10,762	割合	12.32	7.66	6.55	7.30	5.10	4.38	4.12
		女	人数	2,732	2,125	1,587	1,710	1,529	1,152	1,090
		11,925	割合	12.04	9.37	7.00	7.54	6.74	5.08	4.80
		計	人数	5,528	3,862	3,073	3,366	2,687	2,145	2,026
		22,687	割合	24.37	17.02	13.55	14.84	11.84	9.45	8.93
75	23,416	男	人数	2,826	1,537	1,794	1,576	1,397	1,024	1,054
		11,208	割合	12.07	6.56	7.66	6.73	5.97	4.37	4.50
		女	人数	2,827	1,702	1,816	1,614	1,610	1,327	1,312
		12,208	割合	12.07	7.27	7.76	6.89	6.88	5.67	5.60
		計	人数	5,653	3,239	3,610	3,190	3,007	2,351	2,366
		23,416	割合	24.14	13.83	15.42	13.62	12.84	10.04	10.11
80	24,807	男	人数	2,928	1,518	1,938	1,657	1,648	1,089	1,244
		12,022	割合	11.80	6.12	7.81	6.68	6.43	4.39	5.01
		女	人数	2,796	1,644	1,899	1,664	1,725	1,450	1,607
		12,785	割合	11.27	6.63	7.66	6.71	6.95	5.85	6.48
		計	人数	5,724	3,162	3,837	3,321	3,373	2,539	2,851
		24,807	割合	23.07	12.75	15.47	13.39	13.60	10.23	11.49
85	27,077	男	人数	3,067	1,665	1,918	2,100	1,615	1,366	1,403
		13,134	割合	11.33	6.15	7.08	7.76	5.96	5.04	5.18
		女	人数	2,916	1,846	1,897	1,994	1,674	1,671	1,945
		13,943	割合	10.77	6.82	7.01	7.37	6.18	6.17	7.18
		計	人数	5,983	3,511	3,815	4,094	3,289	3,037	3,348
		27,077	割合	22.09	12.97	14.09	15.12	12.15	11.22	12.36

▲国勢調査より作成

第1章　若狭地域の原発日雇労働者の就労実態とその背景

表 1-3　事業所数・農家戸数の推移

地域	区分	項目	調査年月日										
福井県	事業所数	調査年月日	63.7.1	66.7.1	69.7.1	72.9.1	75.5.15	78.6.15	81.7.1	86.7.1	86/63	86/75	86/81
		総数	39,899	44,269	48,044	49,997	51,751	54,461	56,842	57,991	1.45	1.12	1.02
		農林水産業	8	73	137	241	132	155	154	153	19.13	1.16	0.99
		建設業	2,787	3,766	4,441	4,743	4,955	5,345	5,772	6,161	2.21	1.24	1.07
		製造業	8,387	9,294	10,284	10,639	10,713	10,962	11,189	10,886	1.30	1.02	0.97
		運輸通信	634	931	926	981	1,003	1,055	1,126	1,182	1.86	1.18	1.05
		卸売小売	18,028	18,945	19,984	20,524	20,938	22,136	23,018	22,849	1.27	1.09	0.09
		サービス業	9,058	10,064	10,922	10,944	12,123	12,781	13,436	14,429	1.59	1.19	1.07
		その他	997	1,196	1,350	1,925	1,887	2,027	2,147	2,331	2.34	1.24	1.09
	農家戸数	調査年月日	63.2.1	66.2.1	69.2.1	72.2.1	75.2.1		80.2.1	85.2.1	85/63	85/75	85/80
		総数	66,827	64,100	62,038	59,505	56,950		54,013	51,161	0.77	0.90	0.95
		専業	11,546	6,632	4,656	2,817	1,918		2,015	2,195	0.19	1.14	1.09
		第一種兼業	20,170	22,103	20,838	12,992	9,681		6,585	3,704	0.18	0.38	0.56
		第二種兼業	35,111	35,365	36,544	43,696	45,351		45,413	45,262	1.29	0.99	0.99
美浜町	事業所数	調査年月日	63.7.1	66.7.1	69.7.1	72.9.1	75.5.15	78.6.15	81.7.1	86.7.1	86/63	86/75	86/81
		総数	431	557	569	620	800	831	846	897	2.08	1.12	1.06
		農林水産業	1	—	1	2	—	—	—	4	4.00	4.00	4.00
		建設業	22	54	57	74	77	80	83	110	5.00	1.43	1.33
		製造業	43	46	64	48	45	48	43	64	1.49	1.42	1.49
		運輸通信	9	16	12	12	9	7	8	12	1.33	1.33	1.50
		卸売小売	205	262	251	275	275	284	291	279	1.36	1.01	0.96
		サービス業	143	169	175	185	372	387	397	408	2.85	1.10	1.03
		その他	8	10	9	24	22	25	24	20	2.50	0.91	0.83
	農家戸数	調査年月日	63.2.1	66.2.1	69.2.1	72.2.1	75.2.1		80.2.1	85.2.1	85/63	85/75	85/80
		総数	1,975	1,867	1,753	1,676	1,595		1,399	1,284	0.65	0.81	0.92
		専業	304	225	188	98	58		72	69	0.23	1.19	0.96
		第一種兼業	572	427	387	277	258		152	74	0.13	0.29	0.49
		第二種兼業	1,099	1,215	1,178	1,301	1,279		1,175	1,141	1.04	0.89	0.97
高浜町	事業所数	調査年月日	63.7.1	66.7.1	69.7.1	72.9.1	75.5.15	78.6.15	81.7.1	86.7.1	86/63	86/75	86/81
		総数	406	455	559	566	1,142	1,092	1,045	1,021	2.51	0.89	0.98
		農林水産業	—	—	2	1	1	1	1	1	1.00	1.00	1.00
		建設業	23	33	96	91	85	82	81	88	3.83	1.04	1.09
		製造業	36	40	46	54	50	46	43	49	1.36	0.98	1.14
		運輸通信	3	9	14	15	17	15	15	16	5.33	0.94	1.07
		卸売小売	204	222	238	230	225	232	240	270	1.32	1.20	1.13
		サービス業	133	142	157	157	746	702	651	571	4.29	0.77	0.88
		その他	7	9	6	18	18	14	14	26	3.71	1.44	1.86
	農家戸数	調査年月日	63.2.1	66.2.1	69.2.1	72.2.1	75.2.1		80.2.1	85.2.1	85/63	85/75	85/80
		総数	1,215	1,211	1,175	1,134	1,059		1,025	938	0.77	0.89	0.92
		専業	162	127	84	70	57		54	36	0.22	0.63	0.67
		第一種兼業	285	324	217	157	170		97	68	0.23	0.40	0.70
		第二種兼業	768	760	874	907	832		874	834	1.09	1.00	0.95
大飯町	事業所数	調査年月日	63.7.1	66.7.1	69.7.1	72.9.1	75.5.15	78.6.15	81.7.1	86.7.1	86/63	86/75	86/81
		総数	210	281	284	302	319	344	337	407	1.94	1.28	1.21
		農林水産業	—	3	1	2	1	1	2	7	7.00	7.00	3.50
		建設業	22	39	43	48	56	53	64	74	3.60	1.32	1.16
		製造業	12	12	21	25	21	29	22	25	2.08	1.19	1.14
		運輸通信	2	8	7	7	5	4	4	8	4.00	1.60	2.00
		卸売小売	98	127	118	118	121	118	108	108	1.10	0.89	1.00
		サービス業	71	87	89	91	104	128	126	166	2.34	1.60	1.32
		その他	5	5	5	11	11	11	11	11	3.80	1.73	1.73
	農家戸数	調査年月日	63.2.1	66.2.1	69.2.1	72.2.1	75.2.1		80.2.1	85.2.1	85/63	85/75	85/80
		総数	1,063	1,044	1,045	1,025	976		914	879	0.83	0.90	0.96
		専業	180	174	136	94	60		64	73	0.41	1.22	1.14
		第一種兼業	267	246	220	147	137		90	54	0.20	0.39	0.60
		第二種兼業	616	624	689	784	779		760	752	1.22	0.97	0.99
丸岡町	事業所数	調査年月日	63.7.1	66.7.1	69.7.1	72.9.1	75.5.15	78.6.15	81.7.1	86.7.1	86/63	86/75	86/81
		総数	1,761	1,906	1,993	1,892	1,843	1,984	2,023	1,985	1.13	1.08	0.98
		農林水産業	—	4	6	2	2	5	2	1	1.00	0.50	0.50
		建設業	84	115	130	105	111	147	175	204	2.43	1.84	1.17
		製造業	854	948	1,010	932	879	888	844	769	0.90	0.87	0.91
		運輸通信	27	33	30	25	26	34	36	35	1.30	1.35	0.97
		卸売小売	528	519	519	521	526	561	592	572	1.08	1.09	0.97
		サービス業	253	268	282	274	264	308	336	358	1.42	1.36	1.07
		その他	15	19	16	33	35	41	38	46	3.07	1.31	1.21
	農家戸数	調査年月日	63.2.1	66.2.1	69.2.1	72.2.1	75.2.1		80.2.1	85.2.1	85/63	85/75	85/80
		総数	2,465	2,368	2,314	2,239	2,151		2,069	2,004	0.81	0.93	0.97
		専業	419	245	143	76	72		60	52	0.12	0.72	0.87
		第一種兼業	927	968	784	536	344		360	194	0.21	0.56	0.54
		第二種兼業	1,119	1,155	1,387	1,627	1,735		1,649	1,758	1.57	1.01	1.07

▲福井県市町村勢要覧（福井県・福井県統計協会 1963 ～ 1986 年度版）より作成

第1部　日雇労働者の生活問題と社会福祉の課題

表 1-4　事業所及び農家等従事者数の推移

		調査年月日	63.7.1	66.7.1	69.7.1	72.9.1	75.5.15	78.6.15	81.7.1	86.7.1	86/63	86/75	86/81
福井県	業種別の従業者数	総数	246,968	284,764	307,607	341,430	349,224	363,487	391,175	405,531	1.64	1.16	1.04
		農林水産業	95	1,131	1,546	1,392	1,876	1,531	1,647	1,965	20.68	1.05	1.19
		建設業	26,655	35,737	30,439	32,007	36,076	38,923	42,095	42,865	1.61	1.19	1.02
		製造業	96,392	106,865	119,734	125,735	115,616	116,061	121,535	120,045	1.25	1.04	0.99
		運輸通信	18,257	18,771	19,923	19,559	20,679	20,623	21,054	20,192	1.11	0.98	0.96
		卸売小売	57,277	63,854	70,575	78,370	83,277	88,255	97,565	101,290	1.77	1.22	1.04
		サービス業	36,841	45,107	51,845	58,008	63,394	70,362	77,818	88,819	2.41	1.40	1.14
		その他	11,451	13,299	13,545	26,359	28,306	27,732	29,461	30,355	2.65	1.07	1.56
	農業	調査年月日	63.2.1	66.2.1	69.2.1	72.2.1	75.2.1		80.2.1	85.2.1	85/63	85/75	85/80
		農家就業人口	198,197	191,905	185,927	194,540	186,513		175,960	168,470	0.85	0.90	0.96
		農業就業	92,527	75,168	64,496	86,708	68,062		58,941	54,804	0.59	0.81	0.93
		他産業就業	105,670	116,737	121,431	107,832	118,451		117,019	113,666	1.08	0.96	0.97
美浜町	業種別の従業者数	調査年月日	63.7.1	66.7.1	69.7.1	72.9.1	75.5.15	78.6.15	81.7.1	86.7.1	86/63	86/75	86/81
		総数	1,542	2,835	2,812	3,345	3,985	4,407	4,326	5,620	3.64	1.41	1.30
		農林水産業	—	—	1	1	—	—	—	148	148.00	148.00	148.00
		建設業	142	681	458	452	491	719	676	941	6.63	1.92	1.39
		製造業	204	509	509	572	580	583	536	668	3.27	1.15	1.25
		運輸通信	135	190	197	183	148	87	101	151	1.12	1.02	1.50
		卸売小売	484	605	610	719	788	813	833	930	1.92	1.18	1.12
		サービス業	454	707	936	825	1,429	1,492	1,294	1,882	4.15	1.32	1.45
		その他	123	143	101	593	549	713	886	900	7.32	1.64	1.02
	農業	調査年月日	63.2.1	66.2.1	69.2.1	72.2.1	75.2.1		80.2.1	85.2.1	85/63	85/75	85/80
		農家就業人口	5,533	5,254	4,928	5,253	4,998		4,296	3,959	0.72	0.79	0.92
		農業就業	2,700	2,322	2,049	2,646	2,094		1,549	1,347	0.50	0.64	0.87
		他産業就業	2,833	2,932	2,879	2,607	2,904		2,747	2,612	0.92	0.90	0.95
高浜町	業種別の従業者数	調査年月日	63.7.1	66.7.1	69.7.1	72.9.1	75.5.15	78.6.15	81.7.1	86.7.1	86/63	86/75	86/81
		総数	1,745	2,042	2,503	3,125	4,225	4,702	5,540	6,245	3.58	1.48	1.13
		農林水産業	—	—	86	32	21	23	24	19	19.00	0.90	0.79
		建設業	338	407	463	450	567	512	737	813	2.40	1.43	1.10
		製造業	289	452	593	962	959	967	926	722	2.50	0.75	0.78
		運輸通信	100	106	129	196	236	238	269	224	2.24	0.94	0.83
		卸売小売	493	550	659	656	663	710	765	973	1.97	1.47	1.27
		サービス業	464	470	523	693	1,336	1,879	2,345	2,655	5.72	1.99	1.13
		その他	61	57	50	136	443	373	474	839	13.75	1.89	1.77
	農業	調査年月日	63.2.1	66.2.1	69.2.1	72.2.1	75.2.1		80.2.1	85.2.1	85/63	85/75	85/80
		農家就業人口	3,492	3,580	3,511	3,750	3,435		3,326	2,990	0.86	0.87	0.90
		農業就業	1,519	1,396	1,050	1,698	1,468		1,433	1,210	0.80	0.82	0.84
		他産業就業	1,973	2,184	2,461	2,052	1,967		1,893	1,780	0.90	0.90	0.94
大飯町	業種別の従業者数	調査年月日	63.7.1	66.7.1	69.7.1	72.9.1	75.5.15	78.6.15	81.7.1	86.7.1	86/63	86/75	86/81
		総数	1,091	1,538	1,288	1,650	1,724	2,230	2,527	3,070	2.81	1.78	1.21
		農林水産業	—	50	32	14	12	15	46	119	119.00	9.92	2.59
		建設業	366	681	414	444	399	558	828	649	1.77	1.63	0.78
		製造業	165	157	230	318	345	315	343	283	1.72	0.82	0.83
		運輸通信	x	64	64	67	42	31	30	64	x	1.52	2.13
		卸売小売	257	267	247	271	292	316	281	445	1.73	1.52	1.58
		サービス業	225	305	276	410	432	522	511	870	3.87	2.01	1.70
		その他	78- x	14	23	126	202	473	488	640	x	3.17	1.31
	農業	調査年月日	63.2.1	66.2.1	69.2.1	72.2.1	75.2.1		80.2.1	85.2.1	85/63	85/75	85/80
		農家就業人口	3,002	2,872	2,831	3,118	2,964		2,787	2,702	0.90	0.91	0.97
		農業就業	1,335	1,298	1,177	1,524	1,276		1,065	966	0.72	0.76	0.91
		他産業就業	1,667	1,574	1,654	1,594	1,688		1,722	1,736	1.04	1.03	1.01
丸岡町	業種別の従業者数	調査年月日	63.7.1	66.7.1	69.7.1	72.9.1	75.5.15	78.6.15	81.7.1	86.7.1	86/63	86/75	86/81
		総数	7,861	8,498	9,483	9,517	8,542	9,495	10,181	10,542	1.34	1.23	1.04
		農林水産業	—	15	26	22	28	15	2	30	30.00	1.07	15.00
		建設業	417	561	663	703	728	942	984	1,229	2.95	1.69	1.25
		製造業	4,960	5,255	5,929	5,483	4,446	4,670	4,612	4,232	0.85	0.95	0.92
		運輸通信	199	228	282	250	280	341	310	346	1.74	1.24	1.12
		卸売小売	1,291	1,293	1,360	1,476	1,500	1,694	2,152	2,270	1.76	1.51	1.05
		サービス業	815	898	976	1,095	1,027	1,329	1,583	1,857	2.28	1.81	1.17
		その他	179	248	247	488	533	504	538	578	3.23	1.08	1.07
	農業	調査年月日	63.2.1	66.2.1	69.2.1	72.2.1	75.2.1		80.2.1	85.2.1	85/63	85/75	85/80
		農家就業人口	7,511	7,360	7,246	7,366	7,076		6,863	6,747	0.90	0.95	0.98
		農業就業	3,445	2,921	2,353	2,975	2,351		2,192	2,040	0.59	0.87	0.93
		他産業就業	4,066	4,439	4,893	4,391	4,725		4,671	4,707	1.16	0.99	1.01

▲福井県市町村勢要覧（福井県・福井県統計協会 1963 ～ 1986 年度版）より作成

子 59.3％）を若干下廻っている。地域全体では 35 年以降年々増加傾向にあるが、三方町、美浜町は横ばい状態[37]』である。

『美浜町の人口は 1966 年までは近隣の市町村同様著しい減少をみせたが、1967 年以降ある程度の人口の減少がくいとめられている。しかも美浜町の特徴は、原子力発電所建設時期にのみ人口増がみられる。これは建設にともなって「県外からの労働者」が流入したもので、美浜町の人口流出を防いだとは一概にはいえない。また、他の原発立地市町村の人口構造をみても、「一時的増加」という特徴を明らかにしているにすぎない。そしてむしろ運転開始後は、人口減少傾向に転じている[38]』といってよい。

若狭地域は過疎化現象を示しつつ、原発の建設期の、県外労働者の流入と流出に影響された人口の増減がみられるようである。電力会社や元請会社の正社員も必要に応じて増減されている。

美浜町、高浜町、大飯町の 65 歳以上の人口は、1960 年には全体の 5 ％前後であったが、1985 年には約 14 ～ 15％台に達している。55 ～ 64 歳の人口も年々増加の傾向を示している。35 ～ 44 歳は、原発建設期にあたる町ごとに変化がみられるといえよう。

人口の変化は、経済情勢・産業政策に伴う雇用構造の変化と結びついている。石油危機の影響によって、1975 年以降の原発労働の担い手の多くが地元労働者になってきたといえるであろう。原発の建設工事や特殊な工事、定期検査（以下、定検と略す）において不足する労働力だけを地元外から入れていくという雇用パターンになっているのではなかろうか。通常運転時はほぼ地元労働者のみでまかなっていける労働力の需給バランスが作られていると推測される[39]。

若狭地域の人口変動の背景には、次のような政策があるといえよう。

1961 年　農業基本法

1963 年　中小企業基本法（失対打ち切り）

1964 年　失業保険給付および生活保護行政の「適正化」

1966 年　雇用対策法

第1部　日雇労働者の生活問題と社会福祉の課題

1945 〜 1954　近代的雇用・失業制度の導入期

1955 〜 1964　労働力流動化政策導入期

1965 〜 1973　「積極的労働力政策」の推進・労働力流動化政策の展開期

1974 〜 1980　労働力流動化政策の再編期

2項　若狭地域の産業構造の変化

（1）産業別事業所数・就業者数

　表 1-3 から建設業の事業所数をみると、美浜町は '63 年に 22 であったが '66年には約 2.5 倍の 54 になり、原発建設のピーク時期に入る '72 年には、'63 年の約 3.4 倍の 74 となっている。原発建設の重層化に伴い、徐々に増加し、'86年にはもんじゅの建設が加わって、'81 年と比べて 27 の事業所が増えている。

　高浜町は、原発建設準備期の '69 年には、'66 年の 33 と比べて約 3 倍の著増となっている。高浜 1 号機、2 号機建設終了に伴い事業所数は減少した。'81年から高浜 3 号機、4 号機の建設が始まる動きと連動して、'86 年には、また建設業が増えてきているといえよう。

　大飯町も 1 号機、2 号機の建設時期には、建設業の数は増え、建設のピークの時期が過ぎた '78 年には減少している。そして '80 年の高浜 3 号機、4 号機の増設に伴い増加に転じている。大飯町は高浜町と隣接しているため、高浜原発の建設動向にも、影響されるといえよう。

　一方、福井市への通勤圏内であり、農業地域でもある丸岡町における建設業をみると、'72 年に一度減少はするものの、全体として調査年ごとに増加の傾向を示している。

　福井県全体でみれば、調査年ごとの増加率の幅は狭くなっているものの、増加している。

　表 1-4 から、建設業従事者数の推移をみても、やはり美浜町、高浜町、大飯町は、原発建設の動きが、建設業従事者数に反映しているといえよう。原発建設だけでなく、原発での事故の処理や定検の内容によっては、建設業者所属の労働者が移動することもあるので、従事者数の推移には、そういったすでに運転に入っている原発の動きも反映しているものといえよう。

46

第 1 章　若狭地域の原発日雇労働者の就労実態とその背景

　丸岡町の建設業従事者数は、調査年ごとに増加しており、原発立地町の動き
とは、はっきり異なっている。

　『就業者総数も美浜 1・2 号炉建設期は少々増加したものの、それ以後減少
に転じ県・市町村とも増加している ’75 年以後も、美浜町は減少傾向をつづけ
ている。（美浜町の [40]）産業別就業構造をみると、県・市町村ともに第 1 次産
業の減少、第 2 次産業の拡大が特徴的であるのにたいして、美浜町は第 1 次産
業の減少、第 3 次産業の増加と少々違った構造をみせている。とくに第 3 次産
業のなかでも「小売業・卸売業」「サービス業」の増加が著しい。……（中略）
……原発建設期にその数（飲食店 [41]）は倍増しそれ以後も他の市町村に比べ増
加が著しい。とくにいわゆる「飲屋」（バー、キャバレー、スナック含む）の
店舗数は他の市町村の追随を許さない [42]』。

　原発立地町では、原発建設にともない建設業とサービス業が増加しているが、
いずれの業種も地場産業として根づいたり、地域経済の中で、生産的な側面を
持つ業種とはいい難い。

　『地域における就業人口の動向を産業部門別構成でみると、35 年では第 1 次
産業 41%（16,160 人）、第 2 次産業 27%（10,397 人）、第 3 次産業 32%（12,435
人）に対し、55 年では第 1 次産業 14%（6,186 人）、第 2 次産業 32%（14,157 人）、
第 3 次産業 54%（23,483 人）となっており、産業構造に大きな変化がみられる。
このことは第 1 次産業のウェイトの減少、サービス経済化の進展、基幹産業の
技術革新及び合理化等によるものである [43]』。

　福井県二州地区（敦賀市、美浜町、三方町）の基幹産業とは何であろうか。

　『地域における主な産業は平野部における農業、日本海沿岸における漁業、
伝統的な地場産業である水産食料品製造業（かまぼこ、こんぶ加工）、福井梅
の生産、レジャー産業（温泉、ゴルフ場、スキー場）、海水浴場（民宿、魚釣り）
……（中略）……観光関連産業のほか化学工業、衣服その他繊維製品製造業、
木材製品製造業、電気機械器具製造業、セメント製品製造業である。

　さらに敦賀半島には、わが国有数の原子力発電基地……（中略）……[44]』が
挙げられているが、個々の産業を「基幹産業」といい得るものであろうか。若
狭地域では、基幹産業としてはっきりした対象をイメージできないほど、各々
の産業の規模が小さく、2～3 の大きな工場は先細りの傾向がある。多くの労
働力を吸収しているのは、小規模事業所である。各種産業、諸事業所が連携し

47

第1部　日雇労働者の生活問題と社会福祉の課題

お互いを生かしあえる地域計画が登場しているわけでもない。

　職を求める若狭地域の労働者は、しっかりした産業基盤が築かれているとは言い難い地域で、どのような就職状況の下におかれているのであろうか。

　『有効求職者中に占める中高年令者（45才以上）は、50年の41％が55年48％、58年は51％と高率を示しており、これに対し求人は少なく、従って就職率も低下し、再就職は若年層に比べ著しく困難になってきている。中高年令者の就職率は54年の3.9％に対し、57年2.7％、58年は2.4％と下降傾向にある[45]』。

　（2）勤労人口の流出流入—原発労働者の需要と供給—

　若狭地域の各市町村の人口の動きは、わずかしかみられない。しかし、通勤人口には変化がみられる。

　原発が建設されている市町や、定検中の原発のある市町への通勤人口の流入がみられる。

　他市町村から、労働力を吸収しうるような事業所は美浜町や高浜町、大飯町には、原発を除いては、ほとんどないようである。若狭地域内の各市町村から、60〜120分をかけて原発のある市町へと移動する勤労人口がある。

　表1-5と図1-2をあわせみる。

　'70年（S.45）は、敦賀1号機、美浜1号機、2号機、高浜1号機の建設期であった。'85年（S.60）は、敦賀2号機建設、大飯3号機、4号機の建設準備工事、もんじゅの建設工事が行われていた。'70年の敦賀市への流入は、1,815人で流出は434人であったが、'85年の流入は、2,649人、流出が、1,045人となっている。'70年には名田庄村や大飯町から敦賀市へ流入する人口はなかったが、'85年には流入している。

　美浜町への流入をみると、'70年には高浜町からの流入はなかったが、'85年には存在する。小浜市、上中町、三方町、敦賀市からの流入人口も'70年と比べて'85年は大幅に増加している。しかし、美浜町には'70年以降大きな工場や事業所など新設されたものはない。'85年には、美浜原発1号機と3号機が同時期に定検作業が行われていたのである。

　大飯町では'70年の流入人口は81人で、流出が414人であった。'85年になると、流入が674人、流出が600人になっている。'70年の大飯町には、高浜

48

第1章　若狭地域の原発日雇労働者の就労実態とその背景

町と小浜市から、わずかの流入がみられたのみであったが、'85年には、敦賀市、美浜町、三方町、小浜市、上中町、名田庄村、高浜町と若狭地域の全ての市町村からの流入がみられる。

　高浜町は、'70年にはすでに原発の建設期に入っていたが、若狭地域内における通勤人口の流れは、大飯町と類似している。

　表1-1の原発建設期と、図1-3の運転概要図で示される定検の時期などが組みあわさった労働力の需給のダイナミズムが、若狭地域内通勤人口の流出流入の動きに作用している。

　より末端下請の原発労働者ほど、一つの原発へ常勤的に通勤することは少ないようである。資料5によっても、若狭地域内の各原発を移動していることがわかる。「下請労働者はだいたい固定している。常駐しているところから定検で忙しいところ、人手のいるところへ行ったりしている」。「請け負った仕事によって、使う人夫の数を増やしたり、減らしたりした。忙しくて人夫のいる時は、大阪からの人を増やした。ひまになると地元の人だけでやっていけた[46]」。

　表1-6をみると、ごく短期間に大飯町出身者も福井県出身者も、旅館民宿利用者も、増えたり減ったりしていることがわかる。若狭地域に住みながら、原発を渡り歩く不安定な職場条件があることがうかがえる。

　表1-5をみると、三方町と上中町への通勤人口の流入がかなりあることがわかる。地域類型でいえば、農漁業地域といえる両町であるが、何故他市町村からの流入があるのかについて触れておく。

　表1-7でみられるように、三方町の従業員が50人以上の事業所は5ヵ所ある。その内100人以上の事業所は2ヵ所である。三方町内の6事業所とも、町外に本社があり、その支社として各々の工場が立地している。'55年から'64年の間に立地した事業所が多いが100人以上の工場は、'45年から'54年代と'65年から'72年代に一つずつ立地している。また、表1-7には出てこないが、三方町内には国立福井病院、県立美方高等学校、県立美方養護学校、県立嶺南養護学校、ＮＴＴ三方電報電話局、県運転者教育センター嶺南支所等がある。

　上中町は、従業員が30人から49人までの事業所が7ヵ所ある。50人から99人までが2ヵ所、100人以上規模の事業所は2ヵ所ある。三方町のような「工場」は少ないが、病院や社会福祉施設が、通信や建設関係の事業所とともに、一定の労働力を町外から吸収するところとなっているのではなかろうか。

49

表 1-5　若狭地域の通勤人口の流出流入表

（単位　人）

		敦賀	美浜	三方	上中	名田庄	小浜	大飯	高浜	嶺北	不詳
敦賀	1970年		283	48	11	－	66	－	26	243	35
	1975年		360	82	－	－	64	21	13	346	33
	1980年		518	138	10	－	74	40	26	417	31
	1985年		727	153	10		95	28	32	751	
美浜	1970年	1063		134	－	－	116	－	25	16	19
	1975年	1229		157	－	－	112	46	12	19	17
	1980年	1311		219	16	－	117	－	13	22	24
	1985年	1567		216	13		109	12	12	76	
三方	1970年	547	94		36	－	316	－	11	13	5
	1975年	585	148		40	－	249	36	－	13	21
	1980年	650	175		66	－	267	15	－	22	14
	1985年	657	250		64		242	16	15	44	
上中	1970年	98	12	34		－	608	－	11	－	16
	1975年	125	25	59		－	759	38	23	13	3
	1980年	132	30	74		－	882	28	21	10	8
	1985年	148	41	96			1012	43	33	89	
名田庄	1970年	－	－	－	－		241	－	－	－	22
	1975年	－	－	－	－		350	－	40	－	23
	1980年	16	－	－	－		404	－	36	－	16
	1985年	13	－	－	－		471	27	21	25	
小浜	1970年	112	29	43	116	37		43	79	－	13
	1975年	150	23	58	147	45		216	251	18	9
	1980年	189	36	78	256	73		239	310	16	10
	1985年	233	63	106	297	62		340	358	206	
大飯	1970年	－	－	3	11	－	312		88	－	15
	1975年	－	－	7	－	－	261		166	－	16
	1980年	8	－	4	－	－	339		208	－	11
	1985年	13	－	6	－	－	352		229	149	
高浜	1970年	7	－	－	－	－	283	38		－	7
	1975年	－	－	－	－	－	307	259		－	24
	1980年	－	－	5	－	－	317	136		－	22
	1985年	18	8	1			316	208		1435	
嶺北	1970年	783	－	－	－		12	－	－		708
	1975年	775	－	－	－		14	－	－		789
	1980年	864	－	19			18	－	－		850
	1985年										
不詳	1970年	54	13	11	13	5	27	21	10	630	
	1975年	81	25	18	23	4	36	15	10	723	
	1980年	78	17	13	22	9	36	20	21	770	
	1985年										

◆　「社会指標からみた福井県の市町村」より作成（福井県・福井県統計協会）

◆　1985年3月発行

◆　1985年の数値については1985年国勢調査報告から福井県情報統計課が作成した資料による。なお嶺北・不詳（1985年）は常住地を除く他の就業者数。

第1章　若狭地域の原発日雇労働者の就労実態とその背景

図 1-2　若狭地域内における通勤人口の流出・流入図（1970年）

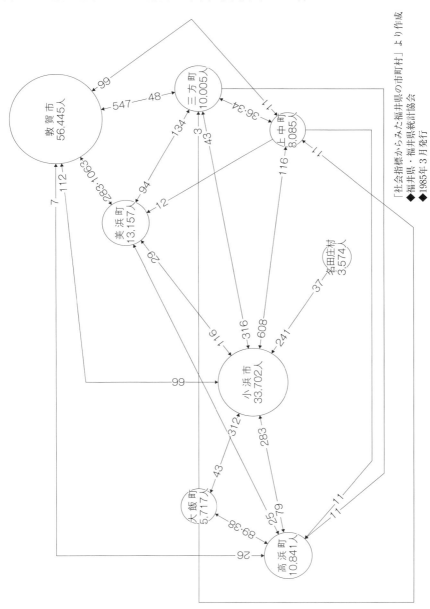

第 1 部　日雇労働者の生活問題と社会福祉の課題

図1-2　若狭地域内における通勤人口の流出・流入図（1975年）

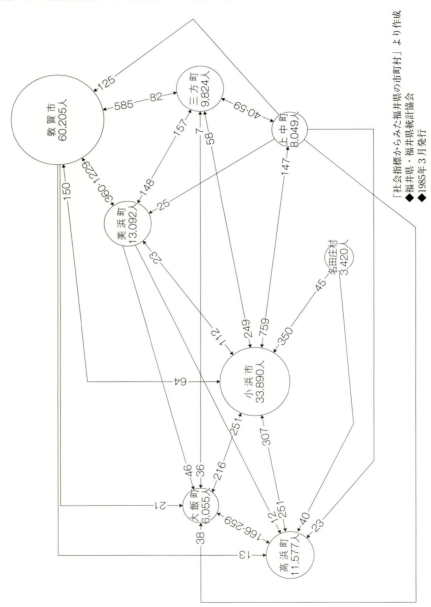

◆「社会指標からみた福井県の市町村」より作成
◆福井県・福井県統計協会
◆1985年3月発行

第 1 章　若狭地域の原発日雇労働者の就労実態とその背景

図 1-2　若狭地域内における通勤人口の流出・流入図（1980 年）

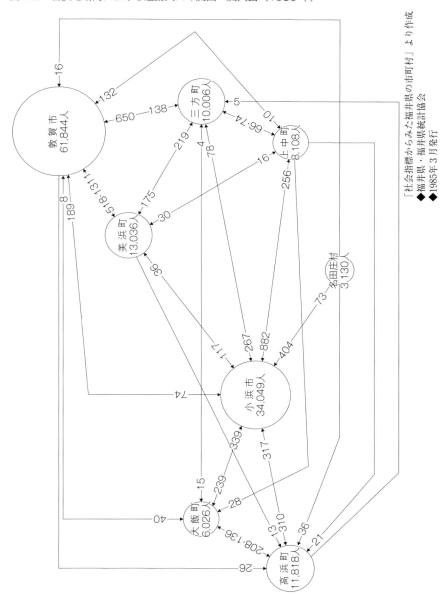

第1部　日雇労働者の生活問題と社会福祉の課題

図1-2　若狭地域内における通勤人口の流出・流入図（1985年）

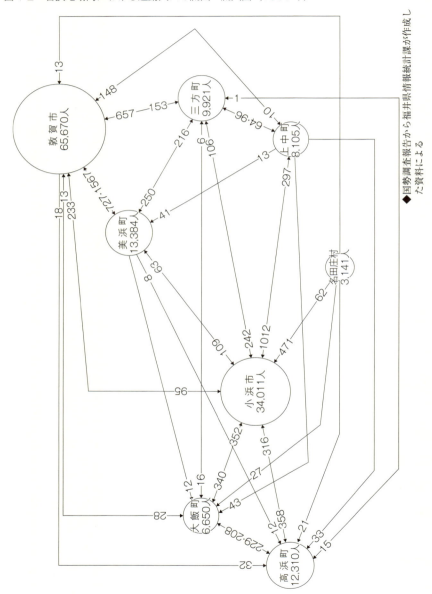

◆国勢調査報告から福井県情報統計課が作成した資料による

第 1 章　若狭地域の原発日雇労働者の就労実態とその背景

図 1-3　運転概要図

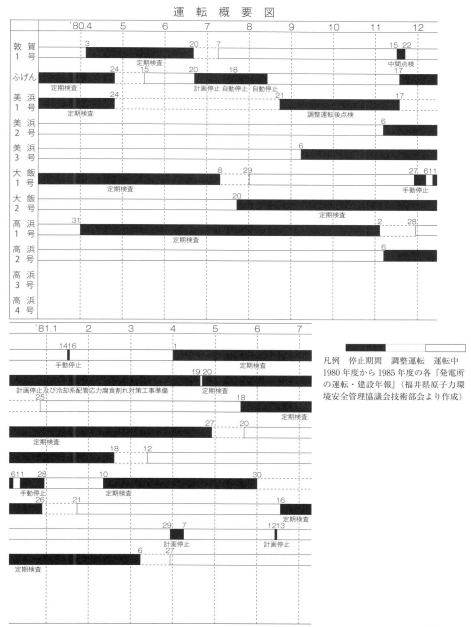

第1部　日雇労働者の生活問題と社会福祉の課題

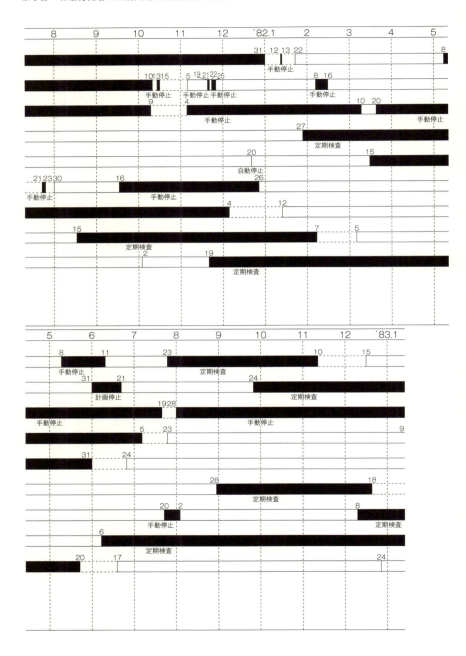

第1章 若狭地域の原発日雇労働者の就労実態とその背景

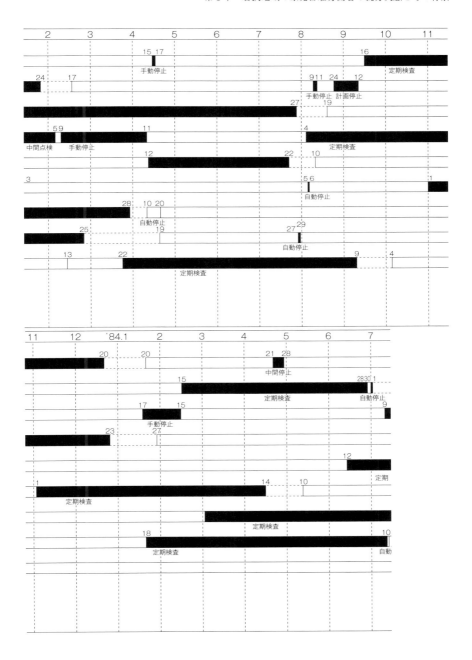

第1部　日雇労働者の生活問題と社会福祉の課題

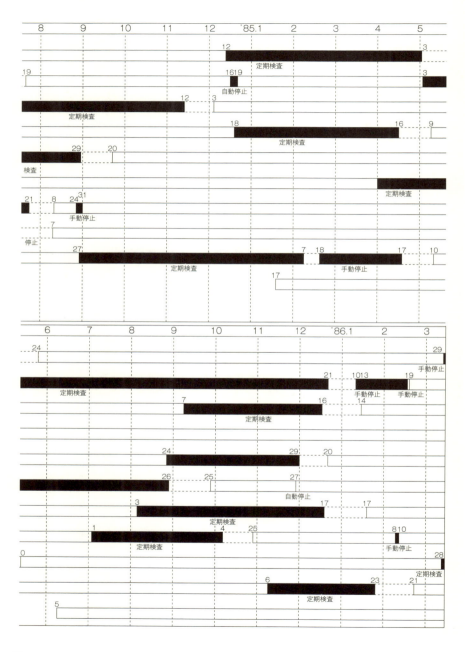

美浜町の事業所の内容と比べると、三方町、上中町ともに、町内はもとより若狭地域の他市町村からの労働力を吸収する質・内容を持った原発に関連しない事業所が多いといえよう。

わが国全体からみれば、若狭地域は経済基盤の脆弱な地域であるが、その若狭地域の中における自治体ごとの特徴がみえてくる。自治体の原発への依存の強弱が幾分かあるといえないだろうか。

表1-6は、大飯町における原発労働者をみたものである。
・大飯１号機、２号機をあわせた員数であるが、他の原発でも変動の特徴は類似するであろう。
・ここでは電力会社や１次下請、２次下請レベルの正社員も含まれた員数しかわからない。正社員も日雇労働者もあわせた員数である。
・人員の変動が激しいことがわかる。最も流動的なところは、大島旅館民宿利用者である。この部分は県外出身の原発労働者が集中しているものとみなしうる。大飯町出身者の欄をみても、人員の大幅な変動が、時期によってみられる。
・'84.7.30は、高浜３号機・４号機、敦賀２号機の建設期にあたり、大飯原発においては２号機の定検終了直後で試運転期にあたる。
　'85.7.30は、大飯１号機の定検期間中である。建設工事は敦賀２号機ともんじゅのみの時期である。しかし、大飯町で定検のない時期（'84.7.30）と定検のある時期（'85.7.30）とでは著しい従事者の流動がみられる。
・常雇的日雇の労働者と定検の時のみ雇用される日雇労働者がいることがわかる。いずれも日雇という不安定就労であるものの、後者の方がより一層

表 1-6 大飯原子力発電所安全衛生協議会組織表からみた原発労働者数の変動

	総在籍員数	大飯町出身者	福井県出身者	大島旅館民宿利用者	従事者員数
1984.7.30	941	138	－	58	611
1985.7.30	1,313	183	724	186	830
1986.2.28	881	158	525	77	586
1986.6.30	1,105	161	535	132	642

第1部　日雇労働者の生活問題と社会福祉の課題

　　不安定である。
・これは、年2回大飯町議会に提出されている、大飯発電所安全衛生協議会
　作成の「原発報告会」資料の一部である。他の立地市町議会においては、
　同種の資料はない。大飯町の場合、共産党議員が情報提供の要請を続けた
　結果、表1-6のデータが得られている。

3項　若狭地域の原発労働者の構図

（1）従事者の被曝線量

　わが国の法律では、管理区域内で放射線業務に従事する労働者のことを「放
射線業務従事者」と呼んでいる。

　放射線業務従事者の被曝限度を定めた法律規則等をみておく。被曝限度に関
するものを箇条書きする。

　　①科学技術庁告示第21号「原子炉の設置、運転等に関する規則等の規定
　　　に基づき、許容被曝線量等を定める件」
　　②通産省告示第665号「実用発電用原子炉の設置、運転等に関する規則の
　　　規定に基づく許容被曝線量等を定める件」
　　③労働省令第41号「電離放射線障害防止規則」

　①は、試験研究用原子力施設で働く放射線業務従事者に対するもので、②は、
商業用原子力施設で働く放射線業務従事者に適用される。③は、労働安全衛生
法および労働安全衛生法施行令の規定にもとづいて定められた。

　法律には、放射線業務従事者の受ける放射線量は「3カ月間につき3レム」
を超えないようにすることと、集積線量の限度については、「許容集積線量＝
5×（年令の数−18)」の数式を超えないようにしなければならないことが定
められている。

　そして某原発の安全教育の基礎テキストには、『放射線の影響を十分安全な
レベルに抑えるために国際放射線防護委員会（ICRP）の勧告により、法律
で被ばく線量が制限されています。発電所ではさらにその値を下回る基準限度
を設け、被ばく線量をより少なくするように管理しています[47]』と書かれている。

　また、'85年度版の「発電所の運転・建設年報[48]」には次のように書かれている。

　『定期検査で蒸気発生器細管損傷対策工事を行った大飯発電所と応力腐食割

60

れ予防対策工事を行ったふげん発電所で総被曝線量が 1,000 人・レムを超えたが、他の発電所は前年度実績を下回っている。

　各発電所とも、ロボットの導入等により被曝線量の低減化を図ってきており、特別工事を除けば、その効果は明らか である。特別工事においても、個人の最大被曝線量が法令で定める 3 レム／3 カ月を超えた例はなく、厳重な被曝管理が行われている』。

　一方、放射線業務従事者の被曝は、たえずゼロを目標にして管理されねばならないという立場から、次のような報告がなされている。

　『人間は放射線に被曝しても、その時には痛みも感じない。しかし放射線は肉体を針のように刺し貫いていく、ここに放射線被曝の怖しさがある。被曝しつつあっても放射線測定器で測らなければ、けっして知ることができない。

　放射線被曝というと、多くの人は自然科学の問題と考えるであろう。しかし、私は現代では放射線被曝は社会科学の対象であると言いたい。人間にとって有害な、障害を与える放射線になぜ被曝しなければならないのだろうか。被曝させる原因は何なのか、それを問い直してみる必要があろう。……（中略）……とりわけ多数の下請け労働者は、高線量率下の炉心近くで被曝作業を行っている。彼等の労働は、一つの作業をなしとげることで喜びを感ずるようなものではなく、原発あるいは企業にとって一方的にきめられた線量まで、被曝したかどうかで管理されている。被曝することが、労働の目的とも言える。……（中略）……その結果、被曝しすぎた者は使い捨てにされ[49] 健康を害して苦しむことになる。

　現在のペースで被曝が増え続けるならば、放射線障害が職業病として続発するであろう危険性がすでに迫っている[50]』。

　日常的低レベル被曝が原発労働者にとってどんな影響があると推測しうるかについては第 2 章でふれる。ここでは、図 1-4-1、図 1-4-2、図 1-4-3、図 1-4-4 に関する特徴を述べるにとどめる。

　図 1-4 でわかるように、被曝の大部分（約 9 割）を社員外従事者が担っている。そして社員外従事者の中でも、より高被曝する作業に就くのは日雇労働者のようである[51]。日雇の中でも、常雇的日雇の層より定検時のみの短期契約（雇用契約書類は特にない）の日雇労働者たちの方が、多量に被曝する作業にあたっているようである[52]。

第1部　日雇労働者の生活問題と社会福祉の課題

表 1-7　従業員 30 人以上の事業所の設立時期と従業員数

▶ 農協、漁業関連組合、森林組合は除く

▶ 1987年10月末日現在

▶ 各町役場事業所担当課の資料から作成

町名	No.	事業所名	従業員数	設立時期または年
三方町	1	M株式会社	100 人	'45 〜 '54
	2	F（株）M工場	67 人	'55 〜 '64
	3	H（株）W工場	37 人	'55 〜 '64
	4	S（株）T工場	64 人	'55 〜 '64
	5	T（株）M工場	75 人	'55 〜 '64
	6	D（株）F工場	163 人	'65 〜 '72
上中町	1	R病院	50 〜 99 人	'45 〜 '54
	2	T組（株）	30 〜 49 人	'45 〜 '54
	3	K土建（有）	30 〜 49 人	'45 〜 '54
	4	N工務店	30 〜 49 人	'55 〜 '64
	5	K化学（株）	101 人	'55 〜 '64
	6	W電機（株）	213 人	'55 〜 '64
	7	N（株）Wカントリークラブ	30 〜 49 人	'65 〜 '72
	8	K電機（株）	36 人	'65 〜 '72
	9	D加工（株）	91 人	'73 〜 '75
	10	I工業（株）	44 人	'76
	11	老人ホーム	30 〜 49 人	'76
美浜町	1	M自動車	30 〜 49 人	'45 〜 '54
	2	Kコンクリート	30 〜 49 人	'55 〜 '64
	3	K建設	30 〜 49 人	'55 〜 '64
	4	M遊覧船	30 〜 49 人	'55 〜 '64
	5	K組	30 〜 49 人	'55 〜 '64
	6	Mスラックス	30 〜 49 人	'65 〜 '74
	7	A産業	50 〜 99 人	'65 〜 '74
	8	関西電力（株）原子力事務所	100 〜 299 人	'65 〜 '74
	9	関西電力（株）美浜発電所	300 〜 499 人	'65 〜 '74
	10	T工務店	30 〜 49 人	'75 〜 '79
	11	Kマーケット	30 〜 49 人	'75 〜 '79
	12	B縫製工場	30 〜 49 人	'81
	13	T船センター	30 〜 49 人	'81
	14	K建設	50 〜 99 人	'81
	15	C苑	30 〜 49 人	'81
	16	H食品	50 〜 99 人	'82
	17	E（株）	30 〜 49 人	'84
	18	M製作所	30 〜 49 人	'84

被曝による危険性を多く担うのは、個々人の被曝量の多少にかかわらず、被曝した量が総体として多い層の労働者たちである。すなわち、原発日雇労働者といえる。

図1-4から確認できることは、総被曝線量に、労働者数が対応していることである。

日雇の未組織労働者が、危険労働の最前線に送り込まれている。表2-1[53]にみられるが、危険労働の最前線の後方にいる原子力産業の正規雇用労働者には、使用者が社会保険料の一部を負担する健康保険に加入できるが、日雇の未組織労働者は、国民健康保険（社会保険料の使用者負担なし）に加入するほかない。

原発日雇の位置するところは、①労働や健康の問題を顕在化させにくい、②被曝による人体の危険性を拡散しうるところといえる。

斎藤征二原発労組長は、「劣悪な労働条件下で、問題を客観的に認識し、主体的に連帯・組織化をめざすような労働者は雇用されない」という。労働者としての基本的人権獲得のために戦う人々を弾圧し、戦わない（戦うことが極めて困難な）未組織の日雇労働者を原発労働に組み込み、「トラブルのない事業所」として合理化していく構図が描ける[54]。

一方で、この日雇労働者がいなかったら、原発は動かないのであるから、本来なら原発のあり方、原発労働者の条件改善について、強く発言しうる層にあるのが、原発日雇といえる。

（2）下請労働者における階層性

下請制度は、末端労働者にとって、だれが使用者責任をとるのか見えにくい仕組みである。「事業所」という構えはあるが、実際には人夫回しを稼業としている「会社」がある（資料2）。上位の会社が責任能力のない下位の「会社」に雇用責任を転嫁し労働力を集めている。Bパターンがそれである。またAパターンでも資料6に示されるように、資本金230万円（従業員20人）の鉄工所が、その下請事業所を6ヵ所持っている。

原発関連会社の下請構造を一部図式化したものが、図1-5である。これは、2章で述べる事例調査から作成した。

原発の下請構造を具体的に例示する。斎藤征二原発労組長によれば、若狭地域の日雇労働者の集められ方と、大阪や北九州を拠点にして10日間あるいは

第1部 日雇労働者の生活問題と社会福祉の課題

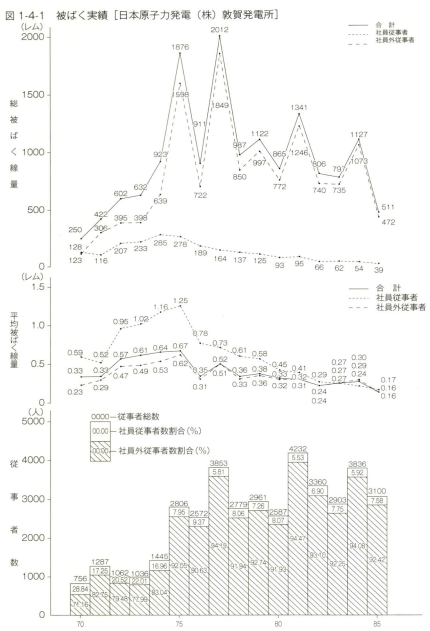

図 1-4-1 被ばく実績 [日本原子力発電（株）敦賀発電所]

1985年度『発電所の運転・建設年報』（福井県原子力環境安全管理協議会技術部会）から作成

第1章 若狭地域の原発日雇労働者の就労実態とその背景

図1-4-2 被ばく実績［関西電力（株）美浜発電所］

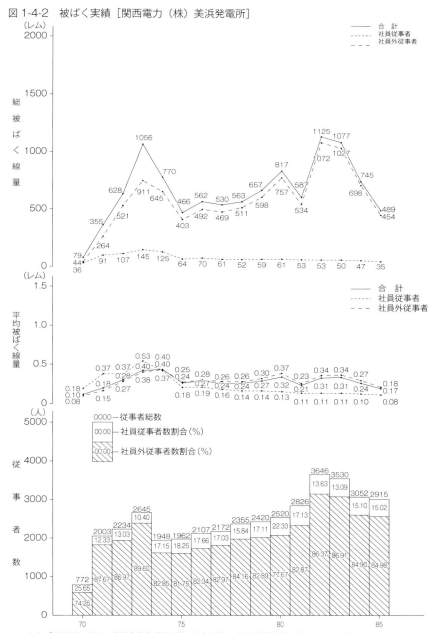

1985年度『発電所の運転・建設年報』（福井県原子力環境安全管理協議会技術部会）から作成

第1部　日雇労働者の生活問題と社会福祉の課題

図1-4-3　被ばく実績［関西電力（株）高浜発電所］

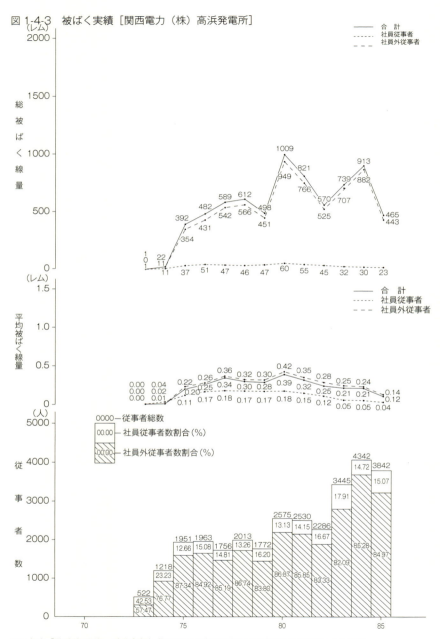

1985年度『発電所の運転・建設年報』（福井県原子力環境安全管理協議会技術部会）から作成

第1章　若狭地域の原発日雇労働者の就労実態とその背景

図1-4-4　被ばく実績［関西電力（株）大飯発電所］

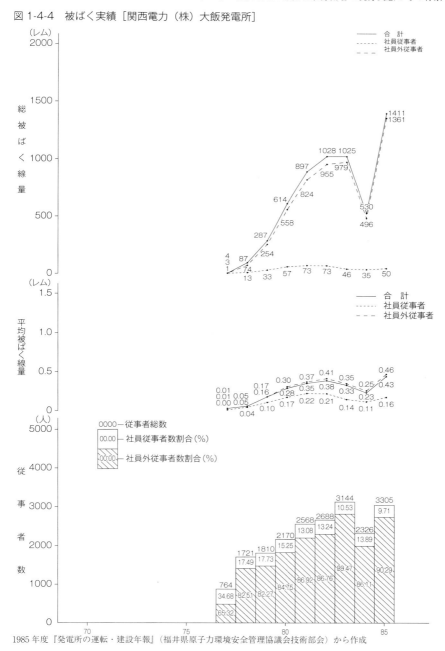

1985年度『発電所の運転・建設年報』（福井県原子力環境安全管理協議会技術部会）から作成

第1部　日雇労働者の生活問題と社会福祉の課題

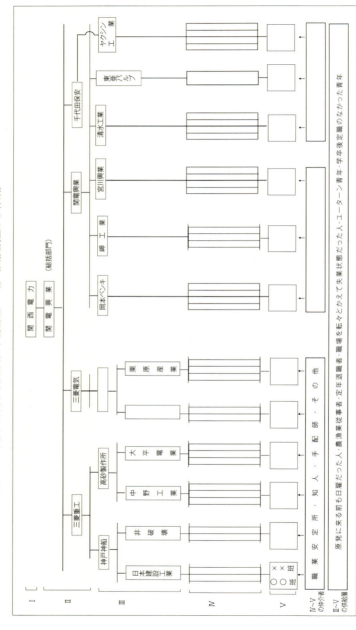

図1-5　若狭地域原発関連会社下請構造の一部（面接調査から作成）

注（1）I～Vの記号は各会社の階層性を大枠で示したものである。
　（2）○○班、××班というのは、ほとんど親方の姓を使用しているのである。
　（3）IVとVは労働者の所属先の移動が多い。定検時のみ加わる会社もある。
　（4）下請構造の全容を図式化しえないし、年代ごとの差異もあるが、各会社ごとの階層を附置してみる目的のためには、図1-5で特に支障はない。
　（5）関電興業（II）の総括部門の大半が関電の出向・派遣職員、退職者である。
　（6）IV、Vに区分される事業所名で、脱き取れた例はあるが、ここには記さない。図1-5は、下請構造をつかみ、大ぐくりに階層分けすることが目的である。

第1章　若狭地域の原発日雇労働者の就労実態とその背景

15日間という契約で雇われる人々の集められ方とには、違いがみられる。

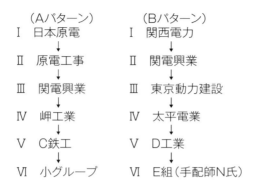

　斎藤氏によれば、Aパターンが若狭地域の大半であるという。そして、Bパターンが若狭地域外の日雇労働者が原発にたどりつく典型的ルートだという。ⅤとⅥの階層が人数の増減の激しいところである。

　AパターンのⅥの小グループは、名前もなにもない知人、友人の寄り集りらしい。Ⅵランクの会社の社長や番頭格の人が、日雇として働いている人に声をかけて人集めをさせるという。人夫集めのみを仕事とする手配師は、地元の場合、それほどいないとのことである。

　例えばT工業の社長が、知人の多そうな労働者に「1人集めてきたら2万円渡す。4～5人集めてきてくれ。技術・資格を持っていてまじめな者をつれてきてくれたら5万円出す」と言うとのことである。斎藤氏も、未だにそういって声をかけられるという。斎藤氏自身が人夫の集め役をしたことがある。

　地元で農業と日雇をしている人や、50代の定年退職者に対しても1人集めてきたらいくらという「集め代」が支払われるという。

　そのようにして幾人かずつ集まったのが、名前のない「小グループ」というわけである。いつでも入れ替え・増減のきく雇い方がされている。

　AパターンもBパターンも、知人をつれていって、その集め代に加えて、知人に渡るべき日当のピンハネが行われる場合もあるという。

　Aパターンは、事例調査によっても推測できる。Bパターンは、西成労働福祉センターの聴き取り記録から読み取ることができる[55]。

69

第1部　日雇労働者の生活問題と社会福祉の課題

柴野徹夫は次のように記録している。『……（中略）……1944年3月、山口県生まれ。本籍、韓国慶尚道。北九州市折尾の朝鮮高校中退後、暴力団に加わった。敦賀市内の山口組系暴力団「正木組」（高年男組長）の副組長をへて、金融業「岩本商会」（サラ金）を届け出。あわせて原発定検作業の口入れ業者（末端親方）となる。覚醒剤常習。殺人など前科三犯。……（中略）……[56]』。

某株式会社敦賀作業所が作成した、敦賀原発2号機に係る配管工事従業者の名簿がある。

氏名、所属（下請会社名）、職種、住所、提出書類の記入欄があり、提出書類一覧のチェック項目は、労働者名、健康診断書、写真、住民票となっている。A4サイズの某株式会社名がプリントされた用紙に、エンピツ書きで26名の労働者の名前が並んでいる。26名の所属する下請会社は、3社に分かれている。現住所地欄には、次の地名が記されている。

兵庫県西宮市、愛媛県新居浜市、愛媛県東予市、愛媛県西条市、大阪府松原市、大阪府堺市、大阪市西成区、大阪市平野区、大阪市大正区

若狭地域の原発では、若狭地域出身の原発日雇に加えて、「全国移動型」の日雇労働者たちが危険な作業にたずさわっている。

（3）下請労働者の数

先に述べた「配管工事従事者名簿」と同種のものは、地元労働者についても用意されているであろう。

しかし、極めて流動的な雇用条件下にある原発日雇なので、被曝労働者の確定的な人数はつかめない。

下請労働者の数について、'87年10月16日の午後1時頃、美浜町にある関西電力の原子力事務所人事課に、電話で問いあわせたが、原発別社員外従業員数はわからないという返事であった。地元出身者が原発でどれだけ働いているかはつかんでいないし、安全衛生協議会でも正確なことはわからないだろうと言われた。

この問いあわせの電話をする前に、福井原子力センターを訪ねて、同様のことを聞いた。同センターから、下請労働者の数はわからないと言われた。そして「関西電力原子力事務所へ問いあわせたらわかるのではないか、別に秘密にするような内容ではないから教えてくれるだろう。うちから問いあわせてあげ

70

ることはできなくはないが、何のために誰に教えるのかと質問される。やはり、あなた自身が、直接目的を伝えて尋ねた方がいい」とのことであった。

被曝線量計を持って管理区域に入り、被曝値が測定された労働者については、電力会社社員と社員外従事者に区分けされ、年別に被曝労働者数と被曝値の合計が公表されている。公表された人数や線量は、原発一基一基についてのものではなく、例えば三基まとめて美浜発電所という名のもとに合計数値が発表されている[57]。古い原子炉や、何らかのトラブルがあってその修理にあたらねばならなかった炉では、新しい炉やトラブルの少なかった炉と比較して、労働者被曝の値は高くなると考えられるが、公表されている数値からは、一基ごとの状態がわからない。また、社員外従事者数とだけ記載されているので、その中に占める地元労働者の割合がわからない。

地元からの原発日雇労働者の中には、管理区域外で働く人もあるので、被曝線量がチェックされた労働者のみでは、たとえ地元労働者がわり出せても、原発日雇の実数に近いとはいえない。

大飯町議会において、共産党所属の議員が「地元からの原発労働者の数を絶えず報告するように、電力会社に働きかけるべきだ」という提案をした結果、少くとも大飯原発で働く大飯町出身者の実数を定期的に把握することができるようになっている[58]。しかし、大飯原発で働く、高浜町や上中町、美浜町、小浜市、敦賀市、名田庄村出身者数はわからない。

大飯町にならって、小浜市議会においても共産党所属議員が、同様の働きかけをしたことはあったが、実現しないまま話は途絶えているという[59]。

若狭地域の市町村別の原発日雇総数（流動的であるので、実数に近いもの）を知るためには、労働基準監督署や電力会社、各自治体が、まさに原発を支える底辺労働者の存在を積極的に調査し、その生命と暮らしを守るという認識を持つのを待たねばならないのだろうか。

敦賀職業安定所の業務年報および業務概要には、原発は地元労働者の就労先として期待されるという内容が、建設初期から今日に至るまで記されてきている[60]。それならばもっと、原発における雇用実績が詳細に公表されてもよいであろう。

福井原子力センターで調べ得た下請労働者についての数字は、もんじゅ建設工事の従事者のみであった。'87年9月末現在で、電力会社々員が129人、請

第1部　日雇労働者の生活問題と社会福祉の課題

負労働者1,537人であった。なお、若狭地域の原発で働く各電力会社の正社員については、'83年では910人であり、その40％が地元出身者（この場合の地元とは、福井県内という意味らしい）とのことであった。

　若狭地域としてはわからないが、'85年12月末現在で放射線従事者中央登録センター（'77年11月に（財）放射線影響会内で設立された）に登録された被曝労働者の累計は196,135人であった[61]。

　原発日雇は、定検や事故による検査、建設工事のある原発へと、地域内移動をするようである（若狭で主に働きつつ県外の原発で働いた経験のある人々もあるが）[62]。仕事がある間、まだ被曝できるとみなされている間、不安定雇用のままで若狭地域内を移動する常雇的日雇のスタイルが作られてきたようにみえる。それは、若狭地域全体が労務管理の対象地域とされてきた　過程ともいえよう[63]。

【注】

1　通商産業省編『21世紀の原子力を考える』（財）通商産業調査会　1986

2　前掲書1　142ページ

3　前掲書1　145ページ

4　『原発はいま』　運輸一般関西生コン支部原子力発電所分会　1982　26ページ

5　前掲4　145ページ

6　高木仁三郎『チェルノブイリ最後の警告』七ツ森書館　1987　68ページ

7　芝田英昭「原子力発電所と住民生活」『経済』新日本出版社　1986.10　164～191ページ

8　日本科学者会議編『原子力発電－知る・考える・調べる－』合同出版　1985　18ページ

9　前掲書8　22ページ

10　前掲書8　19ページ

11　前掲書8　25ページ

12　前掲書8　26ページ

13　中島篤之助「原子力」日本科学者会議編『日本の科学技術』大月書店　1986　60ページ

14　福井新聞「北知事談」　1962年11月10日付

15　『写真集・福井の原発』みんなで「福井の原子力発電を考える本」をつくる会　1983　126ページ

第1章　若狭地域の原発日雇労働者の就労実態とその背景

16　『原子力施設の地域社会への影響調査』敦賀市・美浜町原子力特別委員会連絡協議会　1970　5〜6ページ

17　日本科学者会議福井支部・ゆきのした文化協会編『父と子の原発ノート』ゆきのした文化協会　1987　28ページ

18　前掲書18　29ページ

19　前掲書18　23ページ

20　前掲書17　5〜6ページ

21　前掲書18　25ページ

22　渡辺　昂「新エネルギー開発はなぜ進まないか」『経済』新日本出版社　1987.10　85ページ

23　原子力発電に反対する福井県民会議『高速増殖炉の恐怖−「もんじゅ」差止訴訟−』　緑風出版　1985　447ページ

24　敦賀機械工業協同組合・福井県建設鉄工協同組合「日本原子力発電敦賀2号機建設に伴う陳情書」　1982（日本原電株式会社あて）

25　柴野徹夫『原発のある風景』下　未來社　1983　175〜203ページ

26　前掲書4　31ページ

27　前掲書4　31ページ

28　堀江邦夫『原発ジプシー』現代書館　1979、森江信『原子炉被曝日記』技術と人間　1979、鎌田慧『日本の原発地帯』未來社　1979、柴野徹夫『原発のある風景』上・下　未來社　1983、『原発切抜帳−現場記者の証言−』青林舎　1983 等

29　前掲書24　34ページ、445ページ

30　F1とは、第2章で述べる、事例調査対象者の記号番号である。

31　前掲書6　59ページ

32　西尾漠「原発は止められる−マスコミと電力業界の現状−」『立命評論』　立命評論編集部　1987.9　58ページ

33　前掲書1　40〜199ページ

34　前掲書24　383〜388ページ

35　前掲書4　30ページ

36　前掲書4　35ページ（文・吉村悟弁護士）

37　「敦賀地域雇用開発方針」　敦賀地域雇用開発推進会議　1984　1ページ

38　前掲書7　170ページ

39　資料1の＜1．原発にたどりつくまで＞＜2．原発下請労働の特徴＞

40　（　）内は、筆者による加筆である。

41　（　）内は、筆者による加筆である。

42　前掲書7　171〜172ページ

43　前掲書38　2ページ

第1部　日雇労働者の生活問題と社会福祉の課題

44　前掲書38　5ページ

45　前掲書38　4ページ

46　資料1（069、091）

47　資料7を参照

48　『発電所の運転・建設年報』1985年度版　福井県原子力環境安全管理協議会
　　1986　11ページ

49　資料2を参照

50　高原静夫「隠される放射線被曝の恐怖」『日本の科学者』Vol.16　水曜社　1981.3
　　4～5ページ

51　資料1（058、059、070、072、073、075、080、088）

52　資料1〈3. 労働実態・現場状況〉、資料3（事例2）

53　表2-1は、第2章に掲載

54　資料1（055、064、067、071、074、077、080、085、087、089）

55　資料3を参照

56　柴野徹夫『原発のある風景』上　未來社　1983　140ページ

57　図1-4を参照

58　表1-6を参照

59　「原子力発電所設置反対小浜市民の会」の中嶌哲演氏の話。

60　原発建設のための道路工事に関する記述が、1964年度の敦賀職業安定所の業務
　　年報にみられる。以後1985年度の業務概要に至るまで原発に関する記述は見られ
　　る（1984年度から「年報」が「概要」とされ、パンフレット化した）。

61　『原子力年鑑 '86』日本原子力産業会議　1986　88～89ページ

62　図1-2、図1-3、表1-6、資料1（069、070）

63　第2章第3節で、詳しく触れる。

第2章

若狭地域原発日雇労働者の
生活実態の特徴

はじめに

　この章では、若狭地域における原発日雇労働者の置かれている貧困な状態から、その普遍性と特殊性を浮きぼりにしたい。普遍性とは、労働者一般の今日的問題と共通するものをいう。特殊性とは、原発日雇の抱えている特殊な問題をいう。

　社会問題としての生活問題への対策・対応は、その時々の階級的力関係に規定されるものであるが同時に、その規定された限界を分析し、どう切り開くかを提示するところに、社会福祉の現場実践と現場職員が地域の一労働者として、住民として取り組む運動があるといえる。社会福祉は社会問題としての生活問題に最終的に対応する生活保障政策であり、社会福祉の現場で働く労働者は、その政策の担い手であるが、問題の構造を分析しうる立ち位置に存る。

　若狭地域の原発日雇労働者の生活問題対策のひとつとして、この問題が地域性を持つ故に、住民生活を直視する、ものが言える環境を作る地域福祉の取り組みが重要な位置を占めるものと考える。

　地域福祉は、生活問題一般を対象にするのではない。生活問題対策の一つである地域福祉には、二側面・機能がある[1]。ひとつは、生活保障の機能であり、もうひとつは、労働者・住民を分断管理しながら生活保障制度の利用範囲をせばめ、賃金や自営業収入等からの多様な負担・支出を増大させる側面・機能を持っている。当然、労働者・住民にとっては後者をできるかぎり規制し、前者を拡充させ、生命と暮らしを保持・発展させることが望まれる。

　そうであれば、前者を拡充するための条件を明らかにしなければならないが、その方法の一つとして調査活動がある。『科学的な現実認識の方法の一つである調査活動は、単に実態を把握するだけでなく、それに基づいて、解決ないし

75

第1部　日雇労働者の生活問題と社会福祉の課題

実現すべき課題とその条件、展望を明らかにするところに実践的な目的と意義[2]』
があるのである。

　上記の調査活動の意義をふまえて、若狭地域原発日雇労働者の労働と生活の
実態をできうるかぎりトータルに引き出すべく、事例調査(聴き取り調査)を行っ
た。以下、事例調査・研究の目的と方法について述べる。

　（1）事例調査研究の目的

　先にも触れたが、社会福祉は、生活問題対策のなかで、制度的には最終的な
ものである。最終的とは、他の諸制度で対応しきれなくなった問題のすべてに
不十分に対応するという意味である。言い換えれば、資本主義国家の下で、社
会福祉の対策からも生活問題がとりこぼされたら、もうそのうしろで対応する
制度はないという意味である。その意味で、労働者・住民の生命と暮らしを支
える重要な位置にあるのが社会福祉であるが、制度的には、常に、前提となる
社会政策や公共一般施策の従属変数である。社会福祉がそれ自体で、固有の領
域・内容を持っているのではない。

　地域福祉は、社会福祉の一分野である。社会福祉の対象課題は、労働者・住
民の生活問題であり、『地域福祉は、生活問題の地域性とそれを規定している
諸条件に対する最終的な組織的対応[3]』である。

　事例調査は、ここでいう地域福祉の課題を明らかにするための一方法、根拠
となりうる。

　地域福祉政策としては、基本的には国および自治体行政の責任と費用負担で、
住民生活の実態を調査すべきである。しかし原子力産業と手を取り合っている
政府や自治体行政の手で、若狭地域の労働者・住民の労働問題と生活問題を客
観的・科学的に把握する調査研究は未だ行われていない。しかしながら、地域
住民が抱える生活問題がどのように形成されるのかを明らかにするために、対
象課題（労働者・住民の生活問題）を科学的・構造的に捉える作業が必要である。
この作業の一環とすべく、筆者は、事例調査を実施した。

　事例調査は、①生活問題の重層性をより総合的に観察することを可能にし、
②個別具体性に富んだ現象形態を持つ生活問題故に、質問紙調査ではとりこぼ
されがちな問題も検討しうる[4]。

　なぜ若狭地域の原発日雇を事例調査の対象としたかは、序章で述べた。もう

76

第 2 章　若狭地域原発日雇労働者の生活実態の特徴

一度簡単にふれておく。原発日雇は、最も生活上の困難や不安をかかえている階層の典型として位置づき、若狭地域は、わが国の中で、地域的に最も生命とくらしを守り育てる条件が削りとられ、資本主義社会の矛盾がしわよせされた典型的地域として位置づくであろうことが、対象設定の理由である。

　後に述べることになるが、若狭地域の原発日雇労働者の厳しい労働と生活が存在する故に、統計的処理による調査を実施するのが、極めて困難であった。事例調査という方法によったのは、この事情にもよる。

　次に、生活問題を捉えるときの視点を述べておきたい。

　①雇用条件、②くらしを守る手だて（社会保障の利用状況）、③くらしに発生している歪み（心と身体の健康）、④横の結びつきのなかみ（職場・地域・家族）以上 4 点を、生活問題をみるときの視点とした。この視点とは生活問題を構造的に捉える枠組みである。構造的に捉えるとは、①雇用・労働条件を基底において捉えること、②利用できる政策・制度の適用状況とかかわらせて捉えること、③生命・健康の保持の条件を考えること、④人間が人間らしく生きるためのヨコのつながりを考えることが要件となろう。生活問題研究の方法として「構造的把握」を基本にすえる理由は、生活問題は、今日の資本主義社会の中で大多数を占める労働者階級の労働力の再生産過程にかかわる社会問題として存在するからである[5]。この生活問題の構造的把握により、さまざまな生活問題とその対策の範囲や水準を規定している社会・労働運動のあり方や発展の度合いも捉えられよう。同時に、把握された課題を誰の責任と費用負担によって社会的な解決をするべきかという対策の必然性と、労働者・住民が生活保障を求める権利性を明らかにすることができてくる。

　この事例調査・研究は、現場に働き、地域で暮らしている原発日雇のみならず、地域のすべての労働者が自分の問題として認識し自分も含めた労働者全体の生活問題を客観化する動きを作り出す時の一助となりうるのではなかろうか。例えば原発労組や、地域住民グループが、「社会的に抱え込まされた生活問題」を社会的に解決しようとした時の活動の武器になりうる実態調査分析は必要である。

　事例調査に際しての枠組みは、次ページの図 2-1 に依った。

77

第1部　日雇労働者の生活問題と社会福祉の課題

図2-1　生活問題を捉える基本的な柱と枠組み

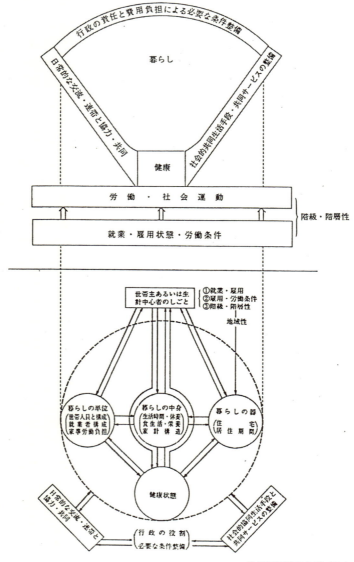

地域福祉研究会編（代表三塚武男）
『地域福祉の課題－大津市における福祉のまちづくりのための実態調査報告－』
大津市社会福祉協議会発行　1987　9ページ

（2）事例調査の方法

『調査活動は、特定の人間に働きかけることによって事実を把握する社会的実践の一つである……[6]』。故に対象とする人々の調査に対する理解と協力が不可欠である。本調査においては対象者と面接者が共同して、記録を作成した観がある。すべて筆者がメモをとったのであるが、限られた時間の中で、聴きながらメモを成立させ得たのは、対象者の「場」に参加する主体的態度があってこそである。

①基本的に対象者と筆者の一対一の面接調査であった。面接時間は、1〜2週間前に電話で調査依頼をした時に、相手の都合を聞いて決めた。また、面接日の前夜または、面接当日、出かける前に対象者宅に電話をして訪問の了解を得た。

②調査の目的・主旨は依頼時の電話で伝え、さらに面接当日、聴き取りを始める前に伝えた。およそ、次の内容であった。「若狭地域の日雇労働者を社会福祉の取り組んでいくべき重たい生活問題を抱えた人々だと考えています。日雇といえば、若狭地域ではその代表格に挙げられるのが原発日雇です。原発での仕事の内容や地域・家庭という暮らしの場のなかみについて、自由に語れることを語って下さい。私たちの地域や私たち労働者・住民が、抱えこんでいる悩みやツジツマのあわないことを拾い出し、悩みや不合理なことがどこからきたものか、それらがどのように、つながりあっているのか、互いに考えていけることを望んでいます。そして今、この調査をさせていただく直接の目的は、社会福祉研究の重要な手がかりにするということです。」

当然この目的の説明の前に、筆者の身分について話した。原発林立地域に居住し、世帯を持っているという筆者の足場が、今回の調査の場合、対象者の警戒心を幾分かはやわらげ、話しやすい条件としてプラスに作用したと推察する。原発城下町の歴史を背負う側に住む者同士でも、自由に原発での事故や被曝労働への不安について語りにくい地域ではあるが、少なくとも筆者は「東京のどこに住んでいるかわからない人」ではなかったのである。

③先に、自由に語れることを語って下さいと対象者に伝えたのは事実である。しかし、その際、前もって、あるいは途中で、筆者が聴き取りたい項目を対象者に口頭で伝えたり、項目を記したノートをみてもらったりした。

④面接時間は、いずれも約2時間であった。2時間の範囲で、②と③および

面接調査についての感想を聞いたり、以後の補充聴き取りについての依頼をした。

　⑤面接回数は、基本的には1回であった。全対象者43人のうち、面接回数1回が、34人。2回が7人。3回1人、4回1人（2回以上が9人）であった。

　⑥面接質問項目（質問用紙は使用しなかった。）は、次の25項目である。

　ア、面接時年齢

　イ、原発にはじめて従事した年齢

　ウ、出生地

　エ、生家の生計中心者の職業

　オ、家族構成

　カ、住宅が持ち家か否か、住宅の間取り等

　キ、学歴

　ク、学卒後最初に就いた職業

　ケ、原発で働く直前の仕事、最長職

　コ、生活条件・内容で変化したと思うこと

　サ、休暇・余暇の取り方、使い方

　シ、原発へ働きに行くようになった動機、きっかけ

　ス、原発での仕事の内容、所属する会社

　セ、通勤時間、通勤手段

　ソ、原発での拘束時間

　タ、実際の作業時間、作業パターン

　チ、賃金、手当

　ツ、現在利用している社会的制度

　テ、健康状態の変化・自覚症状等

　ト、原発労働について思うこと

　ナ、生活や地域について思うこと

　ニ、家計で最も多い支出費目

　ヌ、家計で最も節約している費目

　ネ、悩みごとは誰に相談するか

　ノ、病気になった時、誰が介護してくれるか

　以上の項目は、先に述べた生活問題を捉えるときの4つの視点をもとに構成

第2章　若狭地域原発日雇労働者の生活実態の特徴

表2-1　事例調査対象者一覧（所属階層順）

※ I～Vは所属する会社のランク
※ a三世代、b核家族、c母子、d夫婦のみ
※ （ ）内は家族数

No	家族	学歴	住居	所属階層	退職死亡現役	健康	保険	年齢	収入（円）	作業内容	生活状況など
24	単身	高卒	寮	I	現役	健	社保	25	月12万 残業手当5～6万円	設備の保守管理監督（弁の交換やアスファルト固化装置修理）	食費と自家用車に金がかかる 農家の三男
25	b(3)	高卒	持	I	現役	健	社保	32	月30万（手取り20万）	運転員（三交替）	定年退職した父も「I」の社員だった 住民税が高い、農家
26	a(6)	高卒	持	I	退職	健	社保	34	手当込みで月25万	放射線管理	転職2回、農業
36	単身	高卒	寮	I	死亡	急性白血病	社保	22	月－	三交替の運転員	農家の三男 父は農業と日雇
23	c(3)	中卒	持	IV→II	死亡	悪性肉腫		38	－	機械の分解 掃除、組立	農業と自営業 長男も「II」の社員になった
28	b(4)	大卒	持	II	現役	健	社保	29	手取り月10万	放射線管理 作業員の被曝線量の測定	転職2回
29	a(5)	大卒	持	II	現役	健	社保	29	本俸 月112,000	安全管理、海水汚染線量の測定 計測管理、点検	転職1回 食費が大きい
34	b(4)	高卒	持	II	現役	病	社保	38	年収500万	除染、水管の掃除 配管、ポンプ修理等	転職1回、家のローン、保育料の負担が大きい
08	a(5)	青年学校	持	III	退職	病	社保	69	71年 2,500 81年 5,500	取水口の掃除 衣類やシートの運搬、仕分け	農機具代に金がかかる 妻は内職をしている
13	夫婦と母(3)	高等小学校	持	III	退職	病	社保	61	80年 日5,300 83年 日6,100	1次系クリーニング	農家、転職2回
16	－	－	持	III	死亡	胃癌	国保		80年 日5,300	1次系クリーニング	「あんたに話しても原発から補償金はもらえへん」
17	a(4)		持	III	死亡	事故	国保				会社主催行事中事故で全身麻痺 のち死亡（労災にならず）
18	独居	高等小学校	借	III	死亡	くも膜下出血		62	日給月給 85年日23万	（妻に語らなかった）	転職2回 酒好きだったがギャンブルはしない
30	b(3)	専門学校卒	持	III	現役	健	社保	31	月16万（込）	計装（計器の修理、交換等）	転職2回、今までの職場より原発の条件はよい
35	b(3)	大学院中退	持	III	現役	健	国保	40	時給2,500	労働者教育の講師	パートで不規則 家庭教師などもしている
01	b(3)	中卒	持	IV	現役	健	国保	35	日給月給月30万	圧力、温度、振動等の計器点検	家のローン、食費、保育料の負担大
02	a(4)だが実質b	中卒	持	IV	現役	健	社保	49	日11,000	バルブ修理、溶接 配管の点検	母入院、家のローンの負担大、転職5回 妻水商売自営、長男への仕送り大
03	a(3)	国民学校	持	IV	現役	健	国保	58	日8,000	ポンプ修理、溶接配管	農機具費の負担大
04	a(7)	高卒	持	IV	現役	健	国保	32	月23万（本人）月15万（妻）	クレーンオペレーター 溶接	転職3回、農業 保育料が高い
05	d	－	借	IV	現役			40		（建設時から現在に至るまで日雇）	話すことすべてが公になり仕事ができなくなると思う
06	d	高卒	借	IV	現役	健	国保	41	日10,000	蒸気発生器の点検、整備 ボイラーや熱交換器の点検	食費の支出大 転職2回
07	b	中卒	持	IV	現役	病	国保	19	－	除染作業	持病あり、父も病気
09	b	中卒	持	IV	退職	健	国保	61	日8,000	タンクの掃除 除染作業	夫婦共に失業保険で生活
10	d		持	IV	退職	健		45	日－	配管工	仕事は転々とした 妻は水商売自営
11	b(4)	水産学校	持	IV	退職	病	国保	57	日－	安全管理	転職4回
12	a(7)	高卒	持	IV	退職	健	国保	39	70年 日2,400	計器調整、点検	転職4回 農家、現在定職あり
14	b(3)	高校中退	持	IV	退職	健	国保	53	日給月給 30万	1次系クリーニング	転職6回、長男病死 次男障害児施設
15	a	高卒	持	IV	退職	健	国保	36	87年 日8,000	1次系クリーニング	仕事は転々とした
19	a(5)	高等小学校	持	IV	死亡	消化器癌		70	81年 日6,000	1次系クリーニング 除染作業	高齢を理由に首切られた 直後に癌の手術
20	a(3)	高等小学校	持	IV	死亡	腎臓疾患貧血		47		足場組 除染作業	農業、季節労働をしていた
21	c(2)	中卒	持	IV	死亡	肝癌		50	83年 妻には月30万渡した（親）	足場組 除染作業	転職1回 手遅れになるまで気付かずに働いた
22	c(2)	高等小学校	持	IV	死亡	胃癌	社保	56	83年 日給月給8,500	1次系衣類整理 積み出し	定年退職後、原発へ 農業
27	b(4)	高卒	持	I→IV	退職	健	国保	34	手込みで月30万	転職前運転員（三交替）	零細自営、農業 転職1回
31	a(8)	小学卒	持	V→IV	退職	高血圧		59	手取り月20万	除染作業、機械部品修理 パイプの加工なども任されてやっていた	零細自営業 家のローンが大きい
32	単身	高卒	持	IV	現役	健	社保	38	日給月給月40万	壁の塗装、補修	気ままに暮らしているが健康管理に気を使っている。転職2回
33	b(4)	高校中退	借	IV	現役	健	社保	32	日給30万	とび	転職4回 夜はほとんどマージャン

・死亡した労働者の場合は、家族の欄は、あとに残された者を記入した。
・No.05、16、17は面接不可だったが、電話で短い話ができたケース。

第1部　日雇労働者の生活問題と社会福祉の課題

表2-2　面接調査の可・不可人数

面接可	I	4人	面接不可	II	1人	1）ここに掲げている人数はすべて原発労働に就いている人、就いていた人で、死亡者の場合は、その家族を含む。 2）面接依頼時にノートに記録したケースのみをここに表した。
	II	4人		III	5人	
	III	4人		IV	19人	
	IV	20人		V	5人	
計		33人	計		30人	

'86.7.1～'87.3.31

した[7]。そして、主に聴き取り対象者の就業実態・所得から、対象者がおかれた階層とその特徴を明らかにした。

面接においては、アから順に質問していく方法はとらなかった。身の回りにある出来事から話し、時々あいづちを打ちながら、対象者が自由に語れる分だけを聴くことにした。あいづちは、質問項目に触れるものもあった。

⑦対象者は43人であった。原発労働者は表2-1で示した36人であるが、内3人は電話による聴き取りであった。面接対象者は33人であった。第1章の図1-5でIからVまでの会社の階層区分をしたので、同記号を用いて原発労働者についてのみの面接可、不可人数を記す。表2-1で使用した所属階層欄の記号も、図1-5の記号を引用している。個人の特定ができないようにするため、聴き取り結果に歪みが出ない条件で、一部加工した。年齢は1～2歳ずらしたケースがある。

原発日雇の実態をより捉えやすくするために、電力会社正社員や元請クラスの労働者も面接の対象とした。

さらに、原発日雇の実態を客観的に捉えるもう一つの手段として、地域の医師や医療関係者、一般住民も面接の対象とした（医師3人、医療関係者1人、一般住民3人）。

⑧面接の場

43人中、34人は対象者の自宅。7人はそれぞれ別の喫茶店。2人は医療機関内で面接をした。

⑨対象者の選定基準

82

第2章　若狭地域原発日雇労働者の生活実態の特徴

　原発日雇の総数について、正確に公表されている文献はなかった。若狭地域
の原発労働者の場合、各階層の関連会社のすべてに、作業のことや雇用条件の
内容について「口封じ」の為の労務管理が行き届き、労働者・住民の意識操作
がなされているようであった[8]。このことは面接調査記録からも十分読みとれ
る。

　F 27 はクリーニング済み、従って除染済みのはずのものとして手渡された
マスクの汚染の度合を計測器で確かめてみた。ところがほとんど除染されてい
ない「汚染マスク」だったので、現場の上役に新しい、汚染されていないマス
クをつけたいと言ったら、「いつでも首にできるんだぞ」という暗示を込めた
言葉でしか対応されなかったという。

　現場でケガをしても、仲間の労働者には黙っているようにという上司からの
指示があるという。

　公表された既存の資料（筆者が収集したもの）には、原発日雇の人数や住所
地等のデータは含まれていないので、対象者の無作為抽出あるいは有為抽出と
いう方法は取り得なかった。結果として、依頼してそれに応じた労働者・住民
が調査対象者となった。

　しかし、1人1人に依頼するにあたっては、①まず原発日雇になる直前の職
（かつ最長職）を軸に、②地域的には農漁業地域と住商混合地域という若狭地域
では典型的な2種に区分した。その上で、若狭地域の全市町村からそれぞれ対
象者をピックアップした。③年齢的にも 20 代から 60 代までの全体がながめら
れるよう配慮した。④加えて地域外から来た原発日雇にも目くばりをしておい
た。⑤そして、現役の人、退職した人、死亡した人に分けて、生活問題の表わ
れ方の特徴もつかめるように配慮した。⑥先述したが、月給制の各階層の労働
者（日雇ではない人々）も対象とした。

　①を基本にして⑥までの対象者選定は、資料1「10、面接調査について思う
こと」からもうかがえるように容易ではなかった。限界はあるものの、最初の
枠組に沿った人をピックアップできたのではなかろうか。

　対象者は、筆者の知人や、知人の知人、原発労組の資料から拾ったリスト、
地域の人々の世間話から聞き得た人、偶然に出会い面接調査に応じてもらえた
人等であった。

　集中的に一つの町に入るのをさけ、個々の対象者が筆者の訪問によって結び

つかないように配慮した。

ここで「生活意識」について触れておく。この事例調査は、実態把握の手段であり、単純な意識調査ではない。『人が自分の生活をどのように考えているかということと、その人の実際の生活がどのようなものであるかということは、別の問題である。意識の問題と事実の問題とははっきり区別して考えないといけない[9]』。『国民生活の状態を科学的に捉えるためには、客観的な事実にもとづいて判断する必要がある[10]』。

労働やくらしの条件や実態から意識だけを切り離して調査をすることは科学的手法とはいえない。『競争と分断によって孤立している個人は、社会的に実現すべき課題を、はっきりした要求としてではなく、個人的なレベルで個別的に処理すべき事柄として捉え、その処理能力に応じて願望や不満・苦情、あるいは不信やあきらめの形をとって表出する傾向がある。人間の意識や要求、考え方は、基本的には労働・生活条件（存在）によって規定される。しかし、その規定関係は、決して一方的・単線的なものではない[11]』。

事例調査は、対象者の自由な語りの中で、職歴・生活歴を聴き取っていく方法を採った。当然、対象者の意識が全体を通して表出する。対象者の認識が、生活問題の実態をそのままよく表わしている場合と、そうでないままに終わっている場合とがあることに留意しなければならない。意識は絶えずその人自身の労働とくらしの条件とその人がかかわりを持つ人間や組織、諸環境の中で変化するものであろう。『科学的には、意識を規定し、意識に影響を与えている諸条件や要因との関係で、構造的に把握する視点と方法論が必要である[12]』。

今回の事例調査では、客観的な事実、実態をふまえて、原発日雇やその家族の労働と生活への思い（意識）を聴き取った。

対象者それぞれの意識があり、面接したその時々の筆者の意識と態度があった。しかし、面接の方法は一貫して、まず対象者の話を聴くというものであった。

そこで聴き取った記録ノートを次の12項目に整理した。むろん聴き取ったすべての内容をもらさず12項目に仕分けてはいない。内容的に極めてプライベートなこともあり、また12項目のどの項目にも入らない内容もあり、すべてを記すことはできなかった。

意識も含めて記録した12項目であるが、これを先に述べた生活問題を捉え

第 2 章　若狭地域原発日雇労働者の生活実態の特徴

表 2-3　被面接者の職歴・生活歴など（原発労働に従事した時点で日雇だったケースのみ）

記号番号	職　　　　歴	生活歴・家族の状況など
F 4	中卒後 30 人未満の会社のブルーカラー（1 年）→ 30 人未満の製本屋→住み込みのアルバイト→土木日雇→運送屋日雇→マージャン荘自営→原発日雇（現役 35 歳）	男女あわせて 6 人兄弟。父母は小作農とクズテツ屋をしていた。1 年間は県内で働いたが東京へ出た。転々と職をかえ、また地元にもどった。見合結婚をしたその年から原発で働くようになった。幼児 2 人、乳児 1 人と妻を食べさせないといけない。
F 5	中卒後ラジオ店の修理工→土木日雇→ 30 人以上工場（ブルーカラー）→国鉄の臨時職員→ 30 人未満の鉄工所→ 30 人未満の工場（ブルーカラー）→原発日雇（現役 49 歳）	祖父も父も職人だった。時代の流れ（産業構造の変化と技術開発）でその職の需要がなくなった。自分は長男だが、はじめから職人の仕事を継いでいない。妻は水商売をしている。母は入院中。長男へは学費の仕送りをしている。地域的つきあいはない。
F 6	小学卒業後、大阪の陸軍の Z 技能者養成所へ入る→戦後 30 人以上会社（ブルーカラー）→ 30 人未満会社（ブルーカラー）→零細自営→ 30 人未満鉄工所→日雇（雑役夫、運転手等）→原発日雇→ 3 次下請会社の社員（現役 59 歳）	6 人兄弟の上から 3 番目。地元の家に養子に入った。本人と妻、長男夫婦と孫 4 人がいる。長男は原発関係ではない地元のサラリーマン。近所や地域のつきあいはある。
F 7	青年学校卒業後農業→兵役→病気療養→農業→農業と原発日雇→失業（年齢が理由の首切り・65 歳）→妻の内職の手伝い程度をしている（69 歳）	父母ともに農業をしていた。妻と長男夫婦、孫（高校生と中学生）とともに暮らしている。妻は内職、長男は農業と土木日雇、長男の妻は 30 人以上の工場の工員。※本人は被曝との因果関係が疑われる疾病にかかっている。近所や地域とのつきあいはある。
F 8	中卒後徴用で住友金属の工員に→若狭に疎開し農・漁業手伝い→ 30 人以上工場（ブルーカラー）→日雇→原発日雇→失業（年齢が理由の首切り・62 歳）	父の出身は若狭だったが、大阪に出て働き、世帯を持った。父は病弱だったため貧しかった。6 人兄弟だった。今は、本人と妻の失業保険で生活している。妻と 2 人ぐらし。地域とのつながり、つきあいはない。
F 9	中卒後経理専門学校へ入ったがすぐやめた→油問屋の配達→国鉄日雇人夫→土木日雇→ 30 人未満鉄工所→ 30 人未満工場（ブルーカラー）→日雇→原発日雇→日雇　　　　（45 歳）	父は本人の出生年に兵役にとられ戦死。祖父母と母は炭焼と農業をしていた。兄と姉がいたが、兄は幼児期に死亡。現在妻と 2 人ぐらし。妻は水商売をしている。子供はいない。
F 10	水産学校卒後農協職員（20 年）→ 30 人以下出版会社（ブルーカラー）→ラジオ商→ヤミヤ→原発日雇→失業（疾病のため）→アルバイト的な軽作業　　　　（57 歳）	父は、職人だった。母は小作農をしていた。5 人兄弟、貧しかった。妻、長男、長女とくらしている。長男は原発関連会社の社員。地域とのつながりはある。

85

第1部　日雇労働者の生活問題と社会福祉の課題

F 12	工業高校卒後30人未満鉄工所→30人未満電気工事店 →30人未満薬品加工工場→原発日雇→公共団体職員 （39歳）	妻、子供（小学生2人）、父母、弟とくらしている。父母とも農業。父は、定年までN公社社員だった。妻はアルバイト的な仕事をしている。 近所、親戚、地域とのつながりはある。
F 13	国民学校卒後農業と土木日雇をしていた →農業と原発日雇 （現役58歳）	父母はともに農業と土木日雇で生計をたてていた。 現在、妻が農業と土木日雇をしている。 本人・妻・母の3人家族（子供は都市部にでている）。 近隣、地域とのつきあいはある。
F 15	普通科高校卒後公務員になったが3カ月でやめた。性格にあわなかった→30人未満鉄工所→30人未満工場（ブルーカラー）→原発日雇（日給制が後に月給制になった） （現役32歳）	父母は半農半漁をしている。妻と父母、妹、幼児2人とくらしている。妻は団体職員。近所づきあいも、地域の中でのつきあいもしている。10年前は青年団活動もしていた。 今は組織的な仲間作りや地域作りにかかわっていない。
F 18	商業高校卒後ダム工事専門の30人以上の建設会社に就職（10年間）→30人未満地盤改良会社に就職（4年間） →新工法で地盤改良をする波についていけず会社は傾いたので退社→原発日雇（現役58歳）	4人兄弟の長男だが、家を出た。 父はごく一般的なサラリーマンだった。 現在拠点は九州で、妻と二人ぐらし。 地域とのつながりはない。
F 20	中卒後アルバイト程度しかしていなかった。 →原発日雇 （現役20歳）	実家には父母がいるが、現在、寮（飯場）生活。父母は半農半漁でくらしていた。現在父は病気。本人は幼児期からの持病がある。遊び仲間がいる程度で地域や近所とのつきあいはない。
F 21	普通科高卒後社員30人の会社（ブルーカラー）に就職したが、ここは倒産した。→建築物のキレツやヒビワレを補修する会社（社員15人）で日給月給制で働く職人になった。→同種の会社（社員30人）で日給月給制の職人として原発へ派遣された。　　　　　（38歳）	24歳の時結婚したが、妻と小学生の長男とは別居中。 地域とのつながりはない。 現在、拠点は大阪。
F 22	高校中退後ヤクザの家に居候した→ソープランドの女性の運転手→クラブのボーイ→19〜20歳の頃チンピラまがいの生活→トビ職の修行（1年6カ月）→30人未満会社の職人（日給月給）として原発日雇→別の30未満会社の職人（月給制）として原発へ　　（現役32歳）	父母は土木日雇であった。 公営住宅に住んでいる。妻と小学生の子供2人がいる。 近所づきあいや親戚づきあいはしている。
F 27	尋常小学校卒業後海軍工廠の工具→陸軍に入隊→農業 →30人未満工場（ブルーカラー）→前の会社が倒産したので農閑期に30人以上の工場の季節労働者になった →農業と原発日雇（後に日給制から月給制にかわった） →作業中に体調が急変し入院（60歳）	本人と妻の2人ぐらし（面接時61歳） 入院後、仕事が続けられず失業。農作業も困難。若狭では大きな方の農家だったが、72年から兼業で工場づとめをしなければ生計が苦しくなった。地域の役員もしていたし近隣とのつきあいはある。息子は、都会で世帯を持った者と隣町で世帯を持っている者とがいる。

86

第2章 若狭地域原発日雇労働者の生活実態の特徴

F 38	高校中退後30人未満印刷会社（ブルーカラー）→郵便局臨時職員→建設会社の日雇→30人未満建設会社（運転手）→30人未満建材会社（運転手）→合理化により解雇され原発日雇→30人未満工場工員（日給月給制）　　　（53歳）	父は職人だった。母は農業と和裁の内職をしていた。弟は父のあとを継いで職人となっている。結婚後、夫婦で土木日雇に出ながら3人の子供を育てた。借家には本人、妻、長女の3人が住んでいる。長女は原発関連の会社員。近所、地域との交流はあまりない。
F 39	中卒後30人未満工場（ブルーカラー）→30人未満建設会社社員→30人未満電気工設備会社日雇→30人以上の自動車工場の季節労働者→自衛隊に入隊→30人以上工場の日雇→30人未満コンクリート型枠会社（日雇）→原発日雇→零細自営　　　　　（36歳）	父は林業労働者だった。母は土木日雇をしていた。兄はトラックの運転手、兄の妻はパートにでている。父、母、兄夫婦、兄の子（1歳）とともにくらしている。地域との交流は十分している。
F 25	尋常高等小学卒後30人未満の工場工員→30人未満建設会社社員→社長が大工職人だった前の会社が倒産して、原発日雇になった→出勤途上で倒れ、そのまま死亡。※時期は分からないが兵役にもとられていた（結婚前）。※面接時の妻の年齢（65歳）	40年間借家。5人の子を育てた。本人も妻も貧しい家に育った。妻は、夫の年金と自分の老齢年金とで生活している。孫が泊まりにきてくれるが独居。近隣とのつきあいはある。夫が仕事をおえて帰ってくると入れ替わりに夜、旅館の下働きにいっていた。夫は月23万、妻は月5万程度の収入があったが近年病気をしてからは下働きにも出かけられない。年をとっているのでやってもらえない。
F 29	尋常高等小学卒後軍属として中国へ渡った→兵役→30人未満底引網の会社社員→前の会社が倒産後30人未満潜水会社→2度目の会社も倒産し、別の30人未満潜水会社→3度目の会社も倒産し、原発日雇になった→年齢を理由に首を切られた。すでに手遅れの癌だった（死亡70歳）。	父母ともに定職はなく、日雇や内職仕事、行商等をしていた。結婚し子をもうけてから兵役にとられた。一時期、生活費としては全く足りない扶助額だったが生活保護受給世帯だった。子供は5人いるがみな独立した。現在、長男夫婦と孫2人と同居している。長男夫婦は共働きである。近所づきあいはしている。※面接時の妻の年齢は67歳
F 30	小学校高等科卒後農業一筋だった→農業だけの生活ができなくなり農業兼隣市の工場の季節労働者となった。→農業兼原発日雇→現役で働いているあいだに病気が進行しているのに気づかなかった。→闘病生活7年3カ月（その間に医療保護受給）→病死（47歳）	父母ともに農業をしていた、田、畑、山林は相当あった。現在、妻、長女、義母の3人ぐらし、長男は夫の死後、続けて死亡。長女は定職についている。ここまでくるまでが苦しかった。妻は今、農業のかたわら、日給制の内職工場に行っている。近隣、地域との交流はある。※面接時の妻の年齢54歳
F 31	中卒後30人未満建設会社社員（職人）→所属していた会社をやめて職人数人の親方（原発4次下請レベル）として原発労働者になった→現役で働いた時、手遅れの癌に気づかず死亡（60歳）	現在、妻と子（中学生）の2人ぐらし。妻は持病があるので働いていない。本人が生前、買い取った土地・建物の賃借料を生活費としている。地域とのつながりはほとんどない。※面接時の妻の年齢（54歳）（夫より1歳年上）

87

第1部　日雇労働者の生活問題と社会福祉の課題

F 32	尋常高等小学卒後国鉄職員となる→40年働いたが、仕事がいやになったといって定年より2年早く退職し、原発日雇へ→原発で2年3カ月働いたが、特に今日の体調は悪いといい8月末に検診、9月に入院・手術、10月に癌で死亡（56歳）。	父母は農業をしていた。妻は洋服の仕立ての内職をしていた。本人は癌で死亡するまで病気らしい病気はしなかった。現在、妻と長男の2人ぐらし。子供は3人育てたが、2人は独立した。夫の年金と妻のわずかの国民年金、そして食べるだけの農業（水田）とで生計をたてている。 近所・地域との交流はある。※面接時妻の年齢62歳
F 34	中卒後、農業と建設会社の日雇をしていた→農業と原発日雇→（後に日給制から月給制になり、社会保険加入の社員扱いになった。）→癌による死亡（38歳）	父母は農業と零細自営をしていた。父母はすでに死亡。 夫も妻も農業と土木日雇をしていた。妻は自営業も手伝っていた。子供は3人だが2人は定職についた。1人はまだ高校生。現在、妻も、長男も夫のいた会社で働いている。（妻は正社員ではない）。家には妻、長男、長女の3人がくらしている。近所づきあいは人並みにしている。 ※面接時妻の年齢42歳

88

る４つの視点をもって相互の関連性と特徴を読みとることができるのではなかろうか。

　聴き取りから得た事実を集め、それらを図や表にした。図や表の分析によって、原発日雇の生活問題がみえてくる。実態をまるごとあるいは生活問題全体を析出しえないが、語られた部分、部分をとり出し、つなぎあわせて相互の関連を問うことはできよう。

　図や表の分析を裏づける材料として、資料１の12項目は位置づく。

　２章では、まず原発日雇の階層移動の特徴を検討し、次に、健康とかかわる諸問題を明らかにしたい。最後に、生活問題が社会問題として表面化しにくい実態について検討する。

第１節　日雇労働者の形成過程とその特徴
─担い手の主力は中高年層─

　どのような経緯で、人々は原発日雇となるのであろうか。

　まず、ぶあつい低所得階層があるといえよう。表2-3をみると、多くはある低所得階層から別の低所得階層への移動をしている。原発日雇への移動は、低所得階層の中でも特に、命の崩壊という危険労働（本人の危険のみでなく、未来の世代にも影響するかもしれない危険労働）への移動である。

　表2-3をもとに表2-4を作成した。表2-4をみると、（ア）×（ｃ）の農業（特に稲作）収入で’71年までは生活しえていたケースを除いて、（イ）から（カ）のいずれの前職であった場合も、35歳から54歳までの世帯を担う世代の人々が、原発日雇になっている。文字通り、地域をまきこむ就労先となっているのが原発といえる。

　地域の中堅の働き手が、不安定雇用で生命にかかわるかもしれない危険労働に従事していることは、地域経済にとっても、重大な問題である。

　（イ）×（ｂ）は、安定した職場で40年近く働いた後に再就職したケースである。このケースは、退職後の年金のみでは家計を維持することが困難であった。妻は家事と農業（水田２反）をし、長男は無職であった。生活のかかったケースといえよう。

　（ウ）をみると、地域の弱体な産業基盤のありようがうかがえる。産業構造

表 2-4　前職からみた原発日雇従事者年齢別従事理由（区分対象は被面接者のうち、原発労働に従事した時点では、日雇であった 23 名）

前職　＼　従事した年数	（a）34 歳以下	（b）35 歳～54 歳	（c）55 歳以上
（ア）農業			・土地改良、機械化によって時間的に余裕ができると並行して農業だけでは生計が成り立たなくなり、毎月の現金収入が得られる原発へいくようになった。(F7)(55歳)
（イ）従業員30人以上のブルーカラー		・尋常高等小学卒後、安定した職に就いていた。40年働いて定年の2年前にやめた。年金は入ったが生計中心者でもあり、まだ長く働けるから。家から通えるし、現金収入が得られるから。(F32)(53歳)	・生家は定職のない被保護世帯だった。兵隊の後、勤めた会社は3カ所とも倒産。高齢期にかかっていたが、子供の結婚費用や、借家の買い取り等による大きな出費をした後、即収入が得られる先として原発日雇になった。(F29)(59歳)
（ウ）従業員30人未満のブルーカラー	・高卒後30人未満の鉄工所や工場で働き、3回目の転職先が原発日雇（5次下請）。よその日当と比べて良かった。(F12)(22歳) ・安定した職についていたが、その雰囲気が肌にあわずにやめた。30人未満の会社に2回動めたが、それらより条件のよい賃金が得られ、かつ自分の技術を生かせるので原発日雇になった。(F15)(28歳)	・中卒後、ラジオ店やセメント会社などを転々とし、日雇人夫をしたり、日給月給制の工場で動めた。原発日雇は6回目の転職。(F5)(37歳) ・高卒後、大手の建設会社に10年動めたがやめた。その後一定の地域に住めるというメリットのある30人未満の会社に勤めたが、技術革新で小さな会社は傾いた。以後会社を変わって働いた。(F18)(41歳) ・30人未満の会社で働いていたが会社の都合でやめた。その後20年間建設会社の職人として働いたが、その会社は倒産。5人の子供をかかえすぐにも現金収入が必要だったので原発日雇になった。(F25)(52歳)	
（エ）原発以外の日雇	・中卒後、油問屋や酒屋に勤めたが、その後日雇人夫として全国を転々としていた。若狭で原発を建設する頃から定住。そのまま長く原発日雇。(F39)(33歳) ・中卒後、製造工場勤め（1～2年）、土建会社等、転職9回、10回目が原発日雇。どこも長く続かない。(F33)(33歳)	・30人以上の工場勤めをした（1～2年）後、町工場を転々とし、モグリの運送屋も。小さな鉄工所に勤めたり、運転手、日雇人夫をしていて、原発日雇へ。(F6)(36歳) ・中卒後、農漁業をしていたが、25歳の時から30人以上の製造工場へ勤めた。39歳の時に倒産、その後日雇人夫として県外へ出稼ぎに出ていた。51歳から原発日雇となった。(F8)(51歳)	

第2章　若狭地域原発日雇労働者の生活実態の特徴

分類			
（オ）農業と日雇	・父母は半農半漁及び零細自営業だった。本人は中卒後、父母の手伝いをしながら日雇人夫をしていた。31歳の時から原発日雇になった。（F 34）(31歳)	・農業一筋にやっていたが、農閑期には日雇で土木仕事をしていた。今も農業兼原発日雇という形だ。農機具も次々と必要になるし、軽トラックだけでは運びにくい土地に住んでいる。そんなものを買い替えたり、買い揃えたりするために原発で働いている。（F 13）(48歳) ・大きな農家だった。農閑期に季節労働に出ていた。冬場の現金収入を得るために原発日雇にいった。（F 30）(39歳)	・尋常高等小学後、海軍工廠で働いた。その後農業一筋で生活したが72年に30人未満の工場に勤めた。80年にその会社は倒産。そのあとは、農業と季節労働をしていた。厳しい農業政策の下で、「まだましな原発日雇になった。（F 27）(55歳)
（カ）零細自営職人	・中卒後、30人未満の製造会社で働いた（1年間）。その後小さな製本屋や木商売のアルバイト等を経て零細自営業をしたが家族をもって生活維持できず、原発日雇になった。（F 4）(35歳) ・高校中退後、チンピラまがいの生活、水商売の日給かせぎ等々した後、建設会社で職人としての技術を身につけた。地元の会社に所属して原発日雇となった。（F 22）(21歳)	・20年間、安定した団体職員として働いた。その後小さな出版社やラジオ店、さらに、零細自営業を経て原発日雇になった。（F 10）(51歳) ・高卒後はじめて勤めた会社は倒産。その後職人として原発へきている。転職2回。現在、職人として30人未満の会社に所属。日給月給制。（F 21）(35歳) ・中卒後、30人以上の建設会社の社員。若狭の原発建設期以来、職人として働いた。自ら親方となって人夫を雇って働いた。日雇にはかわりない、はじめ雇われていた会社はやめた。（F 31）(35歳)	
（キ）その他（前職なし）	・中卒後、アルバイトはした。それでの甘えもあり自分で生活のコントロールがしにくかった。人夫あつめの親方にあずかってもらう形で原発日雇になった。（F 20）(19歳)		

91

第1部　日雇労働者の生活問題と社会福祉の課題

の転換の時期には、この部分にしわよせ（合理化や倒産による失業）がでてくる。また、労働時間や肉体疲労の度合い、賃金のいずれをみても、原発は前職と比べて、まだましだという声が多く聞かれた。被曝を無視すればである。

（エ）も（オ）も、極めて不安定な労働条件下にあった人々である。低賃金である上、現場の一定しない県外の仕事に出かけていたケースもあった。自宅から通える距離で、通勤手段には会社が用意するマイクロバスがあり、しかも日給は他の日雇仕事よりもましということになれば、わずかでも目先の条件の良い原発日雇に移動するのは無理からぬことである。

（オ）は零細農業を営む層である。この層は世代をこえて、原発日雇となっている。

（カ）は、自営といっても名目的自営である。トビであった者が、下請会社の指示のもとに原発内でトビ以外の作業にも従事していた。「人夫の親方」としてピンハネによる収入を得るケースもあった。

年齢でみた場合、34歳以下の人々が原発日雇に至る理由は、（オ）と（キ）を除いて、初職を2年未満でやめた後、転々と職をかえている間に、日雇の賃金ではましな方で、自宅から通勤でき、特に資格を問われない原発日雇に至っている。学歴は、中卒、高校中退、高卒がみられる。

（キ）は、持病のため小学生時代から入退院を繰り返し、日常生活のサイクルを自己管理できずにいたケースである。親が、集団で寝起きしながら働ける場に子どもの身をおくことを望んだ。それが原発日雇を雇う会社であった。子どもが、結果的に原発日雇の寮で生活するに至る前に、親は地域の教育機関、教育関係者に相談をしていたのだが、職業教育を受けたり、原発以外の住み込みの職場に到達していない。

全体を通して、若狭地域に生活する人々の脆弱な生活基盤、産業基盤が存在することが推察される。

若年層も、これといって条件の良い転職先が他にないとすれば、原発労働に従事し続けることにならざるをえない。

教員採用試験に何度も失敗した青年や、都市で働いていたが、家督を継ぐためUターンした青年、前職の労働条件が悪く、転職を希望していた青年が、知人や職業安定所の紹介で、原発のⅡ～Ⅳレベルの会社で働くようになった事実がある。このようなケースは面接調査の中で8名あった。8名とも25歳から

92

表2-5 原発日雇の前職別出身地別就業開始年齢等

前職等／出身地	農業	農業と日雇	ブルーカラー	定年退職直後	零細自営・職人	日雇
地元	F 7）55歳～65歳の10年間原発へいった。現在病気	F 34）31歳～37歳の6年間原発で働いた。死亡 F 13）48歳から58歳の10年間原発で働いている。現役 F 30）39歳8カ月～39歳11カ月の3カ月間・死亡 F 27）55歳～60歳の5年間。失業と病気	F 12）22歳～23歳の1年間。 F 15）28歳～32歳の4年間、現役 F 5）37歳～49歳の12年間、現役 F 25）52歳～62歳。10年間働き、死亡 F 29）59歳～69歳の10年間。死亡は退職直後 F 38）47歳～52歳の5年間原発で働いたが今は日給制の工場に移った。	F 32）53歳～56歳の3年間原発へいった。死亡	F 4）30歳～35歳の5年間。現役 F 22）21歳～32歳の11年間。現役 F 10）51歳～54歳の3年間。病気失業中	F 39）33歳～36歳の3年間原発の中で次々と親方をかえた。現在零細自営 F 6）42歳～59歳の17年間。現役 F 8）51歳～62歳の7年間。失業中 F 20）19歳～20歳。現役
近畿その他			F 18）41歳～45歳の4年間。現役		F 21）35歳～38歳の約3年間。現役 F 31）34歳～50歳の6年間。死亡	F 9）27歳～41歳の14年間（現在原発以外の日雇仕事についている。）

34歳までの年齢で、石油危機後の不況が顕在化した1975年以降に、原発下請労働者になっている。

　以上のようにナショナルなレベルでみても、ローカルなレベルでみても、社会的な問題を抱えた原発労働者たちであることがうかがえる。彼らは、不安定雇用で危険な労働に対する危機感がそれほどなかったり、あっても出せない立場に置かれているようである。

　危機感の薄さは、企業が用意した安全教育や、テレビや新聞を通じての第三世界の生存困難の情報をもって、単純に今の自分と比較して観念されていた。先進国といわれるわが国の労働者の賃金や労働内容、労働者の基本的人権について組織的に学習する機会を作りにくい階層分断が深まっていることも、危機感の薄さにつながるものであろう。

　前職がブルーカラーであった人々の勤務先は、零細規模のところが多く、労働とくらしの条件の改善をはかるための基本的なよりどころである労働組合のある職場は、定年退職者のケース以外にはなかった。

　危機感がある場合でも、それを口にすれば地域で生活しにくかったり、職場を追われることになりかねず、生活のために（収入源の確保や地域での表面的

第1部　日雇労働者の生活問題と社会福祉の課題

表2-6　原発日雇従事年齢別（前職別）死亡年齢区分表

前職×従事した年齢 ＼ 死亡年齢	農業×34歳以下	従業員30人以上ブルーカラー×35～54歳	従業員30人未満ブルーカラー×35～54歳	農業と日雇×35～54歳	零細自営・職人×35～54歳	従業員30人以上ブルーカラー×55歳以上
55歳未満				F 30）原発をやめて7年3カ月入退院をくりかえした。47歳で死亡。 F 34）現役で働いたが癌でたおれ1年後に38歳で死亡。	F 31）現役で働いた。50歳で死亡。	
55歳以上		F 32）前職を退職し、3年間原発へ。現役で働いていたが56歳で死亡。	F 25）現役で働いた62歳で死亡。			F 29）手遅れの癌にかかっていることを知らずに退職。その1年後70歳で死亡。

表2-7　原発問題史的時期区分による前職類型と年齢

前職類型 ＼ 時期区分	農　　業	農業と日雇	ブルーカラー	定年退職者	零細自営・職人	日雇
第1期　'67～'69		(34)			(34)	(27) (42)
第2期　'70～'71	(55)	(39)	(22)			
第3期　'72～'76		(48)	(37) (59) (52)		(51) (21)	(51)
第4期　'77～'79						
第5期　'80～'84		(55)	(47) (28) (41)	(53)	(30) (35)	(33)
第6期　'85～						(19)

※（　）内は原発日雇になった年齢。
※原発日雇に従事した時点では日雇であったケースのみ。

な相互扶助関係の確保等）危機感を口に出せない実態があるようである。職場
と地域の「管理」が、大企業と行政当局（各種部局の）によってなされている。
内在的にも、外在的にも、労働者・住民は、原発労働についての危機感を顕在
化させにくい条件下にあるといえよう。

　原発日雇として生活せざるをえなくなった人々の前職については、どのよう
な特徴があるだろうか。またそこには、地域的特色がみられるだろうか。ここ
でいう前職とは、1年以上就労していた、原発日雇直前の職業をいう。

　表2-6は、原発日雇で死亡したケースの前職及び原発日雇になった時の年齢
をみたものである。

　「農業と日雇」の場合、自宅から通えて日雇の賃金が少しでも多いところへ

移るのであろう。「ブルーカラー」の場合、倒産による転職が２ケース、定年退職によるもの１ケースがあった。35歳から54歳の間の転職が多いのだが、55歳未満の死亡者には、「農業と日雇」「零細自営・職人」がかたまり、55歳以上の死亡者には、「ブルーカラー」であったケースがかたまった。

死亡年齢は30代から70代までの各年代にみられた。表2-5と表2-6をあわせてみると、比較的短期間に、疾病にかかり働けない体になったり、死亡したりしている。

原発日雇になった人々の前職をみると、もともと生活基盤が脆弱であったことがうかがえるが、そのような世帯の生計中心者が、疾病でたおれたり、死亡したりすることによる家族の生活困難には計り知れない。いったん崩れた生活の再建、再生産は経済的、肉体的、精神的に極めて難しい。

次に、第１章で述べた若狭地域の原発建設とかかわる時期区分別に、原発日雇となった人々の前職と原発従事年齢を、表2-7でみる。

第１期の原発建設期には、ブルーカラーや定年退職者の再就職としての原発日雇化はみられない。この時期は、高度経済成長期で、重化学工業地帯に人口が集中した（労働力流動化政策）。また敦賀市や小浜市に相当規模の工場で働く人々はいたが、過疎化する若狭地域には農業と日雇、零細自営・職人、日雇という最も低所得、不安定就労の階層は薄くなかった。

第２期には、稼働しはじめた原発と、建設が始まった高浜１号機、２号機、ふげんの３原発があった。この時期には、専業農家やブルーカラー層からの原発日雇化もみられる。第２期も、まだ国土開発強化路線の中で、積極的な人口の流動化政策がとられていた。

第３期は、原発建設工事が重層化し、ピークに達した時期である。石油危機を契機に、労働力流動化政策が再編成された時期と重なる。農業専従者（もともと、若狭地域の各農家は兼業が多く、専業は少ない。『各農家の所有する農地の規模については、１ヘクタール以上が県平均で30.4パーセントであるが、嶺南では10～20パーセント台が大勢を占めて嶺北平野を下回る[13]』－'75年現在－）と、定年退職者の層以外は、20歳代から50歳代の各年代からの原発日雇化がみられる。

第４期は、建設工事のピークがすぎ、原発の稼働基数が増え、定期検査はあるものの労働力需要が減少したと思われる時期である。事例は少ないが、この時期には、どの前職類型からも、原発日雇になったケースがなかった。

95

第1部　日雇労働者の生活問題と社会福祉の課題

　第5期は、再び3基の原発建設が重層化した時期である。専業農家以外のすべての職業層から原発日雇になっている。やはり第3期と同じように、ブルーカラー層と零細自営・職人層から原発日雇になったケースは多い。第3期の特徴に加わるのが、安定した職場を定年退職したケースである。

　社会保障費がカットされ、公社、国鉄の民営化や職員の「合理化削減」という大きな動きのあった時期であった。第3期と比べて、30歳代の人が多かった。

　第6期は、もんじゅの建設工事が始まっている。'87年からは、大飯3号機、4号機の建設工事が本格化したが、調査期間の関係もあってか、特に動きは表われなかった。事例調査によれば、敦賀市や美浜町、三方町から大飯町に通っているというケースや、敦賀市内から大飯町の半島先端まで行くのは、体がつらいので仕事を辞めたというケースがあった。道路は対面通行の国道27号線しかなかった。

　相対的に、ぶあつい低所得・不安定層内の移動として、原発日雇化がみられる。そして、その大きな特徴に加わるのが、長期化する不況の中で、比較的安定した職業階層にいた人の生活基盤もゆらぎはじめ、彼らの原発日雇への移動がみられることである。

　また、原発の建設が重層化した時期に、原発日雇になっているケースが多く、建設休止期あるいは準備期には、原発日雇になったケースは出てこない。これは、若狭地域の労働者・住民の就労基盤、生活の不安定さを示すものだといえよう。

　さて、ここまでは原発日雇の前職と原発に従事した年齢を中心にみてきたのであるが、原発日雇個々人の生活歴に触れておく。原発日雇の形成過程は、個々人の生活問題史として捉えることができると考える。社会的な要因が個人の転職や疾病、死を導くことにつながるとすれば、このことを明らかにするために生活歴を、各ケースごとにみておく必要があろう。

　『すべての人にとって、みずからの生活史をふまえることは極めて重要なことである。経済学レベルでの「労働力の再生産」も、生理学レベルでの「労働をめぐるエネルギー出納」も、ともに時系列不在の概念である。1日の労働によって3日分も4日分も年をとらされる職場はざらにある。労働強化の進化する職場では「二十代で四十腰、五十肩」という批判が労働者側からも出されているし、また釜ヶ崎の住人は、三十代の人が四十代に見えるともいわれている。

96

表2-8　原発日雇労働者の生活歴略年表
F 27　（前職が農業と日雇）　　　（'87.02 現在 61 歳）

職　　　　歴	傷　病　歴	住　居　歴	家　族　歴
'40 ～ '45（5 年） 　高等小学卒業後、海軍工廠で船の電気工事に従事		海軍の宿泊施設	
'45 ～ '72（26 年） 　専業で農業従事		'45 年～ 生家にもどり、現在に至る。	'50 ごろ 結婚
'72 ～ '79（7 年） 　兼業で合板会社に勤めた（日給月給制）。			'50 年～ '60 第1子、第2子誕生
'79 ～ '80（1 年） 　兼業で工場の季節労働者をした。			'75 ～ '85 　第1子、第2子ともに独立。
'80 ～ '85（5 年） 　兼業で原発日雇になった。 →病気による失業	'84 ～ '86 　胃潰瘍（手術）、急性肝炎（入退院をくりかえした。		'85 ～ 　本人、妻、母
'85 ～ 　農業は営んでいるが本人はほとんど従事していない。	'86 ～ 　慢性肝炎で通院し、現在に至る。	'87 ～ '88 　ハナレを新築する予定（長男家族にもどってきてもらうため）	

F 8　（前職が日雇）　　　（'86.08 現在 61 歳）

職　　　　歴	傷　病　歴	住　居　歴	家　族　歴
'39 ～ '45（6 年） 　中学卒業後、徴用で住友金属で働いた。		'25 ～ '45 　大阪府内の借家（'34 に一度転居）	
'45 ～ '50（5 年） 　農漁業の手伝いや土木日雇をした。		'45 ～ '50 　若狭の父の生家に疎開しそのまま居住	'46　結婚 '47 ～ '57 　第1子、第2子誕生
'50 ～ '64（14 年） 　耐火煉瓦製造会社に勤めた。 → '64 会社倒産による失業	'62 ～ '65 　珪石の粉が原因の職業病的肺疾患で入院（手術）	'50 ～ 　借家（現在に至る。）	
'65 ～ '76（11 年） 　日雇（主にバルブ修理）	'76 ～ '86 　手指、足の骨折など3回ケガをした。		'65 ～ '75 　第1子、第2子独立 '75 ～ 　本人、妻
'76 ～ '86（10 年） 　原発日雇になった。 →遠まわしの首切り（遠方の原発へ行くように言われた。）	'76 ～ 　白血球数が 3,000 ～ 3,500 になり、以後ふえない。 '81 ～ '83 　頭痛と吐き気が続いた。		
'86 ～ 　失業状態			

※家族歴では、本人の妻子以外の同居人は、面接時点の人のみ記載

第1部　日雇労働者の生活問題と社会福祉の課題

F 30　（前職が農業と日雇）　　　（死亡時年齢 47 歳）

職　　歴	傷　病　歴	住　居　歴	家　族　歴
'46 ～ '55（8 年） 　小学校高等科卒業後、専業で農業従事	'36 ごろ 　腎臓疾患	（生家のあとを継いだ）	
'55 ～ '70（15 年） 　農業のかたわら、季節労働に出た（工場）。	（30 年余り特に病気せず）		'55　結婚 '56 ～ '66 　第 1 子、第 2 子誕生
'70 ～ '71（3 カ月） 農業のかたわら、原発日雇になった。 '71 　疾病により仕事ができなくなった。	'71 転落事故による股間部の強打 '71 ～ '78 　腎臓疾患、心臓疾患、極度の貧血		'78　本人死亡 '80　第 1 子死亡 '80 ～ 　妻、第 2 子、母
'78 （死亡） （妻が農業に従事）		（転居経験なし）	

F 32　（前職が国鉄）　　　（死亡時年齢 56 歳）

職　　歴	傷　病　歴	住　居　歴	家　族　歴
'41 ～ '81（39 年） 　高等小学卒業後、国鉄に就職		（出生から結婚に至るまでは生家） '52 　妻の家（養子）	'52　結婚 '54　第 1 子誕生 '56　第 2 子誕生 '58　第 3 子誕生
'81 ～ '84（2 年 3 カ月） 　国鉄退職後、原発日雇になった。			'70 ～ '80 　第 1 子、第 2 子独立
'84 　疾病により仕事ができなくなった（就労不可）。 '85　（死亡） （零細農業であり、妻と子が従事）	'84 　癌で入院（手術）		'85　本人死亡 '85　妻、第 3 子

98

第 2 章　若狭地域原発日雇労働者の生活実態の特徴

F 4　（前職が零細自営）　　（'86.08 現在 35 歳）

職　　歴	傷　病　歴	住　居　歴	家　族　歴
'66 ～ '67（1 年） 　中卒後メガネ枠工場の工員となる。		'66 ～ '67 　会社の寮	
'67 ～ '74（7 年） 　上京し、製本屋、商店のアルバイト、土木日雇、運送屋の日雇、キャバレーでの楽器演奏等をした。		'67 ～ '74 　アパート	
'74 ～ '81（7 年） 　帰郷し、マージャン荘のアルバイト、キャバレーでの楽器演奏、マージャン荘の経営等をしていた。			
'81 ～ 　原発日雇になり現在に至る。		'81 ～ 　アパート '83 　中古の一戸建住宅を購入	'81　結婚 '82　第 1 子誕生 '83　第 2 子誕生 '86　第 3 子誕生
	（特になし）		

F 15　（前職が 30 人未満のブルーワーカー）　　（'86.11 現在 32 歳）

職　　歴	傷　病　歴	住　居　歴	家　族　歴
'73（3 カ月） 　高卒後、公務員になったが、すぐやめた。		'73　生家	'73 ～ '81 　本人、父、母、妹
'73 ～ '81（8 年） 　30 人未満の鉄工所の社員		'80 ～ '81 　「ハナレ」を全部改造（結婚に備えて）	'81　結婚
'81 ～ '82（1 年） 　30 人未満の鉄工所関係の会社社員			'82　第 1 子誕生
'82 ～ 　原発日雇になり現在に至る。			'85　第 2 子誕生
（農漁業兼業）	（特になし）	（転居経験なし）	

第1部　日雇労働者の生活問題と社会福祉の課題

このような「健康低下速度」の増大に対決できるような時系列術 – 健康問題をふくんだ生活記録運動 – これが現在最も必要[14]』と考える。

『……1人の労働者の事故死から、多数の労働者の累積疲労を読み、1人の生活保護者の自殺から、多数の人間の生存上の危機を読みとることが必要である。さらにこれらの危険・危機の時間的空間的な分布状態[15]』を明らかにする必要がある。

人間が健康に生ききっていく可能性、生きる権利を伸びやかに追求していくために、これを抑圧・コントロールしようとする社会的要因を生活歴から読みとっていくために「幾何学的図示法[16]」を参考にして、表2-8から図2-2-1と図2-2-2を作成した。

図2-2-1と図2-2-2は、個人の社会問題史といえるもので、社会的な大きな動きを氷山の一角から、かいまみることのできるものといえよう。人口の流動化政策、産業構造の転換、石油危機と長期化する不況、国営企業の民営化等による失業者・半失業者を一定吸収する原発政策が、若狭地域の労働者・住民の生活条件を規定する要因となっているといえよう。

第2章　若狭地域原発日雇労働者の生活実態の特徴

原発日雇の生活歴略年表概要

（F 27）

- 大きな農家の後継ぎとして、26年間農業のみに従事していた。その間に結婚し、子どもも、もうけた。
- '71年のドルショックの翌年から、農業のかたわら、二交替制の工場に勤めた（7年間）。工場では、過重労働でやめていく者や健康を害する者が多かったが、また次々と、体裁のよい広告を見て働きにくる者もあった。
- 農業だけでは、生活の維持が困難になった。
- '71年は、高浜2号機、ふげんの着工年であり、'72年は、美浜3号機、大飯1号機、2号機の建設着工年であったが、F 27は、二交替制の会社倒産の前年（'79年）まで工場で働き、会社退職後の1年間は、原発とかかわりを持っていない。この工場をやめてすぐ、原発の仕事に移る人が何人もいたという。
- '78年（会社をやめた年）は、日本の失業率が2.12％に達し、20年来最悪の完全失業者数を記録した年であった。
- '80年から5年間原発で働いた。2人の子どもが独立し世帯を持つまで、農業と日雇仕事を続けて、健康を害した。59歳で、毎日勤めに出るような仕事ができない身体になっている。
- 住居、宅地は、広々としている。ハナレを新築して、長男家族にもどってもらう予定という。
- 地域のリーダー的役職にも就いた経験を持っている。
- 原発で働いた時、現場の上役に危険な被曝労働についての指摘をしたことがある。
- 妻は農業のみに従事してきた。

（F 8）

- 疎開先で農漁業の手伝いや土木日雇をしている間に結婚した。
- 戦後の混乱期を経て、'85年から14年間、耐火煉瓦製造会社に勤めた。その間に、組合運動にも積極的に加わった。職業病と思われる疾病にかかって療養中に、会社は倒産した。いわゆるスクラップ産業に属する会社であっ

101

第1部　日雇労働者の生活問題と社会福祉の課題

た。妻は、別の会社の工員として '86 年まで働き、定年退職した。

- 50 年以来現在に至るまで借家住まいである。子ども 2 人は独立した。ギャンブルのためにサラ金に追われた時期があった。
- 会社倒産後、20 日や 30 日という契約で県内外の日雇仕事をしていた。
- 原発建設が始まった頃には原発にかかわっていなかった。バルブ修理を主な仕事にした日雇だったこともあり、オイルショック後のマイナス成長の時期、'76 年から原発の 1 次系で働くようになった。年もとっていたので、自宅から通える方がよかったという。
- 原発で働いている間に、頭痛と吐き気の続く状態が 1 年ほどあったという。白血球数が減ったままで、'79 年から 2 次系でしか働けなくなったという。
- 若狭地域内であるが、自宅から最も遠い原発へ通ってほしいと親方に言われた。体力的にも生活時間のなかみからみても無理だと思ったし、高齢期に入った者の首切りをにおわされたので、仕事をやめた。
- 本人と妻は現在、失業保険で生活している。本人は親方に進言・要求し、'83 年に失業保険をかけるようにできたという。
- ケガを隠したりするのはおかしいと思っても、若いときみたいに言えない。「仕組み」が言いたいことが言えないものになっていて、労働者は萎縮していると語った。

（F 15）

- 同和地域に生まれた。中卒後、工場に勤めたが、低賃金だった。楽器の演奏をおぼえ、プロになりたいという夢を持って上京した。高度経済成長期であり、東京には、働き口はいくらでもありヒッピーもいっぱいだったという。
- '74 年、石油危機直後に、帰郷した。プロになれない限界を感じたという。東京でも働き先を探すのが楽ではなくなっていた。その後、マージャン荘の手伝い・経営等をしていたが、結婚と同時に原発日雇となった。毎月確実に収入を得る必要があった。親戚が下請会社を作るというきっかけもあった。
- 中古の家を買った時の借金と、生命保険への支出が大きい。
- 幼児と乳児がいるので、妻は働いていない。

第2章　若狭地域原発日雇労働者の生活実態の特徴

- 自分に向いた仕事で原発より条件のよい仕事があったら、そちらに行くし、独身だったらまた考えるだろう。しかし、世帯を持っているから、1日たりとも仕事を休めない。金にならないから、という。本人のみの賃金で家計をまかなっている。
- 同和地域出身の者や、親の国籍のちがう者の就労条件の悪さ、社会的ハンディが実在することを語った。

（F 32）
- 父母は農業・漁業を営んでいる。田は3町5反ある。本人も農業を手伝っている。妻は団体職員である。
- 高卒後地方公務員になったが、職場の雰囲気になじめなかったことと、給料が安いのが不満で3カ月後に転職した。石油危機の直前であった。
- 地元の中では給料のよいところを選ぶ形でブルーカラーの職場を2カ所経験した。技術を生かせる原発の下請会社を友人を介して知り、さらに転職した。臨調行革第3次（基本）答申の出された年であった。
- 給料が、多少原発下請会社の方がよかったからという。原発での年間賃金は340〜350万とのこと。本人はこの額を「やすいもんやで」と言っている。
- 妻の賃金が年間約200万円あり、農業収入もあるので生活に窮している観はない。自分の被曝労働については、最初ちょっと抵抗があっただけだと語った。安全教育で習ったことを信じていた。
- 30代になって、2人目の子どもも生まれ、今、生活と労働のバランスをこわせない状態になっている様子であった。
- 地域の中では、同じ年代の家族どうしで、グループ交際をしている。社会教育分野の活動を積極的にした経験を持つ。長男であり、家督を継ぐ立場にある。

（F 30）
- 専業農家に生まれた。田は2町3反あった。小学校高等科卒後、家督を継いで農業に従事していた。
- 結婚した年から季節労働に出た（'55年）。
- 原発日雇になったのは、'70年の農閑期であった。高度経済成長の波がま

103

第1部　日雇労働者の生活問題と社会福祉の課題

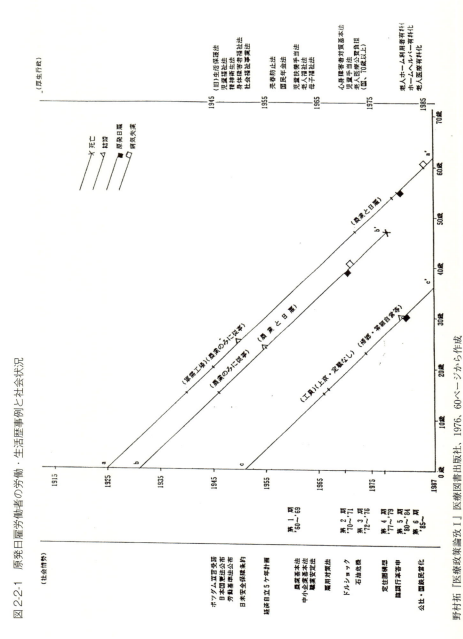

図 2-2-1　原発日雇労働者の労働・生活歴事例と社会状況

野村拓『医療政策論放Ⅰ』医療図書出版社, 1976, 60ページから作成

第2章 若狭地域原発日雇労働者の生活実態の特徴

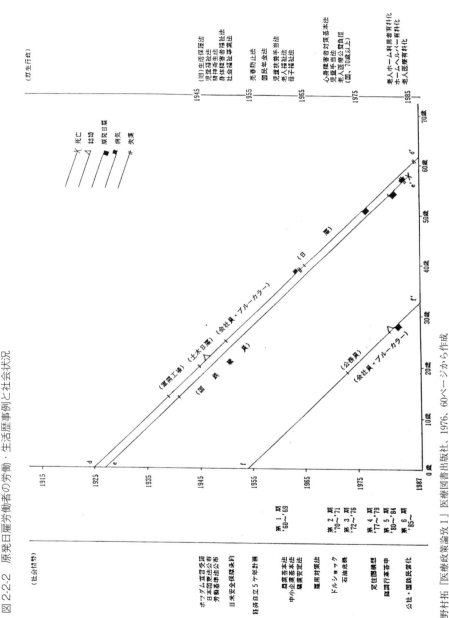

図2-2-2 原発日雇労働者の労働・生活歴事例と社会状況

野村拓『医療政策論改Ⅰ』医療図書出版社、1976、60ページから作成

だ消えていない時期であった。まさにその過疎地でスクラップ化を進められる産業である農業を営みながら、よりましな現金収入の得られる仕事を求めたといえよう。

- 原発作業現場での落下事故を機に、内臓疾患がほうっておけない状態になっていることがわかり、入院した。雇用保険に入っておらず、傷病手当も一切なかった。落下事故でケガもしたのに何の補償もされなかった。
- 闘病生活が7年余りにおよぶ間に、医療保護を受給することになった。
- 看護と子育てに追われていた妻は夫の死後、農業のかたわら、日給制の内職工場に勤めた。

（F 32）
- 高等小学校卒後39年間、国鉄で働いた。同じ職場の労働運動に積極的に加わる人々の姿を目にしていた。
- 40年目に、「仕事がいやになった」と言って国鉄定年年齢より2年早くやめている。社会保障費の伸び率が防衛費を下回った年であり、臨調・行革第1次答申が出された'81年であった。
- 妻子を扶養しており、年金受給年齢に達しておらず、まだ働ける年齢（53歳）だったので同時期に国鉄をやめた人々をさそって、原発日雇になった。
- 原発で働きだして2年3カ月たって「具合が悪い」と、病院へ行った。手遅れの癌であった。医者は、「2年あまりで発癌から、このような状態に至ったりすると思えない」と言ったとのこと。原発で働く前も途中でも健康診断はしていた。
- 癌だとわかって1年後、'85年に死亡した。
  国鉄民営化の動きが具体的なものとなり、社会保障制度「改正」による露骨な受益者負担が進められた時期に、「肩たたき」により国鉄を退職し、原発日雇となり、そのわずか2年3カ月後に死亡している。妻と子が残された。

第2章　若狭地域原発日雇労働者の生活実態の特徴

第2節　著しい健康破壊と生活問題の累積
ー脆弱な生活構造に加えての健康破壊のインパクトー

はじめに

　『1983年までに原発労働者が被曝した放射線量の総計は10万4222人・レム
にも達しており、この間に被曝を受けた労働者の総数は、実に32万7581
人[17]』にもなっている。

　『原発内で働く労働者が着用するフィルムバッジやポケット線量計による測
定値は、着用する位置における体外からの被曝線量しか意味しない。つまり、
特定の位置の体外被曝のみが監視されているにすぎないのである。汚染された
現場での作業の場合、手足の被曝線量はずっと大きいし、体内に入った放射性
核種による体内被曝は、部位によっては、体外被曝よりはるかに影響が大き
いものになる[18]』。本論執筆時点で筆者は、持続的に低線量被曝したり、微量
でも内部被曝することによる人体の損傷についての文献に十分あたれていない。
しかし損傷は物理的にないはずはない。

　にもかかわらず、厳密に全ての核種の内部被曝線量の測定は行われていない
し、そもそもこれを的確に測る計器も方法も未開発である。

　原子炉内で生み出される人工放射性核種の中には、生体内に取り込まれやす
く、かつ著しい濃縮を示すものが多い。ヨウ素131、ストロンチウム90等が
好例である。

　『天然ヨウ素やストロンチウムは非放射性であるから、生体内で濃縮されて
も何ら害はないが、人類が人工放射性のものをつくり出すと様相は一変し、食
物連鎖を通じて高度に濃縮され、体内被曝の障害を発生させるのである[19]』。

　『遺伝子学的にみれば、ある集団中の突然変異遺伝子の頻度だけ問題になる
ので、その集団中の誰が被曝しようと、数世代という尺度で遺伝的影響を考え
れば、労働者被曝は周辺住民被曝と何ら異なるところはない。したがって、労
働者被曝の問題は、遺伝的障害の観点から見れば、個々の労働者のみの問題と
考えることはできず、その被曝労働者が生活する地域住民集団全体の被曝線量
をその分だけ増加させることを意味し、原子力発電所施設周辺住民は、等し
く労働者被曝によって、日常的被曝の危険性を増大させられることになるの

107

第1部　日雇労働者の生活問題と社会福祉の課題

表 2-9　賃金比較　　　　　　　　　　　　　　　　　　　　　　　（単位　円）

区分 年	生活扶助基準額（標準4人世帯）	地域別最低賃金	春闘会議（民間）	原発日雇（日給×25）
1980 年	124,173	70,300	168,987	135,000
1981 年	134,976	74,850	177,646	150,000
1982 年	143,345	78,900	186,737	182,500
1983 年	148,649	81,400	201,490	212,500
1984 年	152,960	83,925	205,351	225,000
1985 年	157,396	86,950	213,620	225,000

※引用文献
　「1986年版活用労働統計」日本生産性本部活用労働統計委員会編
　1986（財）日本生産性本部生産性労働資料センター発行
　「昭和60年版最低賃金決定要覧」労働省労働基準局賃金福祉部賃金課編
　1986　労働基準調査会発行
　「社会福祉の動向1985」厚生省社会局庶務課監修
　1985　社会福祉法人全国社会福祉協議会発行
※原発日雇の月額については、事例調査で聞き取った日給の平均に25日をかけて筆者が算出した。
賃金は特殊技術のある者とない者で幾分か異なる。

である[20]』。

　監督官庁の公表データからみても、原発内労働者の被曝線量の累積は増加の一途をたどっている。そして、下請労働者への被曝のおしつけは明らかである。『……前近代的な雇用関係におかれている下請労働者の、多量の被曝なしに、原発の点検・修理ができないという現実が、原発が「近代産業の産物」とは、かけ離れたものであることを示しています。

　このような原発が「安全な実証炉」として認可されるのは、安全審査にも問題があります[21]』とは、福井大学の庄野義之教授の言葉である。

　電力会社、財界が、原発を動かせば動かすだけ莫大な利潤を得ることになる仕組みについては、ここでは触れない。

　ここでは、先述引用したような危険労働の主たる担い手の労働条件と健康問題に焦点をあてることにする。

1項　賃金と労働時間

　『元請、下請、孫請から人夫出しの親方という、およそ前近代的な雇用形態の底辺で、3万8,000円の日給単価を7,800円までにピンハネされる下請労働者には健康保険はおろか、年金や雇用保険、労災保険すらなく、あるのは被曝

第2章　若狭地域原発日雇労働者の生活実態の特徴

表 2-10　対前年上昇率の推移　　　　　　　　　　　　　　　　　　（単位　％）

年 ＼ 区分	生活扶助基準	地域最低賃金	人事院勧告（公務員）	春　闘（民間企業）	消費者物価指数
1977 年	12.80	9.50	6.92	8.80	8.10
1978 年	11.00	6.40	3.84	5.89	3.80
1979 年	8.30	6.30	3.70	6.00	3.60
1980 年	8.60	7.00	4.61	6.74	8.00
1981 年	8.70	6.50	5.23	7.68	4.90
1982 年	6.20	5.40	－	7.01	2.70
1983 年	3.70	3.20	2.03	4.40	1.90
1984 年	2.90	3.10	3.37	4.46	2.20
1985 年	2.90	3.60	5.74	5.03	2.10

▲作成に用いた資料名
・「1986年版活用労働統計」日本生産性本部活用労働統計委員会編
　1986（財）日本生産性本部生産性労働資料センター発行
・「昭和60年版最低賃金決定要覧」労働省労働基準局賃金福祉部賃金課編
　1986　労働基準調査会発行
・「社会福祉の動向　1985」厚生省社会局庶務課監修
　1985　社会福祉法人全国社会福祉協議会発行
・「昭和60年版地方公務員の給与とその適正化」自治省行政局公務員部給与課編集
　1986（財）地方財務協会発行

の危険と雇用不安だけ……[22]』というのは 1982 年のことであった。それから
4 年後の '86 年 11 月現在の面接調査によれば「関電は、労働者 1 人につき 1
日約 7 万円はみている。メーカーの社員（技術者）には、まるまる 7 万円に「×
×手当」5 万円を加えて、12 万円も支払われているという。それが 4 次下請
になると年間 340 万円から 350 万円の賃金にしかならない」とのことであった。
　資料 1 の「3、労働実態・現場状況」にもみられるように原発下請の労働は、
長時間の肉体労働とは質的な違いがみられる。原発日雇の賃金は「労働の対価」
という性質からは、ほど遠く、被曝危険手当とでも言えるようなものではなか
ろうか。被曝労働によって、健康が再生産されぬまま死に至るケースがあると
すれば、「賃金」あるいは「危険手当」がいくら支払われてもとりかえしのつ
くものではない。
　しかし、若狭地域の、世帯を担う労働者たちは「生活のために」「少しでも
ましな賃金を得るために」原発で働いている。面接調査でつかめた原発日雇の
賃金をもとにして、表 2-9 を作成した[23]。

第1部　日雇労働者の生活問題と社会福祉の課題

　原発日雇の場合、毎月25日間休まず就労していなければ、表に記された月額にならない。

　有給休暇はなく、雇用保険もなく、国民健康保険扱いというケースの場合、地域別最低賃金の2倍の賃金であろうと、春闘会議の月額とほぼ差がないものであっても、生活の安定が保障されるものではない。表2-3のＦ4は、生活をかかえた不安定就労階層の典型といえよう。

　命とひきかえの危険労働であるにもかかわらず、原発日雇の賃金は、面接調査による限り、'84年から足ぶみ状態である。その水準が公に検討され、改善されたのは、'81年から'82年にかけて、原発労組が労働条件改善の要求を掲げて立ち上がった時期であった。

　労働基準監督署は、この時期に動くことを余儀なくさせられている。敦賀1号機の事故隠し発覚によって、6カ月間の運転停止となった（実際には、まる9カ月間停止していた）。下請業者の仕事は途切れ、日雇労働者の解雇・賃金未払という事態が広範におきた。日雇労働者たちは生活を維持していくために、より安全な労働現場を獲得するために、組合に結集した。

　『……「低所得階層」ないし「不安定就業階層」は、現代の「貧困」とDeprivation の作用をまともに現にうけている階層であり、しかも、労働能力を保有し、いまは未組織のまま分散し、放置されているとはいえ、独自の組織と運動を展開しうる限界にいる階層といえよう[24]』。まさに、この限界にいて立ち上がった労働者たちがあった。

　ここで、最低賃金制度について若干触れておく。最低賃金制度は、すべての労働者の労働による賃金の最低限を規制し、人間の労働力と健康を再生産する一定の水準を定めるものである。しかし、わが国においては、そのような前提が欠けており、表2-10にもみられるように、社会保障制度のなかでも最終的な公的扶助制度による生活保護基準が、賃金決定機構に連動されている[25]。

　このような、わが国の制度の下では、働いても働かなくても同じような所得しか確保できないということになる。生活保護基準を少しでも上まわる所得を有する世帯であるなら、自立している、あるいは自立できるとは言えないのである。

　雇用保障制度および本格的な全国一律の最低賃金制度が確立された場合、常用労働者の部分は大きくなり、低所得・不安定層の部分は小さくなる。

　ところが、基本的な制度が確立していないために、それぞれの階層の環が重

第2章　若狭地域原発日雇労働者の生活実態の特徴

なりあい、ぶあつい低所得・不安定層が形成されるのである。

　次に、原発日雇の労働時間について述べる。実際に現場で作業する時間と、原発の中で拘束される時間、そして通勤に要する時間を取りあげる。

　通勤時間は、短くて約40分、長くて約2時間を要している。若狭地域の場合、最も遠距離の移動は敦賀市と高浜町間である。若狭地域のいたるところから、毎朝、原発へ向かうバスが走る。各々の会社名を記したマイクロバスや大型バスが、原発労働者の通勤手段になっている。

　国道と鉄道が、並行して1本ずつある。各々バスと列車が、およそ1時間に1本運行している。公共交通網に恵まれない地域の中へ、マイクロバスは細かく入りこみ、原発労働者を数人ずつ吸収していく。

　労働者たちは、特に原発の近くに自宅や宿舎がある場合を除き、朝6時30分から7時には、自宅を出ている。下請業者のマイクロバスは、原発日雇の中から（常雇・社員扱いの者もいる）地域ごとに運転手になる者が決められ、その運転手は仕事が終了すると、定まったメンバーをバスに乗せ、各集落の定まった場所で降ろしていく。運転手自身は、自宅までバスを運転して止めおきし、翌朝、自宅からバスを運行させるのである。この「運転手」には、1人500円の運転手当がついている（ⅣクラスのS工業の場合）。

　面接調査によれば帰宅時間は、残業のない場合、18時30分から19時30分頃までである。従って原発労働のために拘束される時間は、平常の原発運転時期には、約12時間である。しかし、夏は観光客の車が国道27号線を埋めつくし、ひどく渋滞するし、冬は凍結や積雪のために、自動車の走行は困難になるので、拘束時間は12時間を大幅に超える。「大飯原発での仕事を定時に終え帰宅したのが23時になったことがある」と、F38は言った。激しく雪の降る日だったという。

　原発日雇は、親方が請け負った仕事のある原発へ通うので、作業現場が敦賀原発であったり、大飯原発であったりする。作業現場によって通勤時間は変動する。

　原発の敷地内に入ってから出るまでの拘束時間と、実際の作業時間とは異なっている。資料5にみられるように、残業をしなかった場合の原発敷地内拘束時間は、約9.5時間である。しかし、作業時間は、3分から8時間まで変化に富んでいる。この作業の実態については、資料1の「2、原発下請労働の特

111

第1部　日雇労働者の生活問題と社会福祉の課題

徴」や「3、労働実態・現場状況」において語られている。被曝の度合いによって、作業時間が決まってくるといってよいだろう。作業と作業の間の待機の時間や、放射線防護服の脱着時間、休憩時間、モニターで被曝線量を調べる時間、サービス建屋にもどり、シャワーで身体に付着した放射性物質を洗い落とす時間と、実際に被曝しながら作業する時間（管理区域に入り、待機しているだけで、どんどん被曝していく場合もある）等、原発敷地内に入ってから出るまでの労働者の時間の過ごし方は、一定していないようである。肉体的には重労働といえないが、防護服を着て半面マスクや全面マスクを着用して作業する苦しさや、作業現場の暑さ（場所によっては40度あるという）、被曝の不安、モニターカメラで監視されていることへの緊張、下請労働者の詰所での待機時間の所在なさやギャンブルの横行等が、原発日雇労働者の心と体を蝕んでいく要因になっていると推測される。

2項　原発日雇と生活保護

　資料11で示した若狭地域の各市町村別生活保護開始理由（以下、生活保護を生保と略す）に関する諸表は、筆者作成の枠組みで区分してある。厚生省（2001年から厚生労働省となったが、論文執筆時点の省名を用いる）による生保開始理由の仕分け方、集計方法と同一ではない。厚生省の区分をもとにしながら、筆者が生保開始理由を細分化した。できるだけ、具体的な開始理由を知るためである。

　敦賀市福祉事務所、小浜市福祉事務所、若狭地方福祉事務所の各生保担当者に、筆者の枠組みをあらかじめ示し、了解を得て担当者からケース記録を聴き取った。用意した枠組みに、聴き取りで得たデータを記していったのである。

　ケース記録の書き方や、その時々のケースワーカーの姿勢、考え方、福祉事務所の体制、国の方針、施策等は固定的ではない。さまざまな因子が重なり加わって、生保の取り扱い方は変動すると思われる。加えて、資料11は、筆者の枠組みを使い、聴き取り記録から作成しているので、若狭地域の生保開始世帯の実態をすべて捉えることはできない。大きな限界はあるけれども、方法を同じくした各福祉事務所からの聴き取り記録から、実態の一部をみいだすことは可能と考える。この前提に立って、生保開始理由に関する諸表の特徴をみることにする。ただし、ここでは一つ一つの表について詳しく検討せず、全体を通じての傾向を述べるにとどめる。若狭地域の生保対象世帯の中に、生保開始

第2章　若狭地域原発日雇労働者の生活実態の特徴

（　　）年度　　　　　　　　　　　　　　　　　　　　　　　　　　　　（　　）福祉事務所

No.	年齢	職業	家族構成	障害者の有無	保護開始理由	その他

表2-11　年度別原発日雇であった生保開始世帯数

年　　　度	生保開始世帯数
1982	2
1983	1
1984	3
1985	1

表2-12　生保受給世帯の家族構成と生保開始理由（世帯主の受給直前職が原発日雇であったケース）

世帯番号	家　族　構　成	生保開始理由
1	単　　身	腰痛がひどく就労困難
2	単　　身	疾病による入院
3	単　　身	疾病による入院
4	単　　身	疾病による入院
5	本人、妻、子（9歳、6歳、2歳）	世帯主の疾病による入院
6	本人（♂）、子（14歳）	世帯主の疾病による入院
7	本人、妻	世帯主の疾病による入院

※某福祉事務所管内の1982年度から1985年度までの4年間に生保受給世帯となった7ケースであるが、番号は年度順ではない。
※世帯主の生保受給直前職は、原発日雇であった。
※世帯主の年齢（歳代）別ケース数
　30代（1ケース）、40代（2ケース）、50代（3ケース）、60代（1ケース）

　直前職が原発日雇というケースの持つ意味を浮きぼりにするのが、この項の目的である。
　生計中心者が原発日雇であったが、疾病にかかり、療養中である場合や、死亡したという場合、その世帯の居住地域や家族構成、不動産の有無によって、生活困難の内容に違いがみられる。もちろん生計中心者が原発日雇という不安定就労階層にあったことは、どんな場合にせよ、生活基盤が安定したものだったとはいえない。しかし、原発日雇になる直前職が、安定した労働条件であり、原発日雇になっても、所属した会社が厚生年金と健康保険に加入していた

113

第1部　日雇労働者の生活問題と社会福祉の課題

ケース（例えば、国鉄を定年退職した後、社会保険に加入している原発関連会社に日雇として再就職したケース）と、農業のかたわら原発日雇として働いていたケースとをみくらべると、生計中心者が疾病にかかり再起できない身体になった場合の、それぞれの世帯の生活困窮の内容が異なっている。前者は、宅地も狭く、水田は約2反、後者は、宅地は広々としており、水田は約2町3反あった。表2-3のF 32とF 30の比較である。F 30は、生計中心者の疾病により、医療扶助世帯となっている。F 32、F 30ともに労災の疑いがある。

　F 32のケースでも、家具、建具のいたみを補修したり、改装して住宅の補修をしていく経済的余地はないのが実状のようである。F 32の妻は、家計簿を20年以上記していた。夫の病気療養中、そして死後、いっそう切りつめるようになった家計費目として、娯楽費（主に旅行）、被服費、間食費が挙げられるという。社会教育分野のグループや団体との交際の枠も狭くなったという。

　さて、原発日雇であったが生保対象世帯となったケースに注目したい。某福祉事務所から、年度ごとの生保開始理由を聴き取った記録に基づいて述べる。年度ごとの某福祉事務所の生保開始総数を示すことは、ここではさしひかえる。生保開始直前職が原発日雇であった世帯が存在する事実と、若狭地域の生保受給世帯総数の中には、原発日雇であった世帯が累積していっている事実に注目したい。

　生保開始理由の聴き取りに際して作成した枠組みの一つを表2-11の上に記した。この枠組みに記録した某福祉事務所の生保開始世帯のうち、生保開始直前職が原発日雇であったケースをまとめたものが、表2-11である。表2-12は、'82年から'85年までの7ケースをまとめて、家族構成と生保開始理由を記したものである。

　'85年の生活保護開始理由の全国統計によれば、「世帯主の傷病」は68.4％、「世帯員の傷病」は3.8％となっており、「傷病による」ものが72.2％を占めている。年別にみると、「傷病による」生保受給割合は、70％台で推移している[26]。

　筆者が若狭地域の3福祉事務所で聴き取った生保開始理由の集計結果と厚生統計協会による生保開始理由の割合とを同水準のものとして比較することはできない。しかし、生保受給に至る主たる理由が、「傷病による」ものか「傷病によらない」ものかの割合を比較することは可能である。

　割合でみた場合、若狭地域の3福祉事務所とも、「傷病による」開始理由が、

114

全国の割合より低い。敦賀市が約 61%、小浜市が 42%、若狭地方が 44% である。傷病によらない理由での生保受給世帯をみると、高齢による就労困難・手持ち金の減少というものを除いて、家族崩壊を意味するものが多くみられる。

　職業別にみると、各福祉事務所ともに、日雇であった世帯が 28% 〜 35% と 30% 前後の数値がみられる。何らかの就労（日雇・パート内職・零細自営等）が行われていて、その世帯が生保につながるというケースは、全国的には 6.9% であることをみると、若狭地域の日雇から生活保護に至る割合は高い。

　若狭地域は長く働けない不安定層が一定の大きな量を占めているところといえないだろうか。つまり、原発が誘致された時、そことつながる土壌が広範に形成されていったといえるのではないか。

　年齢別にみた場合はどうであろうか。年齢層では 30 代〜 50 代層があつい。文字通りの世帯の働き手が原発日雇に結びつく状態にいると推測される。相対的過剰人口が蓄積されており、その人々の仕事は不安定な労働条件下にある。30 代〜 50 代の働きざかりの世帯を担う人々が、若狭地域においては、生活保護制度とすぐにつながる階層に相当存在するといえよう。全国的には、この年齢層は、生保とつながらなくなっていることから、若狭地域は、全国的にみて、より不安定層がぶあつく存在する地域といえるのではなかろうか。

　小浜市福祉事務所管内と若狭地方福祉事務所管内においては、農漁業を含む伝統的な産業の崩壊現象がある。伝統的産業のスクラップ化のために、零細農民層、職人層の生保受給が進んでいるとみることができよう。

　敦賀市福祉事務所管内では、都市化した生保受給の傾向がみられるのではないか。若狭地方福祉事務所管内ではあるが、敦賀市の持つ傾向がみられるのは、美浜町といえよう。

　3 福祉事務所ともにいえることであるが、生保受給の手続きを済ませてしまうと、その対象世帯の抱えてきた生活問題歴を構造的に問い返しながら、生活のいきづまりを生み出す社会的原因の追求をしていく取り組みを進めていない様子である。

　生活問題の現象的部分への対応に加えて、問題の社会的要因を捉え、生活問題の根本的な解決の道を探るために、関係する諸機関、諸専門職にある人々とのチームを作るような試みがなされる必要がある。

　低所得・不安定階層は、'60 年以降の急速な高度経済成長政策と、そのため

第1部　日雇労働者の生活問題と社会福祉の課題

の労働力流動化政策の本格的な展開に伴って、大量に作り出された社会階層である。このことは、資本主義社会における労働者階級の増大のメカニズムの一環として捉えられる。そのメカニズムには、さまざまな形と方法による格差と分断の構造＝階層化の拡大が含まれる。

被保護世帯は、このような低所得・不安定階層を基盤とし、もともと生活基盤が脆弱なところへ、インフレ、物価の急上昇、不況を反映した生活難の結果としての傷病、老齢、障害、母子、父子等の社会的生活障害を契機として、またたく内に生活保護制度とかかわるようになった、貧困階層の一部といえよう。

『低所得階層と貧困層は、社会（構造）的に、それぞれ次元の異なる社会階層であるが、わが国では、雇用保障制度および本格的な最低賃金制度が欠けているため、両者が重なり合い、ぶあつい階層を形成しているのである[27]』。

原発日雇の世帯が生保受給に至ることを、階層間の転落とみることはできない。「転落」というより、低所得・不安定層というぶあつい社会階層内部における浮き沈みのような性格を持ったものとして捉えられよう。

表2-12は、ほかにも多くの生活問題を表している。

世帯の規模および構成の特徴をみると、不安定な就業条件、低所得に規定され、くらしの単位としての世帯の規模は最小限の単身になっていたり、単身でなくとも、世帯の構成は、家族崩壊の危機に瀕しているといえないだろうか。

原発日雇であった7ケースとも、生保開始理由は、世帯主の疾病である。

人間の生命に軽重はない。しかしわが国の医療保障制度は、所得階層に応じて、いくつにも分かれている。本論執筆時点で、各々の給付の要件と内容には格差がある。所得の高い安定している階層ほど相対的によい条件で医療が受けられる。低所得・不安定層ほど、疾病にかかる社会的条件が大きいにもかかわらず、必要な医療から遠ざけられ劣悪な環境での医療サービスしか受けられないのである[28]。

病気になったとたんに、生活保護制度を利用する以外に生活する手だてがなかったという事実は、単に社会福祉制度の充実・拡充で生活問題を解決しえないことを意味している。

116

第 2 章　若狭地域原発日雇労働者の生活実態の特徴

3 項　健康破壊の特徴

　表 2-1 の 36 人のうち、病気で退職したケースや死亡したケースの原発就労時年齢と労働期間から、どのような特徴がみえてくるのだろうか。下に記してみる。

　　50 代・Ⅳ 10 年間・4 人
　　50 代・Ⅳ 5 年間・1 人
　　50 代・Ⅳ 3 年間・1 人
　　30 代・Ⅳ 6 年間・1 人（はじめの 6 ～ 7 年は建設のみに従事）
　　30 代・Ⅳ 3 年間・1 人
　　30 代・Ⅳ 3 ヵ月・1 人
　　30 代・Ⅳ 3 年間・1 人

　36 ケースのうち、10 ケースが、疾病にかかり働けなくなったり、死亡していた。死亡者は 6 ケースであった。

　統計的な分析のできない数でありすべての面で断言できるものではないが、このわずかの事例は、実態を測る手がかりになるであろう。事実の記録は、実態把握のために不可欠である。

　原発管理区域を含めて現場で、長くとも 10 年間働いた程度で、何らかの疾病にかかっているとすれば、極めて短期間で、健康に生きることのできない身体に変化するといえよう。

　以下は、原発内労働を辞めた理由別に、調査ケースを分類したものである。

A	病気　10 人		（54 歳）　Ⅳ	（39 歳）　Ⅳ
			（56 歳）　Ⅳ	（36 歳）　Ⅳ → Ⅱ
			（50 歳）　Ⅳ	（22 歳）　Ⅰ
			（62 歳）　Ⅲ	（－ 歳）　Ⅲ
			（60 歳）　Ⅲ	（－ 歳）　Ⅲ
B	高齢者・病弱者の足切り　3 人		（62 歳）　Ⅳ	（65 歳）　Ⅲ
			（69 歳）　Ⅳ	
C	解雇　1 人		（41 歳）　Ⅳ	

第1部　日雇労働者の生活問題と社会福祉の課題

D　被曝労働や管理労働への不安　3人　（52歳）　Ⅳ　　　（28歳）　Ⅰ
　　　　　　　　　　　　　　　　　　　　　　　（36歳）　Ⅳ
E　不安定就業からの脱皮　1人　　　　　（23歳）　Ⅳ
F　その他　1人　　　　　　　　　　　　（30歳）　Ⅰ

　Bの「足切り」による失業者3人をみると、1人は白血球数が極端に減少し
たまま何年も増えない状態になり、2次系の仕事場にまわされたケースである。
このケースはS原発での仕事がなくなったからM原発へ行けと社長に言われて、
仕事を辞めている。高齢期に入り、2時間もかけて遠くの原発まで働きに行く
のは身体がもたないとわかっていたから辞めたという。
　2人目は、定年制度を採用した会社の方針に従って退職している。退職当時
に幾分か、現在の症状の兆候は表われていたそうである。このケースは、今、
心臓疾患と皮膚疾患で働けない状態になっている。
　3人目は、高齢を理由に会社から辞めるように言われ、従った人である。退
職直後、健康診断に出かけた病院で、手遅れの癌に侵されていることが知らさ
れたという。退職して1年後に死亡している。
　Cは、敦賀1号機の事故隠しが発覚した後、仕事のできない下請業者が、日
雇労働者を解雇していった際の対象者であった。
　DとFは、賃金の増加は期待できないが、原発とかかわりのない仕事をみつ
けて、転職したケースである。52歳のケースは、長男を癌で失った夫婦共働
きの世帯である。
　Aは、病気故に働けなくなった人々である。Bも退職時には、すでに病気を
抱えていたと思われる人々なので、「退職時」に疾病にかかっていたのは、13
人とみてよいであろう。
　30歳代で疾病にかかり死に至った2ケースとも、子どもは学齢期にあった。
妻は夫の看護と子どもの養育、家計の維持のために、30〜40歳代を、不安と
絶望感に陥りながらも必死で生きている[29]。
　50歳代で、病気・死亡に至ったケースには、子どもの学齢期が終わってい
たものと、現在学齢期にあったものとがある。いずれの妻も、当面の生活には
困っていないという。1人は、夫が原発日雇になる前の職場で加入していた年
金が入るという。別の1人は、不動産収入があるという。しかし、それぞれに、

118

第２章　若狭地域原発日雇労働者の生活実態の特徴

表 2-13　若狭地域居住の原発労働者死亡者一覧（運輸一般関西地区生コン支部原発分会資
料から作成）

※Ⅰ～Ⅳは図1-5で示した会社の階層区分記号

No.	死亡年	死亡年齢	所属階層	集積被曝線量	作業期間	作業内容	死因等	備　考
01	1982	69歳	Ⅳ	－	1971～1981	クリーニング除染作業	食道、胃、すい臓の癌	１カ月に５kgずつやせていたが、働いていた。
02	1985	62歳	Ⅲ	－	1975～1985	－	くも膜下出血	通勤途上でたおれた。
03	1984	68歳	－	－	－	－	肺癌	息子が家をついでいる。
04	1974	64歳	Ⅱ	1.20レム	1970～1974	クリーニング雑　役	狭心症	
05	1975	63歳	Ⅲ	－	－	２次系そうじ雑　役	心筋梗塞	
06	1975	65歳	Ⅲ	4.05レム	1971～1975	清掃、管理区域の出入りチェック	肺癌	
07	1976	63歳	Ⅲ	2.47レム	1974～1976	ポンプ保修	脳溢血	
08	1986	61歳	Ⅲ	－	－	運転手等	直腸癌	
09	1982	70歳	－	－	－	－	心不全	自宅は零細自営の店
10	1977	58歳	Ⅲ	－	－	－	病　死	血液を１週間ごとに入れかえた。
11	1982	56歳	－	－	－	－	肺癌	子供はなく、家は絶えた。
12	1983	55歳	Ⅲ	－	－	－	胃癌	同じ会社に息子も入った。
13	1972	52歳	Ⅱ	0.19レム	1971～1972	クリーニング雑　役	脳卒中	
14	1983	49歳	Ⅳ	－	1967～1983	足場くみ	肝臓癌	体がだるく食欲がないと言っていた。初診から10日目に死亡。
15	1975	49歳	Ⅲ	－	－	原発敷地内作業中の事故死	労災にされなかった。
16	1986	49歳	Ⅳ	－	－	除染作業雑　役	自　殺	社会問題としてヒバク労働を捉えていた。
17	1982	45歳	－	－	－	－	事故死	妻も子も原発関係の仕事をしている。
18	1978	44歳	Ⅲ	－	1970～1971	足場くみ除染作業	腎臓疾患白血病	治療費の負担大。世帯の主たる働き手が病床にあるとき、医療保護を受けた。
19	1980	40代	Ⅲ	－	－	－	胃癌	１日に２～３kgやせていたが働いていた。
20	1984	38歳	Ⅲ	－	－	－	会社の行事参加中の事故による死	労災にならなかった。
21	1975	38歳	Ⅲ	3.68レム	1972～1975	ポンプ保修雑役	悪性筋腫	本人の死後、妻も子も原発関係の会社で働いている。
22	1982	20代	－	－	－	－	心筋梗塞	妻も原発関係の仕事をしている。
23	1983	26歳	Ⅳ	－	－	－	心筋梗塞	地元出身ではなかった。
24	1977	26歳	Ⅱ	4.82レム	1973～1977	機械保修	心不全	
25	1985	25歳	－	－	－	－	肝硬変	両親は零細自営業
26	1983	22歳	Ⅰ	－	1980～1983	運転員	白血病	会社の３カ月ごとの健康診断で異常だったことはなかった。
27	1975	－	Ⅲ	－	1973～1975	除染作業	悪性腫瘍	何度もホールディカウンターでひっかかっていた。
28	－	－	Ⅲ	－	－	チェックポイントの補助員	白血病	

119

第1部　日雇労働者の生活問題と社会福祉の課題

表2-14　東京電力福島原子力発電所における死亡事故一覧

氏名	住所	死亡年月日	死亡時年齢	所属又は元請	下請	職種内容	被曝線量	死因
O	福島県双葉町本木豆腐店於	46・9・14	33	石川島播磨重工		原子力設計	0	心臓マヒ
M-1	大阪の病院	47・10・17	64	東芝	東芝電気工事		0.02+1 x	脳溢血
A-1	福島県小高町	48・1・19	43	鹿島建設	新妻鋼業		0	胃癌
I-1	福島県夜の森協栄病院	48・3・20	61	東芝	芝工業所		0	脳溢血
T	福島県双葉町	48・7・1	59	鹿島建設	（直備班）	安全管理	0	脳卒中
Y-1	福島県原町市渡辺病院	48・9・28	20	東芝	東芝電気工事		0	脳腫瘍
W	福島県富岡町	48・9	36	鹿島建設	福宝建設		0	心臓マヒ
Y-2	福島県大熊町大野病院	49・1・26	63	東芝	大昭電設		0	脳溢血
N-1	福島県大熊町大野病院	49・3・12	46	東芝 新日本空調	石崎工業		0	脳溢血
Y-3	福島県浪江町棚塩	49・7・12	23	大平・日立 東芝	藤田工業所 重機工事 坂本工務店	一般雑工	0.3 レム	心臓マヒ
M-2	福島県浪江町井出	49・9・8	31	東芝	宇徳運輸	クレーン運転	0.1+10 x	脳腫瘍
S-1	福島県双葉町白宅	49・9	62	ビル代行			0.02+2 x	脳卒中
M-3	福島県小高町	49・10・7	35	鹿島建設	（直備班）	土工	0	リンパ腺腫瘍
S-2	福島県富岡町	49・10	37	鹿島建設	中倉工務店		0	心臓マヒ
S-3	福島県楢葉町波倉	49・12・3	62	東芝	坂本工務店	雑役夫	0	心不全
K-1	福島県浪江町赤宇木	49・12・9	51	鹿島建設	新妻鋼業	鉄筋加工組立工	0	白血病
S-4	福島県双葉町	49・12・13	50	ビル代行			0.8 レム	肝臓癌
M（女）	福島県富岡町	49・12・14	56	熊谷組	水島建設		0	脳溢血
Y-4	福島県川内村	50・2・23	38	鹿島建設	新妻鋼業		0	脳溢血
I-2	福島県浪江町上の原	50・2・27	42	東芝	大昭電設	電気工	0.4+15 x	白血病
N-2	福島県浪江町	50・10・22	49	東芝	協栄工業 江川工業所	鳶工 足場掛工	2.1 レム	脳溢血
S-5	福島県浪江町	50・11・15	48	鹿島建設	福宝建設	大工 資材運搬	1	脳溢血
A-2	北海道	51・1・10	50	東芝	北札幌電設	安全管理	0	脳溢血
W-2	福島県	51・2・16	43	日立 西牧工業	佐藤興業	雑工	0	心臓弁膜症
M-4	福島県	51・2・17	44	東芝	久工業所	整罐配管工	0	舌癌
K-2	福島県	51・4・23	57	東芝	北札幌電設 協栄工業	雑役	0	腸肉腫
K-3	福島県	51・4・26	49	東芝	坂本工務店	雑工	0	心筋梗塞
M-5	福島県	51・4・29	47	鹿島建設		鍛冶工	0	すい臓癌
I-3	福島県	52・2・15	28	東北綜合警備保障		警備士	0.1 レム	脳溢血
計 29名	※被曝線量は集積線量をレム数で示し、小数第1位に丸めた。「x」数は検出限界以下の回数を示す。							

柴野徹夫著『原発のある風景　上』未來社　1983　31ページから転記

自分が病気になった場合の不安、家屋の維持についての不安を訴えている。

　60歳代で疾病にかかった場合、死亡した場合、高齢の夫婦や残された妻は、

子どもの収入に依存して安泰という状態にはないようである。60歳代で、軽い内職仕事の手伝いしかできなくなっているケースは、通院しながら、健康体にもどれぬままに死に至ることのつらさを訴えている。

夫に先立たれた妻については、子どもと同居している場合と、独居になった場合とがある。独居になった妻は、借家に住み、年間約100万円の年金収入で生活している。高齢期にある妻は、老人医療の有料化政策への不満をあらわにしていた。

夫に先立たれた妻たちが、共通して口にしたのは語りようのない「孤独感」であった。

原発日雇の疾病や死亡の特徴は、「気がついた時には、もう手遅れで、取りかえしのつかない状態になっている」という点であった。日給で働く生活は、病気の予防のために身近な開業医のもとで日常的に健康チェックをする習慣・条件を作りにくい。一方で、原発日雇は「有害業務[30]」である放射線業務従事者として、定期的に特別の項目についての健康診断を受けているので[31]、その健康診断を受ける場で、「異常なし」といわれれば、ひとまず安心しているのである。面接調査において、現役の放射線業務従事者とされるIからVまでの人々の多くは、「健康診断を受けているから大丈夫」といい、すでに病気で退職した人や夫を亡くした妻は、「あの健康診断はあてになるのだろうか」と疑いを抱いている。

労働者の生活の停止＝死亡のケースをみていく。表2-14も参考にしながら、表2-13について述べる。

表2-13をみると、'72年（S.47）から、ほぼ例年に渡って死亡者がみられる。原発労組が把握したケースは、全体の中のほんの一握りにすぎないと推測される。若狭地域に居住していない放射線業務従事者で、「日雇」の場合、その人々の健康に関する追跡調査は困難である。若狭地域に居住している場合でも、強く労災が疑われても「業務外の死」として取り扱われたり[32]、雇用契約の不明確な人々は、被曝と病気が結びつけられないような形で、F29のように職場から切り離されている[33]。

筆者が事例調査を行った期間に知り得た原発従事者で死亡した人の家族14人に聴き取りを打診したところ、面接できたのは9ケース、できなかったのが5ケースであった。合計14ケースのうち7ケースが表2-13に含まれている。

121

第1部　日雇労働者の生活問題と社会福祉の課題

表 2-13 にある 28 ケースには、被曝と直接関係しない建設工事にのみ従事していたものは、全く入っていない。

死亡した年齢をみると、20 歳代から 70 歳代まで散らばりがある。どの年齢層に死亡率が多いとはいえない。つまり、被曝労働の長さに関係なく、病気による死亡者が存在すると考えられる。

集積被曝線量をみると、0.19 レムから 4.82 レムまで、ばらつきがある。被曝線量の多い少ないが、発病に結びついてはいないようである。日常的低レベル被曝については、次のようなことが言われている。

『原発における被曝の日常化は、下請労働者を中心とする原発労働者の職業病としての放射線障害発生を実際に懸念すべきレベルに達している。人海戦術による被曝の希釈は、総線量の低下には何の意味ももたない。被曝を前提とした労働のあり方を根本的に問い直すことが必要である[34]』。

『放射線の影響には、ある限界線量以上被曝しないと起こらない「非確率的影響」に加えて、低い線量でも低い確率ながら起こり得る癌や遺伝的障害などの「確率的影響」があります。前者は、限界線量を超えないようにすれば発現しませんが、後者の場合はそうはいきません。

「確率的影響」は、いわば「癌当たりくじ」を買うようなものです。放射線は自分から進んで浴びるものではありませんから、「癌当たりくじ」を買うというよりは、強制的に買わされるといった方がいいかもしれません。たくさん放射能を浴びた人は、この「癌当たりくじ」を二、三枚買わされた人です。

くじをたくさん買おうがすこし買おうが、当たった場合の賞金に違いがあるわけではありません。つまり、たくさん浴びた人が白血病になろうが、白血病

表 2-15　原発労働者の年齢区分からみた死因（単位　人）

年齢 ＼ 死因	①悪性新生物	②白　血　病	③心　疾　患	①②③以外の疾患	事故・自殺等	合　　計
15 〜 24 歳	−	1	−	−	−	1
25 〜 34 歳	−	−	3	1	−	4
35 〜 44 歳	2	1	−	−	1	4
45 〜 54 歳	1	−	−	1	3	5
55 〜 64 歳	3	−	2	3	−	8
65 歳以上	3	−	1	−	−	4
合　　計	9	2	6	5	4	26

※表 2-13 より作成

122

としての重篤度に差があるわけではありません。違うのは何かというと、「癌当たりくじ」をたくさん買った人の方が、それだけ癌に陥りやすいということです。

ただし、この「癌当たりくじ」が、普通の宝くじと違うところが二つあります。

ひとつは、「癌当たりくじ」は生涯有効だということです。

三年経過したらあとは無効といったわけにはいきません。一度浴びたら、一生涯危険がついてまわることになります。

第二の違いは、「癌当たりくじ」には決まった「当選発表日」がなく、発表は「さみだれ式」だという点です。ですから、「癌当たりくじ」を買った人は、生涯不安です。癌に陥った時点で「自分は当選した」と思い知らされるというわけです[35]』。

放射線業務に従事していた人々は、少なからず、離職してから被曝に起因する健康崩壊が始まり、進行するといえるようである。それは、労災認定から限りなく遠ざけられた職業病といえよう。外部被曝、内部被曝に起因する疾病は、癌だけではない。

所属する会社のランク（階層）が下位ほど、被曝線量の多い部署で働いているのだが、ランクでみても、ⅠからⅣまでのそれぞれの層に死亡者がみられる。表にⅤランクでの死亡者が出てこないのは、より実態のつかみにくい就労形態が原因していると考えられる。

留意したいのは、表2-13において、集積線量が記録されているランクが、ⅡとⅢのみという点である。ⅠランクとⅣ以下のランクは、被曝線量が本人や家族の口からも会社からも語られなかったり、本人自身が、管理された安全な範囲での被曝労働をしていると信じて、被曝の度合いを正確に認識せずに済ませているようである。あるいは、保管という名目で親会社に被曝線量を記載した放射線管理手帳を預けたままになっていて、本人やその家族は、いちいち覚えていないというケースが、面接調査においてみられた[36]。本人や遺族が所定の手続きをすれば、被曝線量を知ることは可能だが、原発労組はそこまで取り組む条件を持てなかったと考える。

原発労組の調べによれば、死因については死亡診断書に記されたものが原発労働者の死因をすべて明らかにするものではないらしい。若狭地域の開業医のＦ－イは、原発労働者の死亡直前あるいは直後に本人を診て、死亡診断書を書

第1部　日雇労働者の生活問題と社会福祉の課題

かねばならない場合があるといっている。

　つまり、死因とされる病名そのものが、労働者を死に至らしめた主因を物語るものとはいい難いのである。そのような条件下で、記録されていった死因として目を引くのは「悪性新生物」「白血病」である。

　表2-15で示した通り、悪性新生物と白血病をあわせると11ケースあった。それに次ぐのが心疾患の6ケースである。

　放射能防護服を着用して、働く人々がいる。それは、動きにくく、暑苦しい身なりである[37][38]。

　色も臭いもしない放射性物質が飛び交う中で、アラームメーターが鳴ったり、作業をモニターで監視されたりする労働[39]は、ストレスがたまるであろう。1982年には、横浜国立大学工学部の川島美勝氏によって、「放射能防護服の衣服気候特性」の研究報告がされている。以下、研究論文の一部を引用する[40]。

　『……簡易防護服についての結果であるが、発汗の蒸散は全面的に抑えられてしまうため、衣服気候は極めて悪くなる。使用限度は気温20℃軽作業程度とみられる。作業強度と環境温度に応じた作業時間の制限を設けた熱的負担による作業管理をしないと、熱中症を多発させるか、マスクなどの着用がおろそかになり、本来の放射線防護に悪影響を及ぼす結果になる。…（中略）…現用の簡易防護服の衣服気候特性は極めて悪い。原子力発電所における作業管理では、被曝線量による管理のほかに、熱的負担による作業管理を実施することが是非とも必要である』。

　放射能防護服を着用しなければならないこと自体が危険な作業現場であることを示している。ＩＣＲＰの勧告する被曝線量の制限値内で、すべての労働者は働いているから、ほとんど心配することはないと原発下請労働者向け安全教育テキストには書かれており[41]、『いずれの原子力施設においても従事者の被曝線量は、許容被曝線量（3カ月につき3レム）を超えたものはなかった[42]』との原子力産業会議の報告もあった。さらに『…ガスマスク等の着用などを指導して被曝管理を行っている[43]』とは、福井県発行の冊子『福井県の原子力』に記されている。

　つまり、各労働者の被曝線量が正しく記録されていることを前提とすれば、3カ月につき3レムの被曝線量を超えないよう管理された状態であるといえよう（許容線量の根拠の是非については、ここでは触れない）。

図2-3 放射線被曝による生体の障害発生過程
安斎育郎著『中性子爆弾と核放射線』連合出版　1982　115ページ　第16図を転記

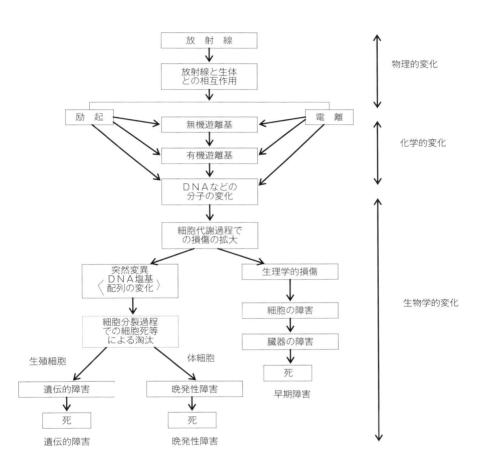

第1部　日雇労働者の生活問題と社会福祉の課題

図2-4　原発に組み込まれた労働者が死に至るコース
A　農業と兼業者の場合
B　会社や国鉄を退職・転職した者の場合
C　零細な会社勤めや日雇として転々とした者の場合

【コースA】

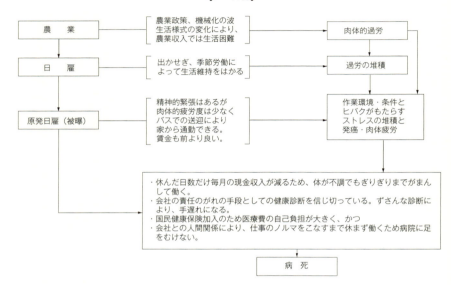

【コースB】

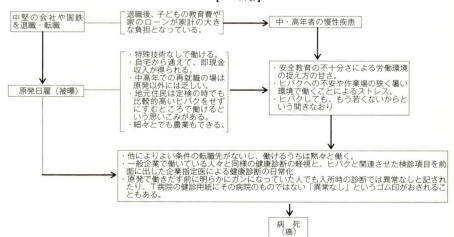

126

第 2 章　若狭地域原発日雇労働者の生活実態の特徴

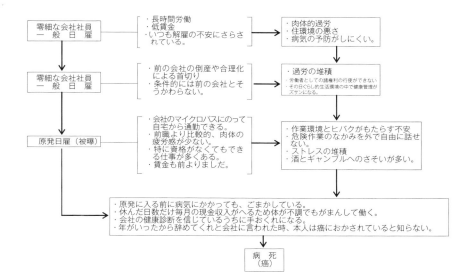

　しかし、作業現場の被曝の危険のみでなく、暑く換気の悪い場所で「防護服」を着て作業することそのものが、労働者の身体にマイナスの影響があると考えねばならない。

　また、原発管理区域での作業は、一般の土木日雇にみられる、時間いっぱいの肉体的重労働ではないが、監視されていることへの緊張や被曝への不安感が漂っている[44]。

　原発労働者は、癌にかかり易い[45]条件下におかれているだけではない。ストレスも彼らの心身にダメージを与えているであろう。

　図2-4は、事例調査から原発日雇の死に至る特徴をまとめたものである。職業移動や職種の変化と賃金や労働内容の変化、さらに健康崩壊についてのプロセスを三つのコースに類型化してみた。図2-3と合わせて見たい。決して断定はできないが、被曝とストレス、日常的生活条件等が複合して（健康問題を抱え続けて）、死に至った原発日雇は少なくないと思われる。

　さて、原発日雇の健康破壊のプロセスを追うとき、みのがせないのは、事業

第1部　日雇労働者の生活問題と社会福祉の課題

者が費用負担をして実施される健康診断と、安全教育である。これらに簡単に
触れておく。

まず、健康診断が、労働者にとってどのような意味があるかを検討したい。
次に安全教育の内容に触れる。真に労働者の立場に立った健康診断や安全教育
が行われた場合、原発で働こうと思う人間がいるだろうか。いるとすれば、生
命と健康をひきかえにするかもしれない労働に、何故従事せざるをえないのか
が社会的に問われねばならない。この問いについて検討する時の方法として、
図2-2は位置づく。

資料1の「7.身体の変化、気づいたこと、検診のなかみ」をみると、原発
日雇の健康診断の内容、システムは、抜本的に改める必要がある[46][47]。

原発日雇自身が、個人的に生命と健康を守るために自覚的な取り組みをする
ことは、大切であるが、労働安全衛生行政や企業の健康診断のあり方が、問わ
れねばならない。

専門職者についてみれば、原発日雇と日常的に接し、診ることができるのは
「産業医」「健康診断を受け持つ指定医」「産業医や指定医とともに働く看護婦
や技士」たちである。

地元の開業医や、保健婦、教師、ヘルパー、福祉事務所のケースワーカー、
社協職員等も、直接的、間接的に原発日雇や、退職した人、その家族たちと接
しうる人々である。この層の人々は、原発日雇の健康問題、生活問題の解決方
法を検討する場合に、重要な社会的位置にある。

地元以外の「専門職者たち」は、原発労働者と接点を持っていないだろうか。
否である。若狭地域に居住している原発日雇は、やはり地元の医師、福祉事務
所のケースワーカーたちとかかわるのであるが、その人々の居住する地域や、
雇用主の事業所の近辺にある医療機関で、健康診断を受けているのである[48]。

資料8-1の一般健康診断個人票には、被曝歴ありと記されたH氏の電離放射
線健康診断個人票が添えられている。'83年1月に検査、その3カ月以内の4
月に検査されている。4月の検査では、再検と記され、白血球数とリンパ球数
の欄にレ印が付いている。H氏は神戸で健康診断を受けている。

北九州に自分の属する会社があるというF 18や若狭地域に居住するF 5、
F 6たちは、健康診断で異常が認められると、管理区域に入れないから、再
検査を受けると言った。再検査の結果、各検査数値が、正常の範囲内であれば、

128

管理区域で働けるというのである。

　全国各地に原発があり、その立地地域ごとに、電力会社や下請業者の「指定医療機関」があると推測できる。

　しかし「産業医」や立地地域の「指定医」といわれている人々以外に、全国いたるところに、原発労働者の健康診断をする医師たちはいるのである。

　資料8-1のH氏は神戸で、被面接者のF 18は北九州で、健康診断を受けている。原発日雇の健康診断のされ方、水準を、今より少しでも内実のあるより精密なものにしていくためには、各地の医療従事者や社会福祉の関係者（注：原発日雇の生計中心者の病気や死のために、本人や家族が生活保護の相談をしたり、世帯更生資金貸付制度（1990年4月から生活福祉資金貸付制度）の利用について相談する行政機関や社会福祉協議会の関係者）が、まずつかめる実態を公けにし、労働者の代弁をしていく努力が必要である。とりわけ医師には、放射線が人体に与える影響について、最近の知見を学び、労働環境や自覚症状を様々な角度から丁寧に問診し検査する社会的責任がある。

　「使い捨ての材料」的な雇用のされ方や健康診断の内容について、はっきり読み取ることのできる釜ヶ崎の労働者の記録を、資料2におさめた。

　『定検作業の入退所時の診査のでたらめ記入、異常を訴えたときの突き放し、果ては故意誤診まで、さまざまな体験や実例を挙げて、下請労働者は「産業医は犯罪人だ」と断じていた。……「みてくれこの欄。どの検診も『異常なし』と判こついてあるやろ。けどな、この日も、それからこの日も、わしは診察なんかうけとらへんのや。診察もせんのに、異常があるかないかどうやってわかるのや。え？」[49]』

　原発日雇の健康診断は、その大半が放射線被曝の専門医ではない一般の内科医や外科医が行っていると推測される。果たして一般医が、被曝労働者の血液検査に表われた数値の意味や体調変化をきちんと読みとれるものであろうか。被曝（外部、内部）による人体損傷のメカニズムがわかっている医師がどれだけいるだろうか。

　また岩佐嘉寿幸氏や村居国雄氏のケース[50]をみると、労働者側が被曝と疾病の因果関係が実証できなければ、原発関係企業はいっさい労働者の訴えには関知しないという姿勢である。司法の側も同姿勢であるようにみえる。因果関係の自然科学的立証が個々の労働者や遺族の手によってなされなければ、原発

第 1 部　日雇労働者の生活問題と社会福祉の課題

内で作業に従事し放射線を浴びて発病にいたったとみられる人への労災適用は
認められないものであろうか[51]。

　『ソーシャルセキュリティ・システムといった社会的制度のないわが国では、
ある程度、症状が合っておれば、具体的にどこで、どういう形で放射線を浴
びたか、という事実の記録、証明がなくても、認める、という労働衛生学の立
場が考えられなければ、救いようがない[52]』との見解があるが、労災の適用が、
健康保険制度や国民健康保険制度より優先されるべきである。
　被曝による労働者の疾病や死亡が、その世帯の低所得で生活困難な状況をさ
らに悪化させている。家族の総働き化はすでに原発日雇の世帯では一般化して
いる。若狭地域ではまだ顕著にあらわれていないが（しかし、Ｆ６、Ｆ８は県外
原発で働いた経験を持っている）、Ｆ18やＦ21からは、同居しえない家族像が
浮かび上がる。これを家族解体のプロセスの一つとみることはできないだろう
か。
　続いて、放射線安全教育の実施内容について触れる。
　表2-16は、某原発における安全教育のカリキュラムである。'86年6月27
日から現在（'87年11月末）に至るまで使用されている。
　労働者は各原発を移動するので、原発ごとに教育内容の水準が異なるのは具
合が悪い。電力会社の系列が違っても、教育内容を一定のものにすると、教育
を受ける労働者の混乱がなくなるだろうという考え方から作られたのが表2-16
であるという[53]。
　ＡからＤについては免除条件がある。また、Ａ、Ｂ、Ｃ、Ｄ、ＲＩともに一
度教育を受けてから別の原発に移るまでに、3年以上経過していなければ、移
動した際の教育は免除されている。
　「試験」は特に義務づけられていないので、各原発ごとに、試験をするかし
ないかが判断されているという。
　カリキュラムをみるかぎりでは、安全教育の具体的内容についてはわからな
い。しかし、基礎テキストと作業テキスト[54]をみてみると原発で働くことの
安全性を強調し、安全だと信じさせる意図にみちたものだといえる。放射線が
人体に与える影響に関する最新のデータや低線量被曝及び内部被曝の危険性に
ついては触れられていない。

130

第2章　若狭地域原発日雇労働者の生活実態の特徴

表2-16　放射線安全教育実施内容について（ふげんの例）

教育名		時間	科 目	範 囲	指定		～3年	
					教育	試験	教育	試験
入所前	A	2.0 H	放射線防護に関する基礎的知識（学課）	原子力の概要、放射線に関する基礎知識、放射線の人に対する影響、放射線の防護、被曝限度と管理基準、放射線の測定、管理区域内での遵守事項（一般的事項）、個人被曝管理、その他視覚聴覚教育を含む	要	要	否	要
	B	1.5 H	放射線防護に関する実務的知識（学課）	構内建屋・機器の配置状況、区域区分、管理区域立ち入り前の手続き等、管理区域等への入域手順、管理区域からの退域手順、管理区域内での遵守事項（具体的事項）、保護衣・保護具の種類と使用方法、放射線測定器の取扱、緊急時の処置、発電所を離れる場合の手順、その他	要	要	否	要
	C	1.5 H	放射線防護に関する実務的知識（実技・実演）	管理区域への入域手順、管理区域からの退域手順、保護衣、保護具の種類と使用方法放射線測定器の取扱、その他	要	要	否	要
入所時	D	2.0 H	入退域の実務（実技）	管理区域等への入域手順、管理区域からの退域手順、防護具の使用方法、その他	要	否	否	否
入所後	E	概ね10日間	総合的実地教育（実地）	業務に必要な教育全般	10日間実施者は否但し、不足者は追加			
入所前	RI	6.0 H	RI法に基づく教育（学課）	D／B、ホットラボ、校正室で作業する者は、すべてRI教育を受ける事！	要	要	否	要

（注）A教育‥‥‥基本的に各会社で実施（ふげん以外のサイトでもよい）
　　　B.C教育‥‥ふげんサイトのみを対象とする
　　　D教育‥‥‥基本的に各会社で実施（ふげんサイトのみを対象とする）
　　　E.RI‥‥‥基本的に各会社で実施（ふげん以外のサイトでもよい）

免除について

番号	免 除 項 目	対象科目
(1)	特定の資格を有する者	A
(2)	大学、高等専門学校専修学校等の原子力専門課程を卒業した者	
(3)	放射線防護に関する特定の研修を終了した者	
(4)	原子力発電所の作業従事経験、教育歴等が有り、上記3項と同等の知識を有する者	
(5)	同一原子力発電所に継続して働いている者	B，C，D
(6)	テスト、面談等により十分な知識を有すると判断される者	
(7)	汚染、被曝（＜30mrem／W）の問題がない作業者	※

（注）※　1.　汚染の虞がない作業については汚染に関する項目
　　　　　2.　被曝線量が問題ない作業については放射線被曝に関する項目
　　　　　3.　保護具を使用する必要のない作業については保護具の使用方法に関する項目
　　　E、RI教育についは、免除項目はない。　　　　　　　　　　　　　S 61.6.27

131

原発によって、テキストは配布されたり、回収されたりしているようである。「初めて安全教育を受ける労働者には、配布している」原発や「次から次へと必要になるので、予算の関係上、回収している」原発があるという[55]。

放射線管理の職務についているＦ１は言う。「危険な状態が目にみえないために、作業単価は切り下げられてきた。一般の賃金との格差は、昔ほどなくなった。儲からないし体は遊んだまま拘束される時間が多い。遊ぶ時間が増えると賭けごとを持ち込む者もいるので、手持ちの金が不足するようだ。」「安全教育の基本的な内容は変わらないが、教育内容は、教育担当者の質・考え方によって差がある。」「その時の労働者の水準をみて話す内容を決める。危ないと言うと、もう仕事にならないし、全く安全だと言うと現場でどんな行動をとるかわからないので、気をつけている。」「ほぼ、テキストのなかみは小学校中学年から高学年向きといわれている。レベルを高くしても理解してもらえない。高度な内容のテキストを渡しても、ほとんどの労働者は読まない。」「あまり危ないと言うと、労働者は帰ってしまうので、末端の下請業者から文句を言われる。」「しかしチェルノブイリ事故が起こったと言って不安を訴える労働者がいる。親身になって聞いたり、話したりすると、労働者は何でも尋ねてくる。発癌のメカニズムも尋ねられる。健康上の相談もある。」「'88年に、労働基準法や原子力基本法等の改正がされるので、'88年から'89年にかけて、テキストのなかみは変わると思うが、原発労働者の安全性にかかわる内容は、よほどのことがない限り変わらないと思う。」「みんな生活をかかえている。」

安全教育に携わる人によって、教育のなかみは質の濃いものにも薄いものにもなりそうであるが、基本的にはテキストに基づくものである。テキストには、自然放射線と人工放射線が同質のものとして描かれている。またＩＣＰＲ勧告に基づいて被曝線量の制限がなされているので、ほとんど問題にする必要はないということも書かれている。無知を利用した労働者教育がなされている。

『ところで、「自然の放射性核種も、人工放射性核種も、出てくる放射線は同じで、生物への作用も同じだ」とよくいわれるが、これは正しくない。（中略）自然、人工両放射性核種の環境中および生物体内での行動がまったく異なる場合が多く、人工放射性核種の中には、生物体内に入りやすく、しかも蓄積、濃縮されやすいものが多い。したがって、人工放射性核種のほうが、環境中の存在量が少ない場合でも大きな生物効果を及ぼすことが多々ある。つまり、放射

線を放出する以前の問題として、自然、人工両放射性核種には行動の差が歴然としている場合が多いのである。

この差異は、当然のことながら、生物の進化と関連している。地球上の生物は、ずっと自然放射性核種が少量存在する環境の中でその進化を遂げてきた。したがって、自然放射性核種が存在することに対して「適応」を獲得しているはずである。例えば、カリウム40のように、存在比の高い（約1万分の1）ものは、代謝が早く、生物体内に入ってもすぐ排出され、蓄積しないようになっている。また、炭素14のように、生物体内に入るとそのごく一部が長期間体内にとどまり、しかも長寿命（炭素14の放射能半減期は約5570年）のものは、自然界での存在比が極めて小さい。逆にいえば、存在比が大きくしかも長寿命の放射性核種をどんどん取り込み蓄積するような生物種は、進化の過程で淘汰され絶滅したはずである。

一方、人類が原子炉の中などで初めて造り出した人工放射性核種に対しては、生物は適応性を獲得する機会に何ら恵まれたことがないのであるから、まったく無抵抗である[56]』。

『被曝制限値は、こんにちでは、「線量限度」と呼ばれている。一般的に理解されているところによれば、それは「便益とひきかえに危険をどこまで我慢するかという量」である。しかし、筆者は、この概念規定は非常に危険だと考えている。筆者の考えによれば、線量限度とは「被曝ゼロが最も望ましい側と、被曝制限されればされるほど経済的などの負担が増すために、なるべくそうしたくない側との絶えざる対立関係、緊張関係を背景として、被曝ゼロの実現をめざして不断に低減され続けられるべき対象」である。放射線の被曝限度という問題は、「本来被曝すべきではないものをどこまで被曝してよいか」という矛盾した命題を含んでいるのであって、そうであれば、被曝ゼロを志向する内的契機を宿した右のような規定こそが、より本質的であるように思われる。このように規定した場合、線量限度は単なる自然科学的な線びきの問題ではなく、社会的運動と不可分に結合したものと考えなくてはならない[57]』。

生命・健康とひきかえに被曝する人間をかき集めては捨てていくことによって成り立つ原発を作り続け動かし続けたいと願うのは、労働者ではない。

第1部　日雇労働者の生活問題と社会福祉の課題

第3節　労働者の孤立・閉鎖性
―社会問題として問題が表面化しにくい地域性・分断のメカニズム―

　若狭地域の多くの生計中心者たちは、生命・健康破壊の危険にさらされながら、何故、原発での労働実態を口にするのをはばかるのだろうか。生命・健康が守られる安全な職場づくりのために、力を合わせるはずであった原発労組の結束力は、長くは続かなかった（しかし、原発労組は結成された。労働・生活上の困難にたちむかう、労働者自身の足場は、作ることができる）。

　大企業、国・自治体当局、いわゆる地域ボス、暴力団、地域性（地理的条件、慣習、産業基盤の歴史的変容等の重なりあった、居住者の階層的特徴（生計中心者の就労条件と賃金または年金の水準）が地域性を規定する要因）などのつながり方が、労働者がのびのびと働けない条件を作っているようである。そしてまた原発の安全性を問うことじたい、現在のわが国のエネルギー政策を否定することにつながるので電力会社から末端の下請業者までが労働者にもの言わせぬ圧力をかけている。わが国の下請構造は、労働者を孤立させ分断させる形になっている[58]。

　『科学技術庁も、労働基準局も県当局も、秘かに様子をうかがっているだけで、ついにただの一度も事情調査にさえ乗り出してはいない。…（中略）…声高に覚醒剤根絶を叫ぶ警察庁も、福井県警も、「事件」を黙過したまま、今日に至っている[59]』。

　覚醒剤中毒の暴力団元副組長による原子炉建屋内（ふげん）における傷害事件が、'80年4月8日に起きた。大阪プラントの伊藤貞生社長は、自分の車で被害者を敦賀市内の林病院まで運んだという[60]。『「これは、ものにあたって鼻血が出たということにしといてや。絶対に口外せんように。出入りを止められてしまうでな」車中で、社長はくどいほど念を押した[61]』。『原発に巣食う暴力団が一方で原発内部を蝕み、他方で地域の人たちをも荒廃させていることは明らかであった。暴走族、主婦売春、覚醒剤の激増は、敦賀市をはじめ福井県下でも、年ごとに深刻の度を増している[62]』。

　『年が改まって、私は関西電力のある幹部職員と会っていた。「なるほどＴＣＩＡね。けど企業活動を支障なく維持しようと思うたら当然ですやろ。現にうちだって……本社ビルの11階に特別の一角がありましてな。総合地域対策室

134

といいまして、社長が直轄している特別の課です。いうたら、原発立地地域の住民の情報収集室ですな。どこの電力会社にもあるわけでして」。……地域対策室のデータは正確で、地域や住民一人ひとり詳細な情報がファイルされ、コンピュータ管理されているという。

それらの情報は、どうやって集められていくのだろうか。

「いろいろですけど、大きくいうて何本かのルートがありますな。一つは警察。それから自治体。もう一つは企業独自のパイプです。それらが合わさって正確な情報網ができあがっとるんですわ。」……企業独自のパイプはさまざまあって、自民、民社、公明など政党ルート、同盟など労組ルート、系列や下請など産業ルート、市町村議会の議員ルート、さらに区長会ルートなど複雑だという。

「漁協や農協、部落会なんかには、必ず複数で"関電協力員"というのが作ってある。それがだれかはわからんようになっていますが、寄合いなんかあると、その夜のうちに、だれが何をいうたかわかりますわ。けどね、原子力という国策をになう企業としては、そのくらいはやむをえんのやないかと私は思います」[63]』。

社会的な問題として顕在化していないが、原発労働者の中には暴力団が介在していることがうかがえる。国・自治体当局、地域の既存の組織、労働組合等が大企業とつながりあっている様もうかがえる。

労働者の分断管理構造を、労働者の現場配置からみてみる。原発日雇の中でも、「被曝線量」による格差が設けられているようである[64]。

地元の人に相対的に被曝線量の少ない場所での作業をさせ、地元外からの「全国移動型」の労働者を相対的に高被曝する現場に配置するという方法は、①地元労働者の被曝労働についての不安対応策（まだましと思わせる）でもあり、②労働者の分断管理の手段にもなっているといえよう。③また、事故や疾病発生の危険が高いと思われる部署には「常雇的日雇型」の地元住民は入れず、いつでも、地域の労働者・住民の目につくことなく解雇可能な、短期契約（10日間や15日間あるいは一基の原発の定検期間内として日数が不明確なもの等[65]）で働く地元外日雇労働者を配置しているようである。もっとも若狭地域住民の中にも「全国移動型」の事例はある。しかし古くからの集落住民にあっては「常雇的日雇型」がめだつ。社会保険や補償の面で、よりいっそうの安あがり経営がめざされているのではなかろうか。

第 1 部　日雇労働者の生活問題と社会福祉の課題

　雇用主がどこに所在するのか見分けにくい人夫出しを通じて集められる地域
外の労働者であれば、事故や疾病に遭遇した場合、その責任主体をあいまいに
しうる。すなわち、安あがりな労働者の使い捨てがよりしやすい[66]。

　一方、労働者の側も、『今日的特徴として、継続的ではあるが低賃金・低収
入の従来型の就労よりも、不安定であっても高賃金・高収入が得られる就労の
方が選好されるようになってきた…（中略）…[67]』。

　原発日雇は、高賃金とはいえないが[68]、マイクロバスでの送迎付きで、特に
資格を問われず中高齢でも十分働けるという「まし」な条件がある。労働環境
に問題はあっても長時間労働を強いられることはない。賃金は、一般の土木日
雇と変わらないか、少し高めだとすれば、原発日雇の方が「選好」されるので
あろうか。ただし、その選択によって労働者の生活は、快適にはなっていない
ようである。

　原発日雇の暮らしの単位である「世帯」の規模と構成、暮らしの場である「居
住環境」について、事例を検討する。

三世代世帯[69]	8	夫婦と子（核家族）	4
夫婦と親	2	母子	3
夫婦	3	独居（65歳以上）	1
本人と親	1	単身（65歳未満）	1

　「夫婦と親」世帯の世帯主（原発日雇）の年齢は、資料5でみられる通り、58
歳と61歳である。夫婦世帯をみても、45歳が2ケース、62歳が1ケースで
る。原発日雇の中高齢5ケースは、子どもがいないか、同居していないのであ
る。三世代世帯は8ケースあったが、この中にも、夫婦がそろっていないケー
スや、同居していると言い難いケースがあった。三世代世帯以外の小規模世帯
は15ケースあり、この数字をみる限り、暮らしの場における世帯員の協同が
成り立ちにくい形態が多いといえよう。

　そしてこの小規模な世帯構成の中で、労働可能な世帯員はすべて、何らかの
就労をしており、地域で生活する原発日雇の世帯は、ゆとりをもって近隣の労
働者・住民との日常的な連帯を作りだす場に参画するのは難しいであろう。

　日頃の、心配ごとを相談する相手や病気になった時の看護者を資料5からみ

136

ると、「親族」の範囲が多い。心配ごとを語り合える範囲が極めて狭い。原発日雇は、社会的人間としての権利実現の条件や権利侵害に対して、社会的に防衛する能力が乏しい状態にあるといえるのではなかろうか[70]。

原発日雇の居住環境面では、①老朽化しているが補修できない、②夫の死後、管理が大変だ、③買った（建てた）が、ローンの負担が大きい、④間取りが、三世代同居にむいていない、⑤狭小である、⑥設備が悪い、⑦家賃の負担が大きい等が、原発日雇とその家族の声であった[71]。

①②③④が持家のケース、⑤⑥⑦が借家のケースである。原発日雇の事例で半数以上（12ケース）が、住宅にかかわる暮らしにくさを訴えた。特に住宅について語らなかったケースでも、「建てかえたのだが、大変な負担だった」という声や「農業のための倉の改造に金がかかる」「（家族に）もう少し大きな家に引っ越さないかと言われた」等の声があった。

わが国の、住宅・住生活保障機能は、政策的に弱いといわれる通り[72]、原発日雇の生活基盤となる住宅についても、公営住宅の整備が不十分であったり、持家取得・維持への公的援助が不十分である。

原発日雇の居住地域は、以下のようにまとめられる（事例調査による23ケースのみ）。

A　農漁業地域
B　市街地を中心にした住商混合地域
C　同和地域
D　新しく住宅が増加している地域

Aが最も多く、13ケース、BとCがそれぞれ3ケース、Dが4ケースであった。

敦賀市はAからDまでを併せもつ区域であるが、他の市町村においても、都市化・混住化の傾向がみられる。資本主義社会の発展にともなって、地域が単純に類型化できない状態になっているが、やはり若狭地域での典型的な類型は、AとBといえよう。Cは、AやBの一角にもみられる。Dは、電力会社や関係大企業の社宅や県外からの移住者のみられるところである。どの地域類型からも原発日雇はみられた。

若狭地域のどの地域類型からも、生計の手段として原発へ日雇として出かけ

ている。若狭地域は、生活基盤の脆弱な階層に属する人々が少なくない地域である。若狭地域には、電力会社の社宅が自治体（地方公共団体）の一行政区を占めているところがあるが、工業地域といわれたり、とりわけ高級住宅地域といわれたりする地域はみられない。

この23ケースの中には、民生委員であったり、行政区の区長やその他の役職を持った経験のある人々も含まれている。地域のリーダー層に属する人々も、めずらしいパターンでなく原発日雇となっている。

一見「平均的・中流」の暮らしができて、続いていくようにみえるが、事故でケガをしたり、疾病にかかるとたちまち生活困難の度合いが著増し、生保受給世帯になりかねない小規模、一家総働き世帯群がぶあつく存在している。

労働者層（日雇労働者さえも）を細かく階層化させる下請構造がある。企業と自治体当局が結びつきあいながら、国当局も関与して（多重下請構造を黙認）、労働者管理が行われ、労働者やその家族があるいは親族が、原発労働への不安を訴えたり、労働条件改善の運動をおこすことを阻まれている。暴力団による末端労働者の生活破壊も存在するようである。

原発日雇は、未組織状態で放置され（組織化を阻害する条件に取り囲まれ）ている。

『貧困（化）は、社会的孤立による家庭崩壊、生計中心者の傷病、家出、失そう、サラ金地獄、ギャンブル、アルコール中毒および精神障害、自殺、心中などさまざまな精神的荒廃をともないながら、人間そのものの廃棄＝死に追いこんでいく[73]』といわれる過程に、原発日雇も存在している。

小 括

時間いっぱいの労働力の搾取とは違う、生命・健康を交換することになりかねない労働を必要とするのが原発である。

科学技術の最先端をいくといわれる原発は、生命・健康とカネとを交換することにつながらざるをえない被曝労働がなければ成り立たない。その最も多く被曝する部署、作業部分を受け持っているのが、日雇労働者である。

この原発日雇の抱える生活問題を捉える要は、暮らしのなかみであろう。「暮らし」という時、その安全と健康の状態をみることは不可欠である。

しかし、その実態は、社会的問題としてみえにくい。ここに、原発日雇の特

徴がある。使い捨てられた労働者が被曝に起因する死をとげたとしても、それは個人の病死としてしか認められず、死因統計に堆積していく数字の中で眠り[74]、生活保護の一対象世帯として結果への対応がなされて[75]忘れ去られていく。

原発で働いていた生計中心者が死亡したＦ34の場合、その妻や息子を関電系列会社が雇用している。これは、死亡と被曝を結びつけず、使用者責任を明らかにした労災補償をせず、世帯構成員まるごとを下請会社が雇用することによって、労災を隠蔽する原子力産業側の対応である。Ｆ34の妻は、「会社に雇ってもらえればこそ、私たちは生活していける」と語った。

筆者による事例調査は、原発日雇とその家族の抱える生活問題の構造と課題を探る作業である。

総合的な社会問題として顕在化しない原発日雇の生活問題をみるために、この問題とかかわるであろう統計資料や、事例調査によって、原発日雇の生活問題の断片を集めた。その断片をつないで、社会問題として提示する作業の一端が拙稿である。この作業は、原発日雇の生活問題の歴史的性格を浮きぼりにする方法として有効と考える。事例数を増やすことで、その有効性は増す。

事例調査によって知りえた原発日雇には、国民健康保険扱い（社会保険料を使用者が負担しない）のケースが、かなりみられる[76]。最末端の原発日雇は、労働者扱いせずに安く使える労働力として集められたり捨てられている。

若狭地域、特に農漁業地域の所得水準からいえば、原発日雇の賃金は、相対的によくみえる[77]。しかし、正社員と比べて、労働者保護制度の適用のされ方には大きな格差がある。加えて社会保障の不備・不足が、原発日雇の生活面での歪みとして、健康破壊や住居問題等に表れている。

原発日雇の供給源として、農・漁業に従事していた者、不安定就業者・失業者、定年退職者、Ｕターン組等が挙げられる。他に十分な選択肢がなく、原発日雇がどのような階層移動をしたか、移動の時点でどういう問題があったかを検討する中で、個別のケースが抱える社会的要因が浮かびあがってきた。

生活問題の潜在化または顕在化についての特徴は、①健康であった時や病気でもそれを自覚していなかった時は働いていられる、②社会的運動や労働環境に関する発言をしなければ、高齢で失業に追い込まれるまでは働いていられるという点であろう。つまり、「とりあえず順調」な時、問題は潜在化してしまっ

第1部　日雇労働者の生活問題と社会福祉の課題

表 2-17　1985 嶺南地方（敦賀市を含む若狭地域）児童相談件数と児童数・人口

地域 ＼ 区分	相 談 件 数	児 童 数	人 口
敦　賀　市	3 4 8	1 7, 5 5 2	6 5, 6 7 0
小　浜　市	1 0 6	8, 5 2 7	3 4, 0 1 1
三　方　郡	1 1 3	5, 5 8 1	2 3, 3 0 5
遠　敷　郡	4 7	2, 5 2 2	1 1, 2 4 6
大　飯　郡	5 1	4, 5 3 6	1 8, 9 6 0
合　　　計	6 6 5	3 8, 7 1 8	1 5 3, 1 9 2

表 2-18　1985 嶺北地方児童相談件数と児童数・人口

地域 ＼ 区分	相 談 件 数	児 童 数	人 口
福　井　市	6 3 6	6 6, 2 7 1	2 5 0, 2 6 1
鯖　江　市	1 1 7	1 7, 2 7 1	6 1, 4 5 2
武　生　市	1 1 0	1 8, 2 6 9	6 9, 1 4 8
大　野　市	5 9	1 0, 4 0 4	4 1, 9 2 6
勝　山　市	1 1 7	7, 6 2 4	3 0, 4 1 6
足　羽　郡	1 5	1, 3 1 8	6, 1 1 1
吉　田　郡	3 7	4, 8 1 9	1 9, 5 5 0
大　野　郡	－	2 2 6	1, 1 9 2
坂　井　郡	2 2 2	2 9, 3 9 9	1 1 2, 5 3 7
今　立　郡	2 1	4, 7 3 6	1 9, 1 2 3
南　条　郡	4 9	3, 3 7 6	1 3, 8 8 6
丹　生　郡	7 5	1 0, 2 0 3	3 8, 8 3 9
合　　　計	1, 4 5 8	1 7 3, 9 1 6	6 6 4, 4 4 1

・『児童相談』福井県中央児童相談所・福井県敦賀児童相談所 1986 から作成した。
・人口は、1985年10月 1 日現在のものである。
・県外の取扱件数（18）は、含めていない。

ているのである。

　生活の歯車の狂いは、労働者の疾病、失業、死亡による所得の減少・所得の停止につながった時に、生活保護制度で顕在化する。しかし、この場合でも社会問題とはならないのである。

　家庭生活の困難・崩壊も、不安定な労働条件・低賃金のもとでの生活スタイルから現実化し、学校教育の分野、児童福祉の分野に、個別に問題がもちこま

れるという[78][79]。

　しかし、いずれの分野でも、個別的対応に終わっている。社会問題が個々の
レベルでの問題として表れて、結果に対する個別対応はなされても、原因であ
る大もとの問題は葬られている。事例調査や各福祉事務所の聴き取り調査から
推測する限り、福祉事務所においても原発日雇の生活構造に注目しての、問題
解決をめざす取り組みや原発日雇の抱える労働問題に関する問題提起は行われ
ていない。他の福祉五法についても同様と推測される。

　生命・健康とかかわる「負」の問題を持っているにもかかわらず、何故やむ
にやまれず原発日雇となるのであろうか。そこに、地域経済基盤の貧弱さがみ
える。生活のために原発にかかわらざるをえない地域構造の中で住民が互いに
問題を受け止め、社会問題化させる意識は育ちにくい。原発労組結成の契機を
みても、事故により、同じ現場で働いていた相当数の日雇労働者の大幅な所得
減に直面してはじめて問題が顕在化している。

　労働者としては、労働条件の向上や人格形成上からも、連帯・組織づくりが
大切なのであるが、個別分断的管理が進んでおり、基本的な連帯は育ちにくい。
原発労働者がどんなに多くなっても、層が厚くなっても、そこからの連帯は生
まれにくい。それは、労働現場での個別管理と地域においても管理が行き届い
ており、労働者・住民の一人ひとりは、不安や問題を感じていても、それがバ
ラバラにおかれていることに要因があろう。他方、大企業、各行政当局は、労
働者・住民の連帯を阻害する形で実によく組織されている。

　労働者の側の問題として（当然、国家レベルでの情報管理や地域・職場レベル
での労務管理、労働者の生活基盤の問題と関連するのだが）、「窮乏感のなさ」がみ
られる。

　「窮乏感」とは、相対的なものである。何かと比較してまだましという思い
がある——といったものである。①自分の今までの労働との比較で、今の方が
まだまし、②今の自分の労働条件と、周辺にある条件との比較でまだまし、③
自分が育った時代との比較、④第三世界の貧しさを情報として取り入れて、自
らの暮らしの中に一定の物（自動車、冷蔵庫等）を取得できていること等の思
いが聞かれた。

　「窮乏感のなさ」は、自らの生活問題の社会的要因をみえにくくしている。

　一方、たとえ窮乏感があっても、それを公然と出せないメカニズムがある。

第1部　日雇労働者の生活問題と社会福祉の課題

安全で健康を守れる仕事をどう確保し続けるか、人たるに値する健康で文化的な生活をどう確保するかということと、労働条件への不満や被曝労働への不安を公然と語ることが、できないメカニズムが存在する。

　原発日雇が人たるに値する生命・健康・生活を営める条件を確保するためには、当事者の組織化が必要であることは言うまでもないが、原発日雇の抱える生活問題を実態調査・分析をし、社会問題としての生活問題を提示し、問題解決のための方向性を検討する作業を、「専門職集団」が原発日雇と協働して行っていくことが重要ではなかろうか。「専門職集団」とは、医師、看護婦、保健婦、福祉事務所のケースワーカー、社協のソーシャルワーカー、ホームヘルパー、社会教育従事者、弁護士、自然科学・社会科学分野の研究者等が、一定の目的をもってチームを作ったものと捉えておく。「チームを作る」には、各々の専門職者が、社会の中の自分の位置と個別の社会問題をトータルに結びつけあう自己作業が必要である。

　この取り組みは、窮乏感、危機感のなさや言えなさ、あきらめを労働者・住民が克服するための、大きな力になると考える。

　原発日雇の実態を少しずつ明らかにしていく作業の継続により、いずれ原発日雇の社会問題としての生活問題の構造をより体系的に提示することが今後の課題である。

【注】

1　三塚武男「調査目的」『地域福祉の課題－大津市における福祉のまちづくりのための実態調査報告－』大津市社会福祉協議会　1987　6ページ

2　三塚武男「調査目的」（前掲書1）　6ページ

3　三塚武男「調査目的」（前掲書1）　3ページ

4　大友信勝編『東海地域の生活問題と社会福祉－東海市における社会福祉調査－』東海市社会福祉協議会・日本福祉大学大友ゼミナール　1987　129ページ

5　三塚武男「生活問題と地域福祉」右田紀久恵・井岡勉編『地域福祉－いま問われているもの－』ミネルヴァ書房　1984　77ページ

6　三塚武男「調査の内容と方法」（前掲書1）　7ページ

7　前掲書4　4ページ「東海市民の生活状況を、フェースシート及び主要項目（労働・家計・健康・家庭生活・地域関係・住居・社会福祉）によって数的に明らかにしていった。」

8 　柴野徹夫『原発のある風景』上　未來社　1983　216 ～ 217 ページ

9 　大木一訓「生活とはなにか」『現代の労働と生活』学習の友社　1987　47 ページ

10 　大木一訓「生活とはなにか」（前掲書 9 ）　49 ページ

11 　三塚武男「調査の内容と方法」（前掲書 1 ）　21 ページ

12 　三塚武男「調査の内容と方法」（前掲書 1 ）　22 ページ

13 　日本科学者会議福井支部・ゆきのした文化協会編『父と子の原発ノート』ゆき
　　のした文化協会　1978　238 ページ

14 　野村拓『医療政策論攷Ⅰ』医療図書出版社　1976　60 ページ

15 　前掲書 14　56 ページ

16 　前掲書 14　57 ページ

17 　原子力発電に反対する福井県民会議『高速増殖炉の恐怖 −「もんじゅ」差止訴
　　訟 −』緑風出版　1985　384 ページ

18 　前掲書 17　388 ページ

19 　前掲書 17　389 ページ

20 　前掲書 17　390 ～ 391 ページ

21 　『原発はいま』運輸一般関西生コン支部原子力発電所分会　1982　29 ページ

22 　前掲書 21　30 ページ

23 　原発日雇の日給は、表 2-9 に示した額で固定しているのではない。①常用日雇の
　　者は、平常運転時も、定期検査時も、日給は、ほぼ一定しているようである。一方、
　　定検時のみの短期契約で、高被曝する場所で作業する者の日額は、クリーニング
　　や倉庫係の人々に比べて高い。②また、特殊溶接、クレーン操作等の技術を持っ
　　ている者の方が特に資格もなく単純な除染作業にあたっている人より日額は高い。
　　③基準はないが、年功序列的な賃金格差をつけて、日給を支払っている会社もある。

24 　江口英一『現代の「低所得層」』上　未來社　39 ページ

25 　『被保護世帯の落層要因と自立の条件に関する調査報告』同志社大学文学部社会
　　学科三塚研究会・貧困問題研究会　1979　77 ページ

26 　厚生省大臣官房統計情報部編『昭和 60 年生活保護動態調査報告』（財）厚生統
　　計協会　1986

27 　前掲書 25　70 ページ

28 　前掲書 25　72 ～ 73 ページ

29 　資料 1 　＜ 7. 身体の変化、気づいたこと、検診のなかみ＞
　　　　　　　＜ 8. 夫の死亡前後の状態＞＜ 11. 家計について＞

30 　労働安全衛生施行令第 22 条（健康診断を行うべき有害な業務）

31 　電離放射障害防止規則第 56 条・6 月以内（白内障に関する眼の検査および皮ふ
　　の検査は、3 月以内）ごとに 1 回、次の項目について行わなければならない。イ. 被

曝歴の有無の調査、ロ.白血球数および白血球百分率の検査、ハ.赤血球数、血色素量または全血比重の検査、ニ.白内障に関する眼の検査、ホ.皮ふの検査

32 1984 年 8 月 30 日付けの福井新聞（見出しは「原発社員ガン多発」）

33 内橋克人『原発への警鐘』講談社 1986 321 〜 342 ページ（岩佐嘉幸氏や村居国雄氏の事例参照）

34 安斎育郎「日常化する原発労働者の放射線被曝」『日本の科学者』Vol.16 水曜社 1981.10 15 ページ

35 安斎育郎「くずれる原発の安全神話」『福祉のひろば』特集 28 号 大阪福祉事業財団 1986 115 ページ

36 表 2-3 の F 4、F 5、F 25 等

37 樋口健二『フォトドキュメント原発 樋口健二写真集』オリジン 1979 2 〜 5 ページ

38 前掲書 21 8 ページ

39 資料 1 ＜ 3.労働実態・現場状況＞

40 川島美勝「放射能防護服の衣服気候特性」『空気調和・衛生工学』第 56 巻 3 号 空気調和衛生学会 1982 44 ページ

41 資料 7 を参照

42 『原子力年鑑 '86』日本原子力産業会議 1986 87 ページ

43 （財）福井県原子力センター編『福井県の原子力』福井県 1984 130 ページ

44 資料 1 ＜ 2.原子力下請労働の特徴＞＜ 12.原子力発電所・放射線について＞

45 前掲書 33 「マンクーゾ博士の警告」202 〜 213 ページ

46 資料 1 （286、291、292、294、296、297、299、300、301、302、303、304、309、144）

47 資料 3 （事例 F 23）

48 資料 8

49 前掲書 8 155 ページ

50 前掲書 33 321 〜 342 ページ

51 前掲書 33 340 ページ

52 前掲書 33 341 ページ

53 某原発の下請会社で放射線管理の職務についている F 1 からの聴き取りによる。

54 資料 7 （テキストは、Ａ 4 大の多色刷りで、上質紙が使用されている）

55 前掲 53 と同様

56 市川定夫「微量放射線の影響」『原子力発電における安全上の諸問題』第 3 分冊 原子力技術研究会・原子力情報センター 1977 304 ページ、305 ページ

57 安斎育郎「被曝制限値の歴史－被曝ゼロをめざして不断に低減され続けられる

べき対象」『新地平』No.140　新地平社　1986　68 ページ

58　資料 1　（065、072、077、085、088）

59　前掲書 8　158 ページ

60　前掲書 8　137 ページ

61　前掲書 8　139 ページ

62　前掲書 8　167 ページ

63　前掲書 8　216 ページ、217 ページ

64　資料 1　（021、025、057、059、060、073）

65　資料 1　（070、072、073）

66　資料 2

67　川上昌子「社会構成の変化と貧困の所在」江口英一編著『生活分析から福祉へ－社会福祉の生活理論－』光生館　1987　31 ページ

68　表 2-9

69　三世代世帯の中に、「母、妻、子」の 3 人がその構成員となっているケースと、「夫婦と、大学生と、入院中の生計中心者の親」のケースを含めた。

70　前掲書 25　71 ページ

71　①F 30、F 32　②F 30、F 31　③F 4、F 5、F 6、F 15　④F 27　⑤F 8、F 9、F 38　⑥F 38　⑦F 18

72　山崎清「住宅」（前掲書 66）　114 ページ

73　前掲書 25　81 ページ

74　資料 3　（事例 3）

75　F 30

76　資料 5

77　表 2-1

78　全日本運輸一般労働組合関西地区生コン支部原子力発電所分会・分会長の斎藤征二氏の話による。また、表 2-12 からは、学校教育分野でも、児童福祉分野でも、原発日雇の世帯とかかわらざるをえない内容が含まれていることがうかがえる。

79　表 2-17、表 2-18 を参照。嶺北地方の児童数を 100 としたとき、嶺南地方は約 22 である。相談件数は、嶺北地方を 100 としたとき、嶺南地方は約 46 である。児童数と対比すると、嶺南地方は嶺北地方より、著しく相談件数が多い。

第1部　日雇労働者の生活問題と社会福祉の課題

第3章
若狭地域原発日雇労働者の生活問題対策と社会福祉

第1節　若狭地域原発日雇労働者の生活問題構造と社会福祉の位置づけ

　原発日雇の生活問題の根底には、労働条件に関する問題（労働者の権利侵害）がある。しかも、その労働は被曝を伴うものであるために、労働者個々人の問題にとどまらない。被曝の影響は次世代に受け継がれることがある。それは被曝労働者が集中的に生活している地域全体にとって大きな問題である。一時代にとどまらない問題といえる。

　このような性質を持つ生活問題について、その時々の個人の問題として対症療法を考えているだけでは、根本の問題対策にはならない。

　今日の社会福祉の課題を検討する時、雇用労働条件についても論及される必要がある。社会福祉の対象課題は、労働者・住民の暮らしを支える条件にかかわる社会問題としての生活問題であると認識する場合、結果としての生活問題の、原因となる労働問題をみないわけにはいかない。

　生活問題対策を検討する時には、問題を構造的にみる必要がある。

　「構造的にみる」とは、問題の要素の関連を解くことであろう。

　例えば、労働者の「人格崩壊」を社会福祉の対象課題としてみるときは、対症療法にとどまらず、人格崩壊をまねく社会のメカニズムから、解決の具体的方法を考えねばならない。

　原発日雇についての人格崩壊の特徴としては、長い間未組織状態におかれ続けてきた結果、あるいは低所得・不安定就労状態の世代的継承の結果としての、①あきらめ感、②無力感、③暴力等がみられる[1]。

　しかし、「一見、そっぽをむいている人」や「小さくため息だけをつく人」

146

第3章　若狭地域原発日雇労働者の生活問題対策と社会福祉

たちも、人間らしく生きる上で少しでもよい条件を得ることを積極的に拒んで
いるわけではないと考える。すべての人間は、当然ながら基本的人権が守られ、
人間らしく生きるための条件を不断に求める存在であろう。

　人格崩壊の問題は、心と身体を含む健康の問題として捉えることができるの
ではなかろうか。

　いつ使い捨てられるかわからない条件下で被曝労働をつづけ、気づいた時に
は死の宣告を受けるに至る構造こそ、人格崩壊の大きな要因といえるであろう。

　労働と生活の問題は、「心身の健康状態」に表れている。人格形成力や生活
する意欲の崩壊のプロセスは、広い意味での健康崩壊のプロセスとしてみるこ
とができる。

　『人間として生き、生活していく前提として、肉体的・精神的に健康である
ことは、その一般的条件である。反対に疾病（怪我を含めて）は人間とその生
活に対する脅威である、破壊である。…（中略）…健康な人と疾病とを現実に
区分している基準は、その人が日々働くことができるかどうか、したがって労
働力の容器である人間が、肉体的・精神的さらに社会的に"良好な状態（Well
being－WHOによる)"の中に保たれているかどうか、ということである[2]』。"良
好な状態"にない原発日雇は、低賃金、不安定雇用、労働災害、職業病、企業
にとっての作業の効率化、作業環境の不備・欠陥、職場の自由と民主主義の抑
圧等について、組織的に点検をし、現行労働法規の厳正な実施と民主的運用ひ
いては法改正をめざした運動を起こして当然の立場にあるといえる。

　社会福祉の課題は、労働問題から離れたところでは語れないものである。原
発日雇が安全で健康な生活を確保するための体系的な制度・施策が乏しいとい
う事実を社会的に提示しつつ、その時点で可能な制度の活用と相談援助を行う
のが社会福祉ではなかろうか。

　生活問題は、労働者の雇用・労働条件に規定されて生み出される健康問題、
居住環境、家庭・地域の協力・協同の質量等がからみあっている。

　『社会福祉制度は、体系的には、社会保障制度の一環であり、したがって、
①雇用保障制度、②労働基本権の確立、③労働時間の規制、④最低賃金制と、
⑤それを前提にした社会保障制度を中心に、⑥関連的には保健・医療供給体制、
住宅・生活環境施設、教育条件など公共的・協同的な整備を制度的な前提として、
それらを最終的かつ最小限に補完・代替する制度である。これらの前提条件が、

147

第1部　日雇労働者の生活問題と社会福祉の課題

国家独占資本主義の下における「国民的最低限（ナショナルミニマム）」であり、組織労働者が階級的・統一的な連帯と団結の力で獲得した労働・生活条件をすべての労働者・勤労住民に拡張したものである[3]』。

『わが国の社会福祉制度は、前提条件である「国民的最低限」が未確立なので、内容・方法の面で、きわめて制限的かつ恩恵的な性格を帯びている。法制そのものが、個人給付中心のタテ割りになっている。その内容も生活保護法と児童福祉法は国・地方公共団体の義務＝住民の権利性が明確であるが、他の障害者福祉法、老人福祉法、母子福祉法、勤労青少年・婦人福祉法はいずれも実施主体の裁量自由な努力規定になっている。最終的な生活問題対策である社会福祉が、わが国のように劣悪であり諸制度・施策の間にスキ間やデコボコがあると一層生活上の困難や不安が助長されることにもなる[4]』。

『社会福祉政策は、社会・生活問題対策の中で最終的かつ最小限の対応であり、組織的にも社会的な要求・運動（対抗力）や発言力の弱い階級・階層に発現する生活問題を対象に、さまざまな個別・分断的な方法を通じて給付が制限され、自助努力が強制されている。そのため、生存権保障の理念が形骸化され、必要な費用負担が労働者勤労大衆に転嫁され、劣等処遇の原則が強化される傾向をもっている。ここに社会福祉政策の限界性がある[5]』。

筆者は、上記の制度体系と現実の説明は、歴史的にみても実態からみても客観的であって妥当と判断している。上記のような位置にある社会保障制度の一環としての社会福祉制度は、原発日雇の生活問題にどのように対応しているであろうか。

原発日雇は、①安定的な雇用の保障がされておらず、②安定的な職業に就くため必要な教育・職業訓練を経済的不安なく受ける機会が少なく、③「人たるに値する」賃金・労働時間、労働環境等の労働条件の確保がなされていない。さらに、④社会保険料の一部を使用者が人件費の一部として負担する労災、雇用、医療、年金などの社会保険への加入対象とされていない。

労働者であったために被った問題であっても、労働者としての解決は図れず、一般住民レベルの個別の問題として、その処理がなされているのが原発日雇である。例えば、生活保護受給者の中には、まず労災で取り扱われるべきと思われるケースがあった。また末端の原発日雇が国民健康保険に加入している事実は、事業主が事業主の体をなしていないといえる。不安定ではあるが一定の所

得がある故に、社会福祉の制度対象からもはずれ、労働問題、生活問題が顕在化しないまま世帯主は病気で働けないでいるケースや死に至っているケースもあった。

つまり、かろうじて、生活保護制度や児童福祉制度で、個別に対応しているわずかのケースはあるものの、現行の社会福祉制度は原発日雇の労働問題から派生した生活問題に最終的に対応するところとなっていないのである。

施策の運用の仕方の問題もあろうが、現場における運用の仕方の改善だけでは、社会福祉制度からもこぼれた問題に対処しえない。いわゆるタテワリの個人給付中心の制度では拾えない生活問題を抱えているのが、原発日雇である。実態の一部はすでに第2章で示したが、フォローできていないものをフォローするためには、社会福祉制度そのものの枠組みを拡大して整備することが必要である。

社会福祉制度のところで、現行ではあてはまらない問題はつきはなすのではなく、社会的にすべての生活問題を、最終的に受け止める体制を作らなければ、労働者が、生命・健康・生活にかかわる問題をもちこむところはない。最終的にいったんは受け止め、その上で、きめ細かく、本来責任のあるところへ問題提起をしていく役割が、社会福祉行政（現場労働者の取り組みが含まれる）に求められる。

第2節　若狭地域原発日雇労働者の生活問題の地域性に社会福祉はどう対応するか

原発日雇の生活問題への対応は、総合的・体系的なものでなければならない。これまでのタテワリの個人給付中心の制度では対応しきれない広がりを持つ問題が、事例調査から浮きぼりになった。

社会福祉の課題として、くらしの場（家庭・地域）における生命・健康・生活の維持・再生産の問題を総合的に組み込むことが重要になっている。原発日雇の抱える生活問題の地域性に着目し、各論的な従来の福祉のすべてとかかわる基底的な位置と役割を持つ社会福祉が必要となってきているといえよう。

『生活問題の地域性を規定している社会的条件は…（中略）…現代の生活問題を規定している①基本的な就業・雇用と労働条件およびそれにもとづく階級

性、②「生活の社会化」の度合い、および③暮らしの場における日常的な交流・連帯と協力・共同である[6]』。こういった社会的条件の整備、拡充の仕方がいま問われているのである。

　若狭地域における原発日雇労働者の生活問題の共通性を、実態調査を通じて明らかにすることは、生活問題解決のための社会的・集団的な基盤を明らかにすることになる。その作業（第1章、第2章における作業は、ごく一端である）によって、原発日雇の階層性と地域性に対応する社会福祉の現実的な課題が導き出されよう。

　現行生活保護制度や老人福祉、児童福祉等の制度の対象として、福祉事務所や児童相談所に問題が持ちこまれた時点では、原発日雇の世帯の生活困難は、すでにどのようにして生活してよいのか見通しのきかない極限的状態になってしまっている。手おくれの疾病とわかるまで日雇労働を続け、出勤できなくなった日から失業し世帯の維持に窮するのである。

　社会福祉制度で、生活問題の発生源を断つことはできないが、社会問題としての生活問題が作り出されるメカニズムを常に念頭においた、現場の専門職員による事実関係の追跡と即刻必要な対処が求められる。暮らしを守るための総合的な社会福祉制度や関連諸制度（保健・医療・教育・居住環境・文化等）の内容・水準が低いと、生活問題は深刻化する。社会福祉の役割は、関連領域の役割・課題と共通性をもつが、社会福祉の特徴は、実際は労働問題対策や保健、医療の対策とすべき問題であるのに、それらの対策の不備・不足のために、こぼれ落ちてくるものすべてに、不十分に対応せざるをえないところにある。社会福祉の後に、労働者・住民の生存権を保障する社会制度はないのである。

　社会福祉現場労働者の役割・課題とは、あくまで社会問題としての生活問題を、全般的・最終的に受け止め、その上で、補完、代替せずに済むように、他の制度に働きかけることである。

　従って、社会福祉からもこぼれたまま、生活問題を抱えている原発日雇とその家族の生活実態の洗い出しと社会福祉の枠組みそのものの問い直しが重要になる。

　社会福祉が取り組むべき、援助・サービス活動の内容を論ずるのは、今後の課題としたいが、援助・サービス活動は、極限的状態に至る前に、すでに抱えている生活問題に対応することが必要である。高齢の親を扶養する労働者、必

ず高齢期をむかえる労働者（住民）の抱える生活問題に、地域で活動する社会福祉協議会がどう取り組みうるかは、次の市民の声からみえてくる。

『重大な問題をもった老人保健法の成立については社協は全く手をこまねいていたんです。私たちが実際に老人組織としてこの問題に取り組んでみて、社協がこれで動いてくれたらどんなに助かるか、と痛感しました。社協に対する期待は、私たち老人の運動を老人だけの運動ではなく、もっと幅広い運動に──例えば、医者の運動に、歯医者の運動に、それから労働者、労働組合の運動に、そして、家庭婦人は老後の問題を非常に心配していますから、婦人組織、家庭婦人の組織運動に広げ、そういう方々と一緒になって老人医療有料化反対の運動を強めることだったのです。これは老人組織だけではできないんです。そんなことを老人組織だけが呼びかけても、はねつけられますので、どうしても、いわゆる「協働」という街ぐるみ、組織ぐるみの運動を任務とする社協がやってくれないと、そういう運動形態ができないのです[7]』。

日雇形態による賃金と一家総働きによる生活補完的な賃金とをあわせた「一定の所得」のある原発日雇の世帯の抱える生活問題を顕在化させ、問題解決をめざすために何をなすべきかが問われてくる。打つ手の問題である。原発日雇の生活問題解決をめざす方法としては、①制度・政策による解決の方法があろう。②その①のためにも、労働者とその家族を中心とする組織的運動が必要である。

先に述べた社会福祉の枠組みの拡大やタテワリの制度をヨコに統合化していくという方向を具体化するための一課題として、最前線にいる社会福祉労働者の組織論的課題がある。最後に、組織論的課題とかかわらせて、市町村レベルの社会福祉協議会（以下、社協と略す）の役割・課題を中心に、原発日雇の生活問題の解決をめざす取り組み方について検討する。

第1点目の課題としては、社会福祉労働者間の取り組みがあげられよう。そのなかみとしては、①職場内での学習・討論による職員集団の確立がされなければならない。職員集団の中で、㋐業務目的を不断に確認すること、㋑情報の共有、㋒相互の活動・役割点検と協力の仕方の検討、㋓事業の長期計画づくり、㋔そのための地域住民の実態調査、㋕職員の処遇条件の改善と質量的強化、㋖これらを実行するために定期的に職員集会を開くこと等であろう。また、②社会福祉労働者の労働組合への結集も必要である。ひとつの職場内での組合では

151

第1部　日雇労働者の生活問題と社会福祉の課題

なく、社会福祉機関・団体・施設がつながって、自主的に社会福祉の課題を話し合ったり、すべての福祉現場で働く労働者が未組織状態を克服するための取り組みが必要であろう。関連領域の労働者との連帯をし、地域住民主体の組織的な生活問題を改善する運動を展開するための事務局となるべき福祉労働者が、無権利状態でいたのでは、本来の役割を展開していくことは困難であろう。

　第2点目は、社会福祉の関連領域の専門職者・機関との連携が求められる。社協以外の社会福祉機関・団体、保健・医療、教育、住環境、雇用、社会保障関係諸機関と、そこで働く専門職者との①情報の共有・つきあわせ、②主要課題を設定した学習活動、③学習を実践で検証しながらの各々の役割の確認と共同作業による実態調査、④その記録づくり、⑤問題別のグループづくり（生活問題を抱える当事者も含む）等を織りあわせることによって、生活問題を抱える労働者・住民の実態はより明らかにされ、問題解決にむけての制度政策への提言力も、より大きく確かなものとなろう。

　第3点目は、生活問題を抱える当事者の仲間づくりが課題である。①知恵の交換、励ましあいや相談事項の整理の場づくり、②生活問題を顕在化させ、本来責任を負うべき制度による対応を求めるための学習と要求運動の援助を具体的に行っていく場づくりをすることは重要である。市町村社協の窓口に、当座の生活費を借りたいと言ってくる住民や生活保護受給の相談に来る住民の中には、労災で働けなくなったのに労災補償がされていないケースが実際にある。

　第4点目としては、第1、第2、第3の各点を基底にした、地域における社会福祉計画を作っていく課題があろう。

　第5点目には、第4点目を実効あるものとするための、地方自治体の行財政分析と住民本位の自治体確立のための、きめこまかな提言をしていく不断の取り組みが、不可欠である。非正規雇用を正規雇用に移行させたり、人間らしく安全に働く場の保障は基本的には国が責任をもって行うべきであり、社会保障・社会福祉にかかる費用は、国、自治体が負担すべきものである。国、自治体の財源として、相当の企業負担を求めるべきである。

　わが国では、原発日雇の生活問題、特に被曝と不可分の健康問題を積極的に手がけている社会福祉機関・団体はないようである。保健・医療の分野でも、組織的に取り組まれてはいないようである。

　例えば、老人問題の対策や職業病の防止等、自らの労働と生活について自由

に学習し、発言していけるような地域づくりをめざして、各々の分野の専門職員が身近な地域をまわりながら（分野の異なる専門職員どうしがチームを組んで、定期的に、リストアップし得た原発日雇の世帯や、すでに退職したり、死亡した後の世帯を訪問することは可能である）、出会った個人や世帯全体から表出した問題で、すぐに解決できるものには対応しつつ、表出した問題の原因となっているものを構造的にみきわめ、取り除いていくための作業が組み立てられなければならない。

ことに原発日雇に関しては、産業医や企業の指定医、原発労組、労働基準監督署、自治体行政等が協力して、すべての労働者の労働条件や健康状態等の追跡調査をしていかねばならないのではなかろうか。それをしない組織や専門職者は権力に服従している。

原発日雇、原発日雇を辞めた人、その人々の家族に対する総合的な相談窓口として、専用電話や夜間相談所等を創設することが必要であり、原発日雇や、それを辞めた人とその家族のカルテを作ること等が考えられる。

こういった取り組みは、原発日雇以外の労働者・住民の共有財産になりうる。労働者・住民が、いかに現行制度、社会資源を活用し、さらに資源開発をしていけるかは労働者・住民の身近なところにいる専門職者（弁護士や研究者も含む）の連携がポイントになる。

その連携を作る媒介として、市町村社協は動きやすい立場にあるといえよう。

タテワリ制度の枠内で、在宅介護等直接サービス提供事業やボランティア育成活動をこなすのみの立場からは、前述のような取り組みは出てこない。また、地域住民を単純に「要援護階層」と「それ以外の層」とに分けて、社会福祉の援助やサービスをされる側とする側に区分する慈恵的方向での住民組織化であっては、真の「生活問題解決」につながらない。

社協に公的福祉事業が委託されたり、従前からの事業活動に追われて、①持ちこまれた問題に個別的にのみ対応して終止符を打ったり、②他機関に問題（問題をかかえた人）を転送するだけであったり、③羅列・並列的な事業消化に終始したり、④国、自治体当局の立場に立っての民間団体や個人とのパイプ役を努めたりして、原則的な社協の活動指針が見失われてはならない。

『社協の力は、社協の基本的な活動、住民の協働活動、ぐるみ運動、その問題に関係するあらゆる団体、組織、個人といった方々を結集して、幅の広い運

153

第 1 部　日雇労働者の生活問題と社会福祉の課題

動を展開して課題を解決していく。こういう社協独自の他の団体組織にない運動形態が社協の基本的な機能から生まれてくるのです[8]』。

　『老人組織だけが単独に他の住民組織に訴えても相手にしてくれません。老人の組織にそんなことを言われる筋合いがない、とはねつけられます。けど、社協が訴えますと、課題を解決する場合に、いろんな関係する団体に呼びかけて、共通の課題だから一緒に取り組もうではありませんかと、これを説明し、幅広い組織をつくるのが、社協本来の役割ですから、各団体も納得するわけです[9]』。

　原発の立地する福井県の美浜町社協では、障害者の授産所づくりにむけて、知的障害者とその家族、身体障害者とその家族、精神障害者とその家族、ホームヘルパー、医療機関従事者、保健婦、福祉事務所の職員、民生児童委員、新聞記者、精神衛生カウンセラー、養護学校の教師、県内の他の共同作業所のスタッフ、美浜町役場と三方町役場の民生課の職員、地域の商工業者、ボランティア等をネットワークした経験を持っている[10]。

　また、認知症の人[11]とその家族の生活問題に対応する足がかりとして、精神衛生カウンセラー、保健婦、ホームヘルパー、老人クラブ会員、民生児童委員、町内の開業医、認知症の人を抱える家族が、テーブルを同じくして話し合える場づくり等も行っている。しかし、生命・健康・生活の維持・再生産が困難な原発日雇の実情を出し合い、安心して子どもを産み育てるための条件づくり、原発日雇自身やその家族の心身の健康の保持の条件づくり、生活困難や不安がなぜ生まれてくるのかを学習する場づくりについて、社協が正面から取り組まないならば、福祉のまちづくりも表面的なものにとどまると言わざるをえない。

　今、社協は、その地域にとって、最も厳しい生活問題を抱えた労働者・住民の、①要求を明確に整理し、②個別の当面の要求を適確な施策等と結び付け解決することに努め、③同時に、住民の暮らしと健康の障害になっている原因を調査し、抜本的に事態を改める道筋を提起しつづけることが必要であろう。

　社協には、地域の中で避けて通れない課題について、「これは社会福祉の枠内では対応できない問題である」として切り離すのではなく、住民とともに何ができるのか考え手をつくして行動することが求められる。そこに、住民組織である社協の役割があるといっても過言ではない。

154

第3章　若狭地域原発日雇労働者の生活問題対策と社会福祉

　小さな自治体の中の社協であっても日ごろ、「地域の集い」や「講習会」の
類に参加する条件の乏しい家庭を訪問して歩くことを主要職務とする専門職員
を、少なくとも3名[12]配置する試みがなされないものだろうか。その内1名
は保健師を配置する職員配置基準が作られたならば、労働・生活の中身が表れ
る心身の状態を把握する上で有効である。それは、①最も声になりにくい層の
労働者・住民の生活問題の実態を科学的に把握・分析し、②現行の制度・サー
ビスの利用方法を伝えたり、最大限の制度活用をする工夫をすること、③訪問
対象者も、あるいは社協職員自身も気づいていなかった生活問題をみいだすこ
と、④生活問題解決にむけての要求の社会化と組織的運動づくり等を目的とし
てである。

　それには、財政的裏づけが必要で、自治体当局や議会が、真に住民自治をめ
ざす方針、行政機関とは違う独立した住民組織を守り育てる方針を持っている
かどうかが鍵となる。

　社会福祉の機関、組織として、生活問題への対応の仕方や財源確保の条件等
については、イギリスのロンドン・カムデン自治体のエリアに対応する、カム
デン社協の取り組みに学ぶところは大きい。

　カムデン自治体の人口は、'84年10月1日現在、約18万人であった、そし
てこの人口に対応するカムデン社協のスタッフは、85名であった。カムデン
社協では、ポリシー作成グループ（役員）、スタッフ・グループあるいは職員
労働組合とのコミュニケーション・ルートが公式に確立している。財政では、
公費補助に大部分依存している。'83年度の収入の約87%が公費補助であった。
公費補助のうち約71%が、カムデン自治体の負担によるものであった。

　しかし、公費補助は、民間自主活動を保障促進する条件整備として用意され
ていた。自治体当局者も、社協サイドも同様の認識をしていた[13]。

　このカムデン社協の組織と活動には、わが国の自治体や社協においても取り
入れうる生活問題解決にむけての体制があるといえるのではなかろうか。

　ここに記した限りでは、先述の市町村社協レベルでの組織論的課題のうち、
第1点目の職場集団の課題と第5点目の社会福祉事業の費用負担のあり方等に、
示唆的なものがあるのではなかろうか。

155

第1部　日雇労働者の生活問題と社会福祉の課題

【注】

1　資料1＜1.原発にたどりつくまで＞＜2.原発下請労働者の特徴＞＜3.労働者・住民生活にみる特徴＞

2　唐鎌直義・宮森道仁「医療」江口英一編著『生活分析から福祉へ－社会福祉の生活理論－』　光生館　1987　73ページ

3　三塚武男「現代の社会福祉政策研究の課題と方法－その実践と論理の展開、孝橋理論をふまえて－」『現代「社会福祉」政策論』　ミネルヴァ書房　1982　255ページ

4　前掲書3　261ページ

5　前掲書3　257ページ

6　三塚武男「生活問題と地域福祉」『地域福祉いま問われているもの』　ミネルヴァ書房　1984　86ページ

7　山崎寛「＜シンポジウム＞これからの社会福祉と社協の役割」『ひとすじの道──山崎寛先生頌寿記念誌』　山崎寛先生をはげます会　1986　192ページ

8　前掲書7　197ページ

9　前掲書7　197ページ

10　髙木和美「授産所づくりへの道」『福祉研究』No.46　日本福祉大学社会福祉学会　1982　55～67ページ

11　1980年代には、「呆け老人」という用語が使われていた。出版に際し、「認知症の人」という用語に改めた。

12　職員の労働条件の安定と、業務の向上のために必要な最低限の人数といえる。

13　カムデン社協の組織と活動については、井岡勉「ロンドン・カムデン社協の組織と活動」『評論・社会科学』第30号　同志社大学　1986に詳しくまとめられている。なお、カムデン社協に関する参考文献を以下に記す。

"Official Guide" London Borough of Camden　1984

"Annual Report 1983/1984" Vorantary Action Camden　1984

"Camden Community Work" Camden Community Work Forum　1984

おわりに（第1部について）

　筆者にとって生活問題研究は、まだこれから深めねばならない領域のものである。筆者は本調査研究に取り組むまでは、社会福祉理論研究も、社会科学的方法による生活問題実態調査も手掛けたことのない、一社協職員であった。一社協職員であった時の目線を捨てず、現場で働いている社会福祉労働者の眼前にある労働者・住民の生活問題を整理し、実践の指針となるような論理の構築も目標において作業を進めた。今回の作業は、生活問題への具体的な対策を考える視点と方法論を模索するものであった。故に、今回の作業をもとにした肉づけにあたる調査・研究は、今後の課題であり、本稿は、先に述べた「目標」にむけての骨格づくりの過程である。

　若狭地域に集中的に建設された原発は、数え切れぬ原発労働者の健康破壊と死を抜きにして存立しえないものであった。どの国の原発も人間をモノのように寄せ集め使い捨て続けねば、維持できないはずである。筆者の調査の範囲とはいえ、原発日雇の健康は、比較的短期間にくずれたり、生命そのものが失われていく。この実態が、事例調査やその他の資料からうかがえる。

　その実態を許すものとして、①労働者・住民の運動の乏しさ、②企業と国・自治体当局が一体となった労働者・住民の管理、③地域の産業構造等があげられよう。④さらに、このような条件下で、労働者間、家族間での被曝労働に関する会話も乏しいのである[14]。

　一定の地域における住民が共通に抱える最も重要な生活問題から逃げないこと、最も厳しい生活問題の解決・改善に正面から取り組むことが、社会福祉研究と実践を展開させるためには、必要である。

　若狭地域の主要な生活問題を抱える一典型として原発日雇が位置することはまちがいなく、原発日雇の生活問題について、専門職集団や労働者・住民が日常的に学習を深め、問題解決にむけての実践をしていくことが重要である。労働者・住民にとって必要な制度のあり方や運用のされ方、あるいは制度の開拓が、専門家集団と、労働者・住民の協力・共同によって追求されねばならない。専門家集団は、現在タテワリの制度の下に存在し、制度と職場のカコイの中で、バラバラに動いている場合が多い。しかし、各々の専門職者の職務目的には、

第1部　日雇労働者の生活問題と社会福祉の課題

労働者・住民の基本的人権を守り、その水準の向上をめざすという共通性がある。

　専門職集団の具体的な取り組みを考えるとき、個別の生活問題から社会問題としての共通性、普遍性を捉え、それへの制度的対応がどうあるべきかを、まず探求していく姿勢が必要であろう。

　ここでいう制度とは、単に条文そのものをいうのではない。明文化された法律条項に基づいて、組織・機関がおかれ、人員が配置され、その人員の手（人格）を経て届けられる援助・サービスがあるが、これらを含めたものを制度の内容とする。

　付記しておきたいのは、原発日雇の生活問題は、若狭地域の主要課題であると同時に、わが国のエネルギー政策にかかわるものであり、わが国の抱える産業構造や労働者・住民の貧困問題とかかわる普遍的問題ともいえることである。

　また、被曝労働者・住民の問題については、わが国のみならず、全世界の問題として取りあげられねばならないものといえよう。'87年9月26日から10月3日までの期間、ニューヨークにおいて第1回核被害者世界大会が開催されている[15]。

　しかし'87年12月25日、「もんじゅ訴訟」のうち、国に対し設置許可処分の無効確認を求めた行政訴訟で、福井地裁（横山義夫裁判長）は、住民側の訴えを却下する判決を下した[16]。すべての社会的機関、組織は、原発が人間の暮らしについてどのような問題をもたらしているか、今後ももたらすかについて、事実・実態をつぶさに捉え、自然科学と社会科学を用いて追跡すべきであり、今日の政財界に迎合する判断により問題を放置することがあってはならない。

【注】

14　資料1　① 007、009、011、022、025、041、042、077、083、085、101、102、108、120、122、132、144、161、191、215、226、228、229、240、249、250、252、257、258、266、281、340、347、348、349、353、357、360、363、364、　② 003、004、012、014、021、023、025、052、071、077、087、089、100、101、107、113、120、122、123、143、144、153、199、228、229、232、246、247、249、250、252、262、267、268、303、304、324、348、349、358、362、363、402、　③ 001、002、005、010、013、014、020、031、033、034、035、038、039、040、071、122、136、192、202、203、214、216、248、249、250、252、254、255、258、259、262、267、364、383、　④ 089、094、095、099、100、107、108、120、122、123、132、136、143、

おわりに（第 1 部について）

145、161、183、215、225、236、246、249、250、252、274、291、303、304、320、324、340、342、344、347、348、349、350、351、357、358、360、363、364、　資料 3 の事例 1、事例 2。

15　豊崎博光「人類は各種の核の被害をすべて経験ずみです」『朝日ジャーナル』朝日新聞社　1982.12.11　12 〜 17 ページ

以下は、上記のルポルタージュの 17 ページの一部である。

『大会では、米国やカナダのインディアン、オーストラリアの先住民アボリジニー、マーシャル諸島や仏領ポリネシアなどの先住民が集まって「先住民ウランフォーラム」を開き、次のように訴えたのだった。

「世界の二億五千万人の先住民は隔離されたところに住み、主権や人権は無視されている。その上にわれわれ先住民は、核保有国と原子力産業によるウラン採掘と精錬、原子力発電、核実験、核廃棄物処理のすべての過程で被害をうけている。しかも、救済はまったく行われていない。このことは、われわれ先住民にとっては虐殺に等しい。われわれは母なる大地とともに暮らしており、母なる大地を愛する。核燃料・核兵器サイクルの発端であるウラン採掘はただちにやめよ。人間に害を与えるウランは、母なる大地に眠らせておけばよいのだ」』

16　1987 年 12 月 26 日付け中日新聞、朝日新聞

第1部　日雇労働者の生活問題と社会福祉の課題

参考文献・資料一覧

アーサー・R・タンプリン、ジョン・W・ゴフマン（徳田昌則監訳）『原子力
　公害—人類の未来をおびやかすもの—』アグネ　1974

「アトム」福井県・（財）福井原子力センター　1986

「明日の世界を開く原子力発電所建設に伴う地域経済の繁栄　附録　原子力発
　電所誘致の周辺にあるもの」福井経済調査協会嶺南支部　1978

「芦浜原発とそれをめぐる住民群像に学ぶ」日本福祉大学 '85 福島達夫ゼミナー
　ル　1985

「泉大津労基署長事件 S.61.2.28　大阪地裁判決」『労働基準広報』　労働基準調
　査会　1986.4

安斎育郎『からだのなかの放射能』合同出版　1979

安斎育郎「軽水型原子力発電所労働者の放射線被曝によるリスク」『日本の科
　学者』vol.18–No.2　水曜社　1983

安斎育郎「原子力発電開発の安全生をめぐる思想」『科学と思想』No.8　新日
　本出版社　1975

安斎育郎「日常化する原発労働者の放射線被曝」『日本の科学者』vol.16 –
　No.10　水曜社　1981

安斎育郎『原発と環境』ダイヤモンド社　1975

安斎育郎『中性子爆弾と核放射線』連合出版　1982

安斎育郎編『図説 原子力読本』合同出版　1979

市川定夫「放射線被曝基準の緩和策とその問題点」『月刊　いのち』vol.18–11
　日本労働者安全センター　1984

宇沢弘文『自動車の社会的費用』岩波新書　1974

内橋克人『日本エネルギー戦争の現場』講談社　1984

江口英一・西岡幸泰・加藤佑治編『山谷　失業の現代的意味』未来社　1979

大阪保険医雑誌編集部「崩壊した安全神話」『大阪保健医雑誌』大阪保険医協
　会　1986

大阪保険医雑誌編集部「量産される〈被曝〉労働者」『大阪保健医雑誌』　大阪
　保険医協会　1986

160

参考文献・資料一覧

大牟羅　良『ものいわぬ農民』岩波書店　1972

奥村　宏「関西電力　暗黒大陸」『朝日ジャーナル』朝日新聞社　1986.9.12

「核燃料サイクル施設」問題を考える文化人・科学者の会　『科学者からの警告
　　青森県核燃料サイクル施設』北方新社　1986

「核燃料サイクル施設問題に関する調査研究報告書」日本弁護士連合会公害対
　　策・環境保全委員会　1987

「核廃棄物施設と地域政策〈幌延問題〉を考えるにあたって」日本科学者会議
　　北海道支部　1986

篭山　京『戦後日本における貧困層の創出過程』東京大学出版会　1976

勝又　進・天笠啓祐『原発はなぜこわいか　増捕版』　高文研　1986

「火電立地と尾鷲地域の経済」公害から健康と環境を守る市民会議　1982

印牧邦雄『福井県の歴史―県史シリーズ 18 ―』山川出版社　1973

「釜ヶ崎原発労働者のききとり」西成労働福祉センター　1982

鎌田とし子・鎌田宏『社会諸階層と現代家族』御茶の水書房　1983

川島美勝「体温調節系の計測とその問題点」『空気調和・衛生工学』第 56 巻第
　　10 号　1979

川島美勝・後藤　滋「体温調節系の特性」『空気調和・衛生工学』　第 53 巻第
　　8 号　1979

神田健策「巨大開発のツケを原発施設で埋めるのか」『住民と自治』11 月号
　　自治体研究社　1986

「企業におけるストレス対応のための指針」『労働衛生』vol.27　No. 6　中高
　　年齢労働者ヘルスケア検討委員会ストレス小委員会　1986

北川隆吉編『日本の経営・地域・労働者』上・下　大月書店　1980（上）
　　1981（下）

木原正雄・小野秀生・道下敏則編『21 世紀への原子力』法律文化社　1985

久米三四郎「第 8 章　核燃料サイクルの現状と問題点」『原子力発電における
　　安全上の諸問題・第 3 分冊』原子力技術研究会・原子力情報センター　1977

桑原敬一『労働安全衛生法の詳解』労働法令協会　1979

原子力安全委員会「原子力安全委員会月報」大蔵省印刷局　1982 ～ 1986

原子力委員会「原子力委員会月報」大蔵省印刷局　1982 ～ 1986

原発黒書編集委員会『原発黒書　日本における原発推進の実態』原水爆禁止日

161

本国民会議　1976

「原産新聞」日本原子力産業会議　1969 〜 1987

『原子力ポケットブック』日本原子力産業会議　1972 〜 1986

「原子力自主開発のために―4―」日本原子力研究所労働組合　1974

「原子力調査時報」No.51　日本原子力産業会議　1986

『原子力年鑑』日本原子力産業会議　1972 〜 1985

「原子力発電所立地に伴う敦賀市への経済的・社会的影響評価調査書」地域設
　計研究所（株）1987

「原子力発電問題シンポジウム報告集」日本科学者会議原子力問題研究委員会
　　1976

「原子力発電問題シンポジウム報告集」日本科学者会議原子力問題研究委員会
　　1980

「原子力発電問題シンポジウム報告集」日本科学者会議原子力問題研究委員会
　　1984

「原子力発電問題シンポジウム報告集」日本科学者会議原子力問題研究委員会
　　1985

「原爆被害と援護問題」シンポジウム世話人会編『原爆被害と援護問題―第一
　回シンポジウム報告集―』広島自治体問題研究所　1984

「原発労働者に対する労働条件等アンケート調査用紙」日本弁護士連合会
　　1984 実施

「高速増殖原型炉計画に係る自然環境調査報告のあらまし」動力炉・核燃料開
　発事業団　1979

国際放射線防護委員会「国際放射線防護委員会勧告」『ICRP　Pbulication 26』
　（社）日本アイソトープ協会・（財）仁科記念財団　1977

国際放射線防護委員会「『害の指標』をつくるときの諸問題」『ICRP
　Pbulication 27』（社）日本アイソトープ協会・（財）仁科記念財団　1977

国際放射線防護委員会「作業者の緊急被曝と事故被曝に対処するための諸原則
　と一般的手順」『ICRP Publication 28』日本アイソトープ協会・（財）仁科
　記念財団　1977

（財）原子力安全研究協会作成「原子力と安全」科学技術庁　1985

（財）原子力工学センター作成「地震がきたって大丈夫（原子力発電施設耐震

信頼性実証試験レポート　No.2）通商産業省資源エネルギー庁　1985

佐口　卓『社会保障概説』第6版　光生館　1983

塩田庄兵衛・戸木田嘉久編『基本的人権と労働者』法律文化社　1985

庄司興吉編『転換期の社会理論―今日の世界と日本をどうみるか―』垣内出版
　1985

庄野義之「原発は最新技術か」『日本の科学者』vol.16–No.10　水曜社　1981

『新労働衛生ハンドブック（増補第3版本篇）』（財）労働科学研究所　1980

「人口構造」（昭和55年国勢調査モノグラフシリーズ No.l）総理府統計局
　1983

「人身事故報告書」―日本原子力発電所敦賀建設所長あて―　S鉄工所T作業
　所（髙木注：実名を記号化した）　1984

「ストレス―その実態―」『労働衛生』vol.26　No.10　中央労働災害防止協会
　1985

「生活史調査の概要」『1977年国際シンポジウム原爆被害者実態調査』1977国
　際シンポ日本準備委員会　1977

「生活史調査・面接調査」『1977年国際シンポジウム原爆被害者実態調査』
　1977国際シンポ日本準備委員会　1977

『生活問題研究』創刊号　生活問題研究会　1985

『生活問題研究』第2号　生活問題研究会　1986

『総評　調査月報』第223号　日本労働組合総評議会経済局　1985

大学　一「原発下請労働者の放射線被曝調査　その1」『日本の科学者』vol.16
　– No.3　水曜社　1981

大学　一「原発下請労働者の放射線被曝調査　その2」『日本の科学者』vol.16
　– No.7　水曜社　1981

「第10回人間―熱環境系シンポジウム記念大会報告集」人間―熱環境系シンポ
　ジウム実行委員会　1986

高木仁三郎『原発事故―日本では？―』岩波書店　1986

高原静夫「隠される放射線被曝の恐怖」『日本の科学者』vol.16–No.3　水曜社
　1981

滝田一郎「使用済核燃料再処理工場の被曝問題」『日本の科学者』vol.16 –
　No.3　水曜社　1981

163

館野　淳・青柳長紀「安全を左右するヒューマン・ファクター」『日本の科学者』
　　vol.16 - No.10　水曜社　1981
「地域社会と原子力発電所」日本原子力産業会議　1954
「筑豊―旧産炭地域・筑豊における社会福祉調査報告書―」日本福祉大学大友
　　ゼミナール　1986
中央大学経済研究所編『兼業農家の労働と生活・社会保障』中央大学出版部
　　1982
中国新聞社編『ヒロシマ40年　段原の700人　アキバ記者』未來社　1986
中日新聞（原発関連記事）　1982.1.24 ～ 1986.4.26
辻本　忠著『放射線管理』日刊工業新聞社　1983
「敦賀　原子力発電とともに」日本商工会議所　1981
「特集　事故隠しと原子力開発」『技術と人間』　3月号　技術と人間　1977
「特集　反原発のための読書案内」『技術と人間』10月号　技術と人間　1982
『東海地域の生活問題と社会福祉―東海市における社会福祉調査―』東海市社
　　会福祉協議会・日本福祉大学大友ゼミナール　1987
戸田れい子『夕張炭坑節』晶文社　1985
渡名喜庸安「原発事故の報告・公表制度の問題点」『日本の科学者』vol.16 -
　　No.10　水曜社　1981
都丸泰助・窪田暁子編『トヨタと地域社会』大月書店　1987
中岡哲郎『コンビナートの労働と社会』平凡社選書　1974
中原　純・岡本良治・森　茂康「チェルノブイリ原発事故の警告」『日本の科
　　学者』vol.21 - No.12　水曜社　1986
中島篤之助・安斎育郎『原子力を考える』　新日本新書　1983
中嶋哲演『平和への鈴声』真言文庫　1982
西尾　漠『原発現地への想いから』創史社　1985
西山　明「福島原発の下請け親方の被曝証言」『技術と人間』7月号　技術と
　　人間　1987
日本科学者会議「〈座談会〉被曝労働と原子力発電（上）」『日本の科学者』
　　vol.18 - No.2　水曜社　1983
日本科学者会議「〈座談会〉被曝労働と原子力発電（中）」『日本の科学者』
　　vol.18-No.3　水曜社　1983

日本科学者会議「〈座談会〉被曝労働と原子力発電（下）」『日本の科学者』
　　vol.18–No.4　水曜社　1983

日本科学者会議編『科学技術政策史年表』大月書店　1981

日本科学者会議放射線医学総合研究所分会「ヒトが放射能をあびるとどんなこ
　　とがおきるか」『日本の科学者』vol.16 – No.3　水曜社　1981

「日本原子力発電敦賀 2 号機建設に伴う陳情書（日本原子力発電株式会社社長
　　あて)」敦賀機械工業組合・福井県鉄工協同組合各理事長　1982

野口邦和「チェルノブイリ原発事故シンポジウムに参加して」（日本の科学者
　　vol.21 – No.12）水曜社　1986

野口邦和・松川康夫・安斎育郎「ホンダワラによる放射能監視の手柄」（日本
　　の科学者 vol.16 – No.10）水曜社 1981

野村　拓『講座　医療政策史』医療図書出版社　1972

服部英太郎『社会政策総論』未來社　1967

反原発運動全国連絡会編「反原発新聞・縮刷版 0 号 – 100 号」野草社　1986

土方隆志「原子力施設労働とその危険性」『技術と人間』 6 月号　技術と人間
　　1978

「被曝者医療の概要」広島中央保健生活協同組合　1981

広瀬　隆　「東京に原発を！」集英社文庫　1986

「福井県衛生統計年報」福井県厚生部　1961 ～ 1984

「福井県統計年鑑」福井県総務部情報統計課　1960 ～ 1986

福井新聞（原発関連記事）　1982.1.24 ～ 1986.4.26

藤本　武編『日本人のライフサイクル—労働者・農民の職業・生活歴—』労働
　　科学研究所　1978

布施鉄治編『地域産業と階級・階層』御茶の水書房　1982

古島敏雄・深井純一編『地域調査法』東京大学出版会　1985

放射線医学総合研究所「原子放射線の影響に関する国連科学委員会（ＵＮＳ
　　ＣＥＡＲ）’82 年報告書（1)」『放射線科学』第 27 号 2 月号　実業広報社
　　1984

放射線医学総合研究所「原子放射線の影響に関する国連科学委員会（ＵＮＳ
　　ＣＥＡＲ）’82 年報告書（2)」『放射線科学』第 27 号 3 月号　実業広報社
　　1984

第1部　日雇労働者の生活問題と社会福祉の課題

「放射線下作業安全心得」日本原子力発電所（株）敦賀発電所　1980

「放射線管理専任者放射線管理の手引き」関西電力株式会社福井原子力事務所
　　　1977

北陸農政局福井統計情報事務所「福井県農林水産統計年報」福井農林統計協会
　　　1965 ～ 1985

三塚武男「第2章　労働福祉」『講座　社会福祉　9』有斐閣　1982

森　一久編『原子力年表（1934 ～ 1985)』日本原子力産業会議　1986

森　一久編『原子力は、いま　日本の平和利用 30 年』上・下　日本原子力産
　　　業会議　1986

吉津康雄『放射線健康管理学』東京大学出版会　1981

「労働災害の動向」敦賀労働基準監督署　1985

「労働者被曝調査記録（福島原発訴訟)」福島市五老内町大学法律事務所　1980

労働者調査研究会編『自動車』新日本出版社　1983

「労働者便利帳」(財) 西成労働福祉センター　1985

「労働者名簿（日本油脂）―敦賀発電所 2 号機復水器冷却用循環水管工事―」
　　　S 鉄工所 T 作業所（髙木注：実名を記号化した）　1982

「わが国の原子力発電所の安全性とソ連チェルノブイリ原子力発電所事故」科
　　　学技術庁　1986

資料集

（資料1）聴き取り調査による実態メモ（項目別）
    1 原発にたどりつくまで
    2 原発下請労働の特徴
    3 労働実態・現場状況
    4 労働者、住民生活にみる特徴
    5 若狭地域と労働者・住民のこれから
    6 これからの取り組み
    7 身体の変化、気づいたこと、検診のなかみ
    8 夫の死亡前後の状態
    9 生前、妻がきいた夫の仕事の訴え
    10 面接調査について思うこと
    11 家計について
    12 原子力発電所・放射線について
（資料2）原子炉内作業求人の件（1982.3.26 労働者Aより聴取）
（資料3）聴き取り調査の抜粋事例
    【事例1】【事例2】【事例3】【事例4】
（資料4）中学1年生対象の課題作文説明資料
（資料5）日雇労働者の労働と生活実態（聴き取り調査から）
（資料6）日本原子力発電敦賀2号機建設共同受注体制資料
（資料7）某原発安全教育用テキスト
（資料8）非破壊検査技術者名簿　等
（資料9）原子力発電所の事故・故障等の報告件数一覧（電気事業用）【抜粋】
（資料10）死因別死亡者の推移
（資料11）生活保護関係の諸表
（資料12）事業所数・農家戸数の推移
（資料13）事業所及び農家等従事者数の推移
（資料14）電源交付金関係諸表
（資料15）原子力発電所と被曝労働者にかかわる用語一覧
（資料16）原子力に関する略年表 <small>（福井県内原子力発電所の歩みとの関連で）</small>

167

第 1 部　日雇労働者の生活問題と社会福祉の課題

（資料 1 ）聴き取り調査による実態メモ（項目別）

1986 年 7 月 1 日〜 1987 年 3 月 31 日

聴き取りケース＝４３ケース

1　原発にたどりつくまで

001　最近は都会に出ていっても不況のため地元にUターンしてきた若い人も多く、原発関連会社で働いている。
（F 37）

002　高卒後、電力会社 X や元請〜 1 次下請会社 C の入社試験に合格できないような者は、原発系の二次、3 次
下請の会社に入って働いている。
（F 37）

003　地元の原発日雇労働者の中で、最も多いのは、中・高年齢の人々である。再就職や定年退職後の人たちが、
現金収入を得るために原発日雇に行く。
（F 37）

004　原発ができて何年もたつと、人を寄せるコネ、ルートはできてしまっている。
（F 37）

005　地元に都会の大学を卒業して帰ってくる。原子力関係か商店で働くしかない。
（F 1 ）

006　すべてがというわけではないが、日雇労働者と被差別部落民とは重なりあう。
（F 1 ）

007　学歴でなく……解雇されたり、定年になった人……まだ子供の教育費を稼がなければならない層が原発に多
い。
（F 1 ）

008　福祉のなんやかんやと言っても、わしらははっきり線を引かれている。
（F 3 ）

009　私達の年でいけるところは、あそこ（原発の下請労働）だった。
（F 7 ）
（F 27）

010　農業機械にも金がかかるようになった。だから原発に行くようになった。
（F 7 ）

011　現金収入の道としては、一番てっとりばやい。
（F 10）
（F 27）

012　近頃は、元請〜 1 次下請会社 C でもコネがないと入れない。
（F 6 ）

013　林業労務者についていえば、外材の輸入が増えてきて、仕事がなくなった。炭焼きの仕事も「燃料」が変わっ
てきてすたれていった。東北での出稼ぎはよく取り沙汰されたが、ここらへんも、出稼ぎに行かねば生活は
成り立たなかった。
（F 37）

014　この町で土地に残って生活しようと思うと、日雇仕事しかなかった。
（F 37）

015　親戚や知人のつてで少しでも条件の良い会社へと移っていった。
（F 15）

016　安い賃金で食えなくて転々とした。
（F 6 ）

017　会社の倒産後、県外へ日雇労働者として出かけていた。
（F 8 ）

018　地元で 20 年働いた。都会に出たが転々としてもどってきた。
（F 10）

019　仕事は転々としていた。「人夫寄せ」の手先（同じ集落の者）が来ないかと言ってきた。
（F 12）

020　理科系大学卒業後、定職につかずに都会にいたがUターンした。
（F 17）

021　会社の人の言うには、地元から就職させろという話（おしつけ）があるとのこと。質のいいのを電力会社 X
がとる。その次ぐらいの者を元請や 1 次下請がとる。残りは 2 次下請の会社にまわってくると……。（F 17）

022　工業高校卒業後、電力会社 X の正社員になった。家の後継ぎの立場だ。父も電力会社 X 社員だった。
（F 19）

023　原子炉基数が増えてから、地元採用の電力会社 X 社員が増えた。
（F 19）

024　地元出身の電力会社 X 社員の場合、一応、入社試験の時は原子力へというつもりで受けている。配属の希望は、
あってないようなもの。
（F 19）

025　電力会社 X 社員は、中途就職の者はいないが、元請〜 1 次下請会社 C になると再就職の者が多い。元請〜
1 次下請会社 C に、まず職を頼みに行きそこで引き受けられない頭数は、さらに下請へと就職斡旋がされて
いる。
（F 19）

026　小学、中学と病気入院したり退院したりするうち、生活が荒れた。20 歳であるが、生活の自己管理ができ
ないでいたので、原発の下請人足を抱える会社の寮にいれてもらっている。
（F 20）

027　普通科高校卒業後、転職 2 回。最初に入った会社は倒産した。現在では日給月給制の会社。
（F 21）

028　高校中退後、暴力団まがいの生活だったが、鳶の技術を学んで職人になった。
（F 22）

029　中・高年齢者の再就職は、原発以外にない。
（F 23）
（F 27）

030　会社 25 の現役の会社員（40 代）が派遣されてきていた。会社 25 の人も美浜、高浜、大飯など、あちこちへ行っ
ているはず。
（F 8 ）

031　50 代の会社 25 の現役社員で、原発内で作業している人がいた。
（F 23）

032　家庭の都合ではじめに勤めた会社をやめた。次に建設会社へいったが、そこは倒産した。その後知人にさそ

168

われて原発へいった。 (F 25)

033 高卒後、自動車修理工場で働いたが、この会社は休日もはっきりしないし、残業手当もつくときとつかない
ときがあって、長く続けられないと思い10年いて辞め、現在の会社に入った。 (F 26)

034 農業をずっとやってきたが、それだけでは生活を維持できなくなった。会社勤めをはじめたがそこは過重労
働で体力の限界を感じた。体をいためると言って早くに原発で働くようになっていたもとの同僚の紹介で会
社17に入った。 (F 27)

035 夫は、今50歳。会社25の社員だが、人手がいるからといって原発の方へまわされたことがあった。 (F 28)

036 つとめた会社が3社とも倒産。その後日雇で原発へ……社会保険はかけていなかった。 (F 29)

037 原発で働くのは、体によくないのは、わかっていた。しかし、60すぎた者を雇ってくれるところは原発し
かなかった。 (F 29)

038 大きな農家だった。夏と冬の農閑期に、小浜市へ工場の季節労働者として行っていた。同じ部落の人に誘わ
れて、冬場に原発へ行くようになった。 (F 29)

039 農機具もそろえなければならないし、冬場の現金収入を得るには適当だと思っていたのだと思う。 (F 30)

040 国鉄退職後の年齢で、特に技術もいらず、現金収入の得られる働き口だった。 (F 32)

041 知り合いの人夫まわしの社長が何人かで来るといってうちの家へ来た。夫と同僚で退職した人たち数人
に声がけして、夫はその人たちと一緒に原発で働くようになった。 (F 32)

042 Tさんは、役場を退職後、Mさんは木材会社の給料が安かったので、Iさんは、これといった仕事もなく内
職をしていて、比較的日給のいい原発へ移った。 (F 32)

043 大阪の建設会社の鳶職だったが、美浜原発の建設期に、自ら職人を雇う親方として独立して、若狭に住みつ
いた。 (F 31)

044 労働者を大阪からつれてきてくれる手配師がいた。10日とか20日の契約で労働者を集めてきてもらった。
寮を建てて、そこへ労働者を泊めた。だんだん地元の人に働いてもらうようになった。何日という契約で次々
と組み替えていく必要がなく、仕事もまじめで、口がかたいから。 (F 31)

045 親は季節旅館をやり、食べるだけの田畑を作っていた。本人は建設会社の日雇として転々としていたが、S.43
年頃、原発日雇となった。 (F 34)

046 工業高校卒業後、電力会社Xの学園へ行き、それから原発へ。 (F 35)
(F 36)
(F 19)
(F 33)

047 工員、運転手、日雇人夫等をやって、5回目の転職先が原発日雇だった。 (F 38)

048 父は昔、山林の日雇をしていた。母は土木日雇をしていた。もう二人とも高齢で働いていない。私は中卒後、
地元で職に3度ついたが続かず、大阪、東京、神奈川、滋賀等で次々と職をかえた。原発日雇は、転職10回目。
父母と同居している。 (F 39)

049 中学時代からのツレの声がけで原発へ行った。 (F 39)

050 親方とは地元の知り合いで、世話になることにした。 (F 38)

051 東京での仕事の時間は不規則なものだった。今は定時で終われば、そのあとの時間は自分のものとなる。自
分は家の後継ぎをする立場。職安で原発を紹介してもらった。 (F 2)

052 職安で紹介されたときは、どんな内容の仕事かよくわからなかった。 (F 3)

053 釜ヶ崎から、若狭へ行ったら、1日1万円やと言って連れてこられた者がいた。逃げ帰った者もいたし、仕
方なく10日程度被曝して帰る者もいた。 (F 7)

2 原発下請労働の特徴

054 季節労働的な日雇労働だ。 (F 1)

055 原発労働者は……熟練工を必要としないから、比較的労働者の年齢は高い。……長期雇用が難しい。 (F 9)

056 高被曝するところへ行ったら、あとは低被曝の所へ行かされる。 (F 4)

057 長くもたせるために、1年中働いている者には、高被曝の部署にはつかせない。……しなければならない仕
事が入った時に、まだ被曝が可能なようにしておく。 (F 5)

058 年よりばかりが……クリーニングに携わる。 (F 5)

059 1年で法律で決められた許容量を一杯あびてしまう短期契約の人たちは、1日1万円ほど支払われた。
(F 7)

060 年中行っている者は被曝線量を確保しておかねばならないので、高被曝のところは比較的行かない。それは
地元の恩恵というか得なところかな。 (F 13)

061 原発の中に入ると40度近いところがあるから長いこと入っていられない。 (F 5)

169

第1部　日雇労働者の生活問題と社会福祉の課題

062　コンクリートの上にシートを引いてトラックを入れる。車が出ると……シートは切ってポリ袋に入れる。
　　　（F 7）
063　会社もあれだけの汚染物質の処理に困っている。　　　　　　　　　　　　　　　　　　　　（F 7）
064　人海戦術で、どんどんまだ被曝許容量のあるものを次々と取り替えていく。　　　　　　　（F 10）
065　各業者が声がけしている相手は失業者が多い。入札制で仕事をいれるようになった。会社17が儲けをとる
　　　ために、その下請に下請にとしわよせがいく。　　　　　　　　　　　　　　　　　　　　（F 8）
066　ふげんは1日に一人の労働者の賃金がいくらという雇い方。電力会社Xは、業者に対し、ひとつの仕事に
　　　つきいくら払うという入札制。　　　　　　　　　　　　　　　　　　　　　　　　　　　（F 3）
067　全くの下請労働者については、わかりにくい。　　　　　　　　　　　　　　　　　　　　（F 1）
068　入れ墨者もいた。九州から来た者もいた。よそから来た者には地元の者とはケンカしないように言い渡され
　　　ている。　　　　　　　　　　　　　　　　　　　　　　　　　　　　　　　　　　　　（F 10）
069　下請労働者はだいたい固定している。常駐しているところから定検で忙しいところ、人手のいるところへ行っ
　　　たりしている。　　　　　　　　　　　　　　　　　　　　　　　　　　　　　　　　　（F 11）
070　会社17の場合、地元には常時20人くらいだが、定検の時は、大阪などから増員して80～200人に増える。
　　　……よそからきた者は短期なので最も危険な所へ入っている。　　　　　　　　　　　　（F 13）
071　わたしらの暮らしは、原発へ毎日働きに行くことでやっていけている。原発から閉め出されたら、たちまち
　　　生活に困る。　　　　　　　　　　　　　　　　　　　　　　　　　　　　　　　　　　（F 16）
072　私の場合……一つの仕事について日給月給制の雇用契約を結ぶ。S工業は、元請～1次下請会社Iの下請の
　　　下請。そのS工業と私との雇用契約期間は一定しない。仕事のはじめとおわりがはっきりわからないが、今
　　　は一応定検期間だ。　　　　　　　　　　　　　　　　　　　　　　　　　　　　　　　（F 18）
073　地元の人を入れない高被曝の現場で働いている。日給9,000円～10,000円だ。他に手当はない。　（F 18）
074　雇用保険はない。短期契約だから保険をかける必要がない。今、自分たちに雇用保険があっても意味がない。
　　　半年、仕事なしのちゅうぶらりんで暮らせはしない。じっくり仕事を捜せる足場がない。　（F 18）
075　……ロボット化できない、どうしようもない場所や、いつもはさわらないが急に作業の必要な箇所は人の手
　　　が必要だ。日雇で作業内容を知らない者には模型で作業の練習をさせる。　　　　　　　　（F 19）
076　大阪に行けと言われた。年もとっていて遠くへ行くのは大変なので辞めた。やめてほしい時のやり方だ。（F 8）
077　作業中に危うく大きな事故になりかけたことがあった。各工事場所にはテレビカメラが備えてあって電力会
　　　社Xの者はそれをみてとんできた。わしら「何もありません」と言ったが、若いわしらよりもうひとつ下
　　　請の職人が、あったことをみなしゃべった。この件で、工事責任者のオレと社長が呼ばれ、オレの会社の
　　　ひとつ上の会社社長も呼ばれ、電力会社Xの担当係長に厳しく注意され、まる一日作業停止を通告された。
　　　職人の日当は払わんならんし、仕事はできんし、いらぬ出費をした。　　　　　　　　　　（F 22）
078　うちの会社とその下請の親方とがどうつながるか。下請の親方がうちにやらしてくれといって、やってくる。
　　　その親方たちの見積額と長年の業者間の付き合いとをあわせてみて話を決める。　　　　　（F 22）
079　下請会社（最末端）の親方が労働者の放射線を浴びる業務と、白血病とは無関係だということを証明してく
　　　れとT病院へ来た。　　　　　　　　　　　　　　　　　　　　　　　　　　　　　　　（F 32）
080　会社のもうけ本位の体質があるから、ひどい症状になったら、おはらいばこになる。そうなったら会社で働
　　　かせてもらえない。本人の体よりも、仕事に出られるかどうかという頭数の方が会社には大事みたいにみえ
　　　た。　　　　　　　　　　　　　　　　　　　　　　　　　　　　　　　　　　　　　　（F 23）
081　血液検査でも、ちょっとひっかかったら、少しでも早く治さねばならないが、実際には検査後、きちんと治
　　　療を受ける人は、ほとんどいない。　　　　　　　　　　　　　　　　　　　　　　　　　（F 23）
082　下請業者にとっても、日雇労働者にとっても、病気の予防や治療をするということは、金のかかる面倒なこ
　　　ととと考えられている。　　　　　　　　　　　　　　　　　　　　　　　　　　　　　（F 23）
083　健康であれば、ふだん気付かないが、もし万一ケガをしたり、病気になったら、その時に自分には何の保証
　　　もなかったことに気付く。これが日雇の人たちではないか。　　　　　　　　　　　　　　（F 23）
084　日雇の人たちは、半日仕事となっている土曜日に1日仕事をしても残業手当がつかない。　　（F 26）
085　元請～1次下請会社Cの場合、形式上の組合はある。だから一応、企業福祉の体裁はある。しかし、その下請、
　　　孫請になると福利厚生など全くないようだ。　　　　　　　　　　　　　　　　　　　　　（F 26）
086　被曝線量の多い箇所で危険作業に従事する人たちの大半は、下請日雇労働者たちである。　　（F 26）
087　電力会社Xにしても、元請～1次下請会社Cにしても、すべて日本国籍の人を採用しているのではないか？
　　　朝鮮、韓国籍の正社員というのは聞いたことがない。しかし、3次、4次の下請には、外国籍の人や同和地区
　　　の人はずいぶん入っていると思う。原発は、長い間差別されてきた者の働き口になっていると思う。（F 26）
088　下請になればなるほど、高被曝するところへ行かねばならなかった。　　　　　　　　　　　（F 27）
089　何もかも、あかるみに出したら、とても下請業者の仕事はやっていけないだろうし、当然、下請が動けない
　　　となれば電力会社Xも困るだろう。しかし、そこは誰も何も言わないように管理が行き届いている。（F 27）
090　もうすぐ70歳になるから、年寄は使えんと言って、辞めさせられた。急にやせてきた時だった。（F 29）
091　請け負った仕事によって、使う人夫の数は増やしたり、減らしたりした。忙しくて人手のいる時は、大阪か

170

資料集

らの人を増やした。ひまになると地元の人だけでやっていけた。　　　　　　　　　　　（F 31）
092　下請の仕事の請負額をわかりやすい数字で示すと次のようになる。　　　　　　　　　（F 33）

　　　予算　1,000万円（Ⅰ　電力会社X）
　　　　　　　　↓
　　　　　　1,000万円（Ⅱ　元請〜1次下請会社C）……　最も大きい中間搾取は元請である。
　　　　　　　　　↓
　　　　　　　500万円（Ⅲ　A断熱）………　2次下請は約2分の1で請け負う。
　　　　　　　　　　↓
　　　　　　　　250万円（Ⅳ　B看板）……　3次下請は元請と比較すると4分の1。

093　私が社員だった頃は、たいした被曝はしていない。高被曝する仕事については、特別被曝手当をもらいなが
　　らやっている下請労働者たちが担っている。　　　　　　　　　　　　　　　　　　　　（F 31）
094　……下請に教育したとき、「本当のことをいうと若いものはこわがる」「本当の教育をすると人は逃げる。」
　　といって親方におこられた。自分で自分を管理できないようならダメといって教育する。　　（F 1）
095　下請業者の最下部には3〜5人の従業員の会社がいくつもあり、イレズミやマユゲを剃ったヤクザも入って
　　いる。　　　　　　　　　　　　　　　　　　　　　　　　　　　　　　　　　　　　　（F 1）
096　電力会社Xや電力会社Yといった正社員の福利厚生はしっかりしているが、下請労働者は、その日ぐらし
　　であり、困ったことがあっても、すべて個人の解決すべきことになってしまっている。　　（F 1）
097　敦賀、美浜は、小さい朝鮮人の会社や、同和地区の者の会社が、入札にはいれる。　　　（F 4）
098　……人手がいる時に人を入れて、いくらピンハネするかでやっている親方にすれば月給制はソンだ。（F 5）
099　職場にいる者どうしで、あまり仕事のことは口にしない。「お前はどんな仕事やっているんや」とは聞かな
　　い。　　　　　　　　　　　　　　　　　　　　　　　　　　　　　　　　　　　　　　（F 6）
100　会社は管理のためか、（A興業でもB興業でも）警察あがりの人を雇っている。彼らは思想チェックを仕事
　　としている。　　　　　　　　　　　　　　　　　　　　　　　　　　　　　　　　　　（F 6）
101　電力会社Xの組合は選挙のときだけわしらに頼みにくるので腹が立つ。　　　　　　　　（F 6）
102　原発分会の組合運動を先頭に立ってやっていた人が、組合の資料を体制側にもらし、その引きかえ条件とし
　　て、下請会社なりのいいポストを彼は得た。　　　　　　　　　　　　　　　　　　　　（F 6）
103　会社は、65歳以上の者の足切りを考えていた。定年制を導入し、B興業とその下請の労働者も込みで20人
　　弱の者がやめた。　　　　　　　　　　　　　　　　　　　　　　　　　　　　　　　　（F 7）
104　定検の短期間化によって、労働強化はある。給料は上がらない。今までは会社が負担していた服代も自己負
　　担化。諸手当は会社のいいなり。　　　　　　　　　　　　　　　　　　　　　　　　　（F 9）
105　敦賀原発の事故隠しの発覚……6カ月間の原発作業中止……下請労働者の首切り、賃金未払い。　（F 9）
106　親方に使われていた人が自ら人夫集めの親方になることは、往々にしてある。親方といっても、日雇労働者
　　の層に属する。人夫を何人か集めて幾分ピンハネする。　　　　　　　　　　　　　　　（F 9）

3　労働実態・現場状況

107　新聞ざたになっている以上に事故は多くある。……外からはわからない。　　　　　　　（F 2）
108　ケガしたら必ず報告することになっているが……下請はかくす。……始末書を書かされ……出入禁止になる
　　と困るから。　　　　　　　　　　　　　　　　　　　　　　　　　　　　　　　　　　（F 3）
109　密閉されたところでは気分的にイライラする。　　　　　　　　　　　　　　　　　　　（F 5）
110　テレビカメラで守衛が見ているので、めったなことはしない。　　　　　　　　　　　　（F 5）
111　わしらテレビに監視されとるから、いいかげんなことでけん。　　　　　　　　　　　　（F 5）
112　ケガには、うるさい。　　　　　　　　　　　　　　　　　　　　　　　　　　　　　　（F 5）
113　1次系、2次系をとわず、ケガをすると仕事は与えられない。しかし、仕事はなくても出勤せよといわれる。
　　（F 6）
114　2次系で働いている者も被曝すると思うし、気持ち悪いものだった。　　　　　　　　　（F 10）
115　運ぶとき、ナイロン袋がどれだけ高放射能を出していようが、運ぶ者にはわからない。放管のところへ持っ
　　ていくとビーッと鳴るものをさわっていた。それが日常。　　　　　　　　　　　　　　（F 7）
116　ある原発の2次系は女でも入れる。　　　　　　　　　　　　　　　　　　　　　　　　（F 7）
117　ケガすると年のいった人は、なかなか治らない気がする。　　　　　　　　　　　　　　（F 6）
118　辞める前は、右手首にちょっと白い型ができた程度だったが、毎年大きく広がっている。色素が欠けるのも
　　年のせいだと医者はいう。自分は被曝と関係あると思うが、医者はいろいろと考えてくれない。　（F 7）
119　会社17の社員は、仕事をやめるとポックリ死ぬケースが多い。　　　　　　　　　　　（F 6）

171

第 1 部　日雇労働者の生活問題と社会福祉の課題

120　運転準備室ができて移動してきた。……彼は……白血病で死んだ。死亡記録……のトータルな表……「自殺」がわりと目についた。　　（F 11）
121　金儲けやから行っているが、現場に入るのは気持ちの良いものじゃない。　　　　　　　　　　（F 13）
122　生きるカテを得るために危険に目をつぶっている。　　　　　　　　　　　　　　　　　　　　（F 1）
123　ケガをすると、めだつものは「会社労災」でまかなわれる。電力会社 X にみつかると具合悪いので隠しておく。　　（F 8）
124　人権問題をたてに出されたら、原発での労働はなりたたないと思う。　　　　　　　　　　　　（F 1）
125　職場を移る時には、……検査……白血球が 1 万以上だった者……17 人中 1 人（S.57）、13 人中 4 人（S.58）、56 人中 2 人（S.59）……。　　　　　　　　　　　　　　　　　　　　　　　　　　　　　　（Fイ）
126　働いているもので不安のない者は一人もいないと思う。　　　　　　　　　　　　　　　　　　（F 37）
127　原発はいやだが、金のために行っている……。　　　　　　　　　　　　　　　　　　　　　　（F 3）
128　あまりにも巨大なプラントだから危険なのか安全なのかシロウトには判断できない。しかし、危険には違いないと思う。　　　　　　　　　　　　　　　　　　　　　　　　　　　　　　　　　　　　　　　（F 3）
129　作業現場は相対的に明るくない。狭い……いたるところ、配管がある。階段は急で慣れないと危ない。　　　（F 3）
130　半面マスクをして入るべきと言われたが、苦しいからはずして働いた。自分だけじゃない。　　（F 7）
131　現場では正社員が直接するのもあるが、ほとんどが下請が仕事をする。　　　　　　　　　　　（F 11）
132　親方に、自分の被曝線量をもういっぺんみせてくれというのは困る。いえん。何のためやといわれる。　　　（F 5）
133　放射線は色も臭いもない。目に見えない。仕事についたころは、ちょっと抵抗があったが、今はどうってことない。健康管理は、自分で責任を持ってしなさいといわれている。　　　　　　　　　　　　　　（F 15）
134　朝バスで 7 時発……8 時半、ミーティング。午前中の作業の内容によっては、ミーティングなしで入ることもある。ミーティングの具合で現場へ 10 時に入ったり、11 時に入ったりする。午前中、全く入らないこともある。　　　　　　　　　　　　　　　　　　　　　　　　　　　　　　　　　　　　　　　（F 18）
135　管理区域に入るのは、24 時間のうちの 10 時間以内と法律で決まっている。しかし、この 10 時間は管理区域外での作業や待機の時間を含めない。……原発敷地内にいる時間は、例えば 20 時間でもいることは可能……。　　（F 18）
136　今、やっている作業場所には、地元の人はいない。作業員で未経験者は来ていない。他県の原発のある土地へ行けば、例えば敦賀の住民は地元外の者だ。知らない人がもたもたしていたら、線量を多く浴びる。危険ということは、線量をくうということ。　　　　　　　　　　　　　　　　　　　　　　　　　　　（F 18）
137　今までの集積被曝線量は 4 年間に 5,000 ミリレム程度。……アラームメーターはセットされた量以上になって鳴ったこともある。そうするとゲートでひっかかる。自己管理がきちんとできれば被曝はかなり防げる。　　　（F 18）
138　電力会社 X の人は机上の仕事をしている。私たちが 100 ミリ被曝するときに電力会社 X の人は 1 ミリだって被曝しない。今は、リモコンを使ってテレビカメラで労働者を管理している。　　　　　　　　　（F 18）
139　下請の管理は保修課の仕事だが、仕事は一括して元請～ 1 次下請会社 C に渡されているから、下請の状態は、電力会社社員はあまりわからない。　　　　　　　　　　　　　　　　　　　　　　　　　　（F 19）
140　同期で同種の仕事をしている正社員でも、古い原発で働いている者は、13 年間で約 5,000 ミリレム被曝している。自分は、1,100 ミリレムほどだ。　　　　　　　　　　　　　　　　　　　　　　　　　　（F 19）
141　作業場の狭さはかえられない。……慣れた人が作業すると効率は良い。しかし……その人々が別に放射線は気にならない、どうってことないと思い込んでしまうと良くない。だからといって被曝を続けると、具体的にどうなるかを示すことはできない。　　　　　　　　　　　　　　　　　　　　　　　　　　　　（F 19）
142　電力会社を辞めるつもりはないが、正直いって職務につくのが恐ろしいと思う。……事故があった時、運転関係者の日頃の行動調査がされた。　　　　　　　　　　　　　　　　　　　　　　　　　　　　（F 19）
143　内部の状況が漏れないように、地元に知られないようにという理由からだと思うが、原発から救急車が出ても、地元の救急病院を素通りして、舞鶴までいくケースが多い。原発労働者の傷病については、舞鶴の病院関係者の方がよく知っているかもしれない。　　　　　　　　　　　　　　　　　　　　　　　　（F 23）
144　日雇労働者がケガをした時、雇主は労災を使うのをいやがる。指定医にいかせて、そこで労災にせず、休んでいる間も、賃金を出すことでおさめる。そこに指定医の役割がある。　　　　　　　　　　　　（F 8）
145　ケガの程度によっては、（電力会社 X にみつかると）、下請会社が仕事をまわしてもらえなくなるので隠しておく。　　　　　　　　　　　　　　　　　　　　　　　　　　　　　　　　　　　　　　（F 8）
146　若い人で 1 次系に入るのをいやがる人がいるが、一般にいやがらない。なぜなら、1 次系の仕事は楽だから。服の着替えでかなり時間をとり、放管の関係で長時間、働かない。　　　　　　　　　　　　　（F 8）
147　仕事場の休憩時間は待機時間……昼寝、将棋、新聞を読む、碁など。　　　　（F 24）（F 27）
148　1 次系に入っている人たちは、現場についていろいろ言いたがらない。　　　　　　　　　　　（F 10）
149　1 次系へ入るのはやはりいやだ。被曝のこともあるが、作業のためいろいろな装備が必要なのでわずらわし

い。服装もおおがかりだ。仕事を終えて外に出るとき体に放射能が付着していて、ランプがついたことは何度かある。 (F 26)

150 1次系の服を着て作業をするのはやりにくい。動きにくい。イライラする。作業の場は狭い。作業箇所の周囲にポリシートを張るからよけいに狭い。一応は換気されているのだが、空気も悪い気がする。 (F 26)

151 1次系に入っていた6年間の集積被曝線量は、3,930ミリレム。私と同じ年数働いていて、私の倍の数値の人もいる。 (F 26)

152 1次系ではポンプの修理、汚染をした場所を紙ウエスでふきとる仕事をした。2次系では循環水管の掃除（ブラシでゴミや汚れを落とす作業や、内部の塗装のはげたところを磨いて、塗りなおす作業）や配管の取り替え、ポンプ修理等をしている。 (F 26)

153 原発推進を訴えるM氏の選挙運動のために、会社員を労働時間内に使っていた。断れない。 (F 6)

154 生産工場のようなオートメーション化された中で働くようなストレスではないが、1次系で働いていると、ポケット線量計のピッピッと鳴る音がして、気ぜわしいし、それによって、とても緊張する。そういうストレスはたまる。 (F 26)

155 1次系のクリーニングの仕事をしていた。作業員は10時の休憩や昼休憩の時、便所へいく時、仕事を終わって出る時ごとに服を着替えて、待機の部屋（ハウス）へいく。……高被曝するところに入った人の服ほど、洗濯しても線量は落ちない。 (F 27)

156 マスクをつけて行かねばならない時、その「除染済マスク」をためしに線量計で計ったら、ビーと鳴った。汚染したマスクを身につけざるをえないわけよ。 (F 27)

157 定検のときは、1,000人以上の人が入ると衣服の回転ができない……汚染のひどい服でも次々とまわして、着てもらわざるをえない。危険でも、それで通っている。 (F 27)

158 規則で、管理区域には10時間以上入れない。仕事の都合で例えば夜の9時半までいる必要のあるときは、いったん管理区域から出て、時間をつぶす。 (F 27)

159 定検時は忙しい。一日1,500枚の洗濯をする。1次系では洗濯水全部をタンクに流すのだが、すぐタンクに汚水が一杯になってしまう。そうすると洗濯できない。……高汚染で駄目だろうといって分けてあった服まで出してきて、なんともなかろうといって、作業員に着せるということになる。規制もなにもあったものじゃない。 (F 27)

160 電力会社X正社員は、若くても割り当てられた現場監督の仕事につく。世間を知らない者が下請を相手に指図するとき、威張って偉そうにしているのを、外側からみる。若い社員がかわいそうにみえてくる。 (F 33)

161 2次下請レベルの者が、電力会社X社員と話をすることは少ない。 (F 33)

162 私の10年間の総被曝線量は5,000ミリレム。電力会社の正社員だから量は少ない。1次、2次下請会社の放管と話したが、実際に仕事に入っている下請の人は、放射線の知識のない人がほとんどだ……。 (F 35)

163 初めて原発に入ったときは、線量計を持って、重装備をして中に入ったので気味わるかった。 (F 33)

164 原発という特殊性もあったと思うが、電力会社Xの雰囲気になじめなかった。私は現場で作業する仕事は好きなのだが、管理や事務的な仕事は性格にあわなかった。 (F 35)

165 放管だった。家に帰っても、遊びに行っても、仕事のことばかり気にかかって、頭から離れなかった。こんなことではストレスがたまって、神経がまいるのではないかと思った。 (F 35)

166 1次系のクリーニングの作業に入る前に、自分のパンツ1枚になって専用の服を着た。作業現場を出るとき、赤ランプがつく。1回でパスすることはほとんどなかった。私だけでなく、みんなほとんどランプがついていた。 (F 38)

167 赤ランプでひっかかる度にシャワーを浴びたが水だった。お湯ではなかった。他の作業員も、こんな水、どうにもならんと言っていた。防護服は役に立たない。 (F 38)

168 外に出られずシャワー室と計測器とを行き来して、昼御飯食べず1時間ついやしたことは、度々あった。午後の仕事のあがるときは皆急ぐが……。 (F 38)

169 仕事を終えて外に出る前にチェックされるのだが、放射能が髪にひっついたり、頭皮に付着していて、頭を丸坊主にして出してもらった人もある。 (F 38)

170 ツメの間に放射能が入ったのはうっとおしい。常にツメを短めに切っていた。ちょっとした切り傷をした者は、2次系にまわされるか、1日遊ぶかだった。 (F 38)

171 クリーニングといっても、実際には水洗いしかしなかった。定検のピークの間は、専用の洗濯粉は使用していなかった。2～3回ドラムがまわると、すぐ留めて乾燥機にほうりこんでいた。定検のときは、1,200枚の1.5～2倍の量の洗濯物があった。 (F 38)

172 えんか服のたたみ作業もした。ふだん一人が1日700枚～1,200枚たたんでいた。フィルムバッジ、IDカード（身分証明番号）、アラームメーターを携帯した。アラームメーターが鳴ったことはしょっちゅうあった。 (F 38)

173 安全教育は受けたが忘れてしまう。 (F 38)

174 1次系の定検になると、わずかのボルトをしめるのに20人は必要だ。そのボルトをしめるために、中に入っ

第1部　日雇労働者の生活問題と社会福祉の課題

ている者の次に、すぐ入っていく者が防護服をつけて4〜5人待機していた。　　　　　　　　　　（F 38）

175　洗濯済みといってもひどく汚染したままの服をたたむので、すぐにアラームメーターが鳴る。1日、ここの洗濯場で、安心して働けるという保証、安堵感はない。　　　　　　　　　　　　　　　　　（F 38）

176　1日に割り当てられた被曝線量限度が決まっている。あれが毎日、積み重なると、身体に悪いし、健康を害するんだろうとか思う。私たち日雇は、ただこういう仕事をやってくれと言われて、放射線の危険等については詳しくなにもわからず、作業をしていた。　　　　　　　　　　　　　　　　　　　　　　　　　（F 38）

177　家から最も遠い原発へ行った時は、朝6時半に出た。定時で帰れると帰宅時間は19時15分頃だった。残業を2時間ほどすると帰宅は22時になった。冬は雪、夏は観光客の車のラッシュで帰宅はうんと遅れた。
　　　（F 38）

178　溶接、配管の点検掃除、パネル張り、塗装、クリーニングの仕事等いろいろやったが、洗濯のために、作業員が脱いだウラがえしになった服を表にかえていく作業中アラームメーターが鳴ることは度々あった。
　　　（F 39）

179　1日40ミリレム被曝すると仕事はできないことになっていたが、アラームメーターが鳴ってもすぐに管理区域を出なければならないわけではなかった。定検時、被曝線量の限度まで作業をした。　　　　（F 39）

180　敦賀原発や大飯原発へ行った。社会保険も何もない4次下請の会社は、2次、3次下請の会社の指示で、原発外の県外の工場の作業に行かされることもあった。　　　　　　　　　　　　　　　　　　　　（F 39）

181　私がバスの運転をして、美浜、三方、上中の人たち5人をのせて原発へいったが、私がやめたあと、別の原発で働いた地元の人が運転手としてまわされた。　　　　　　　　　　　　　　　　　　　　　（F 39）

182　原発の仕事は連続してやれない。　　　　　　　　　　　　　　　　　　　　　　　　　　　　　（F 5）

183　……事故につながることがあっても、互いに隠し合うし、会社が隠す。……労働者は、会社に迷惑がかかると思ったり、自分が職を失うことにつながると思うから。　　　　　　　　　　　　　　　　　（F 6）

184　金で病気を買う。黙らせる。　　　　　　　　　　　　　　　　　　　　　　　　　　　　　　　（F 6）

185　管理区域で仕事をすると最低で4着の服がいる（朝、休憩、昼、休憩、定時終了）。しかし作業の段取りの変更やトイレにいきたくなった時は、そのたびに衣類を脱着する。足の踏み場もないほどのランドリーだ。
　　（F 7）

186　仕事が済んで帰るときに赤ランプがつくと出られない。薄いゴム手袋は破れたり、ひっかけたりすると、そこから汚染した水がツメの間に入る。手がヒリヒリするほど洗う。一時間洗ったこともある。髪を切ることもある。　　　　　　　　　　　　　　　　　　　　　　　　　　　　　　　　　　　　　　（F 7）

187　昼休みや休憩・待機時間の多い人は、ひまつぶしせんならん。紙切れを破って字だけ書いてバクチをする。取ったり取られたりで月2万ほどのプラスマイナスだ。バクチにかからわん人もあるが、さそわれる。（F 7）

188　ポケット線量計で200ミリレム／30分という数値を記録したことがあった。　　　　　　　　　（F 12）

189　中性子が直接出るという場所にも入った。原子炉の真上になるところだった。ここは、10〜15分交替で作業するようにという指示があった。　　　　　　　　　　　　　　　　　　　　　　　　　　　（F 12）

190　定検工事のクレーンオペレーターだから、定検の始まる原発へと移動している。　　　　　　　（F 15）

191　今、10日間休もうと思うと、会社を辞める可能性も考えておく必要がある。　　　　　　　　（F 19）

192　父が電力会社Xを定年退職して、職安へ行ったら「ああ電力会社Xさんですか。電力会社Xより条件の良い仕事はありませんよ」とすぐ言われたそうだ。　　　　　　　　　　　　　　　　　　　　（F 19）

193　パチンコはしょっちゅうする。1回3〜4,000円使う。1〜2万円スルこともあるが、4時間パチンコ屋にいて8万円勝ったことがある。　　　　　　　　　　　　　　　　　　　　　　　　　　　　　（F 21）

194　夜はたいてい飲みに出るか、麻雀をしている。　　　　　　　　　　　　　　　　　　　　　　（F 22）

195　あしたメシを食べんならん。どんなことしても食べんならん。けんかでも何でもして生きんならんという目にあんたらおうたことないやろ。人生60歳までと思う。わしらは、あしたはあしたやという生活や。かしこい人らのきまりきった生活を見ていて、あれで世の中おもしろいんやろかと思う。　　　　　　（F 22）

196　借家に住んで、もう38年になる。　　　　　　　　　　　　　　　　　　　　　　　　　　　（F 22）

197　万一ミスをして、自分1人くらい辞めることになってもいいが、主任、課長へと関係者皆に追及がいくからこわい。めったな行動はとれない。　　　　　　　　　　　　　　　　　　　　　　　　　　　（F 19）

198　車の運転の方も気をつける。バイクは持っていたが危ないから売った。神経を使う。　　　　　（F 19）

199　病院内で原発労働者の検査の件でトラブルが起こった。病院看護婦の家が旅館で、そこに泊まっていた元請〜1次下請会社Iの役職の人に頼んだ、……上から、最下部のN工業に圧力をかけて、事がおさまった……病院長はまあ何事もなかったんだからと黙認してすませた。　　　　　　　　　　　　　　　　（F 23）

200　年寄が田舎で、田や畑の仕事をするのは体は疲れるが、人に使われているのではない分、楽だと思う。私らは、こんな狭い町の中にいて、誰かに使ってもらわな働くことができない。また、働きたいと思うが、もう65歳というと、どこも雇ってくれない。　　　　　　　　　　　　　　　　　　　　　　　　（F 25）

201　通勤の手段は電力会社Xも下請も、大小のバスを使っている。　　　　　　　　　　　　　　　（F 26）

4　労働者、住民生活にみる特徴

202　普通に生活していても、ガス・電気・水道・テレビ・クルマ・衣類等強制消費させられるものが多くなっているし、加えてこの頃は、子どもたちは高校へはみんな行くようになり、大学へも多くの者が行くようになった。家も建てかえたりする。農業も機械化され、その購入のためにも金がいる。　　　　　　　　　　　　（F 37）

203　昔は大飯の住民の80％が舞鶴市へ通っていた。今は、小浜市民が大飯の原発へ働きに来る時代だ。会社の車で送りむかえしてくれるし、大飯にいて働き口があるというのは、労働者にとって大きなメリットだと思う。　　　　　　　　　　　　（F 37）

204　休憩や待機など余った時間は将棋、勉強（資格試験のために）にあてる……。ここで定着して所帯を持ちたい。　　　　　　　　　　　　（F 3）

205　他の人は、ほとんどトランプ、花札で賭事をしている。　　　　　　　　　　　　（F 3）

206　管理のためか、警察あがりの人を雇っている。　　　　　　　　　　　　（F 6）

207　どうせ明日の仕事も3分間と思い、午前2時、3時までの深酒となる。パチンコ屋へいく原発労働者の数はおびただしい。農地も何もない日雇だ。　　　　　　　　　　　　（F 9）

208　日雇労働者の場合、仕事としては、いつまでたっても落ち着きのない、とても不安定なものだった。　　　　　　　　　　　　（F 12）

209　地元の人たちは、慢性疾患が多い。（糖尿病、狭心症、動脈硬化、高血圧、皮膚のかゆみなど）　　　（Fハ）

210　大島の子どもたちの金使いは荒くなった。隣とか親戚の仲が悪くなった。電力会社が用地買収をするのに個別訪問する。懐疑的に近所の人をみるようになった。　　　　　　　　　　　　（Fイ）

211　原発労働者の実情を、社会問題、生活問題として捉えていくことが大事。　　　　　　　　　　　　（Fロ）

212　過疎になるのを防ぎ、住民の雇用保障をしてくれるのが原発だという。……特殊な技術を持たない者ばかりが大飯のほとんどの住民である。……最末端の単純労働しかできない部署に配置されるしかない。　　（F 37）

213　最末端の日雇……社会保険や福利厚生というものはない。会社でみてもらえず、なにかあれば、ほとんど自己負担という労働生活をしている。　　　　　　　　　　　　（F 37）

214　社長を含めて10人……全部地元、全部長男だ。次男、三男は都市部で働いている。　　　　　　　（F 15）

215　福井は、地元の人の共存というより、自分の懐へいれたい個人主義の人が多い。住民は純粋に原発反対なのではなく、タカリ的に金をとるために反対といっている者が福井には多い。　　　　　　　　　　　　（F 18）

216　原発によって雇用は安定している。道路もできて多くの恩恵を受けている。一つの定検で、常時2,000人が雇用される。いくつも原発ができて、常時就労の機会があるため九州や大阪から来て、敦賀に住みついてしまっている人も多い。　　　　　　　　　　　　（F 18）

217　遊びに出かけて、万一、事故を起こしたらクビになる。飲酒運転は、まずクビだ。　　　　　　　（F 19）

218　若い社員はパチンコや麻雀をする者が多い。　　　　　　　　　　　　（F 19）

219　私は子どもをかかえていたので、昼は出かけられなかったから、夫の帰ってくる晩になると、入れ替わりにパートに出た。　　　　　　　　　　　　（F 25）

220　ギャンブルは嫌いだ。パチンコも競輪・競馬も行ったことがない。家で百姓をしていると、休みの日も仕事がある。　　　　　　　　　　　　（F 27）

221　社会保険を掛けていたから、傷病手当をもらって入院……会社から体の具合が悪いのなら辞めるかどうかという話……満60歳になったこともあるし、もとのように働いていく自信もなく、辞めた。8カ月間失業保険をもらった。　　　　　　　　　　　　（F 27）

222　14年間、間借りしていた。その後ずっと借家住まいだったが、その家を20年前に買い取り、今にいたる。5人の子を全部結婚させた。　　　　　　　　　　　　（F 29）

223　夫は仕事から帰ってくると、食事のあとパチンコ屋に行っていた。とにかく年360日は、パチンコ屋にいるという人だった。あり金をみんな持ってパチンコにいくような人だった。　　　　　　　　　　　　（F 29）

224　ギャンブルはしない。釣りが好きだ。　　　　　　　　　　　　（F 38）（F 18）

225　親方があって、そのもとで自分も働けるという思いから……不安なことや危ないことを口にせずにいる人もいる。　　　　　　　　　　　　（F 27）

226　2次以下の下請の者は、電力会社X社員の仕事や給料、福利厚生制度を、うらやましがる。　　　（F 31）

227　電力会社X社員のとき、厚生年金と国民年金の負担の仕方、仕組みがちがうことを知らなかった。　（F 31）

228　電力会社X社員時代、地元の人とともに地域の活動をすることについて、上司からよく思われていなかった。　　　　　　　　　　　　（F 31）

229　地元の人々とともに活動し、電力会社Xという組織から、はみ出しチェックされた人間は、もう昇格も昇給も望めない。　　　　　　　　　　　　（F 31）

230　最初は日雇で入ったが4年後に「社員」になり、社会保険に加入した。入院や手術のとき、社会保険が使えてよかった。原発で働いていて癌になったのだけれど。　　　　　　　　　　　　（F 34）

231　この頃、若夫婦とともに住んでいる高齢者でも、家計は別という家庭が多い。そうなると、高齢者でまだ働ける者は、年金だけでは厳しい生活だから、少しでも働こうという気になる。　　　　　　　　　　　　（F 32）

第1部　日雇労働者の生活問題と社会福祉の課題

232　夫が亡くなったあと、再び夫の勤めていた会社Cから、来ないかと言われるままに再入社した。正社員ではないが、社会保険に加入している。　（F 34）

233　私の清掃の仕事は朝7時から夕方4時まで。役場に用事のあるときは、仕事が終わって大急ぎで出かける。どんなことで、いつ休まねばならないかわからないので、とれる休暇は、できるだけ残しておくようにしている。　（F 34）

234　三世代家族、父は農業と日雇仕事、母は日給制の勤めをしている。私は会社員だ。妻は子どもの手がはなれたら、母と入れ替わる形で働きに出ると思う。一家総働きしないとやっていけない。　（F 35）

235　近隣から原発へ行って働いている人々の意識を考えて、被曝と白血病をからめて語らなかった。　（F 36）

236　大阪の病院には、同じ会社の社員で、原発で働いていた人が、同じく白血病で入院していた。その人も入院の時点で本社勤務扱いに変更されていた。　（F 36）

237　会社の人が来て、兄は管理された作業環境の下で働いていたと説明した。白血病と被曝の因果関係は問いようがなかった。退職金はあった。補償金はなかった。　（F 36）

238　今は、ある社会保険加入の、日給月給制の工場で働いている。賃金は1日に5,700円で平日に毎月7日休暇を半強制的にとらされる。毎月13万ほどになる。原発にいたときは、日当自体はそう高くないが、運転手当、時間外手当等々こまかい手当がついて合計すると多い月は30万ほどの現金収入だった。　（F 38）

239　S59年の日給は7〜8,000円だったが、S62年2月現在も日給7〜8,000円でかわっていない。　（F 39）

240　心配事や、いやなことはいっぱいある。仕事は他にないし、休んだら金にならない。結局、年中仕事のあるところへ行っているのだ。独身だったらまた考える。子どもにはミルクをやらねば。　（F 4）

241　……ばあちゃん（倉庫番）、おやじ（運転手）、おばさん（民宿）、息子（サラリーマン）、みんな電力会社Xとかかわって収入を得ている……。　（F 4）

242　新聞はスポーツを読む。金、土、日の夜は麻雀をする。　（F 4）

243　Y大の学生を相手に原発で働く者として話をしてくれと言われた。息子の仕事先の上司に頼まれた。PR館で私は「電力を大切にしてくれ」としかいえなかった。自分の知っている何の具体的な話もできなかった。盗聴マイクがないかと疑った。　（F 6）

244　暇がある、独り身だ。楽しみは飲むかバクチしかない。金は残らん。出稼ぎの者はかわいそうだ。　（F 7）

245　遊んでいる時間はパチンコへ行く。以前は競輪のあるところへは、どこでも行くといった具合だった。競輪のためにサラ金で借金をして、その返済に5年かかった。日雇をつないで暮らしていて、私のようなケースに至る者は多い。　（F 8）

246　労働者は、地元住民とは喧嘩しないように言い渡されている。したらすぐクビ。労働者は仕事が終わるとホルモン屋で一杯やるという者が多い。　（F 10）

5　若狭地域と労働者・住民のこれから

247　原発に依存した、その日ぐらし的労働者と原発なしでは成り立たない自治体がある。　（F 2）

248　僻地＝若狭は、原発の保守点検のための使い捨て要員としての労働者しかいない土地になっている。（F 1）

249　みんな電力会社Xとかかわって収入を得ている。　（F 4）

250　町が協力金をもらっている。電力会社X社員の行政区がある。……400票そこにある。　（Fイ）

251　飯場を建てずに地元の民宿へ、外部からの従業員が入ってきた。民宿を利用することは、地元活用によって反感を抑える電力会社Xの方針。地域管理だ。　（Fイ）

252　国と電力会社に町経済を握られている。もの言えぬ町長、もの言えぬ住民……。　（Fイ）

253　道がよくなる、建物が建つ、それとひきかえに命の切り売りをしているみたいだ。　（F 2）

254　原発には、景気不景気関係なく仕事がある。農業のかたわらに行ける仕事ともいえる。定年後の人の仕事となってもいる。　（F 5）

255　原発推進側は、巨大産業を誘致したい、原発関連の産業は伸びるといったが現実はまったく違う。　（F 1）

256　原発がなかったら土方をするしかない。百姓だけでは絶対に食えない。　（F 13）

257　このあたりの者は海のきれいさ、山のきれいさを忘れ、目先の金になることしか考えていない。　（F 4）

258　今、原発がなければ、各世帯の生活が成り立たない。この現実をどうするか。　（F 9）

259　今、原子炉に依存していても、100年、200年単位でみたら原子炉の墓場の町になる。　（Fロ）

260　子ども達がのびのびと住めるか？働いている人たちは20〜30年先に、健康に老い、すこやかに死ねるかを、現在から考えねばならない。　（F 6）

261　今からでも遅くない、町づくり、村おこしはできると思う。　（F 1）

262　過疎地域の町の危機感に、国も企業もつけいった。美浜も高浜もその誘いにとびついたと思う。　（F 37）

263　事故がありえないとは、言えなくなった。……原発の危険というのは、計り知れないものがある……。　（F 37）

264　町の行財政は悪化している。町の財政がどうなっているのかとよく思う。これからずっと住み続ける町だから、そう思う。　（F 19）

176

資料集

265 ２年ほど前から××を習いだした。毎月２回、町の公民館まで行くのは気がはれる。植物人間になった夫を
　　かかえた人とか障害者を持つ親たちが集まってきている趣味の会だ。　　　　　　　　　　　　　（Ｆ 30）
266 今の社会保険、社会保障制度は不十分さはあるかもしれないが、……何もかも政府に求めるのではなく、自
　　分なりにその時代の環境に適応していかねばならないと思う。　　　　　　　　　　　　　　　　（Ｆ 31）
267 かつて、原発推進派は、若狭に原発関連の巨大産業を誘致したいと言い、原発関連の産業は伸びると言った
　　が、現実は全く違う。　　　　　　　　　　　　　　　　　　　　　　　　　　　　　　　　　　（Ｆ １）
268 原発推進を訴えるＭ氏の演説会に強制的に行かされた。電力会社Ｙの社員だった議員も来ていた。わしら
　　はかげで、あんなもんおちてしまえと言っていた。　　　　　　　　　　　　　　　　　　　　　（Ｆ ６）
269 S.56 の敦賀原発の事故隠しが、原発下請労働者の組合作り運動を芽生えさせることになった。　（Ｆ ９）

6　これからの取り組み

270 まわり道した健康障害があったらひろいあげる。　　　　　　　　　　　　　　　　　　　　　　（Ｆロ）
271 原発労働者の実情を社会問題、生活問題として捉えていくことが大事。　　　　　　　　　　　　（Ｆロ）
272 健康への環境や社会変化の影響など詳しく見る。……健康阻害の立証に結びつけるとなると難しい。もし、
　　健康面で影響がでているとしたら「生活の変化」によるものであり、今のレベルでは被曝との因果関係をい
　　うのは難しい。　　　　　　　　　　　　　　　　　　　　　　　　　　　　　　　　　　　　　（Ｆロ）
273 下請労働者の最低賃金についての業者間協定を前進させること。身分保障の明確化を求めていきたい。
　　（Ｆ ９）
274 何でもいえる生活相談所、力になりあえる労働者のセンターが必要。　　　　　　　　　　　　　（Ｆ ９）
275 これからも死因についてや、白血病等の赤いノートの記録をとっていこう。　　　　　　　　　　（Ｆイ）
276 ……地域のもともとある労働力と資源を見直して再開発を考えた方が前向きだと私は思う。　　（Ｆ 37）
277 年がよれば、病院にかかることも多くなる。老人医療は段々、不都合になっている。国のえらいさんは、老
　　人には、もう高い薬は使うなというとるそうな。年いった者は、はよう死ねというとるようなもんや。知事
　　や市長、町長は高齢者に長寿の祝いなどしてありがたがらすより、老人医療をもとの無料に戻してくれたほ
　　うがよっぽどいい。　　　　　　　　　　　　　　　　　　　　　　　　　　　　　　　　　　　（Ｆ 27）
278 形式的記録にせず、良心的な被曝管理をして欲しい。……放射能は目に見えない。しっかり測定し、できる
　　かぎり被曝を減らすようにするのが、あるべき姿だし、作業員はそれによって救われると思う。　（Ｆ 27）
279 辞める者はいいが、残る者はどうするか。ほおっておけばいいか。問題は残る。　　　　　　　　（Ｆ １）
280 Ｓ工業３人、Ｕ工業３人……といった少数で別々の組合を作ってもだめだ。みんなが手を組まないと組織で
　　きない。　　（Ｆ ６）
281 核になる者が労働者とともに何をしていくか具体的にする。　　　　　　　　　　　　　　　　　（Ｆ ９）
282 今、原発がなければ各世帯の生活がたちゆかない。この実態をどうするか、具体的展望が見えないと、組織
　　化できていかない。　　　　　　　　　　　　　　　　　　　　　　　　　　　　　　　　　　　（Ｆ ９）

7　身体の変化、気づいたこと、健診のなかみ

283 原発で働いている途中で血圧が上がった。血圧の上下の差がなくなり苦しんだ……以後１次系での作業はし
　　ていない。　　　　　　　　　　　　　　　　　　　　　　　　　　　　　　　　　　　　　　　（Ｆ ６）
284 美浜から高浜へ移るときの検診で、心臓から出ている動脈が膨れて正常に働かないのがわかった。その後重
　　労働はせず……。　　　　　　　　　　　　　　　　　　　　　　　　　　　　　　　　　　　　（Ｆ ７）
285 白血球がへったままで普通の値にまで増えない。何度か検査しても白血球は減ったままだった。以来２次系
　　で働くようになった。　　　　　　　　　　　　　　　　　　　　　　　　　　　　　　　　　　（Ｆ ８）
286 頭が痛くてたまらない状態が続いた。吐き気がして何も食べずに寝ていると１週間で治った。……それが１
　　年余り続いた。　　　　　　　　　　　　　　　　　　　　　　　　　　　　　　　　　　　　　（Ｆ ８）
287 車の運転中、脳梗塞で倒れた。その後、体の都合で仕事についていない。　　　　　　　　　　（Ｆ 10）
288 下請労働者も定期的に健康診断にきていた。一度ひっかかると再検。何度もひっかかると精検をしなければ
　　ならない。　　　　　　　　　　　　　　　　　　　　　　　　　　　　　　　　　　　　　　　（Ｆ 23）
289 まれに体重が極端に減った人もあった。血液中の白血球の数が極端に多かったり、少なかったりする人もあっ
　　た。　　（Ｆ 23）
290 院長は、原発作業員だけでなく、一般住民も白血病になる者が増えてきていると言っている。　（Ｆ 23）
291 骨髄液をとって詳しく調べていかねばならないような症状の人もいた。　　　　　　　　　　　　（Ｆ 23）
292 電力会社Ｘは独自で、元請〜１次下請会社Ｃは社内に産業医、看護婦をおいているようだ。それ以下の下
　　請業者は、民間の指定病院的なところを各々持っていて、労働者の健康の実態は、その内部にいる者にしか
　　みえない。　　　　　　　　　　　　　　　　　　　　　　　　　　　　　　　　　　　　　　　（Ｆ 23）
293 Ｄ病院の証明用紙に病院名と院長名、医師名は記入してあったが、それに別の病院のゴム印か、あるいは下

177

第1部　日雇労働者の生活問題と社会福祉の課題

　　　　請の会社が勝手に作ったもので（D病院のものでない）「異常なし」という印を押してあった。　　　　（F 23）
294　腹部もいたいし、頭痛と吐き気がした。公立病院の医者は、白血球が増えていないから盲腸じゃないといっ
　　　たので放置しておいたら盲腸が破裂した。私の体は、病院へいったときすでに白血球数が増えない、平常値
　　　を下回った状態だったのかもしれない。　　　　（F 26）
295　それまで自覚症状はなかったのに、ある日、作業をしていた時に、立っていても、座っていても具合が悪かっ
　　　た。トイレに行ったら血便が出た。……口と鼻から血が噴き出た。医者には胃潰瘍と言われ、放っておくと
　　　命がないと言われ手術した。　　　　（F 27）
296　胃潰瘍で手術して以来、原発へは行っていない。手術時の輸血がもとで急性肝炎になり、今は「慢性肝炎」
　　　という病名で通院中。　　　　（F 27）
297　最初は、腎臓がそんなにひどくなっているとは思っていなかった。実際は腎臓の影響でひどく心臓が悪くなっ
　　　ていた。病院にいくまでは、ハアハアと呼吸困難になったりしたので、心臓病かと思っていたくらいだった。
　　　　　　　　（F 30）
298　原発で落下事故のあと、心臓の具合が急に悪くなったようで、検査したら、腎臓が原因とのことだった。そ
　　　れまで元気な人だったが、病院へみてもらいに行って、即入院……　人工透析……闘病生活……死となった。
　　　　　　　　（F 30）
299　……ひどい貧血状態だったので、たくさん輸血もした。そうすると肝臓も悪くなる。みんなからＡＢ型の血
　　　液をいただくのは身を削る思いだった。　　　　（F 30）
300　前職在職中から、やせてきたり、仕事に嫌気がさしたりしていたのなら、その時から癌が少しずつ進行して
　　　いたのかもしれない。前職退職後、きちんとした検査を受けていたら手遅れならずにすんだかもしれないと
　　　医者に言われた。　　　　（F 32）
301　前から胃がおもだるいと思っていたが特に今日は変だと夫が言った。その日に夫と２人で病院へ行った。す
　　　ぐに入院せよと言われた。胃癌だったが、他の部分へも転移していた。本人は、これといって苦痛を訴える
　　　こともなく、手遅れになっているのを知らずにいた。　　　　（F 32）
302　亡くなる３年ほど前から、病気がちになり、時々、仕事を休んでいた。　　　　（F 34）
303　原発で働きはじめて３年目、体の不調を家族に伝えた。寝ても疲れがとれないといっていた。公休で家に
　　　帰るまでに本人は病院へ行っていた。頑丈で病気をしたことがないのに、よほど具合が悪く、不安だったの
　　　か……休みで家にいても、ずっと寝ていた。　　　　（F 36）
304　本人が病院へ行った直後、白血病とわかった。一度地元の病院に入院した。……会社からの指示によるもの
　　　だろうか、大阪の病院に移された。　　　　（F 36）
305　本人は、公立病院入院の２カ月前に会社で定期検診を受けていた。特に異常はなかったという会社の診断結
　　　果を社員は信用するしかない。　　　　（F 36）
306　……原発で働いていると目が悪くなる。常に60サイクルの蛍光灯の下で、狭いところに入り込んだりしな
　　　がら働くからだ。　　　　（F 1）
307　低レベル被曝は……皮膚障害や、なんらかの病気を引き起こしていると思う。　　　　（F 1）
308　私は、太股にできものができ、産業医がこれを切り取ってくれたことがある。電気で火傷したような白と黒
　　　の斑点ができた人がK町にもT市にもいる。それは清掃ばかりし、ほこりをいっぱい吸い込んだり、体に付
　　　着させてきた人たちだ。　　　　（F 6）
309　守衛さんの手にも斑点のできた人がいた。古顔の人で３人ほどそんな人をみた。　　　　（F 6）
310　辞める前は右手首にちょっと白い斑点ができていた程度だったが、年とともに大きく広がっている。（F 7）

8　夫の死亡前後の状態

311　主人は癌で死んだのだと思います。医者からは写真に写らないところで、どこが悪かったんやろと言われま
　　　したが、詳しいことは聞かせてもらえなんだんです。　　　　（F 14）
312　通勤途上で倒れた。救急車でA病院へ。そこでダメでB病院へ。倒れてから５時間ほどで死亡。くも膜下出
　　　血といわれた。　　　　（F 25）
313　年寄りだからと、辞めさせられた時、夫の行っていたI工業の属するR興業の看護婦さんから、辞めたあと、
　　　またよそで働くなら、健康診断をしなさいと言われたそうだ。急に１カ月に５kgもやせたこともあり、病院
　　　でみてもらった。消化器全部の部所に癌が広がっていた。１年後に死亡。……定期的に会社の健康診断を受
　　　けていたのに、退職するまでなにもおかしいと言われなかったのは、おかしいと思う。　　　　（F 29）
314　亡くなる１週間前から、頭が痛い、頭が痛いといっていた。亡くなる前には、目が痛いと言い出した。ボロ
　　　ボロになった血管だったのか、死ぬとき、くも膜下出血をしていた。　　　　（F 30）
315　夫が亡くなったとき、人工透析の生活が、あまりに苦しく長いものだったから「父ちゃん、もう楽になった
　　　なあ」とおもわずつぶやいた。　　　　（F 30）
316　夫は丈夫な人だった。50代半ばで癌で亡くなるとは夢にも思っていなかった。つれあいを失うほど悲しい
　　　ことはない。　　　　（F 32）

178

資料集

317　現場では、定期的に健康診断をしていたが、尿、血液、皮膚、レントゲンの検査ぐらいで、肝臓を特にみて
　　　くれるものではなかった。病気になっていることに気付かなかった。具合が悪くて病院へ行き、即入院、10
　　　日目に死亡した。手のほどこしようのない癌だった。　　　　　　　　　　　　　　　　　　　　　　（F 31）
318　風邪ひとつひかないような人だった。仕事はとても忙しかったが、請け負った仕事への責任があった。仕
　　　事がきついから疲れているくらいにしか思わなかったようだったが、「あんまり気分が悪いから病院へ行く」
　　　といった時には、もう手遅れのひどい癌におかされていた。　　　　　　　　　　　　　　　　　　　（F 31）
319　悪性腫瘍だとわかる前まで、原発へ通いながら足がだるい、足がだるいといっていた。　　　　　　（F 34）
320　白血病とわかって、すぐ入院し5カ月後に死亡。あらゆる手をつくしたが。　　　　　　　　　　　　（F 36）

9　生前、妻がきいた夫の仕事の訴え

321　どんな仕事をしているんやと聞いても、いつも多くは語らず「せんたくや」と言っておりました。いつも短
　　　い返事でした。　　　　　　　　　　　　　　　　　　　　　　　　　　　　　　　　　　　　　　（F 14）
322　水臭い言い方だけれど、他人さんの家へ嫁いできて10年たった時に夫が亡くなり、このさき、全く他人さ
　　　んともいえる義父母や周囲の小じゅうとさんとどうやってつきあっていけるのか、暮らしていけるのかと思
　　　うと不安。　　（F 24）
323　夫が亡くなったときは、すぐにでも家を出たいと思った。しかし、長男の嫁であったし、子どもを後継ぎと
　　　して育てていかねばならぬと思いとどまった。　　　　　　　　　　　　　　　　　　　　　　　　（F 24）
324　ふだんは高浜で働いたが、忙しいときは美浜へも行った。　　　　　　　　　　　　　　　　　　　（F 25）
325　絶対安全や、心配せなと、いつもうっちゃんは言っていた。　　　　　　　　　　　　　　　　　　（F 25）
326　管理区域に入る前には裸になって着替えて仕事をしたそうだ。仕事を終わって、また裸になり、出るときビー
　　　と機械が鳴ると出してもらえん。何べんもシャワーをあびるんだと言っていた。　　　　　　　　　（F 25）
327　夫は除染作業を交替でしていた。自分の仕事の内容は家族に言ってはならないと言われているといっていた。
　　　（F 25）
328　私は、今ボランティア活動をしている。孫は来て泊まってくれるが独居になった。　　　　　　　　（F 25）
329　今は、嫁の勤務時間が不規則で、生まれた孫の面倒をみるためもあって長男家族と同居するようになった。
　　　（F 29）
330　癌になったのは、原発に10年いる間、放射能を浴びたせいかと思う。　　　　　　　　　　　　　（F 29）
331　夫は酒を飲まなかった。タバコは1日1箱くらい。まじめ一方で働いていた。　　　　　　　　　　（F 29）
332　若い人のいくところではないと思う。仕事を終えると、外に出る前に被曝線量を測っていたらしい。ビーと
　　　鳴るとそれが鳴らなくなるまでシャワーを浴びていた。風呂で体を擦らないといけなかったそうだ。ビーと
　　　鳴って外に出ても被曝したものがとれて出てきたのではない。　　　　　　　　　　　　　　　　　（F 29）
333　10年間、毎日放射能の毒をつけて家に戻って来たのだと思う。……通勤の時の服と作業する時の服は別だ。
　　　……夫の着ていた服などは、家族みんなの者の洗濯が済んだあとにまわしていた。原発の菌がついている気
　　　がした。　　　（F 29）
334　原発内での仕事は長くて中に入っているのは1～2時間のものだと聞いた。夫の作業の内容は、聞いたかぎ
　　　りでは、洗濯、被曝量の測定係等。洗濯の仕事は、高齢者がまわされたらしい。日曜でも出勤した。残業も
　　　多かった。　　（F 29）
335　夫は、家のことは一切しなかった人なので、いなくなって急に困ったことはなかったが、そして70歳になっ
　　　て死んだのだから、まだあきらめもつくが、やはり話し相手、つれあいがいないのは淋しい。　　　（F 29）
336　夫の看護は、私しかできなかった。透析が長くなると、付き添いの方がまいって体をいためることが多い。
　　　（F 30）
337　階段をいっぱい登って高い所へ、物をかついでいく仕事は、足がだるいと言っていた。　　　　　　（F 30）
338　原発で一度、高い所から落ちている。下まで落ちる前に、ひっかかって命は助かった。……あのときあれだ
　　　けひどく痛いといって家へ戻ってきたのだから、会社の方から何か治療費の支給があってもよかったのでは
　　　ないか。　　　（F 30）
339　夫は朝7時に出かけ、帰宅は夕方6時頃だったと思う。服を脱いで入る仕事場は、体に悪いと聞いている。
　　　（F 30）
340　倉庫の係だと聞いた。1次系に入って仕事をする人たちの使う道具や衣類（手袋、服、マスク等）を整理し
　　　たり、必要な数をトラックに積み込んだりする仕事で、隣の家のMさんのように高被曝する仕事じゃないと
　　　言っていた。　　　　　　　　　　　　　　　　　　　　　　　　　　　　　　　　　　　　　　　（F 32）
341　私は、近所の人たちは、夫が癌だということを言わないようにしていた。　　　　　　　　　　　　（F 32）
342　夫が亡くなってから2カ月してC新聞の記者が来た。原発で働いていて癌になったのかと聞かれた。うちで
　　　は、それ以前から癌に侵されていたのだと答えた。しかし、原発に入るには、前もっての健康診断がされて
　　　いるはずだ。　　　　　　　　　　　　　　　　　　　　　　　　　　　　　　　　　　　　　　　（F 32）
343　家へ帰ってきても、特に用件以外のことは話さない人だった。原発の1次系の仕事もしていたと思う。

179

第1部　日雇労働者の生活問題と社会福祉の課題

(F 31)

344 家を建てたのは夫が原発へ行き始めた年。私は同じく日雇で原発へ行っていた。早朝に田の仕事を済ませては日雇仕事に行った。子どもは3人。夫婦2人でC興業に勤めるのは、悪いということで、私は一時期辞めていた。
(F 34)

345 夫は機械の組立、分解、その掃除などをしていた。1次系に入ったかどうかは知らない。
(F 31)

346 本人は生前、電力会社X正社員は被曝しても安全範囲内だと言っていた。周囲の者には、元請～1次下請会社C以下の下請では働くなと常に言っていた。
(F 36)

347 死亡直後、新聞社が3社ほど取材に来た。家族も本人も納得して入った会社だったし、近隣で同じ仕事をしている人もいるし、被曝と癌を完全に関連づけて語れないし、かつ家族の死の直後の悲しみの深さなどから、どの新聞社の人にも帰ってもらった。
(F 36)

10　面接調査について思うこと

348 主人の死んだことが原発で働いていたことが原因だということで会社から何か補償でもしてもらえるんなら話しますが、あんさんに話しても、それで補償金でも入ることになりませんやろ。そんなんやったらもう、いやなことはふれんといて欲しい。
(F 14)

349 別にウソは言っていないし、誰に悪いことも言ってはいないが、何もかも書かれるのはちょっとな。他の社員に聴いても快く何でもしゃべってくれないんじゃないか。
(F 11)

350 うちの隣の人は、相手を仲間うちと信じて何でも話していた。まさか本に書かれるとは知らなかったからだ。ところが、本になり、隣の人は会社からそれはひどい仕打ちを受けた。あんたがどこのだれかわかって目的をちゃんと聞いても、信用できん。
(F 16)

351 話せばついつい本音が出てしまう。うかつにしゃべれん。黙っていたほうが何事もなくてよい。
(F 16)

352 あんたのことを昔から知っていたから、話をしている。いくら道理を説明されても他の者には、あからさまな話はせん。
(F 22)

353 あんたみたいな、金にならんこと、ようしとると思う。
(F 22)

354 よその人に、自分の家の不幸を語るのはみっともない。昔を思い出すこともせんでもいい。それにもし、度々、話を聞きたいと言われたら迷惑だと義父母に言われた。お会いするといったが、話すことで、義父母との関係を悪くしたくないので、白紙にもどしてほしい。
(F 24)

355 平日の昼間はいつも一人でいるが、休みの日は近所の人や孫たちなどたくさん人がくるから、ゆっくりあんたと話もできん。この頃は宗教をすすめにきたり、へんな人もきて安心できんが、あんたまたきて下さい。
(F 25)

356 おもしろ半分で、人の不幸をききたがってるんか。
(K.H.氏の家族)

357 いったい何の目的で、何をききにくるのかと思い、最初の電話のとき、ぶしつけなことを言いすまなかった。
(F 27)

358 ああ、もうその話はやめにしとこ。もうなかったことにしとこ。
(F 28)

359 こんな話を私がしたことが表に出たら、地元で生活できなくなる。しゃべるのは命がけといってもいいくらいだ。誰にも私とわかるようなことは言ってほしくない。
(F 38)

360 くらしてきたことや働いてきたこと……といっても、これといって人に話すようなことはなにもないし、ねほりはほり聞かれたくない。
(F 31)

361 忙しくなったんで主人も残業ばかりですし、ケガしたことなど話すことは、はばかれます。
(F.T氏)

362 生活っていうても、話しだしたら厚い本ができる。あんた原発のなかのことがききたいと思っとったら、そればかりやないんやな。
(F 31)

363 会社の名前もいわんとあかんか？　言うてもどうってことないけど。
(F 4)

364 あなたのやっている調査にヘタに関わると圧力がかかると思うわ。
(F 1)

365 下請労働者に聴くと、その上部の業者から、親方や労働者本人の圧力がかかると思う。
(F 1)

366 なんできくんや、こんなこと。
(F 15)

11　家計について

367 生計はみんな（父、母、本人）のをあわせてやっている。
(F 2)

368 家のローンや保育料の支出は大きい。
(F 4)(F 26)(F 15)

369 家のローンと学生の長男への仕送りが大きい。
(F 5)

370 支出の最も大きいのは農機具だ。軽トラックも乗用車も経費がかかる。
(F 13)

371 父、母、妻、本人みんなの収入で生活している。家を改造したときのローンと保育料は大きい出費。
(F 15)

372 麻雀にかなり支出。
(F 4)(F 15)

180

373 家は賃貸マンション。最も多い支出は食費。妻と2人暮らし。 （F 18）
374 住民税が高いと思う。 （F 18）
375 月給は月30万。手取り26万。子ども2人と夫婦で借家に住んでいる。 （F 22）
376 酒代、麻雀代に月20万使う。ふだんの会社からの月給外に入る、いわゆるピンハネ分から出せる。 （F 22）
377 日給月給制で、夫は約23万円ほどもらっていた。 （F 25）
378 夫の酒代と子どもの教育費に金がかかった。私はパートをして月5～6万円の収入があった。 （F 25）
379 主人が死んでから1年に100万円ほど入る。夫の厚生年金をつないでもらえたので、その金と私の老齢年金とで何とか生活していける。 （F 25）
380 私は、子ども2人と妻の4人で生活してゆくのにやっとの収入（手取り20万、年収500万）だと思うが、さらに下請のもっと条件の悪い人たちは、いったいどんな生活を送っているのかと思う。 （F 26）
381 S.56年頃の日給は6,000円だった。月13～15万円の収入に私の1日3,000円で月19,000円ほどの市場の掃除の収入をあわせると、2人でくらす生活費もあり、わずかに貯金もできたが……。 （F 29）
382 夫は、国民健康保険に加入していたから医療費は3割負担だった。夫が病気になった時は10日に20万ずつ支払わねばならなかった。山も田も親戚に買い取ってもらった。民生委員と県にたのんで、医療扶助を受けられるようにしてもらった。 （F 30）
383 一旦、病気になるとその負担にたえられず自殺する人も……。 （F 30）
384 農業と日雇だけで生活していた者は、病気になったり、主人が亡くなったりしたとき、一番わりにあわないとつくづく思った。 （F 30）
385 S57年は日給7,500円、S59年は8,000～8,500円の日給だったが、いろいろ差し引かれて手取り月18万円ほどだった。この額はS62年の今もそう変わっていないのではないか。 （F 32）
386 夫の（国鉄職員だった）年金と私の国民年金で家計をまかなっている。私は47歳になってから国民年金を掛けだしたのでもらう額は少ない。私はもう60歳すぎたし、目も悪くなった。働こうと思っても働ける場がない。 （F 32）
387 一番多い支出は……交際費（冠婚葬祭、お見舞い等）、食費、固定資産税、最も節約するのは被服費、旅行にも行きたくなくなった。夫が亡くなってから間食費も節約している。家具や建具の古くて、ガタのきたものを取り替えたいと思うが、それができない。 （F 32）
388 平均、毎月30万、夫から渡された。私はそれで生活のやりくりをした。子どもの教育費はだんだん大きな負担となってきた。 （F 32）
389 家は10年前に新築した。銀行からの借金をするとき、返済者が死亡したとき、保険会社があとの払いをするという契約をしてあったので助かった。 （F 31）
390 家計で最も大きいのは食費。最も節約しているのは被服費。 （F 31）
391 交際費に支出がかさむ。子どもの教育費の負担も大。夫のいた頃は通学用定期券は、3カ月とか6カ月とかいう、かため買いをしていたが、今は1カ月ずつ買っている。 （F 34）
392 自営業があったので、生活の維持ができたと思う。会社勤めだけで生計をたてていたら、全く食べていけなかったと思う。 （F 34）
393 電力会社Xをやめてから2回職をかえた。電力会社Xは残業が月40～60時間と多かった。それらの手当込みで月約25万ほど、次の会社は勤務時間が不規則なところで月給20万円、現在いる会社は月給約21万円にボーナスがついて年所得400万円余りだ。 （F 35）
394 田は26アールほど。家計のなかで最も大きい支出は、食費。家の増築をした負担も大きい。ふだんこれといった無駄使いはしない。 （F 34）
395 父は、農業と日雇仕事、母は農業をしていた。白血病の入院、治療費については全て会社の負担だった。雇用契約の範囲内で、本人が死亡するまで、月給の振り込みはされていた。 （F 36）
396 私のこづかいは、もう何年も続いているが毎月1万5千円。家は6畳2間と炊事場のついた借家。節約するものは被服費。支出で一番多いのは、生命保険料（約5万円）と交際費。 （F 38）
397 原発もやめて失業保険も入らなくなったら寂しいもんや。軍人恩給と国民年金でやっている。長男夫婦も働いているし、家族みんなの収入をあわせて暮らしているから楽にしていられる。自分でやっていかんならんなら大騒動や。 （F 7）

12 原子力発電所・放射線について

398 若狭で住もうとすれば、理科系の出身者は公務員か教師、あとは原発しかない。いつ事故が起こるかわかっていれば逃げ出すのだが。 （F 17）
399 耐用年数が過ぎたとき、どうするのか考えものだ。 （F 18）
400 早い話、発電所は田舎にしかできない。……僻地で喜んで働く者はいないだろう。 （F 19）
401 放射線は恐ろしいと思う。原発の中に入って仕事はしたくないと常時思っている。 （F 22）
402 原発が爆発したら、半径で15kmの円内にいる者は皆ダメになると聞いている。自分の家もその範囲にある。

第1部　日雇労働者の生活問題と社会福祉の課題

やはり恐ろしい。 (F 22)

403　原発がどんなもんか、私も自分の目でみたいと思った。……婦人会で見学に行った。電力会社Xがバスを出して案内してくれた。安全を99％保証すると言われた。なるほどと思って帰ってきた。 (F 25)

404　被曝というとすぐ癌を連想してしまう。 (F 26)

405　電気は必要だと思うが、原発についてはわからない。原発を推進する関係者が反対する人たちの声を聞いて、しっかり管理するようになってきたのだと思う。だれも反対しなかったら、もっともっとズサンな管理しかしないだろう。 (F 27)

406　原発について、その存在自体は認める。あるものをまず認めて、そのうえで対応していこうと思っている。国が推進している原発だから否定していない。私は、今の国家や政策を認めているのだ。 (F 31)

407　原発が廃炉になった時、その処理に携わる者は、通常運転や定検時の被曝などとは比較にならない量の放射能を浴びざるをえないはずだ。 (F 31)

408　高被曝する者は、危険手当を受け取って働いているのだから、被曝への不安も割り切ってしまえばいい。日雇労働者はその日当で生活を成り立たせているのだし、雇う側も、そのような気持ちで割り切っていると思う。 (F 31)

409　滋賀県に放射線医学研究所がある。ネズミやウサギに放射線をあてたり、注射したりして、その状態をみた。 (F 35)

410　原発労働については不安を持っている。特にきょうだいの死によって、その不安は消えない。しかし、原発立地は時代のながれで仕方ないとは思う……。 (F 36)

411　原発で働いている者は、10人のうち10人とも言うと思うが、放射線が目に見えるものならそこに働いておらんという。放射線は目に見えん、臭いもせん、はっきりわからんから、だましだまし、金のために働いている。被曝への不安は皆あるだろう。しかし、日雇の私達にとっては、開きなおって原発で働くか、やはり不安で辞めるしかない。 (F 38)

412　放射線被曝を続けていると、いずれは毛がぬけたり、白血病になったりすると聞く。安全管理はされているということで、皆、被曝労働を続けて収入を得ているが、やはり不安はもっている。 (F 38)

413　命や健康は大事にしたい。仕事は単純でだれにでもできるが……もう行きたくない。 (F 38)

414　国の管理の目安が人間にとって本当に安全かというと僕は怪しいと思う。

415　目に見えない放射線は、気持ちが悪い。 (F 3)

416　これ以上、原発はいらない。 (F 2)

417　ジャンボ機でも落ちるんだから、原発も事故がないとは限らない。……仮に事故があると、琵琶湖の水は汚染され、関西は飲み水がなくなる。 (F 6)

418　私らかって、原発に行かずに働ける場所があったら、原発へは行かんが。 (F 7)

419　現実には、原発がある。だれかが危ない目にあってやらないと成り立たない。 (F 10)

420　風呂を浴びたら汚染がとれるという話は、どうものみこめなかった。 (F 12)

（資料２）原子炉内作業求人の件（1982.3.26 労働者Ａより聴取）

①就労先　高浜原子力発電所２号炉

（注）高浜２号炉
加圧水型軽水炉
82.6万kW
1975.11.24 運転開始
炉＝三菱重工系統

②就労者数　49人

内　┌46人炉内　契約（20日）満了
　　│ 2人（視力が弱く別作業）満了
　　└ 1人　3／5　5万円の待機料を受け取りトンコ

③就労期間（日数20日）

　3／5　西成出発（大型バス２台）
　　　　高浜寮到着（大飯郡高浜町Ｂ電業高浜寮）
　　　　入所手続き　ＷＢＣ（ホールボディ検査）
　3／6　安全教育
　3／8～仕事の説明、作業訓練（現場の実物大模型にて）等及び本番作業
　3／24　ＷＢＣ、健康診断（尿、血、血圧、眼）、大阪に戻る

④労働条件

日数20日契約、この間休日も含め日当8,000円・飯抜。
西成出発までの待機料１日4,000円（５日20,000円）
（事前に大阪Ｃ郵便局ウラの貸ビルにある診療所で健康診断を受ける。なお、Ｂ電業ＫＫ大阪支店は同じくＣ郵便局近くの貸ビルの１室。）

⑤作業内容（（イ）及び（ロ））

（イ）蒸気発生器（ＳＧと略称、３器あり）内、細管へのプラグ（栓）打ち込み。プラグ１本打ち込むとすぐさまＳＧから飛び出す。（１本打つのに約40～50秒）

《契約では、１度入った時は必ず１

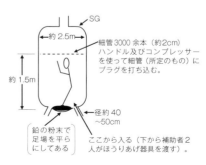

183

本は打つこと、とのこと。労働者Aは計3/0－2本　計5本　3/0－2本
打たされた。（計）1分30秒余》

（ロ）ＳＧ底に敷いた鉛粉末の取り出しに伴う、それの袋詰め（約4～5kg、
約40袋）の手渡し運搬作業1日（炉内）

⑥作業服（以下、着順）

・えんか服（つなぎ）－白色綿製

・薄い布手袋

・白色の軍足

・紙製のえんか服（つなぎ）

・ゴム手袋

・赤色の綿製くつ下

・黄色のナイロン製ズボン

・黄色のナイロン製胸あて

・ゴム手袋（端をテープでとめる）

・エアポンプ（呼吸用）の調整器を腰にバンドでとめる

・頭布付きカッパ状のもの（黄色・ナイロン製を上半身にまとう）

・ゴムマスク（全面マスク）

⑦所持した放射線量計器

フィルムバッジ

デジタル線量計（アラームメーターも内蔵……とのこと　300ミリレムにセット）

⑧指揮・世話

作業訓練指揮……Ｂ電業、（時々）三菱重工

安全教育…………同上

世話役…………　Ｄ工業のＥ氏

⑨労働者Aの被曝量（デジタル線量計による数値の記載あり。フィルムバッジに
　よる量は不明　白→真黒）

3／○　ＳＧに2回入る（プラグ2本打つ）－89ミリレム

3／○　ＳＧに3回入る（プラグ3本打つ）－156ミリレム

（中1日おく）

3／○　鉛の袋運搬　　　　　　　　　－4ミリレム　（計）249ミリレム

（注）

「ミリレム」

1 ミリレム＝1／1,000 レム　レム……体に吸収される放射線量（単位＝ラド）と放射線の種類による生体への影響度をかけあわせてきまる単位

β線、γ線では、1 レム≒1 ラド

α線では、　　　10 レム≒1 ラド（α線……貫通力は弱いが、体内に取り込まれると、白血病、肺癌の原因となる）

　ICRP（国際放射線防護委員会）の勧告に基づき、日本では職業人は年間「許容量」5,000 ミリレム（全身に対して）、一般人は年間「許容量」500 ミリレム（全身に対して）（アメリカでは一般人 170 ミリレム）。この「許容量に」については、多くの論争がある。

　ICRP勧告の許容値も年々低下している。以下は職業人の許容値。

　1931 年 73,000 ミリレム、1936 年 50,000 ミリレム、1948 年 25,000 ミリレム

　1954 年 15,000 ミリレム、1958 年 5,000 ミリレム……許容値以内であれば安全という確たる保障はなく、低線量被曝による障害も問題視されてきている。

⑩被曝手帳

　　全員D工業へ保管委任の形式で預けることになる。

⑪請負関係

（関西電力）－（　？　）－B電業－D工業－F土木　（雇保印紙はF名）

　　　　　　　　　　↑

　　　　　　関電興業が入っているのではないか……とのこと

⑫その他

B電業高浜寮にはD工業ルート以外の労働者も多く同宿

西成からの就労者が最も危険な現場にまわされた……との労働者Aの言

以上

（1982.8.13）相談を受ける

相談労働者＝N．K氏（S．7 生）

　　　　　　　雇保手帳 No.367・・　岡山出身

　　　　　　　本職　カジヤ

（相談内容）

昨年 12 月頃、センター寄場中央階段横のＦ土木のＧ氏の横で、別の手配師が「カジヤ」の求人をしており、話を聞くと原発内作業であるとのこと。（3 カ月契約 − 10 人位）

本人、以前（1980.4 〜 5 月頃）原発就労経験あり応募する。

大正区の業者（名を覚えておらず）の専務（名刺を見たが名を覚えておらず）に伴われ、九条の診療所で健康診断を受け、その折、すでに本人が所持していたところの『放射線管理手帳』も渡した。

ところが、3 日位後、前記手配師（手配師Ｘとする）より仕事が流れたことをきく。『放射線管理手帳』の返還を求めるも「自分は手配しただけや」と逃げをうつ。その後、西成区花園町辺りで手配師Ｘと出くわし再度『手帳』返還を求めるも、知らぬ存ぜぬの返答。本人、Ｆ土木のＧ氏に尋ねるも（何故ならＧ氏と手配師Ｘとは知り合いのようであったから）、知らぬ存ぜぬの返答。

尚、手配師Ｘは（Ｎ.Ｋ氏の見たところ）年齢47 〜 48 歳、色白、小太り、身長 160cm 位。

どこの原発かについては明らかとなっていないが、Ｎ.Ｋ氏の推測では高浜原発。

Ｎ.Ｋ氏の過去の原発就労についての聴取。

①就労時期　1980 年 4 月〜 5 月頃（1 カ月余り）

　　　　　　　『放射線管理手帳』交付は 1980.5.26

②就労ルート　以前より知っていた人夫出し＝Ｈ工事（堺）を通じてＢ電業のもとで働く。

③現場　高浜 1 号炉内 1 階の炉心近辺

④労働条件　日当 12,000 円　飯抜。

⑤作業内容　定期検査に基づくバルブ取り替え作業。

⑥正味の作業時間　1 日約 5 〜 10 分（休憩含め約 1 時間）

　　アラームメーター（大・小）2 個所持。

　　小さい方のアラームメーターが先に鳴るが、それが鳴っても大丈夫と言われ、大きい方が鳴ったとき待避し、休憩をとった後再度作業についた。（1 日 2 回作業につく）

⑦被曝線量　3カ月3,000ミリレムが制限となっているが、その3,000ミリレム近くまで被曝したため、作業をやめさせられる。

1982.8.23　H.K氏（S.15生、福岡出身）より聴取。
原発就労の件
①就労先　敦賀原発
②就労日　82.7.2頃～7.18頃（17日間滞在）
　2日目「安全教育」（初日、2日目、計6～7時間）
　13日間現場作業
　（2日間休む）
③手配師＝K氏（以前、茨木のJ組の手配をしていた男。色白で腹の出た坊主頭の人物、45歳位。いつも1F詰所近くで手配をしている）
　7/2頃の昼過ぎ、声をかけられ、仕事内容明かされぬまま「楽な仕事や」ということで、同日車で出発。約10人位の飲んだくれた労働者がつれていかれる（内3～4人はその後トンコ）
④雇用した業者＝M土建（所在地不明）。賃金もここから受け取る。
⑤労働条件＝7,000円、飯抜、実働15日。
⑥作業＝原発内地下の2F辺りでのヘドロ汲み取り、全面マスクをつけシャベル作業。
　なお、13日間の現場作業中、最後の2日間、H.K氏は暑さのため「安全服」をぬいで仕事をする。現場監督より注意をうけるもそのまま続行したとのこと。

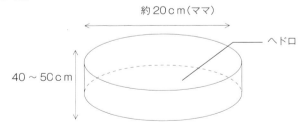

⑦その他＝健康診断をせず、又住民票も不用（本籍を告げただけ）、M土建のプレハブ宿舎で泊まる。

第1部　日雇労働者の生活問題と社会福祉の課題

その他原発内求人

（センターに求人プラカード交付申込あり、交付したもの）

1981.10 月　D工業

大飯原発

カジヤ、機械手元。　8,000 円、飯抜。　日数 10 日契約。10 人

（なお、D工業は、イラク出張の求人申込もする。40 人。センター受理せず）

1981.11 月　O産業社

高浜原発

配管工手元。　7,000 円、メシ代 1,200 円。　実働 15 日契約。　5 人

（以上、資料 2 は、1982 年 3 月 26 日に、西成労働福祉センターで作成された資料
から、筆者が転記した。筆者の判断で固有名詞を一部記号で表した。）

188

資料集

（資料３）聴き取り調査の抜粋事例

【事例１】

（面接時間）　'87.01.15　14:00 〜 16:00

M．F．氏

家族は父、母、本人。兼業農家（父は電力会社の正社員だったが定年退職）で、本人は現在、父と同じ電力会社の正社員。

企業秘密的なこと、言えないことはある。身分的に下の頃というのは各部署で起きたトラブルについて知らなかった。末端までいろいろな話が届かなかった。直接やっているところ、担当しているところのものは分かる。大きい会社で、プラントが巨大だから仕事の分担も多岐に渡っている。担当部署がはっきり決まっている。担当していないところは分からないものもある。発電所の中でも行ったことのない場所がある。そうなると全然その部分は分からない。

工業高校卒業後、電力会社へ入社。６カ月は会社の学園へ行って、うち２カ月は実習で原発へ来た。同期の者は、一部、美浜へ実習（一部高浜）へ行って、再び学園に戻り会社の学園を卒業した。学園にいる間は社員ではなく試用期間となる。辞めるのは「試用期間」のうち。ほとんどいないが、学園卒業とともに辞めるケースもある。

例１　実際に社員に採用の辞令が出されたが、辞令を出された所へ姿をみせなかった人がいた。実家が遠いのが、主な理由か？

例２　部署へ一旦所属したあと、辞めた人もいる。和歌山、東京の者などで、後継ぎをする等、家の都合で辞めるというのがほとんどの理由だった。

社員の６割が県外の者（九州、四国が最も多い、新潟が北限）、約４割が県内。原子炉基数が増えてから、地元採用が増えたが、自分たちの時代はまだ地元採用が少なかった。

原子力を扱う者のクラスが学園にあった。１クラス40人で、機械、電気、化学等３〜４クラスあった。

現在、給料は額面29〜30万円、手取りは20万円ほど。初任給は８万円程度だったと思う。手当は多数ある。電力会社の事業所の分布域は広く、和歌山や黒部や原発で手当の種類も違ってくる。町役場の給料と僕らの本俸とは変わ

189

らないと思う。僕は、今いるポストの関係上、他の同期の者より高額だ。早い
はなし、発電所は田舎にしかできない。そこで（僻地で）喜んで働く者はいな
いだろう。税金の差し引かれる額が大きいと思う。控除されるものが今のとこ
ろなにもない。住民税が高いと思う。国税と住民税あわせて4万円くらい差し
引かれる。社会保険料も引かれる。

　配属の希望はあってないようなもの。一応入社試験の時は、原子力へという
つもりで受けている。今までに経験した仕事は、

① 　実際に発電プラントを動かしている運転課

　運転課以外の人は触れないようになっている。事故防止のために専門の運転
担当者のみがあたる。運転中は（定検の折、月に何回か入る以外は）C.V.に
立ち入らない。定検のときは、C.V.の補助建屋の二重ドアをあけて出入り
しないと仕事にならない。

② 　増設原発の建設事務所の機械工事課

　実際に組み立ての監督検査をする仕事。建設時にいた者があととの引継の関
係で2年間くらいいた。

③ 　増設原発運転準備室の機械班

　他に運転班、電気班、総括班がある。機械班は、使用前検査をするイ・ロ・ハ・
ニ・ホ項に従っての検査で、機械班がまっさきにするのがイ項の配管。容器の
耐圧検査と溶接検査をする。アーク、ティグ、電気、スポットの各溶接、中心
はティグ溶接（ステンレス）。

　社内検査がすんだら、通産省の検査を受ける。

④ 　S発電所の運転課（その後運転室に改称）

⑤ 　原子力発電訓練センター

⑥ 　U発電所運転室

　室の中での移動はある。現在、必ず交替員のいる担当部署の仕事をしている。
自分のいる所は一番人数が少ない。

　1・2号－A中央制御室、3号－B中央制御室。今、A・Bそれぞれ5班（a
～e）ある。各班に当直課長が1人ずついる。

　＜B中央＞課長→主任→班長→制御→主機→補機（新入社員レベル）

　一つの「直」で、必要な人員が決められている。それより少ないといけない

資料集

が、頭数は最小限度に抑えられている。制御は今までなら2〜3人いたが、こ
こしばらくのうちに1人（定検中）、2人（運転中）の体制になった。1年前は
3人いたから休みやすかった。新しい発電所ができると、そこへ配属されてい
く。運転をひととおり知っている者は、何処へいっても役に立つ働きができる。
スタッフは減らされたままで今後増えないと思う。

　会社としては、最低人員で合理的にやってくれればよいという考え方がある。
人員が他のところへ補強のためにまわされたり、配属人員自体が減らされたり
すると、やはり仕事はきつくなる。そんな体制にしていってよいのかと思う。

　補機には1次系担当と2次系担当とがある。運転中は補機がたいてい常時1
次系内を見回つている。課長と主任が1日に1回見回る。課長は責任がある。
よほど他に用がない限り、責任上、不安になって自分から見回らざるをえない
のが課長や主任の立場だ。

　定検になると、作業のために定検班が管理区域に多く入る。隔離操作、水抜
きなど、補修課が活動する前にしておく作業。

　1次系に入っていたのは、補機と制御のごく一時期だった。補機は1次系、
2次系で交替する。1年間のうち6カ月1次系にいる形。主機になったら1次
系に行かない。制御員が3人いたときは1次系に入ったこともある。

　　　交替時間割（a〜eで交替していく）

　　　a．　8:00 〜 16:00　　　d．休　　暇

　　　b．16:00 〜 23:00　　　e．日勤業務処理

　　　c．23:00 〜　8:00

ひかえているものについては、3年前にタバコをやめた。酒は嫌いでもない
し、好きでもない。酒は飲んでいるうちはいいが、飲んでしまうと車で移動で
きない。ギャンブルはしない。マージャンは、入社1年目の頃はしたが、まも
なく全くしなくなった。あんなものは、行き着くところまで行くと、同じこと
の繰り返しだ。時間ももかかる（夜中までやる）。ムダを感じるのはマージャン
とパチンコ。これは3年くらい前から特に思う。余暇があれば、今は「寝る」。

　制御員3人体制の時は、冬はスキーばかりしていた。夏はただ働いて金をた
めた。夏は海水浴で人出が多い。遊びに出かけて万一、事故を起こしたらクビ
になる。飲酒運転はまずクビだ。

　最近はスキーに行く機会が減った。有給休暇を好きな時にとれない。運転の

191

第1部　日雇労働者の生活問題と社会福祉の課題

仕事は、休んでも事務の仕事のように、あとに仕事が残らないが、運転の持ち場がかなり責任のあるところになってきて、休むときには必ず交替の者がいる。しかし、思うように交替しあえる者がいない。

　下請の管理は保修課の仕事だが、仕事は一括して元請会社に渡されているから、下請の状態は、社員はあまりわからない。

　被曝管理は放射線管理課が担当し、被曝線量計は1次系に入る者すべてが持ち、その日の被曝した量がすぐチェックできる。体内被曝は、3カ月に1回のホールボディカウンターによる検査でチェックする。自分のこれまでの13年間の集積線量は、1,100ミリレム（社員の中では少ない方）だ。同期で同種の仕事をしている社員でも古い人になると5,000ミリレムになっている。この違いはユニットの違いから来る（1号と3号の違い）。放射線は1号の方（古い方）が3号より多い。最初の運転課に入った時（10カ月間）に、1・2号炉内で1,000ミリレム浴びた。3号炉に配属されてからは、ほとんど浴びていない。ずっと1・2号炉担当の人は多く被曝している。制御担当になれば、1次系に入らないので被曝の集積はあまり増加しない。

　空調や照明の改善や高線量のところのロボット化は少しずつされてきている。しかし「狭さ」は変えられない。ロボット化できない、どうしようもない場所や、いつもはさわらないが急に作業の必要な箇所には人の手が必要だ。

　日雇で作業内容を知らない者には、模型で作業の練習をさせる。この場所には何分間なら入っておれますよ、と指示する。指示するだけでは動かない人がいる。その場合、体にロープをつけておいて、外から引っ張りだして被曝管理をする方法もとられている。

　若狭の原発も年期の入った作業員が増えてきた。プラントの中をよく知って歩き回れる地元の人たちも多い。安全教育を受けても、不安を感じる人もあるし感じない人もいる。いくら教育を受けても不安な人は不安だろう。被曝は目に見えるものじゃない。無知の人はウロウロする。慣れた人は、線量計についての対応は早い。それぞれの会社の放管や安全担当者がしっかりしていなければならないが、労働者にすれば1回や2回の教育でわかるものではない。

　慣れた仕事ができる人が作業すると効率は良い。しかし、慣れは善し悪しだ。その人々が別に放射線が気にならない、どうってことないと思い込んでしまうとよくない。だからといって被曝して具体的にどうなるかを示すことはできな

い。自分に関しては、病気入院やケガはしたことがない。オタフクカゼくらいだ。

　交通事故を起こすものは多い。最近厳しい管理がされているが、ケガ入院の原因は交通事故というのが多い。これは、地域性だ。本数が少ないから小浜線に乗らない、福鉄バスに乗らない。都市のような公共交通網がない。通勤には、社宅や寮からバスに乗る者以外は自家用車を使う。会社から定期券が与えられる。

定期福鉄バス	1台	直用のバス	1台
貸切福鉄バス	1台	予備バス	1台
会社のバス（社宅から）	1台	（社宅等からの時間差的輸送用）	
会社のバス（S駅から）	1台		

6台のバスの中で多くの社員が立っている状態。不便だ。

　S原発で働く電力会社正社員数は、発電所業務で約350人、発電所敷地内にある事務所に約100人、あわせて400〜500人。僻他である。車がないと動けない。

　他の若い社員はパチンコする人が多い。県外出身者で、原発にいる間に地元の人と結婚しているケースが多い。婚養子に行ったり、嫁をもらったり。

　連想語調査をすると、社員は相対的に発想が貧困だ。例えば灰皿を一つ前に置かれて、1分間にただ灰皿としか書けない者がいる。

　会社に入って以後、休日に車で、九州、東北を回った。日本中、車で回っている。スキーでは北海道へも行った。まだ、海外へ行ってはいない。したいことは多くある。ゴルフは2年程前からしている。要は、運動不足の解消のため。1人ではできないが、2人でならできる。

　今、10日間休もうと思うと、会社を辞める可能性も考えておく必要がある。休みが1カ月あれば、いくらでも遊ぶ。遊びたい。

　ためしに、元請会社に使ってくれないかといったら、中央制御室にじっとしていた者は、ダメだといわれた。その通りだ。

　ぜんぜん違う仕事も趣味と実益が合致すればしたいものだが。

　今、他の職を探してもみつかるものといえば、条件の良くないものしかない。父が電力会社を定年退職して、職安へ行ったら「ああ電力会社さんですか。電力会社より条件の良い仕事はありませんよ」とすぐ言われたそうだ。営業、外交、株屋（証券会社）は好きじゃない。人に頭を下げるのはいやだ。

193

第1部　日雇労働者の生活問題と社会福祉の課題

　原発ができての効果といえば、せいぜい道路が良くなったくらいだ。

　町の行財政は悪化している。最近、町の財政がどうなっているのかとよく思う。金をどういうふうに使っているか、細かく聞いてみたいと思う。これからずっと住みつづける町だからそう思う。

　今の仕事を辞めるつもりは全くないが、正直いって職務につくのが恐ろしいと思う。昨年ちょっと事故があって運転を停止したときなど、事故の追及が通産省からなされた。その折には、事故時の直の班メンバー全員の日頃の行動調査がされた。行動調査をされるんやで。

　コーヒーカップくらい、休憩中に飲んでいて、うっかりこぼすことなど誰でもあるかもしれないが、そうしたひとつひとつの挙動、言動がチェックされる。仕事をミスしたら１人の責任じゃなく、その主任、課長へと追及が行く。万一ミスをして自分１人くらい辞めることになってもいいが、関係者皆に追及が及ぶからこわい。めったな行動はとれない。

　車の運転の仕方も気をつける。バイクは去年まで持っていたが、危ないから、いとこに売った。神経を使う。

　しかし、ぼくなどは命令された仕事でも、納得のいく説明がないと、説明を求めて、いいたいことを言っている方だ。ただ、機械的にハイハイと言って仕事をしている同期の社員もいる。ぼくは納得がいかなければ動かない。

　電力会社正社員は、基本的には中途就職の者はいないが、元請会社になると、何か他の職を辞めてから来たという者が多い。元請会社にまず職を頼みに行き、そこでひきうけられない頭数はさらに下請の関係業者へと就職斡旋されている。

【事例２】

（面接日時）　'87.02.13　14:00 ～ 16:00

　Ｋ.Ｙ.氏

（長男として生まれる。すらりと背の高い、品の好い服装のおじさん。大きな家と屋敷である。家具類も立派なもの。生家の父の職業は農業。このあたりにしては、大きな農家である。）

　　高等小学校卒。

　Ｓ15 ～ 20　海軍工廠（舞鶴……海軍の船を造るところ）で船一式の電気の工

事をしていた。

S 20.8.1 陸軍航空技術兵として、三重県に入隊。直後終戦。8.22 に自宅に戻った。

今は農業だけでは生活を維持できないのが現状だが、当時は農業で食べて行けた。

新聞広告を見て行って採用されたのだが、S47 から会社 T（ベニア板を作る会社……社会保険あり）へ入社。その後不況で S55 年に倒産。

11 月から春 3 月頃まで、季節的に電気部品製造工場へパートで働きに行っていた。畑仕事の期間が長いので 4 ～ 10 月まで農業をしていた。

終戦当時は、物資の足りない時代だったが、自分の田畑があれば暮らして行けた。しかし減反政策など私達には厳しい農業政策の中で、ほとんどの者は兼業農家になった。

会社 T は、「二交替の一週間交替」だった。

労働時間は、夜勤 19:00 ～朝 4:00、昼勤 8:00 ～夕 16:30 までだった。

晩の勤務を終えると、帰るためのバスがない。朝のバスに乗るために朝 4 時からさらに 3 時間ほど残業せざるをえなかった。二交替の間の空いた時間は、交替前の人がその穴埋め（残業）をした。自宅が遠いところにある者は、足（交通の便）がないので 1 週間毎日、3 時間の残業をした。これは体には相当こたえた。昼 1 時間、仮眠することができたが、人間の体は昼、寝るようにできていない。長時間労働できつかった。夜勤を終わって帰った人から聞いたが、朝自宅に帰ると、人によってはカーテンを閉めたり、倉の中で寝ると言っていた。昼勤になると、水曜日まで夜勤の疲れが取れない。ようやく疲れがとれたころに、また夜勤となった。

そんな繰り返しが 5 年ほど続いた。それで相当多く体をいためた者が出た。労働基準局に目をつけられた会社だった。過重労働で、ほとんどが機械作業。事故が多かった。主任、課長、部長たちは夜勤は一切しなかった。たまに夜仕事をすることがあっても、時間はごく短いものだった。

時間外勤務によって、給料＋αがあったから、はたからは「給料はいい」と言われていたが労働内容からしても、他の会社の給料と比べても、たいして良いとは思えなかった。

〈日給月給の会社 T の給料を保存してあった明細書から髙木が転記した〉

第1部　日雇労働者の生活問題と社会福祉の課題

（①総支給　②基本給　③手取り　④残業時間）

S 49.12 ① 180,675 円　　S 50.12 ① 132,909 円　　S 52.12 ① 163,364 円

　　　② 88,900 円　　　　　② 106,600 円　　　　　② 101,800 円

　　　③ 148,220 円　　　　　③ 160,040 円　　　　　③ 142,300 円

　　　④ 70.5 時間　　　　　④ 61.2 時間　　　　　④ 42.5 時間

体の具合が悪いときは残業できず、手取り 13 万円ほどだった。

（残業 34.5 → 手取り 139,480 円）

　体が続かなくて辞めていく人が多かった。人の入れ代わりが多かった。新聞広告には、適当に良く書かれているので、人はまた次々と働きに来ていた。

　私が辞めたのは、①体力の限界が来た、と思ったこと。②父が呆けて、徘徊をするようになり、会社にいても、父のことで家から電話かかってきたりしたから。呆け状態の父には私の声しか聞き取れなかった。そんな訳で仕事を辞めた。

　その後 1 年ほど自宅にいた。失業保険も切れたころの昭和 55 年に原発へ行った。どうしても「T」では体を痛めるといって、1 年ほど早く友人が「T」を辞めて R 興業に行っていた。元請会社の下請の R 興業の支店が大飯と高浜にあった。その友人の紹介で、私も R 興業に入った。

　日給月給制だった。社会保険はあった。2 〜 3 年ほど前だったか、最近定年制がしかれたそうだ。60 歳を過ぎると、給料が、がたんと落とされるが 65 歳まで使って貰えると聞いた。

　R 興業でも、1 次系の管理区域に入れる人と、2 次系で働く人に分けられた。白血球の数の少ない人、多すぎる人、心臓の悪い人は、1 次系の中に入れない。下請の人ほど、高被曝するところへ行かねばならなかった。被曝の許容線量の基準が日、月、年を単位として決められていた。その量に早く達してしまい、それ以後 1 次系へは入れないという人もいた。

　私は、1 次系のクリーニングの仕事をしていた。作業員は、10 時の休憩や昼休憩のとき、仕事を終わって出るときに服を着替えて待機の部屋（ハウス）へ行く。1 次系で着ていた服は汚染されているから脱いだ服は洗濯にまわされる。1 回洗濯すると、次の人に着てもらうために線量が落ちているかどうか測る機械にかける。高被曝するところに入った人の服ほど、洗濯しても線量は落ちない。衣類の被曝には、1・2・3・4・5 とランクがある。3 以上の汚染

196

がある服は捨てると決まっていても、次々と沢山の服がいる場合は、3や4の
ものでも一応除染済みといって、着せる方にまわしていった。

　定検のとき、1,000人からの人が入ると服の回転ができないのだ。業者は、
作業に入らねばならないので、服を沢山必要とした。汚染のひどい服でも、次々
とまわして、着てもらうことにならざるをえない。

　マスク、手袋、靴や靴下など、身につける物すべてを次々と電力会社の方が
買っていくべきだと思う。それは、労働者の安全のために大事なことだと思う。
こんなものを買い惜しみしていては、かえって人体に悪影響が出るだろう。

　マスクは一度使うと除染される。それが仕分けされて、棚に入れてある。私
もマスクをつけて行かねばならない所へ行ったことがあったので、身につける
前に、その「除染済みマスク」をためしに線量計で測ったら、ビーッと鳴った。
その時私は、十分除染されていないものを、作業員に身につけさせるのは危険
だ、と言って監督に文句を言った。そんなことをいうなら、お前のことを所長
に言ってクビにするという脅しをかけられたが、私は言うなら言えと言った。

　洗っても洗っても、なかなか汚染したマスクや服は線量が低くならない。汚
染したマスクを身につけざるをえない訳だ。

　あとあとのことや、地域で働く人たちの健康のことを考えると、会社はもっ
と汚染されていない新しい服をどんどん買い、作業員に汚染の無い服を使わせ
るべきだと思った。また、一般の人の原発見学では、きれいなところ、よいと
ころの説明しかされていないと思う。

　中高年者は、働く場がない。賃金もまあ良いところだし、月々の現金収入に
なり、今働けるところというと原発しかない。親方があって、そのもとで自分
も働けるという思いから、いろいろ仕事について不安なことや危ないことを口
にせずにいる人もいる。

　作業時間は、定時8:00〜17:00　残業17:30-19:30

　手・顔を洗って、現場から出るときに被曝の測定をする時間がある。測定は
手や顔を洗ってから。服を着替える時間も手間がかかる。規則で、管理区域に
は、10時間以上は入れない。仕事の都合で例えば21:30までいる必要のあると
きは、いったん管理区域から外へ出て、時間をつぶす。

　ギャンブルは嫌いだ。パチンコも競輪、競馬もいったことはない。家で百姓
をしていると、休みの日でも家の仕事がある。

妻は若い時分から健康だが太っているので心配だ。今日までくるには、人間をしている以上いろいろなことがあった。なかなか生きていくのは大変なことだ。

原発を辞めた後、健康については、自分なりにまあまあやっていける状態だ。年もいっているから、体にあわせてムリをせず、畑でもしている。民生委員を2期つとめた。

家族構成は、本人、妻、実母（元気である）の3人暮らし。長男家族は、団地に住んでいる。自宅は大きいが間取りが悪いので、一緒に住みにくい。裏に離れを建てて、孫2人が小学校へ行くまでには、家へ長男家族に帰ってもらうつもり。

長男－地元（会社員）、妻と子2人。次男－都市部居住（会社員）、妻と子1人。

原発での仕事も残業があれば多少賃金も増えるが、残業をしなければ手取りはたいしたことはない。主に「A」にいたが、「B」へは定険で忙しいときに行った。

－放射線管理手帳に記載されているものから－

S55（日付省略）入社　㈲R興業（A原発）

S56（日付省略）入所　㈲R興業（B原発）

S56（日付省略）退所　㈲R興業（B原発）

S58（日付省略）登録年月日の年号をSから「昭和」に訂正　㈲R興業

S60（日付省略）R興業株式会社退社

《教育歴》

1　放射線の基礎・影響・健康管理の話　　　　5　汚染除去手順

2　許容・管理線量の話　　　　　　　　　　6　現場緊急時心得

3　作業時安全心得（防護服取扱を含む）　　　7　管理区域立入手順

4　測定器の扱い方

S55（日付省略）A原発　上記1～7講義　スライド教育　2時間（講師）M.M.　確認印（R放管S）

S56（日付省略）B原発　上記1～7講義　スライド教育　3.5時間（講師）T.S.　確認印（R放管T）

放射線従事者中央登録センター（R興業㈱）A営業所

主に「A」にいたが、「B」へは定検で忙しいときに行った。

S55（日付省略）被曝歴なし（髙木注：A原発で働くまで）。

　55年度末集積線量　 70（ 5 X）ミリレム

　56年度末集積線量 210（ 8 X）ミリレム

　57年度末集積線量 270（14 X）ミリレム

　58年度末集積線量 320（21 X）ミリレム

　59年度末集横線量 350（22 X）ミリレム

　洗濯（汚染したものを洗う）と管理区域の除染作業をした。主に洗濯ばかりしていた。洗擢は大型の洗濯機でする。全部自動式である。服の仕分け、脱水、乾燥、モニタリング、保管（倉庫には一応倉庫担当者がいる）。

　洗濯したものの種類と仕上げ枚数を日報として記入した。廃棄したものも記入した。形式的記録にせず、良心的な被曝管理をして欲しい。

　電力会社や元請会社にもっと責任ある管理をして欲しいと思っている。そうすれば 1 人でも健康が守られ命が助かると思う。

　放射線は眼に見えない。良心的にしっかり測定し、できるかぎり被曝を減らすようにするのが、あるべき姿だし、作業員はそれによって救われると思う。

　早い話、下請業者をつぶせる内容をいくらも知っている者がいるが、それをみな言うとたぶん各方面アラが沢山でてくる。なにもかも明るみに出したら、とても下請業者の仕事はやっていけないだろうし、当然、下請が動けないとなれば電力会社も困るだろう。しかし、そこはだれもなにも言わないように管理が行き届いている。

　電気は必要だと思うが、原発についてはわからない。原発に反対する人もいる。原発を推進する関係者が反対する人たちの声を聞いて、しっかり管理をするようになってきたのだと思う。誰も反対しなかったら、もっともっとズサンな管理しかしていないだろう。だから反対運動も私はいると思う。政治も一緒だ。自民党と自民党を持ち上げるものしかいないと、政治は腐るんじゃないか。社会党や共産党もいるから何等かの形で政治の腐食を防ぐことになっているのではないか。

　洗濯についていうと、まず洗濯するものを、汚染の高いものと低いものとに分けて洗う。洗う場所も違う。定検時は忙しい。 1 日に 1,500 枚の洗濯をする。

第1部　日雇労働者の生活問題と社会福祉の課題

　１次系では、洗濯水全部をタンクに流すのだがすぐタンクに汚水が一杯になってしまう。そうすると洗濯ができない。水を流すところがなくなるからだ。当然、次々と必要な服が供給できなくなる。供給できないときは、高被曝で駄目だといっていた服まで出してきて、なんともなかろうといって、作業員に着せるということになる。

　昼休みは「ハウス」で過ごす。碁・将棋・昼寝・世間話・キャッチボール等、テレビはない。

　辞める前のことだが、それまで自覚症状は無かったのに、ある日現場で働いていたとき、立っていても座っていても体の具合が悪かった。トイレに行ったら血便が出た。食欲も無く、家ではおかゆを食べた。口と鼻から血が噴き出た。H病院で調べたら胃潰瘍だといわれた。医者が大丈夫だと言ったすぐ後、病院でも血を吐いた。手術をしないと、命がないと言われ手術をした。

　手術のとき輸血をしたので肝炎になり、再び入院した。半年ほど、入退院を繰り返した。今でもH病院へ「慢性肝炎」という病名で通院している。今はまあ、命にかかわる状態ではないが無理するなと医者に言われている。原発で働いたせいかどうかはわからない。

　社会保険を掛けていたから傷病手当を貰って入院していた時、会社から体の具合が思いのなら辞めるかどうかという話があった。その当時、満60歳になったこともあるし、辞めてしまった。回復しても元のように働いていく自信もなかった。8カ月間失業保険を貰った。

　小浜市のCさんも、R興業に行っていた人だ。まじめだが短気な人だった。あの人はいつも言っていた。「仕事のなかみや作業中のトラブルを一切外に漏らしたらあかんのや」「社長あってのわしらや」「現場のことを他人に言うたらあかん、家族にでも言うたらあかん、社長に悪い」。Cさんは血圧の高い人だった。朝、原発行きのバスを待っている場所で倒れた。そのあと、すぐ死んだという。

　私は、言うべきことは言った方が後のためになると思っている。私の話があなたの役に立ったらいいし、また、目先のごまかしや不正なことに目をつむることは、よくないと思っているから話をした。また、質問があったらいつでも言ってくれれば答える。

資料集

－給料明細書のメモから－

（①基本給 ②残業手当 ③休日手当 ④総額 ⑤手取り）

55.5（20日分）	56.6（21日分）	59.11
① 100,000円	① 111,300円	① 157,500円
② 7,820円	② 3,316円	② 1,970円
③ 6,250円（1日）	③ 13,250円（2日）	③ 0円（なし）
④ 114,070円	④ 127,866円	④ 159,470円
⑤ 100,000円	⑤ 110,000円	⑤ 140,000円

「辞令」と書いてあるのはS57年から（B6判のコピー刷の用紙）、S56年以前は金額のみ記入で下記の内容だった。

```
基本給日額　5,300円を支給する。
　　　　殿
　　　　　　55.5.16


　　　　　　　　　　（有）R興業
```

S57年以後

```
　　　　　　　殿
辞令　　　　　　　　R興業株式会社
　　　　　　　　　　代表取締役 R.S.
58.5.16日付をもって
基本賃金日額　6,100円を支給する
```

　私の被曝線量は比較的少ない方だと思う。全くの、私達よりも下位クラスの会社の日雇の人たちは、日給がいいかわりに高被曝する仕事をしていた。その人たちは社会保険には加入していない人たちだ。

201

第1部　日雇労働者の生活問題と社会福祉の課題

【事例3】

（面接日時）'87.02.14　15:30 ～ 17:00
　　Ｆ.Ｓ.氏
　夫は結婚前に軍属で中国へ行っていた。24歳に結婚をした。26歳で子供を生むと同時に、召集で夫が兵隊にとられ5年間帰らなかった。夫は栄養失調で帰還した。姑2人と夫と子1人を私が面倒みた。Ｅ町で闇屋もした。魚の行商にも行った。村から月1,000円貰う生活保護料では足りなかった。私達が生活していくのに実際には5,000円必要だった。

　夫は、Ｇ市のＫ社で18年間、底引網の漁船に乗っていた。その後、夫の行くとこ、行くとこで会社は倒産した。3社行って3社とも倒産。私は、市場で30年間働いた。夫が15年間、潜水夫の仕事（Ｍ社）をしていたときに厚生年金を5年間程かけた。今その分が年に11万8千円程おりる。あとの会社では、何にも保険を掛けていなかった。

　5人の子供を全部結婚させた。息子夫婦とは初めは同居していなかった。長男の嫁の勤務が不規則な交替制。子供（孫）が生まれて、その孫の面倒をみるために長男家族と同居するようになった。

　14年間、間借りしていた。その後ずっと借家ずまいだったところが今の家だ。今の家はＳ41年に買い取った。

　私は、夫の働いていたＫ社が倒産して給料が貰えないので、市湯で働くようになった。辞めてからまる3年たつ。掃除やハコの整理等に対する手当として現物を貰い、それを売りに歩いて現金にした。市場の掃除では（1日300円）月19,000円ほど貰っていた。その他、整理したハコを売ったりして収入にしていた。

　夫はＭ社を辞めてから、原発へ10年間行っていた。Ｒ興業の下請会社（Ｆ工業）の日雇をしていた。社会保険は掛けていなかった。Ｔ原発に5年、Ｈ原発に5年通った。

　夫も私も医者にみてもろうたことがない。大病なしで暮らしてきた。もうすぐ満70歳になるから、年寄りは使われんと言ってＦ工業を辞めさせられた。辞めたあと、よそで働くなら健康診断をしないと会社に言われた。Ｒ興業の看護婦さんが夫にそう言ったらしい。急に痩せてきたこともあり（1カ月に5

202

kg減）、病院でみてもらった。胃全体に癌がひろがり、食道、大腸、膵臓にも他の部所にも転移していた。13カ所、焼ききる処置もした。11時間かかって手術をした。翌年死亡。

仕事をしているとき、夫はそれまで元気な人だったから、あまり病気を自覚できなかったようだ。お酒は全く飲まなかった。タバコは1日1箱くらい吸った。癌になったのは、原発に10年いる間に放射能を浴びたせいかと思う。会社の看護婦さんから「おんちゃん5kgも痩せたんやから、辞めたあとどこかで精密検査してもうた方がええで」と言われただけだった。定期的に会社の健康診断をしていたのに、退職するまで何にもおかしいと言われなかったのはおかしいとおもう。

高等小学校卒業後、私は15～20歳まで、北朝鮮にある海産物商の店へ手伝いに行っていた。20歳で帰国し、その後、大阪の病院で看護婦の見習いをしていた。看護婦の試験は難しく、私にはなれなかった。結局、付き添い婦になった。

大阪から戻ってきて、E町で結婚した。そして夫婦でG市へ来ていたら、夫が召集された。それで姑の家（E町）へ戻った。戦争が終わり夫が戻って来たので、またG市へ来た。

夫は人に嫌われる人じゃなかった。曲がったことの嫌いな人だった。原発へ行っていてもまじめ一方で働いていた。夫は危険を承知で原発へ行ったのだし、年もとっていたのだし、今さら会社を相手に訴えるつもりはない。原発で働くのは、体によくないのはわかっていた。しかし60過ぎた者を雇ってくれるところは原発しか無かったのだ。原発は中高年でもまあまあの現金収入を得られる所だった。若い人の行く所じゃないと思う。

仕事を終えると外に出る前に、被曝線量を測っていたらしい。ビーと鳴ると、シャワーを浴びていた。ビーと鳴らなくなるまで、風呂で体を洗わないといけなかったそうだ。ビーと鳴らなくなって外に出ても、被曝がとれて出てきたのではない。10年間、毎日毎日放射能の毒をくっつけて家に帰って来たのだと思う。

美浜や上中から同じ原発で働く仕事の仲間うちで、懇意にしていた人たちもあった。その人たちは夫の葬式のときには来てくださった。

夫の仕事は、①洗濯、②被曝量の測定係、③1次系での除染作業等。例えばワイヤーをつないだり、ウエスで拭いたりの仕事。

第1部　日雇労働者の生活問題と社会福祉の課題

　原発内での仕事は、長くて中に入っているのは1～2時間のものだと聞いた。夫の作業の内容は、聞いたかぎりでは①②③である。

　通勤の時の服と、原発の中の服装は別だ。放射能の付いた手袋や服を洗濯すると聞いていたので、洗濯作業をせっせとする間に夫の体にも放射能が付くのかと思った。洗濯の仕事には、高齢者が回されていたらしい。夫の着ていた服などは家族みんなの者の洗濯が済んだあとに回していた。原発の菌がついている気がした。

　少なくとも毎月25日は働いていた。日曜でも出勤した。残業も多かった。通勤はバスで1時間。朝は7:00に家を出ていた。普段の帰宅時間は18:00頃。残業をしたときは20時すぎ。日曜ぐらい休んだらと言っても、替わりの者がおらんといっては出動していた。

　日給月給制だった。その頃、月13～15万円（1日6,000円）貰っていた。

　F工業に勤めていたが、ここから貰った香典は1万円だった。癌で亡くなったけれども、70歳になってから死んだのだから、若くして亡くなったのと違い、まだ諦めがつく。

　昔は、夫の収入と私の収入とを合わせると、2人で暮らす生活費もあり、わずかに貯金もできた。でも今は自分で稼ぐことはできない。息子夫婦と同居しているので、息子たちがよくしてくれる。私も孫の面倒を一生懸命みている。

　夫は、家のことは一切しなかった人なので、いなくなって急に困ったことはなかったが、やはり話相手、つれあいがいないのは淋しい。いつも、夫は仕事から帰ってくると食事のあとパチンコに行っていた。とにかく360日はパチンコ屋にいるという人だった。手術後まだ元気なうちは、20万円ほどパチンコに注ぎ込んだと思う。もう死ぬ人だからと思い、好きにしてもらっていた。明日、食べる米も金も無い時代でも、あり金をみんな持ってパチンコに行くような人だった。

　家族は、長男夫婦と孫（2人）それに私の5人。

【事例4】

　（面接日時）　'87.02.11　13:50～15:50
　　M.K.氏（病院関係者）

病院には原発の下請労働者も定期的に健康診断に来ていた。採血して翌日には
はその結果が出た。一度ひっかかると再検ということになる。何度もひっかか
ると精検をしなければならない。まれに体重が極端に減った人もあった。血液
と尿を中心に検査をしていたが、血液中の白血球の数が極端に多かったり少な
かったりする人もあった。

　D病院の院長も隣町の医者も、ただ原発作業をしている人たちだけでなく、
一般住民も白血病になる者が増えてきていると言っている。

　骨髄液をとって詳しく調べていかねばならないような症状の人もいた。会社
の営利本位の体質があるから、ひどい症状になったら、おはらいばこになる。
そうなったら会社で働かせてもらえない。本人の体よりも、仕事に出られるか
どうかという頭数の方が会社には大事みたいにみえた。

　一回、下請会社、N工業の人が「労働者の放射線業務と白血病とは無関係だ、
ということを証明してくれ」とD病院へ言ってきた。健康診断室の看護婦も
医者も簡単に証明できないといったが納得せず、院長がその説明にあたった。

　その会社にとっては、労働者本人はどうなってもいいようで、自社に火の粉
がかからないための方策を考えているようだった。

　血液検査でも、ちょっとひっかかったら少しでも早くなおさねばならないが、
実際には検査後、きちんと治療をうける人はほとんどいない。下請業者にとっ
ても、労働者にとっても、病気の予防や治療は、金のかかる面倒なこととなっ
てしまっている。

　大きい会社になれば、会社の中に健康管理の担当の有資格者がいるが、小さ
い会社は書類もぐちゃぐちゃで、ただ提出のために書類をこしらえているのみ
のようだ。

　D病院の健康診断室には、一般の人でも会社に入るとき、パスポートをとる
ときなどの証明が必要な人も来るが、多くは、原発の下請、孫請の労働者が定
期的に検査に来る。普通の会社なら、年1回で健康診断はすむが原発はそうは
いかない。

　一般健康診断　　1／3カ月〜1／6カ月（会社によって違う）

　じんぱい（溶接工など）：体重、身長、レントゲン、尿、血液

　電離放射線診断

　　血液検査（会社によって検査項目＜8〜10＞が違う）：白血球、Hb、HT、

第1部　日雇労働者の生活問題と社会福祉の課題

血小板、リンパ球等

　元請会社には看護婦も産業医もいるので向こうで調べる。電力会社は電力会社独自でやっているようだ。

　「H病院なんかは、もっと簡単にすむのに、ここのD病院は、厳しく検査する」といって、労働者が文句を言ったことがある。データは事実と違うものを作ろうと思えば作れる。いい加減な検査と数字で、大事な人の体が放置されることもありうる。

　証明書の中には、印鑑を偽造したものもあった。D病院の証明用紙に病院名と院長名、医師名は記入してあったが、それに別の病院のゴム印かあるいは下請の会社がかってに作ったもので、D病院のものでない「異常なし」という印をカルテに押してあった。D病院では、うちと直接関係もないし、現在、その件でトラブルがD病院内で起こってはいないのだから、ほっておけという対応だった。

　　　原発下請労働者の検診者数（D病院）

　　　定検の前には毎日50〜60人　平常のときは毎日約20人

　健康診断に来ると、労働者は半日休むことになる。出勤扱いだが、仕事が進まない点で労働者にとっても、会社にとっても、検査はわずらわしいようだ。

　労働者は、とにかく雇ってもらっているというかんじ。働き先はそこしか無いという実態。中高齢者の再就職は原発以外にない。健康であれば昔段気付かないが、もし万一ケガをしたり、病気になったら、その時に自分には何の保障もなかったことに気付く。これが日雇の人たちではないか。弱い者のところへすべてのしわよせがきていて、大きい力のあるところへは、ものを申し立てることができない仕組みになっていると思う。

　普通の労働者の場合、事故でケガをしたら救急病院のD病院へ来るけれど、原発の場合は違う。原発で事故が起きたりしても舞鶴の方へ皆つれていっている。軽い事故によるものでも、よほど単純なものでないかぎり、事故の内容によっては、D病院へ入院させたことで内部の状況が漏れないように、地元に知られぬようにという理由からだと思うが、原発から救急車が出ても、D病院を素通りして舞鶴まで行くケースが多い。

　S61.8のお盆前、一回こんなことがあった。点検したとき採血用のプラスチック容器の数の違いがあった。1人だけ採血していないかもしれないという

ことで問題になった。1人ずつ確認をとっていった。問い合わせた人たちはすべて採血したという返事だった。G原発で働いている人がD病院まで来ていた。その人が未採血ではないかということになり問い合わせた。60歳すぎの人だった。その人の手には採血後の注射針のあとがあったが、再び（？）その人から採血して数を合わせた。その人は、N工業の人だったが、N工業の社長はヤクザのように怒ってD病院をつぶしてやるという脅しをかけにきた。

　病院では問題を内々でおさめようとした。夜中の11時までかかって、病院の管理職者が問題を内々におさめた。その管理職の親戚宅は旅館をしていて、そこに泊まっている人の中にプラント会社の役職の人がいたから、その人に頼んで、いわゆる上から最下部のN工業に圧力をかけて、ことがおさまった。その日は出張のため院長がいなかった。

　採血した者すべての検査結果については、何も異常はなかったのでよかったが、万一異常な採血液があったら問題だと思う。

　後日、院長は、まあ何事もなかったんだからといって、黙認してすませた。

第1部　日雇労働者の生活問題と社会福祉の課題

（資料４）中学１年生対象の課題作文説明資料

（作文資料）エネルギー問題について

＜１＞　内外のエネルギー事情

　高度に発達した私達の現代社会において、エネルギーは欠くことのできないものとなっています。ふだんの生活をみても、電気やガスをはじめ合成繊維や石油化学製品をつくるためにも、列車や自動車を走らせるためにも、たくさんのエネルギーを必要とします。

　わが国では、そのエネルギー資源の大部分を輸入でまかなっており、年間に消費するエネルギーの約６割を輸入石油に依存しているのが現状です。

　皆さんもご存じのように、石油危機後の世界的長期不況の影響でエネルギー需要が減っているため、現在石油は過剰気味で値下がりの傾向にありますが、必ずしも楽観視できません。すなわち、アメリカを中心とした世界景気に回復のきざしが見られ、これに伴い石油需要の増加が見込まれること、遠からず石油の増産に限界が来ると予想されることや、産油国側の資源保存政策や政情不安などもあります。

　このような理由から、増大するエネルギー需要に対して、あまり石油に頼ることなく、より安定したエネルギー供給源の確保を図っていくことが大きな課題となっています。従って、21世紀に入って太陽エネルギー、核融合などの新しいタイプのエネルギーが実用化するまで、地球の財産ともいうべき天然資源を使いつくすことなく乗り切っていくためには、省エネルギーの努力を行いながら、石炭、液化天然ガス（ＬＰＧ）などの開発輸入を進めるとともに、原子力開発を積極的に推進していくことが重大な課題となります。

＜２＞　電力の需要

　現代社会において電力は欠くことのできないエネルギーといえます。家庭電化製品を使うときや、工場・運輸通信業の動力源として、電気はきわめて重要な役割を果たしています。

　電気の消費量は過去10年間に1.4倍に増え、日本は世界第３位の電気消費国となりました。そして、最大限の省エネルギーの努力を行ったとしても、その消費量は今後とも着実に増加していくものと予想されます。

208

このような現代社会に不可欠な電気を安定供給するためには、ふだんから電力の節約に努めるとしても、なお、今後とも着実に発電所をつくっていかなければなりません。現在のところ、わが国の発電は、そのかなりの部分を火力発電に頼っています。この火力発電は今日でもなお石油火力が大きな役割をしめています。しかし、前にもふれたように、大量の石油にいつまでも頼っていることは困難であり、石油を必要としその石油代替電源のエースが原子力発電なのです。

＜3＞　原子力発電
　原子力発電のしくみは、（火力発電所の）ボイラーの代わりに原子炉をもうけ、そこで発生した熱を水蒸気にかえ、蒸気タービンを回し、その回転力で発電機を回すといったものです。ボイラーの代わりに原子炉を使うというだけの違いで、火力発電のしくみによくにています。しかし、原子力発電は、火力発電にくらべると、燃料である低濃縮ウランが長年にわたって使えるため、燃料費が安くてすみ、少ない量で大きな熱を出すため、貯蔵量や輸送量も少なくてすむという利点があります。一方、発電所の建設費が高いとか、放射能などの安全上の対策が必要であるなどの短所もあります。
　過去、昭和54年の米国スリーマイル島原子力発電所事故や今年61年のソ連チェルノブイリ原子力発電所などの誤動作・誤操作による構造上や人為的ミスによる事故が起こりましたが、わが国では原子力発電所の総合的な再点検を実施したり、運転員に対する保安教育・訓練を強化することによっていっそうの安全確保を図っています。
　福井県には、敦賀、美浜、大飯、高浜に原子力発電所があり、すでに運転しています。

＜4＞　新エネルギーの技術開発
　日本は、今のところは、石油などのすでに利用されているエネルギーに頼らざるをえません。このような状況から何とか脱却するために、原子力発電が開発され実施されているわけなのですが、将来について考えると、さらに豊かで公害のないエネルギーをはやく開発する必要があります。
　現在、原子力の分野では、「夢の原子炉」といわれる高速増殖炉の開発が進

209

第1部　日雇労働者の生活問題と社会福祉の課題

められ、敦賀半島では高速増殖炉「もんじゅ」発電所の建設が着手されました。また、太陽エネルギー、地熱発電、合成天然ガスや水素エネルギーなどを西暦2000年を目標に開発する計画（サンシャイン計画）にも着手するなど、長い年月の必要な新エネルギー技術の研究もいよいよ本格化しつつあります。

　◇作文上の論点◇
⑴　原子力発電の必要性について自分の考えを述べる。
⑵　もし電気を得ることができなくなったら、私達の生活や日本の社会はどうなるのか。
⑶　こんな新エネルギーがあったらいいのではないか、と思うものについて述べる。etc.……

※　現物の印刷状態が悪かったため、同一の様式で転記・作成した。（1987.7.9）

大飯郡高浜中学校　中学1年生対象の夏休みの課題作文についての説明資料

（資料５）日雇労働者の労働と生活実態（聴き取り調査から）

項目 記号番号	面接時年齢（死亡者は妻の年齢）	学歴	出身地	日雇になった年齢／その理由	原発日になった年齢／西暦	退職又は死亡した年齢／西暦	原発をやめた理由	住宅／ローンの有無	面接時の家族構成	通勤時間（片道）	平常時の現場内拘束時間／実際の作業時間	作業内容	これまでした原発	過去及び現在利用した制度又は保障等	家計で支出の大きいもの	面接時の収入源	健康状態自覚症状など	病気になった時の看護者／心配事を相談する相手
F38	53歳	高校中退	地元	20代後半／結婚して子どもが生まれた時、臨時雇いの公務員で給料が安く、長男が生まれたが給料が安く、家を出て世帯を持ったため日雇いになった。	47歳／1980	52歳／1985	原発関連会社社員の手がやり、本人自身、被曝労働で、妻を出てが心配になった。	借家／無	本人妻子	60分〜90分	9.5時間／4〜6時間	クリーニング主にみ衣類のため（1次系）	大飯、美浜、敦賀	社会保険、失業保険、資金	生命保険料、交際費、被服費	本人の日給5,700円約13万、妻約8万、月給8万	過去、盲腸と痔の手術をした程度で丈夫である	妻／公的機関
F27	61歳	尋常小学校卒	地元	47歳／若狭においては大きな農家で生活して、大きな農家で収入が減り機械の減反政策の中で日雇になった。	55歳／1980	60歳／1985	作業中、体調が悪くなり病院に入り、病院に手を入れたため会社を退職させられた。	持ち家／無	本人妻母	40〜70分	9.5時間／4〜6時間	クリーニング（1次系）、除染作業	大飯、高浜	社会保険、傷病手当	住宅積立費、交際費、被服費	農業収入	農業で日雇に出るようになって体の疲れが増した。交替制の勤めからかわって5年の原発に立前の買い物場に行っていた。	妻、長男／公的機関
F12	39歳	工業高校卒	地元	22歳／零細な会社に勤めていたが、その会社の状況が悪く原発に行くようになった。	22歳／1970	23歳／1971	公共の現場部門に採用されることになり、原発見通しがたいていた。	持ち家／無	本人妻子（2）父、母	40分〜80分	9.5時間／10分〜5時間	計器調整（1次系）、配線修理、次系採用	美浜、敦賀	国保→社員共済、公務共済	教育費、交際費、特にいうもが使いもが節約しない	月約30万、妻はパートで月2〜4万円	ヘルニア	妻・母／友人、社会的団体
F10	57歳	水産学校卒	地元	51歳／原発日雇になる前もやと船に乗っていた。50歳を過ぎても入れ、現金収入をとり早いというところは原発日雇だった。	51歳／1980	54歳／1983	腰痛のため、調子が悪くなって、体の自由がきかなくなった。	借家／無	本人妻（成）長女（成人）	60分	9.5時間／6時間	4次下請会社の管理の担当、次系採用	大飯、美浜	社保→社員保険、傷病手当、失業保険	食費、パチンコ代、被服費	学卒時間20年間団体職員だったので比較的少ない、その仕事を続けてもらえる関連会社の社員に。	自覚症状なくパイプを使い続けてもらうハードな仕事に手足はうごく。	妻、親戚

第1部　日雇労働者の生活問題と社会福祉の課題

項目／記号番号	面接時年齢（死亡者は妻の年齢）	学歴	出身地	日雇になった年齢／その理由	原発日雇になった年齢（西暦）	退職又は死亡した年齢（西暦）	原発をやめた理由	住宅（持ち家や借家／ローンの有無）	面接時家族構成	通勤時間（片道）	平常時の現場拘束時間／実際の作業時間	作業内容	これまでいた原発	過去及び現在利用している制度又は保障等	家計で支出の大きいもの／家計で節約しているもの	面接時の収入源	健康状態の自覚症状など	病気になった時の看護者／心配事を相談する相手
F 9　45歳	45歳	中卒後専門学校中退	中国地方出身若狭定住18年	16歳、中退後、日給を歩いたが21歳頃から全く国日雇になっていた。	27歳　1967	41歳　1981	敦賀原発故障し事故で発覚の後日切り未届は首切られた。	持ち家　無	本人妻	60分～100分	9.5時間～／3分～3時間	配管工（1）次系、除染作業	美浜、大飯、高浜、敦賀	国保	飲食費／被服費	本人日雇 妻水商売	かつてでガをしたことはあるがそれが大丈夫である。	妻 社会的団体
F 8　62歳	62歳	中卒	大阪生まれ16歳から若狭に定住	16歳か、1964年に肺疾患の開発その後関係内日雇に外出て主に大阪で出て30日雇契約で出て稼ぐにいっていた。	51歳　1976	62歳　1987	2次系で働けしかない若60歳になってきた。60歳ってからどこか現場へくれたがいわれたのでこの回出稼ぎ首切りだ。	借家　無	本人妻	70分	9.5時間／6時間～7時間	燃料棒の容器ダク器頭いき除ハウスの掃除、再処理工をめって倉庫まで、おり袋づらで缶運ぶ	県外原発2カ所美浜	国保労災失業保険	食費パチンコ代／被服費	本人の失業保険のみ	左右の釣をいて仕事場も術原発（1962）頭気白、現在体重が少なすぐい。	妻 社会的機関
F 39　36歳	36歳	中卒	地元	21歳、中学工場や中小建設会社で2年間はたらめて、日雇になった。	33歳　1984	36歳　1987	不安で気持ち持なく職場やい働くのでやめた。	持ち家　無	本人父母兄その子（1）	70分～100分	9.5時間／4時間～6時間	配管の点検、配管のそうじ、バルブ開き、ランドリーでの服洗たくがえし作業（1次系）	大飯、敦賀	国保	飲食費／被服費	最近始めた自営業のうち、者が自殺日平6千円はどになる。	自衛隊にいて、外び双眼鏡日とて目をいため今は体調、今は普通だ。	なし

資料集

項目 記号番号	面接時の年齢（妻の年齢）	学歴	出身地	日雇になった年齢／その理由	原発に雇用になった年齢 西暦	退職又は死亡した年齢 西暦	原発をやめた理由	住宅 ローンの有無	面接時家族構成	通勤時間（片道）	平常時の現場内拘束時間／実際の作業時間	作業内容	これまでに働いた原発	過去及び現在利用した制度又は保障等	家計で支出の大きいもの／家計で節約したい	面接時の収入源	健康状態や患った病気など	病気になった時の看護者／心配事を相談する相手
F7	69歳	青年学校卒	地元	55歳 土地改良と機械化によって農業にかける時間に余裕ができて、その分を現金収入の得られる月々の現金収入が得られる日雇に。高齢者もとっても16人に。	55歳 1971	65歳 1981	会社は定年制をしていた。本人は会社が対象になったときに同僚の者と立ち会い、美浜に訴えあわせて16人に。	持ち家 無	本人妻男（中）男（高校）	70分～100分	9.5時間 4時間～6時間	管理区域内の作業員の服・テープ、ドラム缶・衣類を運ぶ仕事やドラム缶倉庫清掃室のそうじ	美浜 高浜	国保→社会保険給付国民年金	食費 教育費 交際費	妻は内職、夫婦農業と工場のパート、本人老齢年金、みんなあわせてくらしている	心臓から出ている冠動脈が正常血圧、医者から薬が出ている。原発は原因は白い	妻、子
F22	32歳	工業高校中退	地元	20歳 高校中退後、その日暮らしをしていた。日雇に足が向いた。つかない状態で日雇に。本人の修行をしとたわけではなく、建設現場等にいっている。	21歳 1975	—	—	借家 無	本人妻子（2）	40分～100分	9.5時間 5時間～8時間	足場くみ、コンクリート打ち	大飯 敦賀 美浜	国保	酒肴衣代	妻には手取りで26万の月給を渡す。1万円分は自分の仕事で使うと決めている。それからこれで節約しない。	本人の定年26歳で自分の仕事でしのいでいた	妻、親戚
F4	35歳	中卒	地元	15歳 工場づとめを1年でやめてから、その後日雇いに。その後転々と仕事をしいつしか原発の仕事をやめて都会から地元に出てきて今まで都に暮らし的な生活になった。	30歳 1981	—	—	持ち家 有	本人妻子（3）	60分～80分	9.5時間 3時間～4時間	計器調整（圧力・温度・振動）	美浜 高浜 おおい	国保	家のローン 生命保険 食費	月収約30万円	これからはもうやめないからわからない。入院したこともない。	妻、親戚

213

第1部　日雇労働者の生活問題と社会福祉の課題

項目 記号番号	面接時死亡者の年齢は妻の年	学歴	出身地	日雇になった年齢 その理由	原発雇死になった年齢 西暦	退職又は死亡した年齢 西暦	原発をやめた理由	住宅 ローンの有無	面接時家族構成	通勤時間（片道）	平常時の現場内拘束時間 実際の作業時間	作業内容	これまでいった原発	過去及び現在利用している個人又は保険等	家計で大きい出費しているもの	面接時の収入源	健康状態や自覚症状など	病気になった時の看護者 心配事を相談する相手
F 5	49歳	中卒	地元	19歳 / 中卒後最初に就職したところを3年でやめてからは日後も名の工事やと鉄工所を転々とした。	37歳 / 1974	—	—	持ち家	本人妻子（1） 母	60分～80分	9.5時間 / 5分～4時間	水漏れをカンバを直す ルブ修理 溶接の仕事	美浜 敦賀 ふげん	国保→社保 国保→国保	家のローン 教育費	本人の月収約26万円が原発で稼ぐ 妻が稼ぐ	健康診断は定期的にやっていた具合そこはねだが、その頃の悪いとは違う8時半くらいから9時までどもを合含め生活をしている半になった。	妻
F 6	59歳	尋常小学校卒		22歳 / 15歳の時から終戦まで大陸を作る工場にいてその後日給月給制の町工場に日給を転々とした。	42歳 / 1969	—	—	有	本人妻子 夫婦と孫（1）	90分～110分	9.5時間 / 5分～6時間	バイパイプの加工 そうじ タンク部品せ消耗した部品やせない出へ物の修理	美浜 大飯 高浜 伊方	国保→社保 あちこち転々と 国保→国保	家と車のローン 食費	本人の月収20万円、細かい仕事があると息子は妻、自営業子は定職。	血圧の上下の差がなくなり苦しだった。83まで入った血圧が高く急に血圧が高い方のが片方を治しているもらっている今医に切り替してもらったことがある。	妻 長男
F 20	20歳	中卒	地元	19歳 / 中卒後、定職につくつもりだったら身辺の生活の乱れからパチンコや酒などの集団でいられる条件によかった時間働く原発父母も承知のうえで。	19歳 / 1985	—	—	無	本人父母	120分	9.5時間 / 4時間～6時間	雑役 除染作業	大飯	国保	食費 パチンコ代	本人の月収約18万円すべて本人が消費。農業のわずかな母の収入と父の収入がある。	持病がある	母 特になし

資料集

項目／記号番号	面接時死亡者は妻の年齢	学歴	出身地	日雇になった年齢／その理由	原発になった年齢 西暦	退職又は死亡した年齢 西暦	原発をやめた理由	住宅／ローンの有無	面接時家族構成	通勤時間（片道）	平常時の現場内拘束時間／実際の作業時間	作業内容	これまでした原発	過去及び現在利用している制度又は保障等	家計で大きく出ている費・節約しているもの	面接収入源	健康状態など	病気になった時その看護をするもの／心配事を相談する相手
F21	38歳	普通高等科学校卒	九州地方出身	30歳／勤めていた工場が不況で閉鎖した。社員数30人だったので、もう結婚したのですぐに働かねばならなかった。日給月給制の会社としての技術をもっている。	1983	—	—	借家	単身（同居者あり）	60分（寮から）	9.5時間	壁の保修検装作業	美浜	社保→国保	食費家賃、パチンコ代	月平均約40万円（ボーナス込み）	ケガや病気はしないようにと気をつけているが今は健康だと思う。	同居者
F32	(62歳)	尋常高等小学卒	地元	53歳／国鉄を定年の2年前にやめた。その後毎月少しでも現金収入が得られる仕事を探していて原発日雇になった。	1980	56歳 1983	83年8月胃の検診を受け、9月胃癌の手術、翌年直腸癌で死亡。胃腸へ癌が広がっていた。	持ち家／無	妻、長男	60分	6時間～8時間	1次系配管の衣類の積込み、整理、倉庫番	美浜	共済→国保	交際費、食費検査		40年勤めをやめるとき少しやせていたが、原発へ行ってからもっとやせた。	妻
F29	(67歳)	尋常高等小学校卒	地元	59歳／氏役からもっと良い仕事をと3社渡り歩いたが、どこも原発の仕事は短期だった。	1971	69歳 1981	高齢を理由に首を切られその時役場、臓器、貧血、大幅広がっていて、それだが公立病院の検査で。	持ち家／無	妻、夫婦、孫（2）	60分～90分	30分～4時間	クリーニング、放射量測定、除染作業、1次系雑役	敦賀、美浜	生保→国保、社保→国保	食費保育料	夫が会社のときけ厚生年金が月8千円もらえる。子ども夫婦と同居の生活をする。名、息子共働き。	大病もして医者にかかったが会社をやめてから、健康診断に行っていて、1年後に死亡した。	妻、息子

215

第1部　日雇労働者の生活問題と社会福祉の課題

記号番号	面接時年齢（死亡者は死亡時年齢）妻の年齢	学歴	出身地	日雇になった年齢・その理由	原発日雇になった年齢（西暦）	退職日又は死亡した年齢（西暦）	原発をやめた理由	住宅（持ち家や借家、ローンの有無）	面接時家族構成	通勤時間（片道）	平常時の現場拘束時間／実際の作業時間	作業内容	これまでいった原発	過去及び現在利用している制度又は保険等	家計で大きく支出しているもの／家計で節約しているもの	面接時の収入源	健康状態・自覚症状など	病気になった時の看護者／心配事を相談する相手
F25	(65歳)	尋常高等小学校卒	地元	52歳／初職の工場は妻家庭の都合で退社。その後約20年間、建設関係の会社に勤務であり、資格も得られるということであったが、高齢で出稼ぎにまわされるに、現金収入を得られるところは原発だった。	52歳 1975	62歳 1985	原発へ行くため、通勤バスを待っていた時、脳下血で死亡。	借家	妻	70分〜90分	9.5時間	1次系除染作業、詳しいことは妻らにいっていなかった。	高浜 大飯 美浜	社保	食費、医療費の自己負担分	夫が会社で厚生年金が年100万円入るのみ	酒は、はなぜなかったが、いたってこれといた気はしなかったが、突然通勤途上でそのまま死亡。	妻
F31	(54歳)	中卒	信越地方出身	34歳／建設会社の社員で腕のいい職人であったが、原発の後その後いわゆる4次下請に親方に請われ日雇になった。	34歳 1967	50歳 1983	夫が大人の意志で亡くなった。本人が病院へ行かず手当てがこじらせてまよ肝臓癌で死亡。	持ち家	妻、長男	60分〜120分	9.5時間／（妻は週間いていない）	1次系、2次系いずれも妻らは足場組除染作業	美浜 高浜 大飯 敦賀	社保→国保	食費、教育費、医療費	土地・建物の貸しこれのみで生活できる状態	病気には気でなかったが、仕事がけで体調を崩れておけで酒をほばのみ、あると病院へ運びしたで10日後に死亡した。	妻
F13	58歳	国民学校卒	地元	25歳／父と二人でやっていた農業中心だが土木・農業	48歳 1976	－	－	持ち家	本人、母	90分〜110分	9.5時間	配管・ポンプのそうじ	敦賀 美浜 大飯 高浜	国保、労災、失業保険	農機具作業用改良機月賦の返済半年賦の買い替え	本人の月収20万円手取妻収10万円母農業	今まで元気でいることがケガをしたことがない。	妻
F15	32歳	普通科高校卒	地元	28歳／公務員が肌にあわず、その工場もやめていた中、賃金のいいというが、本日雇にも出た。原発の方がよかったので。	28歳 1982	－	－	有	本人、妻、子（2）、両親、母	60分〜110分	4時間〜5時間	クレーン車ベレーター	敦賀 美浜 大飯 高浜	共済→国保	ハナレ屋の改造による借金の返済、保育費用、生活費	本人の月収23万円、妻15万円、父母の農漁	体調は悪くない。	妻、母、近隣の友人

資料集

項目／記号番号	面接時生存者の年齢（死亡者は妻の年齢）	学歴	出身地	日雇になった年齢／その理由	原発にかかわった年齢（西暦）	退職又は死亡した年齢（西暦）	原発をやめた理由又は死亡した	住宅（ローンの有無）	面接時家族構成	通勤時間（片道）	平常時の現場内拘束時間／繁忙の作業時間	作業内容	主にいた原発	過去長びく現在利用制度保険等	家計で大きく出るもの	面接時家収入源	健康状態など	病気になった時の看護者	心配事を相談する相手
F18	45歳	商業高校卒業	中国地方出身	41歳／高卒後、建設の会社を1度勤めたが2度目は、会社が経営不振になり原発の日雇になった。会社をやめてもらえるのが原発日雇だった。	41歳 西暦1982	— 西暦—		借家	本人、妻	70分〜90分（家から）	9.5時間／10分〜6時間	蒸気発生器の点検・整備、ポンプ、弁、ケーブルの過電流、電磁盤の除染作業、被曝箇所	玄海、東海、伊方、福島、美浜を手がけた。	社保→日保 保険になった	家賃	本人の月収23〜26万円のみ	体調は悪くない。ケガは、していない。	妻	
F34 （42歳）		中卒	地元	20歳／家は食べるだけの零細農家であり土木日雇をしていた。	31歳 西暦1968	36歳 西暦1973	原発で働き足を火傷し、手術を4〜5度したが死亡した。退職の後2年、職のその後の38歳	持ち家 無	妻、子（2）	40分	9.5時間	1次系にはいっていたか。組立・分解、配管の取り付け、様々な作業をしていたと思う。	美浜	国保扱い72年に社保扱いになった。	交際費 教育費	妻、関連会社社員として手取り14日まとめてお金を取る現金収入。	悪性腫瘍のため、まもなく死ぬだろうと言うが病気のことは気がつかない。病人と思えない。	妻	
F30 （54歳）妻		小学校高等卒	地元	24歳／農家のみでやっていけないから日雇に出るが農業が主で、その機械を具す。	39歳6ヶ月 西暦1970	39歳9ヶ月 西暦1971	9 原発で転落したが…	持ち家 無	妻、子（1）、母	70分	9.5時間	足場組の仕事、いろいろな仕事…	美浜	国保 療術補助 医	交際費	農業収入と日給4500円	小6の時…	妻	公的機関

注1）記号番号のF○○とは、被面接者につけた筆者の分類上のものである。

注2）原発で働き始めた当初、日雇扱いだった人のみ（23人）を記載した。

第1部　日雇労働者の生活問題と社会福祉の課題

（資料6）日本原子力発電敦賀2号機建設共同受注体制資料

日本原子力発電2号機共同受注体制組織表

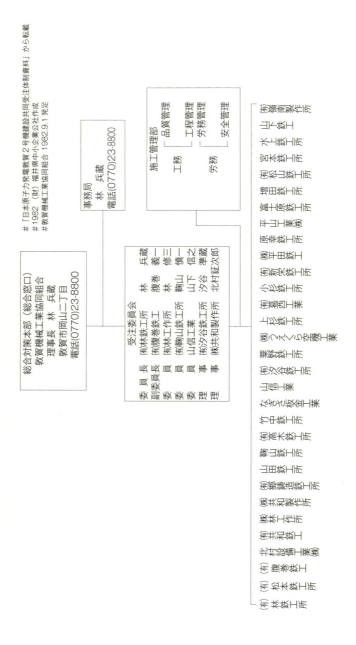

218

日本原子力発電敦賀2号機建設に伴う主要企業能力表

敦賀機械工業協同組合

番号	企業名	住所	代表者	従業員数（人）	資本金（万円）	工場敷地面積（㎡）	工場建物面積（㎡）	経験年数（年）	年間生産能力（トン）				
									鉄骨	製缶	機械加工	配管・パイプ	その他
1	（有）林鉄工所	（敦）岡山町2丁目	林 兵蔵	20	230	5,280	1,088	98	100	400	400	50	50
2	（有）松本鉄工所	（敦）金ヶ崎町19-1	松本 嘉玉	20	1,000	2,900	2,262	32	1,500	150			
3	（有）腹巻鉄工	（敦）津内49	腹巻 義一	20	200	2,800	1,250	44	1,200	360	120	600	
4	北村設備工業㈱	（敦）木崎3号大円	北村 英治	10	200	3,629	617	24	1,800	300			
5	（有）共和鉄工	（敦）中央町2丁目20-1	山田 和男	7	300	1,162	712	13		120	10	200	4
6	㈱林工作所	（敦）莇生野73号26-1	林 修一	10	800	3,698	1,042	36	1,600			36	
7	㈱共和製作所	（敦）蓬萊町3-22	北村鉦次郎	39	1,750	2,497	1,844	37			250		600
8	郷鋳造鉄工所	（敦）清水町1丁目1-7	郷 誠太郎	9	500	3,500	1,200	57					
9	（有）山田鉄工	（敦）金山46-4	山田 輝行	10	300	1,039	325	11	800	100			
10	（有）鞠山鉄工所	（敦）長沢29号3-4	鞠山 慎二	7	300	1,188	442	14	300	200			

第1部　日雇労働者の生活問題と社会福祉の課題

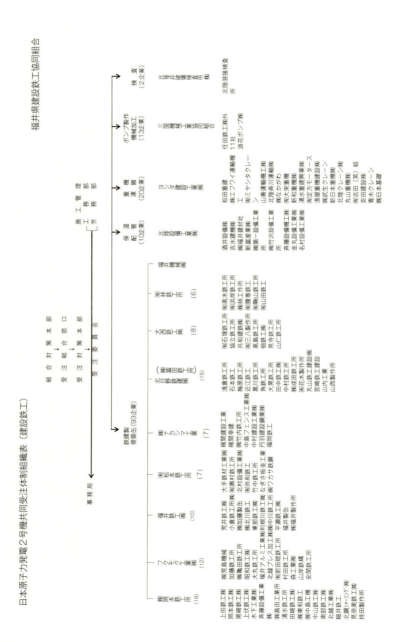

日本原子力発電敦賀2号機建設に係る主要企業9企業能力一覧表

福井県建設鉄工協同組合

番号	企業名	住所	氏名	従業員数（人）	資本金（万円）	工場敷地面積（㎡）	工場建物面積（㎡）	経験年数（年）	年間生産能力（トン）				
									鉄骨	製缶	機械加工	配管・パイプ	その他
1	(株)岡本鉄工所	(福)上森田1丁目102-2	岡本 虎雄	72	2,000	24,260	8,245	25	9,000				30
2	フクモク工業(株)	(福)中角町7字井間黒	宮川喜代治	41	1,500	20,000	5,445	35	12,000				
3	福井鉄工(株)	(福)若栄町702	佐野 俊男	50	1,600	9,900	2,882	43	500	1,700	300	15	
4	(有)松本鉄工所	(敦)金ヶ崎町19-1	松本 嘉王	20	1,000	2,900	2,262	32	1,500	150		500	
5	(株)ナカシマ工業	(鯖)三丁掛町2-4	中島万亀雄	30	800	6,263	1,134	22	2,250	250			
6	北日野鉄建(株)	(武)四郎丸町64号6-1	清水 公夫	17	300	7,822	5,844	3	2,000				
	(株)富田鉄工所	(武)松森町19字東西堀	富田 久作	7	500	4,770	1,808	52	1,000				
7	大西鉄工所	(福)舞屋町5-9	大西 卓一	28	400	1,848	798	26	1,000	600	100	400	50
8	(有)林鉄工所	(敦)岡山町2丁目	林 兵蔵	20	230	5,280	1,088	98	100	400	400	50	50
9	福井機械(株)	(坂)金津町旭100-8	西島 伊武	336	32,000	35,000	13,000	17		4,500	5,500	150	
	主要企業9社合計			621	平均 4,033	平均 11,804	平均 4,250	平均 35	29,350	7,600	6,300	1,115	130

第1部　日雇労働者の生活問題と社会福祉の課題

（資料7）某原発安全教育用テキスト

・某原発安全教育用テキスト（基礎テキスト）から転載した
・基礎テキストの一部である。

資料集

1 見えないだけに厄介なシロモノ だから被ばく管理は徹底的に！

私たちの身のまわりにある放射線はほんのわずかですから、身体への影響は全くないといってよいでしょう。影響が現れるのは、1度に50,000ミリレム以上の被ばくを受けた場合です。

0～50,000ミリレム	特に影響なし
200,000ミリレム前後	吐き気・嘔吐・白血球の減少など
500,000ミリレム以上	ほぼ半数が死亡
700,000ミリレム以上	ほぼ全員死亡

少量の放射線を長期間にわたって受け続けた場合、数年あるいは数十年後に影響が現れ、発ガンの可能性があります。しかし、その確率は非常に低く、ほとんど問題にする必要はないといえるでしょう。

放射線の影響を十分安全なレベルに抑えるために国際放射線防護委員会（ICRP）の勧告により、法律で被ばく線量が制限されています。発電所ではさらにその値を下回る基準限度を設け、被ばく線量をより少なくするように管理しています。

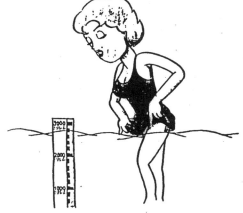

3ヶ月で全身に3000ミリレム以上は、ダメ！

223

第1部　日雇労働者の生活問題と社会福祉の課題

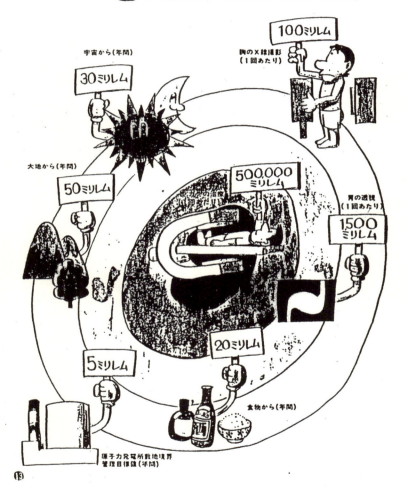

資料集

4 放射線と放射能のちがい
マリリン・モンローにたとえると……

放射線と放射能はよく混同されます。
マリリン・モンローのお色気を出す能力、すなわち彼女の美貌や見事なプロポーションが放射能。お色気を出す彼女の身体そのものが放射性物質。そして、そこから発散されるお色気、これが放射線にあたります。

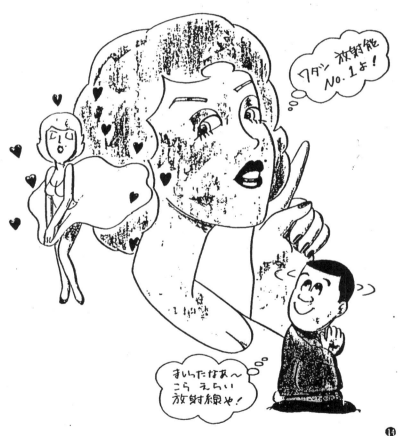

225

第1部　日雇労働者の生活問題と社会福祉の課題

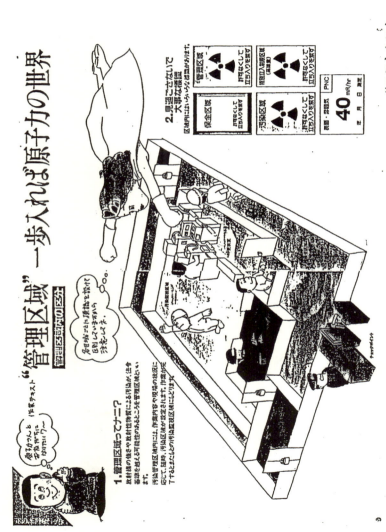

ルールを守って安全作業

管理区域に入ってはいけないこと

管理区域には、ひとりひとりがルールを守り、安全に作業するよう心掛けましょう。

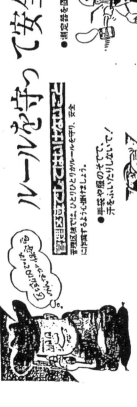

- 手袋や服のそでで、汗をふいたりしないこと！
- 作業現場以外には立ち入らないこと。
- 管理区域での作業は一日10時間以内
- 喫煙、飲食は絶対禁物！！
- 手袋を取ったり、床にすわりこんだり寝そべったりすることはタブー！
- 作業中にマスクを取らない！

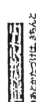

- 測定器を置き忘れないように。
- あとかたづけはきちんと、作業場の整頓・清掃も忘れずに行いましょう。

作業終了後には

- 廃棄物の処理
  燃えるものと燃えないものにきちんと分けてポリ袋に入れます。メイターに運んで、チェンジマンさんに手渡してください。

- アラームメーターが鳴ったらすぐに作業をやめて、責任者の指示にしたがい、チェンジマンボックスに向かってください。
- 汚染した工具類は必ず除染
  器材・工具が汚染したら、ウエスで拭くなど必ず除染してください。
- 物品を持ち出す場合
  作業で使用した物を管理区域から持ち出すときは、チェンジマンさんの汚染検査を受けてください。

第1部　日雇労働者の生活問題と社会福祉の課題

（資料8-1）非破壊検査技術者名簿

資料集

（資料 8-2）一般健康診断個人票

様式第 5 号(2)

一 般 健 康 診 断 個 人 票　　　㈱会社

氏名				性 （男）女	生年月日					雇入年月日	45 年 ●月 ●日
健康診断年月日	56 年 ●月●日	57 年 ●月●日	58 年 ●月 ●日		年 月 日		年 月 日				
業　務　名	又繊作業員	検査									
既　往　歴	特記事項なし	特記事項なし	特記事項なし								
予　防　接　種											
自覚症状及び他覚症状			病的所見なし								
身　　　長	167 cm	166 cm	168.6				++				
体　　　重	58 kg	60 kg	60 kg				60 kg				
視力 右	1.2	1.2	1.5				1.2				
視力 左	1.5	2.0	1.5				1.5				
聴力 右	正		正								
聴力 左	正		正								
ツベルクリン皮内反応	×（硬,二重,水,壊)	×（硬,二重,水,壊)	×（硬,二重,水,壊)		×（硬,二重,水,壊)		×（硬,二重,水,壊)				

胸部エックス線検査

直接 間接	直接 間接	直接 間接	直接 間接	直接 間接
56 年 ●月 ●日	57 年 ●月 ●日	58 年 ●月 ●日	年 月 日	年 月 日
	異常なし	異常なし		

フィルム番号	№56D-30	№57D-94	№ 849	№	№
赤血球沈降速度検査					
かくたん検査					
血　圧	115-56		120～72		
尿 糖	⊖ + ++ +++	- + ++ +++	⊖ + ++ +++	- + ++ +++	- + ++ +++
尿 蛋白	⊖ + ++ +++	- + ++ +++	⊖ + ++ +++	- + ++ +++	- + ++ +++
その他の法定検査					
その他の検査					
医師の指示					
就業上の注意事項					
備　考			D		
医師氏名印		神戸大倉山診療所			

備考　1　(1)の様式は、労働安全衛生規則第43条、第47条及び第48条の雇入れ時の健康診断を行なつたときに、
(2)の様式は、第44条から第48条までの健康診断（雇入れ時の健康診断を除く）を行なつたときに用いること
2　ツベルクリン皮内反応は、発赤の長短径（二重発赤のあるときは外径）を×の両側にミリメートル単位で記入すること。
硬結、二重発赤、水疱、壊死は（　）内の該当項目に○をつけること。
3　労働安全衛生規則第44条第2項（第45条第3項において準用する場合を含む。）及び第46条の規定によつて医師が必要でないと認めて省略した項目については「備考」欄にその旨記入すること。
4　労働安全衛生規則第47条及び第18条の健康診断並びに労働安全衛生法第66条第4項の規定により指示を受けて行なつた健康診断にあつては、その結果をそれぞれの該当欄及び「その他の法定検査」の欄に記入すること。

229

第1部　日雇労働者の生活問題と社会福祉の課題

（資料 8-3）電離放射線健康診断個人票

様式第1号　（第57条関係）

電離放射線健康診断個人票

株式会社

氏　名			性別 男 女	生年月日				購入年月日	53年 ●月●日
放射線業務の経歴	（他の事業を含む）	期　間	年 月 日から 年 月 日まで	年 月 日から 年 月 日まで	年 月 日から 年 月 日まで	前回の健康診断まで	の累積線量	① 多部放射線によるもの　（レム）	
								② 汚染空気の吸入によるもの　（レム）	
		事業名						③ 事故等によるもの　（レム）	
								計　（レム）	

④ 被ばく歴の有無	あり
⑤ 判定と処置	

健康診断年月日	53.●●	58.●●			
現在の業務名	非破壊検査				
前回の健康診断後に受けた被ばく	全身的な被ばく	外部放射線によるもの　（レム）	0		
		汚染空気の吸入によるもの　（レム）			
		事故等によるもの　（レム）			
		計　（レム）	0		
	手足等のみの被ばく（レム）				
	皮上のみの被ばく（レム）				
血液	白血球 百分率	白血球数（個/mm³）	8400	11700 v	
		リンパ球（%）	27	22 v	
		単球（%）	1	1	
		桿状核（%）	14	11	
		分葉核（%）	58	62	
		好酸球（%）	0	4	
		好塩基球（%）	0	0	
	赤血球数（万個/mm³）		425	402	
	血色素量（g/dl）		12.6	13.0	
	全血比重		1.058	1.058	
	その他		Hb +1		
その他の検査			血液型 A		
全身的所見			特記事項なし	特記事項なし	
自覚的訴え			特記事項なし	特記事項なし	
健康診断（検査）年月日					
眼皮上	水晶体混濁（有無）		異常なし	異常なし	
	発疹（有無）		異常なし	異常なし	
	乾燥又は皮じわ（有無）		異常なし	異常なし	
	潰瘍（有無）		異常なし	異常なし	
	爪の異常（有無）		異常なし	異常なし	
参考事項				白血球分類 白血球石灰 ＞再検	
⑧ 処置及び注意			管理 A		
医師氏名印			神戸大倉山診療所	神戸大倉山診療所	

備考　1. ⑤及び⑦の欄には、(1)事故、(3)災害作業への従事、(4)放射性物質の汚染及び(5)別表第二に掲げる限度の十分の一以下にすることが困難な量の汚染によって受けた結果又はその推定量（受けた被ばくを推定することと困難な場合には、被ばくの原因等）記入すること
　　　2. ①、③、⑦の欄には、1に記載する事故による被ばくの量を除いて記入すること。
　　　3. ④の欄には、被ばく歴を有する者については、作業の場所、内容及び期間、業務経歴、放射線障害の有無その他放射線による被ばくに関する事項を記入すること。
考　　　4. ⑤の欄には、本欄記載の放射線診断又は検査までの間測定にともれれた放射線に関する医学的処置及び就業上の措置について記入すること。
　　　5. ⑦の欄には、健康診断又は検査の結果実施すべきであると認められた医学的処置、就業上の措置及び健康管理のために必要な注意事項を記入すること。

230

（資料9）　原子力発電所の事故・故障等の報告件数一覧（電気事業用）［抜粋］

（1986年4月1日現在）

設置者名	発電所名（設置番号）	出力（MW）	運転開始年月日	66	67	68	69	70	71	72	73	74	75	76	77	78	79	80	81	82	83	84	85	累計
日本原子力発電㈱	敦賀（1号）	357	45.03.11				1	2	8	2	0	3	2	2	4	3	2	2	2	1	3	0	2	39
	美浜（1号）	340	45.11.28					1	3	1	2	1	0	0	0	0	0	0	4	1	1	0	0	14
	〃（2号）	500	47.07.25							2	2	3	0	1	0	0	3	0	0	2	1	1	0	15
	〃（3号）	826	51.12.01											0	1	2	1	1	0	0	3	1	2	11
	高浜（1号）	826	49.11.14									3	1	3	0	2	2	2	0	1	1	1	2	18
関西電力㈱	〃（2号）	826	50.11.04										0	0	2	3	2	0	2	2	2	2	0	15
	〃（3号）	870	60.01.17																			1	0	1
	〃（4号）	870	60.06.05																			0	0	0
	大飯（1号）	1,175	54.03.27													1	5	4	5	2	3	0	1	21
	〃（2号）	1,175	54.12.05														0	2	2	4	1	4	1	14
合	計						1	3	11	5	4	10	3	6	7	11	15	11	15	13	15	10	8	148
基	数						1	2	2	3	3	4	5	6	6	7	8	8	8	8	8	10	10	99
平均事故件数（件数／基数）							1.0	1.5	5.5	1.7	1.3	2.5	0.6	1.0	1.2	1.6	1.9	1.4	1.9	1.6	1.9	1.0	0.8	1.0

（注）　1　本表は、電気事業法」及び「核原料物質、核燃料物質及び原子炉の規制に関する法律」に基づく事故・故障等の報告を集計したものである。
　2　基数は、年度末における営業運転基数を計上しているが、年度未現在試運転中のプラントで、事故・故障のあった場合には当該プラントの基数を加算している。
　なお、1982年8月、通商産業省令の改正が行われ、報告範囲の明確化が図られた。

▲1986年版「原子力安全白書」（原子力安全委員会）より作成
▲表中「合計」「基数」「平均事故件数（件数／基数）」の欄の数値は、抜粋した表の数値により集計し、筆者（高木）が加記した。
▲（注）は、当該白書に記載されているものである。

第1部　日雇労働者の生活問題と社会福祉の課題

（資料10）　死因別死亡者数の推移

	年	70	71	72	73	74	75	76	77	78	79	80	81	82	83	84
福井県	全死因	5,953	6,060	5,806	5,929	6,143	5,887	5,846	5,727	5,676	5,479	5,829	5,740	5,682	5,730	5,753
	全結核	120	99	90	101	83	99	70	62	66	55	63	60	35	43	35
	悪性新生物	1,055	1,008	1,041	1,015	1,050	1,054	1,187	1,136	1,143	1,174	1,318	1,264	1,401	1,307	1,339
	高血圧性	140	133	131	155	178	208	160	149	133	112	130	108	119	84	88
	心疾患	723	782	739	804	865	884	892	520	934	—	1,042	1,035	1,056	1,066	1,068
	脳血管	1,362	1,455	1,418	1,407	1,464	1,380	1,369	1,323	1,281	1,211	1,248	1,207	1,114	1,076	1,122
	肺炎	125	326	238	286	336	333	296	31	275	250	300	278	292	322	305
	老衰	407	425	367	372	356	308	325	296	286	279	291	300	269	297	309
	不慮の事故	362	389	336	353	334	301	269	265	280	241	386	291	248	290	253
丸岡町	全死因	152	225	183	194	176	191	202	217	218	194	223	203	168	213	195
	全結核	1	2	1	3	3	1	2	4	2	2	1	—	1	1	—
	悪性新生物	16	31	36	32	28	38	34	43	37	41	34	41	40	44	39
	高血圧性	2	8	3	8	7	4	8	5	6	3	7	3	7	6	7
	心疾患	19	27	19	22	27	33	34	13	40	37	58	41	29	38	49
	脳血管	36	58	47	42	46	43	50	56	56	37	40	39	33	40	48
	肺炎	11	11	5	16	7	16	14	1	14	18	17	14	8	17	10
	老衰	3	5	—	5	1	2	4	5	1	6	4	5	6	5	3
	不慮の事故	18	25	17	12	11	14	7	12	7	8	11	10	12	12	5
美浜町	全死因	150	106	119	118	123	120	140	121	113	100	131	109	118	100	106
	全結核	3	1	1	1	2	3	2	—	1	2	2	1	—	—	—
	悪性新生物	19	14	18	16	27	19	30	19	17	24	22	21	34	17	20
	高血圧性	4	3	7	5	9	3	6	8	6	1	7	8	3	4	6
	心疾患	17	19	11	21	19	20	21	13	24	20	29	23	21	23	26
	脳血管	44	29	29	34	28	35	43	30	29	24	28	23	23	22	26
	肺炎	10	3	7	7	5	4	4	1	2	5	4	3	6	4	3
	老衰	9	2	7	4	2	6	8	5	6	10	18	10	9	7	6
	不慮の事故	7	5	4	5	4	5	7	3	1	1	13	5	6	7	3
大飯町	全死因	73	56	64	60	59	53	67	45	56	63	66	63	61	65	68
	全結核	3	3	—	2	3	3	—	1	1	—	—	—	—	—	—
	悪性新生物	11	12	11	8	7	5	12	13	5	17	14	12	18	11	9
	高血圧性	1	2	—	1	1	3	4	2	3	2	1	—	2	1	1
	心疾患	12	7	12	11	6	10	10	1	8	13	2	13	11	8	20
	脳血管	22	10	15	9	11	13	15	10	9	11	16	13	8	14	14
	肺炎	3	3	4	—	5	1	6	—	2	—	2	2	1	1	5
	老衰	1	—	—	1	—	1	—	—	—	—	—	—	—	1	4
	不慮の事故	2	2	—	1	1	2	2	—	8	—	1	3	6	7	2
高浜町	全死因	96	109	103	103	127	92	99	93	86	77	100	97	89	87	68
	全結核	4	5	—	1	3	—	—	1	—	2	—	3	—	1	—
	悪性新生物	10	11	11	17	25	16	9	30	14	14	25	24	24	22	9
	高血圧性	3	3	4	6	4	2	7	2	3	3	4	1	4	1	1
	心疾患	12	10	11	3	9	19	14	1	18	7	14	23	23	8	20
	脳血管	22	21	24	22	26	22	19	15	16	19	34	13	15	17	14
	肺炎	6	9	5	5	8	3	4	1	5	5	4	8	5	5	5
	老衰	3	10	13	14	16	9	15	10	9	3	3	3	2	3	4
	不慮の事故	9	7	7	9	9	1	4	2	5	2	6	2	3	9	2

福井県市町村勢要覧（1971年版～1985年版、福井県・福井県統計協会）より作成

（資料11）　生活保護関係の諸表

県市町村別生活保護世帯数・人員等

	年	63	64	65	66	67	68	69	70	71	72	73	74	75	76	77	78	79	80	81	82	83	84	85
福井県	保護世帯	3,705	3,248	3,192	3,130	3,175	3,161	3,174	3,152	3,152	3,180	3,050	2,831	2,792	2,762	2,644	2,576	2,491	2,383	2,297	2,166	2,074	1,993	1,978
	保護人員	8,702	7,508	6,831	6,642	6,342	6,160	5,955	5,846	5,648	5,506	5,224	4,738	4,694	4,658	4,403	4,402	4,272	4,062	3,943	3,630	3,449	3,292	3,305
	生活保護率	11.49	9.89	9.10	8.88	8.46	8.23	7.95	7.86	7.56	7.32	6.88	6.19	6.07	5.97	5.62	5.59	5.40	5.11	4.95	4.53	4.28	4.07	4.04
美浜町	保護世帯	112	97	100	95	103	107	112	117	118	105	118	118	121	110	106	105	118	119	114	106	94	91	83
	保護人員	328	257	263	229	238	263	249	242	234	190	224	225	226	226	213	225	257	257	253	223	193	205	180
	生活保護率	25.44	18.47	19.69	17.26	17.90	19.74	18.75	18.39	17.88	14.47	17.04	17.11	17.26	17.32	16.28	17.16	19.54	19.71	19.33	17.15	14.76	15.61	13.45
大飯町	保護世帯	62	56	42	43	44	50	44	43	40	52	52	48	41	39	37	34	28	24	23	21	22	24	22
	保護人員	184	141	97	92	100	107	121	83	81	81	89	85	68	66	55	56	45	38	42	34	37	36	32
	生活保護率	27.30	22.22	15.95	15.38	16.89	18.13	20.64	14.52	10.54	14.28	15.50	14.82	11.23	10.71	8.86	9.04	6.31	6.31	6.90	5.63	6.09	5.93	4.81
高浜町	保護世帯	55	58	60	62	66	61	59	61	69	77	78	64	64	53	52	52	56	56	45	41	34	32	37
	保護人員	159	147	143	143	142	125	120	108	122	133	128	99	90	88	90	79	92	105	92	79	66	64	69
	生活保護率	14.06	12.55	13.27	13.33	13.35	11.65	11.30	9.96	11.12	11.85	11.20	8.66	7.77	7.59	7.73	6.80	7.87	8.88	7.71	6.47	5.32	5.13	5.61
三方町	保護世帯	75	60	60	62	64	66	65	67	63	69	52	45	41	43	43	38	31	30	27	26	25	25	26
	保護人員	192	141	137	143	128	140	120	122	111	110	82	73	63	72	72	62	53	48	42	55	47	45	51
	生活保護率	17.59	12.80	13.02	13.73	12.40	13.71	11.88	12.19	11.11	11.01	8.19	7.33	6.41	7.34	7.37	6.32	5.42	4.80	4.21	5.50	4.74	4.57	5.14
上中町	保護世帯	58	59	53	46	50	57	61	59	64	61	57	44	46	46	43	40	37	29	27	22	16	15	17
	保護人員	164	158	129	107	102	109	114	106	112	109	95	64	72	73	69	62	58	45	43	36	25	19	25
	生活保護率	18.30	17.93	15.06	12.71	12.28	13.30	13.97	13.11	14.04	13.69	11.84	8.03	8.95	9.06	8.62	7.73	7.18	5.55	5.33	4.47	3.08	2.34	3.08
名田庄村	保護世帯	38	40	34	34	27	25	27	24	23	30	30	25	25	21	24	17	17	19	17	19	21	20	24
	保護人員	92	104	78	63	62	59	60	48	53	66	61	46	28	34	44	35	35	37	34	35	38	40	47
	生活保護率	21.59	25.97	19.80	16.55	16.63	15.95	16.40	13.43	14.95	18.76	17.60	13.33	8.19	9.98	13.16	10.64	10.68	11.82	10.90	11.13	12.20	12.95	14.96
丸岡町	保護世帯	99	92	81	83	94	94	93	84	91	87	91	81	82	92	99	94	88	80	82	80	64	62	55
	保護人員	224	201	171	173	190	192	169	152	144	158	156	127	126	148	158	142	136	124	121	119	100	94	92
	生活保護率	9.59	8.52	7.41	7.54	8.27	8.36	7.35	6.70	6.35	6.91	6.79	5.54	5.38	6.25	6.64	5.91	5.61	5.00	4.83	4.67	3.84	3.54	3.40
小浜市	保護世帯	234	211	198	195	200	195	224	206	187	197	182	185	172	143	115	100	99	93	93	80	76	84	80
	保護人員	641	553	498	458	471	455	400	360	361	331	327	301	301	233	173	148	154	161	157	139	136	155	148
	生活保護率	17.83	15.45	14.16	13.19	13.67	13.24	13.32	11.87	10.68	10.74	9.80	9.65	8.88	6.87	5.11	4.37	4.54	4.73	4.62	4.11	4.02	4.59	4.35
敦賀市	保護世帯	301	262	259	262	251	246	258	253	263	274	261	253	242	223	201	198	193	180	173	181	181	169	166
	保護人員	728	629	551	575	516	470	492	464	491	490	457	440	430	388	351	360	352	341	325	325	323	300	290
	生活保護率	13.33	11.22	10.11	10.57	9.40	8.46	8.76	8.22	8.62	8.55	7.88	7.46	7.14	6.33	5.67	5.79	5.64	5.51	5.24	5.20	5.13	4.72	4.42

▲福井県統計年鑑・福井県市町村勢要覧による（福井県・福井県統計協会発行）

▲保護率（人口千対）…小数点第3位を四捨五入

第1部　日雇労働者の生活問題と社会福祉の課題

市別・年度別にみた保護開始の職業別世帯数

市名	年度	小浜市							敦賀市							総計						
		日雇・臨時	内職	農林漁業	その他の自営	会社員	無職	合計	日雇・臨時	内職	農林漁業	その他の自営	会社員	無職	合計	日雇・臨時	内職	農林漁業	その他の自営	会社員	無職	合計
78																						
79																						
80																						
81		1	1				9	3	4	3				21	5	7	5	4			2	24
82		3	2				8	10	1	7	3	4		34	4	6	8			4	51	15	53
83		1	1	4			7	29	4	1	3	3	2	8	24	7	4	1	2	6	3	10	57
84		2	1				18	20	2		3	5	2	12	7	3	1	4			13	45
85		1	1	3	1		9	8				4	2	13	5	6		1			21	0	40
合計		6	5	9	3		29	96	4	8	21			123		6	13	14	1	15	0	219

市別・年度別・年齢別保護開始世帯数

市名	年	小浜市								敦賀市								総計							
		20歳未満	20〜30歳	30〜40歳	40〜50歳	50〜60歳	60〜70歳	70歳以上	合計	20歳未満	20〜30歳	30〜40歳	40〜50歳	50〜60歳	60〜70歳	70歳以上	合計	20歳未満	20〜30歳	30〜40歳	40〜50歳	50〜60歳	60〜70歳	70歳以上	合計
78																									
79																									
80						9			9		1	1	6	3	4		15		1	2	10	5	6		24
81		1	7	1	4	1	5	1	9	1	5	15	5	7	1	3	4	2	12	16	9	8	6	5	63
82		1	4	1	15	5	3	2	9	2	6	14	3	3			28	3	10	25	8	3	5	7	57
83										5	9	7	3	1	2		5	9	16	12	4	4	4	5	
84		4	7	5	13	2	0			5	9	7	3	1	2	5		9	16	12	4	4	4	5	
85		2	2	7	6	2	1		9	1	5	5	4	3	3	2	1	1	7	7	11	9	5	4	0
合計		2	18	25	23	15	13		96	5	22	49	22	20	5		123	7	40	74	45	35	18	0	219

▲　小浜市福祉事務所ケースワーカーより（1986.9.29.関係分）
▲　敦賀市福祉事務所担当者より（1987.2.9.関係分）

町村別・年度別にみた保護開始の職業別世帯数

町村別・年度別・年齢別保護開始世帯数

▲ 福井県若狭福祉事務所保護課長より（1986．8．14．調査別）

町村別・年度別にみた保護開始の理由（日別世帯数）　No. 1

資料集

No. 2

▲「福井県社会福祉事務所保護課調べより」(1986.8.14 現在)

▲ 同一世帯に複数の保護理由がある場合、その理由ごとに一世帯として集計した。

▲ 総合計の上欄はその年度の合計数を、下段には該当実世帯数を記入した。

市別・年度別にみた保護開始の理由別世帯数

▲ 小浜市福祉事務所ケースワーカーより（1986.9.29 聞き取り）

▲ 数値は福祉事務所担当者より（1987.2.9 聞き取り）

▲ 同一世帯に複数の保護開始理由がある場合、その理由ごとに一世帯として集計した。

▲ 総合計の欄の上段にはその年度の合計世帯数を、下段には該当世帯数を記入した。

職業別にみた保護世帯対象の年齢階級別・性別世帯数

豊資市

年度		8 1 年 度								8 2 年 度								8 3 年 度								8 4 年 度								8 5 年 度								総 合 計							
性別	年齢 \ 業	自営				日やとい	稲農業	漁その他	合計	自営				日やとい	稲農業	漁その他	合計	自営				日やとい	稲農業	漁その他	合計	自営				日やとい	稲農業	漁その他	合計	自営				日やとい	稲農業	漁その他	合計	自営				日やとい	稲農業	漁その他	合計
男	20歳未満																																									1							1
	2 0 － 2 9																							1								1															1	1
	3 0 － 3 9			1	1				2			3	3			1	4			1	1			1	2			1	1	2			3			2	2	1	1		4		2	2	3	4			6	11
	4 0 － 4 9	2			2			1	3			1	1			2	3			2	2			3	9	1		1	1	2	1		5			4	3				7	1	2	3	1	5			17	27
	5 0 － 5 9	1			1			1	2			1	1			1	3			3	3			1	1	1		6	6	1			1	6	1			3	8	1		2	3	8	1		23	34
	6 0 － 6 9							1	1			2	2	1		1	1			4	4	3			3			1	1	6			1	1	6			1	6	1	6		1	3	1	5
	7 0 歳 以 上							1	1			1	1	1			1			1	1	1			1					2					1	1	2			1	2
	計	2		1	2	1		7	8	1	5	10	6	5		8	15	3	2	1	3	2		3	14	1	8	7	11		1	1	1	1	7	12	6	3	4	77	72
女	20歳未満																																								4								4
	2 0 － 2 9							1	1			1	1			1				1	1			1			1	1			3			1	1	3	1	1	2	1	1		1	2
	3 0 － 3 9							1	1			1	1			3	3			1	5	1		1	5	1		5	2			6	1	2	6	1	5	1	1	2
	4 0 － 4 9	3			3			1	3	1		2	2	1		2	3			1	2			3	1	1		2	5	1		2	4	1	2	4	1	3	5	1	5
	5 0 － 5 9	1		1	1			1	2			2	2			2	2	1			1	1	1		1	3	1	1	3	1	1	3	1	1	1
	6 0 － 6 9	1		1	1			1	2			3	3			3	3	2			2	2		2	2			1	6	1	0
	7 0 歳 以 上																											2	2	1			1	1	2	2	1	6	1	0	3
	計	1	4	1	1			8	25		4	11	4	4	1	11	4	2	3	10	1	4	1	24	1	3	1	33	2	1	4	14	5	1
総 合 計		3	4	3		2	12	15	10	65	32	17	34	14	4	12	33	28	52	12	30	14	1	35	25	84	5	4	21	43	23	16	84	82	123

▲教育市福祉事務所担当者より　（1967. 2. 9 現況別）

職業別にみた保護開始の年齢階級別・性別世帯数

小　浜　市

▲小浜市福祉事務所ケースワーカーより（1986.9.29　現在）

職業別にみた保護開始世帯の年齢階級別・性別世帯数

美 浜 町

▲福井県若狭地域保健福祉事務所保護台帳より（ 1986.8.14 聴取○ ）

職業階級別にこみた保護開始の年齢階級別・性別世帯数

三方町

▲福井県若狭福祉事務所保護開始票より（1966.8.14　地方30(7)）

職業別にみた保護開始時の年齢階級別・性別世帯数

上中町

年度	性別	年齢	78年度 計	79年度 計	80年度 計	81年度 計	82年度 計	83年度 計	84年度 計	85年度 計	総合計
	男	20歳未満									
		20－29			1					1	1
		30－39			1					1	1
		40－49	1	1					1		2
		50－59			1			1			3
		60－69	1			1				1	1
		70歳以上		1	1	1					2 2
		計	1	2	1	3		2 2	2	1 1 3	4 10
	女	20歳未満									
		20－29	1	1						1	1
		30－39									
		40－49	1	1	1				1	1	2
		50－59									
		60－69									
		70歳以上									2 2
		計	2	2	1			2 2	1	1 2	2 5
		総合計	1 2 1	2 4	1 2 3	1 1		2 2	2 1 3	1 2 31	6 15

▲福井県社会福祉事務所保護票より（ 1986.8.14 　懇3以20 ）

第1部　日雇労働者の生活問題と社会福祉の課題

職業別にみた保護開始台帳の年齢階級別・性別世帯数

名　田　庄　村

年度 性別 年齢		78年度											計	79年度 計	80年度 計	81年度 計	82年度 計	83年度 計	84年度 計	85年度 計	総合計
男	20歳未満																				
	20－29													1 1							1 1
	30－39						2						2		1 1	1 1				3	2 5
	40－49							1	1				1 1	1	1 1	1 1	1 1	1	2 1	1 1	4 7
	50－59																				2 2
	60－69																				1 1
	70歳以上																				
	合計						3	1	1				3 4	3 3	1 1 2	1 1 3	1 3	3	1 1 6	1 1 6	10 16
女	20歳未満																				
	20－29																	1			1
	30－39																				
	40－49						1	1					1 1				1	1 1	1 1	1 1	2 3
	50－59						1						1	1							2
	60－69															1				1	1
	70歳以上																				
	合計						1	1					1 2	1	1 1	1 1	1	1 2	1 3	1 3 1	3 3
総計						4	2					2 4 6	4 4	1 1 2	1 1 2	1 4	1 2	1 3 3	1 7 3	15 25

▲福井県若狭社会福祉事務所保護課調べより（1986.8.14　総括0/　）

資料集

職業別にみた保護開始の年齢階級別・性別世帯数

大飯町

年度		78年度		79年度		80年度		81年度		82年度		83年度		84年度		85年度		総合計	
性別	年齢	自営	日雇	自営	日雇	自営	日雇	自営	日雇	自営	日雇	自営	日雇	自営	日雇	自営	日雇	自営	日雇
男	20歳未満																		
	20-29																		1
	30-39							1											2
	40-49					1										1		2	3
	50-59	2			2		1		1								1	2	4
	60-69					1	1	1	1		1	1	1	1		1	1	2	4
	70歳以上																		12
	合計	2			2	2	1	1	3		1	1	2	2		1	3	6	12
女	20歳未満																		
	20-29																		1
	30-39																		2
	40-49											1						2	3
	50-59			1	1	1		1				1				1		2	3
	60-69																		
	70歳以上							1		1						1	1	6	9
	合計	2		1	1	1		1	1	1		2		1		2	1	12	12
総合計																			21

▲福井県若狭福祉事務所保護課長より（1986.8.14　聴き取り）

245

第1部　日雇労働者の生活問題と社会福祉の課題

職業別にみた保護開始時の年齢階級別・性別世帯数

高　浜　町

年度	性別	年齢	78年度			79年度			80年度			81年度			82年度			83年度			84年度			85年度			合計		
			日雇	自営	計	日雇	自営	計	日雇	自営	計	日雇	自営	計	日雇	自営	計	日雇	自営	計	日雇	自営	計	日雇	自営	計	日雇	自営	計

▲福井県社会福祉事務所保護課調べより（　1986.8.14　現況　）

敦賀市・職業別引保護開始の理由別世帯数

理由 ＼ 年度	81年度 合計	82年度 合計	83年度 合計	84年度 合計	85年度 合計	総合計 合計
世帯主の傷病（精神を除く）	7	7	9	16	8	69
世帯員の傷病（精神を除く）	2	2	2	3	3	7
精神・障害による世帯主						
アルコール依存による世帯主	6	3	6	4	3	21
その他世帯主の病気		1	1	1	1	2
計	15	9	13	11	14	103
働き手の死亡・送りによる収入の減少						10
働き手の転職による収入の減少		2	5		3	10
手持ち金の減少・喪失	1	1	3	2	1	14
病気以外の高齢による世帯主の労働	2	3	4	1	3	4
世帯主の障害	1	1	1	1		2
知人による世帯主の失踪						5
急迫保護・世帯主の拘留・生計中心者	1	1	1	2	3	8
失業	1	1	1	1		2
離婚	2	1		1		6
事業不振または倒産・多子世帯		1	1		1	1
世帯主の死亡	3				5	7
その他		7	7	4	6	18
計						
総合計（実数）	24	15				123

▲敦賀市福祉事務所担当者より（ 1987. 2. 9 　総3400 ）

▲同一世帯が複数の理由に該当する場合、各該当理由ごとに一件として集計した。

▲総合計（実数）は、実世帯数である。

小浜市・職業別保護開始の理由別世帯数

▲小浜市福祉事務所ケースワーカーより（1986.9.29聴き取り）
▲同一世帯が複数の理由に該当する場合、各該当理由に一件として集計した。
▲総合計（実数）は、実世帯数である。

町村別・職業別保護開始の理由別世帯数

年度 1978

町村名		美浜町		大飯町		高浜町		三方町		上中町		名田庄村		総合計		合計	
職業 理由		無職	計	無職 その他	計	自営 無職 その他	計	自営 日やとい 雇 無職 その他	計	自営 無職 その他	計	自営 日やとい 雇 無職 その他	計	自営 無職 その他	計	自営 無職 その他	計
傷病（精神を除く）	世帯主の傷病（精神を除く）	9	14	5			1	1	2	1 1 1	3	13		1	1 3 13	7 2 2	
	世帯員の傷病（精神を除く）	1	2	1			1	1	1	1	1	2			1	1 1	4
精神による	世帯主・員の病		2	2		1	2	2	2		2 2				2 2	6	6
	世帯主・員の病																
	世帯主のアルコール依存		1		1												2
	世帯の病弱	10					1	1		1	1	1		1	1 1	1 15 34	
	計		8 18	8	1		1	1		1	7 16	4	1 15	34			
収入の減少・喪失	仕送りの減少または喪失		2 2	2		2 1			2					2	2 2		
	働きによる収入の減少・喪失									3		2		5			
	手持ち金の減少		2	2		1		1		2		1			7		
に よる	世帯員の高齢による	2	4	2		1	1	1	1	1	2		3	5			
	世帯主・員の障害による	1	2	1		1		1	1	1		1		3	6		
	世帯主の疾病		1	1		1			1	1				1	2		
	世帯主の犯罪による拘留																
	世帯主または世帯中心者の失踪					1	1		1					1 1	2	2	
	離婚													1 1	2	2	
	事業・失業・その他	1	1	1			1					1			1		
	負債または借金																
	多子世帯																
死亡	世帯主の死亡																
	その他	4															
	合計		6 10	6	2		4	2 4	2	2 2	1	5 11		2 14 32			
		14	28	14	3		5	3 4	2	3 3		8 12 27		3 29 66			
総合計（実数）		11	22	11	2		3	1 3	1	2 1		4 6 19		1 20 45			

▲福井県若狭福祉事務所保護課長より（1966.8.14 惣3402 ）
▲同一世帯が複数の理由に該当する場合、各該当理由に1件として集計した。
▲総合計（実数）は、実世帯数である。

町村別・職業別保護開始の理由別世帯数

1979 年度

町村名 理由	美名町		浜		大町		飯坂		高町		浜		三方町		上町		中町		名田庄村		総村		合計	
世帯主の傷病（精神を除く）	7				2	9			1	1	1	1	12	6							1	9	11	7	20
病気世帯員の傷病（精神を除く）	3		1			4					1	1	1	1		1					1	4	2	7
に世帯主・員の精神障害											1	1									1		1	1
よる世帯主・員のアルコール依存			1			1			1	1	1	1								1	1	2
る世帯主の老衰	10		2		2	14			1	1	11	11	13	7	1	4	4	13	13	1	11	30
計																						
仕送り収入の減少又は喪失	1					1							1	1	1	1					1	1
働きによる収入の減少又は喪失	1				1	1	2	2	1	1	1	1	1		2	3	3	1	1	8	13
手持ち金の減少又は喪失	1				2	3	1	1	1	1				3	3	1	6	7
に傷病高齢による労働困難	1					1	1	1	1	1			1	2	3
よる世帯主・員の障害																					
犯罪による拘留					2	2			1					1			1		2	3
生計中心者の失踪																					
世帯主の離婚																					
事業又は事業の失敗									5									5
な多子世帯主の死亡							2	2	1	2	3	9		1	1	2
ど その他								1	2	1	5		1	1	2
計	3	2		6	9	4	4	2	2	8	2	2	8	2	6	5	2	2	19	32
総合計		2	1	8	23	5	5	5	2	3	4	15	3	9	10	18	2	3	2	1	2	3	22	30	62
（実世帯数）	10	1		6	17	2	2	1	1	2	8	3	1	5	4	4	14	1	2	1	12	11	15	36

▲福井県社会福祉事務所保護課長より 1986.8.14 現況（？）
▲同一世帯が複数の理由に該当する場合、各該当理由毎に一件として集計した。
▲総合計（実数）は、実世帯数である。

町村別・職業別保護開始の理由別世帯数

1980 年度

理由＼町村	美名	浜	大町	敷	高町	袋	三町	方町	上町	中	名田庄村	総合計
世帯主の疾病（精神を除く）	5 1		6		1		1 2		1 3		7 1	2 12
世帯員の疾病（精神を除く）		1 1	2	1	1	1	1			1 1	1 1	1 4
世帯主・員の精神疾患	1		1						1	1 1		1 2
世帯主・員の疾病等	1		1					1		1	1 1	2
世帯主のアルコール依存	1	1										2
世帯主の疾病		1	1		1	2	2	1	1 1	2	1 1	2 15
合計	6 2	2 1	11	1	1	2	2 2	1	2 5	2 2	1 8 2	4 22
仕送りの減少による収入の減少						1 2	3 1		1		2 2	7
働き手の減少による収入の減少		1 1	2								1 1	5 8
稼働収入の減少金による		2 2	2	1	1		1		2	1 1	2	6 7
世帯主・員が高齢による	1	2 3	3		1		1		2	1	1	2 3
世帯主・員による労働困難							1		1 1			
犯罪による世帯主の拘留・拘禁						1 1	1 1	1	1 1	1	1	1 1
生計中心者の離婚	1 1	1	1 1	1	1 1	1	1	1		1		1 1
事業・失敗		1	1	1			1 1			1		1 2
多子または借金		1 1	1 1	2				1		1	1	1 2
世帯主の死亡												
その他	2 1	6 9	2 1	1 2	2 5	3 6	6 2	1	3 6	2	1 3	17 31
合計	8 3	16 20	6 2	1 2	2 6	3 8	6 8	1	5 11	3 5	3 5	1.22 53
総数（実数）	7 2	13 14	13 14	1 1	1 3	3 4	6 2	1	3 5	2 3	13 11	1.11 30

▲福井県若狭福祉事務所保護課長より（ 1996.8.14 聞き取り ）

▲同一世帯が複数の理由に該当する場合、各該当理由ごとに一件として集計した。

▲総合計（実数）は、実世帯数である。

町村別・職業別・保護開始の理由別世帯数

年度 1981

▲福井県嶺南福祉事務所保護課課長より（ 1986.8.14 聴取り ）

▲同一世帯が複数の理由に該当する場合、各該当理由に一件として集計した。

▲総合計（実数）は、実世帯数である。

町村別・職業別・保護開始の理由別・世帯数

年度　1982

理由	美									大									坂									芦原町									三方町									上中町									名田庄									庄田									村									総合									合計	
	自営	日雇内職	農業	会社	漁業	人業	雇人	無職	計																																																																														合	計

※ 表中の各町村ごとに「自営・日雇内職・農業・会社・漁業・雇人・無職・その他・計」の職業別区分を持つ統計表。

主な保護開始の理由（行項目）
- 世帯主の傷病（精神を除く）
- 世帯員の傷病（精神を除く）
- 世帯主の精神疾病による
- 世帯員の精神疾病による
- 世帯主・員のアルコール依存による
- 世帯主の失職
- 仕送り・収入の減少による（計）
- 働き手の死亡による
- 収入の減少による
- 手持ち金の減少による
- 高齢による
- 勤労による困難
- 世帯主・員による
- 犯罪による拘留
- 世帯主拘留中心者の
- 失職
- 離婚
- 事業・業失・多額な借金
- 世帯主の死亡
- その他
- 合計
- 総数（実数）

▲福井県若狭健康福祉事務所保護課長より（1986.8.14　聴取）
▲同一世帯が複数の理由に該当する場合、各該当理由により一件として集計した。
▲総合計（実数）は、実世帯数である。

町村別・職業別保護開始の理由別世帯数
1983 年度

▲福井県数福祉事務所保護課長より（1986.8.14 地域MO ）
▲同一世帯が複数の理由に該当する場合、各該当理由より一件として集計した。
▲総合計（実数）は、実世帯数である。

町村別・職業別保護開始の理由別世帯数　年度　1984

町村	美浜						大飯町						敦賀						高浜町						三方町						上中町						名田庄町						総合						合計	
職業＼理由	自営(内訳)日々内職	農・漁業	日雇人	常傭	その他職員	無職 合 計	自	農漁	日雇	常傭	職員	無職 合	自	農漁	日雇	常傭	職員	無職 合	自	農漁	日雇	常傭	職員	無職 合	自	農漁	日雇	常傭	職員	無職 合	自	農漁	日雇	常傭	職員	無職 合	自	農漁	日雇	常傭	職員	無職 合	自	農漁	日雇	常傭	職員	無職 合	その他	合 計
疾病（精神を除く）世帯主の傷病						4						1 5												1 1						1						2 1					2	1				1	1	6	1 1	6	15
疾病（精神を除く）世帯員の傷病						1						1												1 1												1											2				2
に精神・障害の者世帯主・員の	1																													2 2												2					1	2		2
よる世帯主のアルコール依存																														1											3 2					1	3		3
る世帯主の老衰																																																	
計						5						1 6												1 1						1 2						1 2					4 5	1				1	10 1	9	1 1	9	22
稼働による収入の減少　世帯主の失職																																																	
収入の減少　その他の失職																							1 1						2						1 3					3 2					1	3 4	3		3	1
稼働　手持ち金等の減少												1 1												1 1						1 1											1 3					1	3 4				9
稼働による　廃業失業　高齢・労働による困難																							1 1						1 1						1 1											3			3	3
に障害による者												1 1												1 1						1 1											2 3					1	1 1	1		1	3
よる犯罪による者　世帯主拘留																							1 1						1						1					1						1	1		1	2
世帯主中心者の失踪																							1 1						1						1											1				2
ら離婚												2 2																		1 1																	2 3				3
まはた事業・借金																																																	
な多子世帯																																																	
ど世帯主の死亡																							1 1						1 1						1					3 2					1	1				1
いその他																							1 1						1 1						1 1					1 1						1				1
合　計						5						6 6												2 2						6 7						2 4					6 5	3				1	4 2	25		16	24
総合計（実数）						5						7 12												2 2						10 12						3 6					8 14	3				1	14 3	46		25	46

▲福井県若狭福祉事務所保護課長より（1986.8.14　聞き取り）
▲同一世帯が複数の理由に該当する場合、各該当理由ごとに一件として集計した。
▲総合計（実数）は、実世帯数である。

第1部　日雇労働者の生活問題と社会福祉の課題

町村別・職業別引保護開始の理由別世帯数　1985 年度

▲福井県敦賀福祉事務所保護課長より（1986.8.14 聞き取り）
▲同一世帯が複数の理由に該当する場合、各該当理由に一件として集計した。
▲総合計（実数）は、実世帯数である。

(資料 12) 事業所数・農家戸数の推移
(福井県) (単位%)

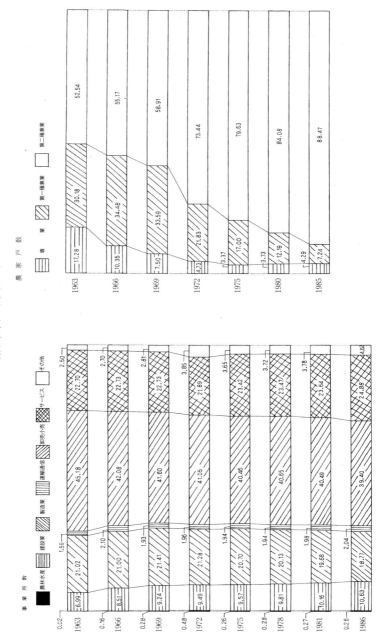

257

第1部　日雇労働者の生活問題と社会福祉の課題

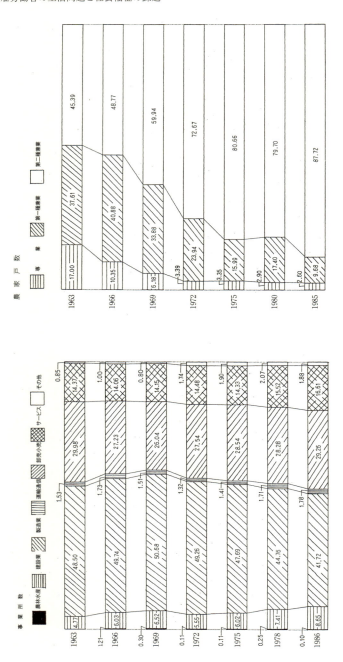

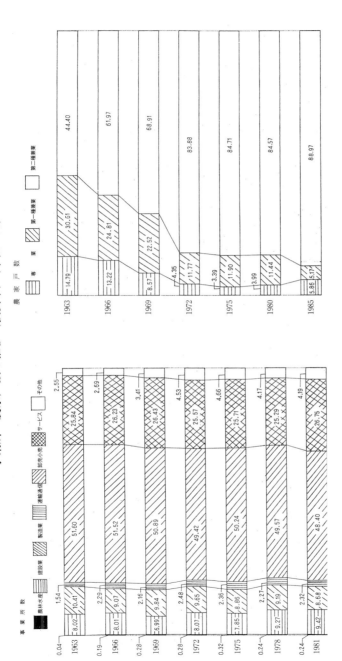

事業所・農家戸数の推移（敦賀市）（単位：％）

第1部　日雇労働者の生活問題と社会福祉の課題

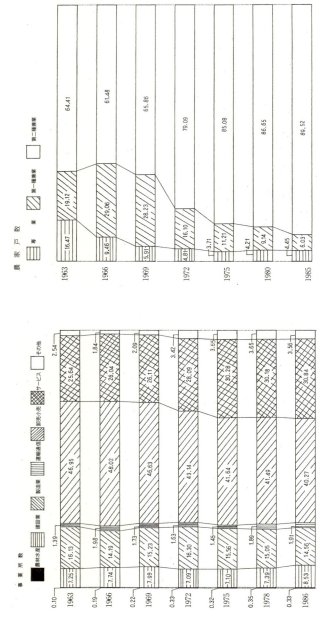

事業所・農家戸数の推移（小浜市）（単位：％）

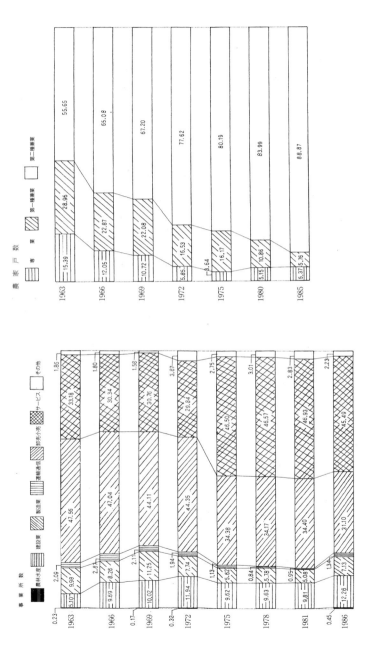

事業所数・農家戸数の推移（美浜町）（単位：％）

事業所数・農家戸数の推移（三方町）（単位：％）

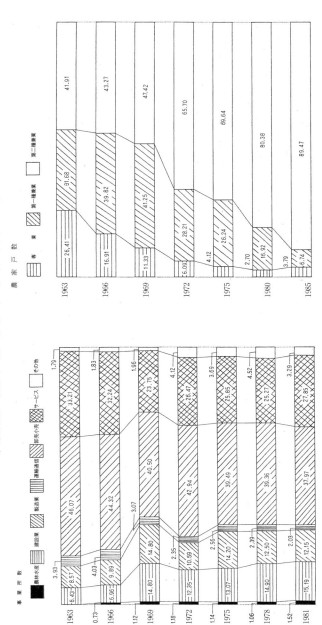

事業所数・農家戸数の推移（上中町）（単位：％）

事業所数・農家戸数の推移（名田庄村）（単位：％）

農家戸数

凡例：専業　第一種兼業　第二種兼業

年	専業	第一種兼業	第二種兼業
1963	4.71	8.79	86.50
1966	1.44	11.96	86.60
1969	2.42	7.11	90.47
1972	2.41	3.05	94.54
1975	2.89	3.74	93.37
1980	4.23	3.65	92.12
1985	5.98	3.51	90.51

事業所数

凡例：農林水産　建設業　製造業　運輸通信　卸売小売　サービス　その他

年	農林水産	建設業	製造業	運輸通信	卸売小売	サービス	その他
1963	0.58	15.00	5.63	36.67		41.67	0.83
1966	1.59	24.42	2.33	30.23	1.74	40.12	0.58
1969	2.19	24.87	6.88	35.97	1.59	28.57	0.53
1972	3.35	19.13	12.02	27.87	1.64	30.05	7.10
1975	3.24	18.99	13.41	28.49	1.68	26.25	7.82
1978	1.98	20.00	16.22	24.32	2.16	26.49	7.57
1986		21.79	19.81	24.75	3.96	24.75	3.96

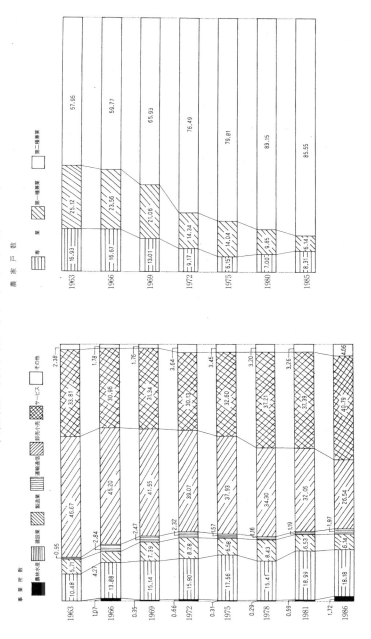

事業所・農家戸数の推移（高浜町）（単位：％）

農家戸数

凡例：専業　第一種兼業　第二種兼業

	専業	第一種兼業	第二種兼業
1963	13.33	23.46	63.21
1966	10.49	26.75	62.76
1969	7.15	18.47	74.38
1972	6.17	13.85	79.98
1975	5.38	16.05	78.57
1980	5.27	9.46	85.27
1985	7.25	3.84	88.91

事業所数

凡例：農林水産　建設業　製造業　運輸通信　卸売小売　サービス　その他

	農林水産	建設業	製造業	運輸通信	卸売小売	サービス	その他
1963		8.87		0.74	50.25	32.76	1.72
1966	7.25	8.79		1.98	48.79	31.21	1.98
1969	0.36	17.17	8.23	2.50	42.58	28.09	1.07
1972	0.17	16.08	9.54	2.65	40.64	27.74	3.18
1975	0.09	7.44	19.70	1.49	65.32		1.58
1978	0.09	7.51	21.25	1.37	64.29		1.28
1981	0.10	7.75	22.97	1.43	62.30		1.34
1986	0.10	8.62	26.44	1.57	55.92		2.55
		4.80					

以上、第1部第1章の表1-3「事業所数・農家戸数の推移」より作成
出所は各年度版福井県市町村勢要覧

(資料13) 事業所及び農家等従業者数の推移
(福井県) (単位：％)

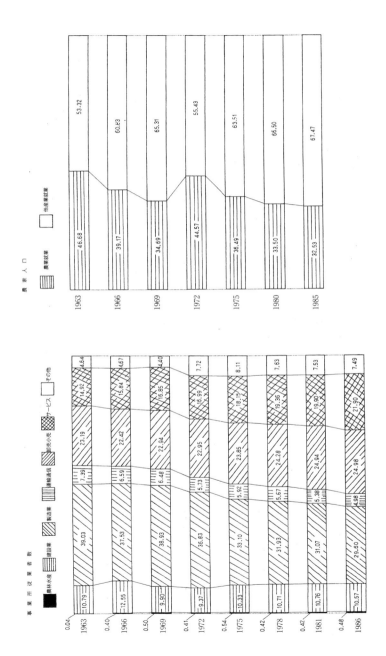

第1部　日雇労働者の生活問題と社会福祉の課題

事業所及び農家等従業者数の推移（丸岡町）（単位：％）

農家人口

凡例：農業就業／他産業就業

年	農業就業	他産業就業
1963	45.87	54.13
1966	39.69	60.31
1969	32.47	67.53
1972	40.39	59.61
1975	33.22	66.78
1980	31.94	68.06
1985	30.24	69.76

事業所従業者数

凡例：農林水産／建設業／製造業／運輸通信／卸売・小売／サービス／その他

年	農林水産	建設業	製造業	運輸通信	卸売・小売	サービス	その他
1963		5.30	63.10	2.53	16.42	10.37	2.28
1966	0.18	6.60	61.84	2.68	15.21	10.57	2.92
1969	0.27	6.99	62.53	2.97	14.34	10.29	2.61
1972	0.23	7.38	57.61	2.63	15.51	11.51	5.13
1975	0.33	8.52	52.05	3.28	17.56	12.02	6.24
1978	0.16	9.92	49.18	3.59	17.84	14.00	5.31
1981	0.02	9.67	45.03	3.04	21.14	15.55	5.28

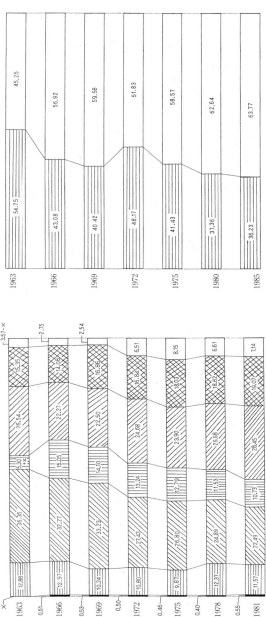

事業所及び農家等従業者数の推移（敦賀市）（単位：％）

第1部　日雇労働者の生活問題と社会福祉の課題

事業所及び農家等従業者数の推移（小浜市）（単位：％）

農 家 人 口

農業就業　　他産業就業

	農業就業	他産業就業
1963	43.80	56.20
1966	26.92	73.08
1969	35.77	64.23
1972	39.37	60.63
1975	35.94	64.06
1980	32.95	67.05
1985	30.77	69.23

事 業 所 従 業 者 数

農林水産　建設業　製造業　運輸通信　卸売小売　サービス　その他

	農林水産	建設業	製造業	運輸通信	卸売小売	サービス	その他
1963	0.36	10.46＋×	33.40	3.85	27.66	18.17	6.09＋×
1966	0.50	16.53＋×	28.70	6.31	26.18	18.06	3.72
1969	0.12	9.18	36.62	5.11	26.48	19.11	3.38
1972	0.37	8.51	35.75	4.30	23.16	20.56	7.35
1975	0.28	8.20	34.60	4.41	24.03	20.55	7.39
1978	0.64	9.75	31.99	4.15	25.81	21.08	6.58
1981	0.27	10.30	28.62	3.98	26.74	22.81	7.28

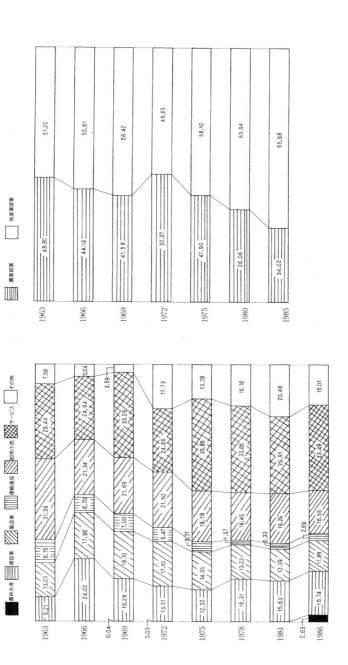

第1部　日雇労働者の生活問題と社会福祉の課題

事業所及び農家等従業者数の推移（三方町）（単位：％）

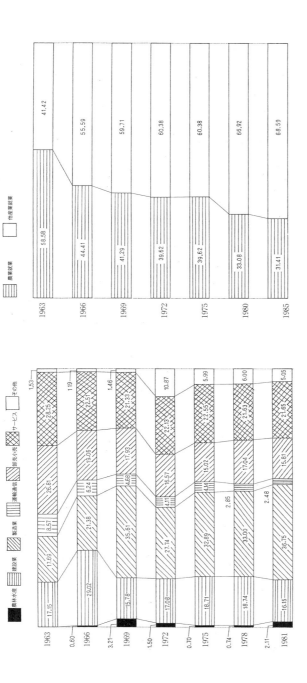

第1部　日雇労働者の生活問題と社会福祉の課題

事業所及び農家等従業者数の推移（名田庄村）（単位：％）

農業人口

凡例：農業就業、他産業就業

年	農業就業	他産業就業
1963	27.60	72.40
1966	21.06	78.94
1969	24.29	75.71
1972	25.90	74.10
1975	28.03	71.97
1980	27.92	72.08
1985	29.55	70.45

事業所従業者数

凡例：農林水産、建設業、製造業、運輸通信、卸売小売、サービス、その他

年	農林水産	建設業	製造業	運輸通信	卸売小売	サービス	その他
1963	2.96	51.53		5.77	17.84	23.60	1.26＝x
1966		51.98	4.44		16.17	20.25	0.25
1969	5.77	34.34		18.30	19.64	17.51	0.22
1972	3.44	31.06	3.82	25.29	11.27	16.5?	6.60
1975	7.4?	21.58	3.68	32.00	12.78	15.95	6.85
1978	7.60	23.30	2.33	33.03	9.93	16.21	7.60
1981	3.46	26.31	2.57	34.42	11.18	15.83	6.23

274

事業所及び農家等従業者数の推移（大飯町）（単位：％）

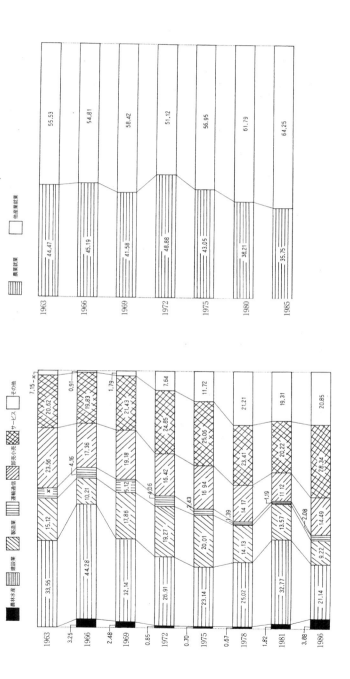

資料集

275

第1部　日雇労働者の生活問題と社会福祉の課題

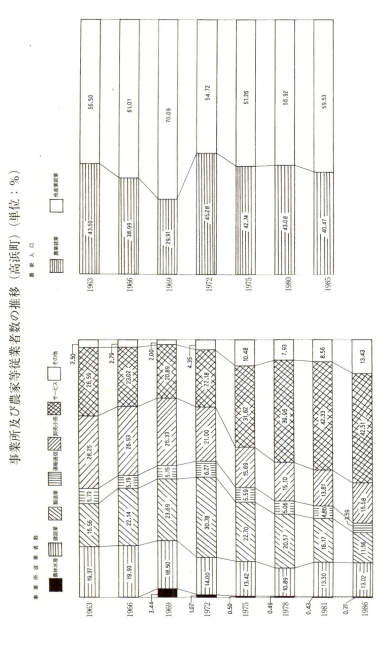

資料集

（資料14）電源交付金関係諸表

高浜町　電源三法による整備事業

（単位：千円）

	番号	内容	事業量		総事業費	交付金	施行年度
スポーツレクリエーション施設	21	運動場（関谷）	運動場面積 排水口 照明設備工 外柵工 便所・器具	705㎡ 144m 2基 120.5m	10,295	10,295	56
	22	遊歩道	舗装	W = 3.0m L = 1,300m	17,562	17,562	56
	23	総合運動場	野球場 駐車場その他 テニスコート2面 電気工事一式	16,151.3㎡ 4,363.5㎡ 1,525.7㎡	300,960	300,960	57
	24	運動場（六路谷）	A = 1,460㎡ 排水工 外柵工	68 m 34m	5,400	5,400	57

＊運輸一般関西地区生コン支部原子力発電所分科会資料（1984.11.28　大阪通産局にて転記されたものである。）

高浜3・4号機に係る電源立地促進対策交付金

（単位：千円）

年度 自治体	80 年度	81 年度	82 年度	83 年度	83 年度までの計 (A)	84 年度以降の交付金額 (B)	計 (A)+(B)
高 浜 町	1,071,528	1,343,498	1,652,543	538,305	4,605,874	1,980,126	6,586,000
小 浜 市	217,510	115,382	797,430	133,678	1,264,000	0	1,264,000
上 中 町	19,100	427,915	249,926	273,059	970,000	0	970,000
名田庄村	296,200	75,500	330,000	305,300	1,007,000	0	1,007,000
大 飯 町	7,000	466,500	137,310	222,000	832,945	311,190	1,144,000
県	227,500	477,906	170,182	87,357	962,945	246,055	1,209,000
合 計	1,838,838	2,906,701	3,337,391	1,559,699	9,642,629	2,537,371	12,180,000

277

第1部　日雇労働者の生活問題と社会福祉の課題

美浜3号機に係る電源立地促進交付金

（単位：千円）

自治体＼年度	74 年度	75 年度	76 年度	77 年度	計
美浜町	240,500	66,641	350,138	0	657,279
敦賀市	0	105,000	62,933	0	167,933
三方町	0	75,600	46,000	39,106	160,706
計	240,500	247,241	459,071	39,106	985,918

敦賀2号機に係る電源立地促進対策交付金

（単位：千円）

自治体＼年度	82 年度	83 年度	83 年度までの計（A）	84 年度以降の交付金額（B）	計（A＋B）
敦 賀 市	861,111	1,310,012	2,171,123	2,213,677	4,384,800
武 生 市	0	65,000	65,000	85,000	150,000
池 田 町	0	0	0	90,000	90,000
南 条 町	0	20,000	20,000	115,000	135,000
今 庄 町	160,256	130,000	236,406	429,594	666,000
河 野 村	115,612	141,006	256,618	429,382	686,000
越 前 町	36,299	257,500	293,799	336,201	630,000
三 方 町	14,000	20,000	34,000	623,000	657,000
美 浜 町	7,700	77,500	85,200	607,800	693,000
県	84,800	218,978	303,778	579,159	882,937
合 計	1,225,778	2,240,146	3,465,924	5,508,813	9,974,737

高浜1・2号機、大飯1・2号機に係る電源立地促進対策交付金

(単位　千円)

自治体＼年度	74年度	75年度	76年度	77年度	78年度	79年度	計
大飯町	156,200	474,310	609,285	167,000	330,616	117,855	1,855,266
高浜町	0	132,000	451,977	93,861	0	0	677,838
小浜市	0	85,750	253,213	66,147	0	0	405,110
上中町	0	101,400	161,395	33,139	0	0	295,934
名田庄村	0	207,058	23,600	61,838	0	0	292,496
県	0	0	0	39,546	0	0	39,546
合　計	156,200	1,000,518	1,499,470	461,531	330,616	117,855	3,566,190

美浜3号機に係る整備計画及び交付実績額

(単位　千円)

用途＼交付額	整備計画				交付実績					
	事業件数	総事業費	交付金(A)	構成比	74年度	75年度	76年度	77年度	計(A)	(B/A)
道　路	8	94,408	94,133	9.5	1,400	60,301	32,432		94,133	
漁　港										
水　道	1	51,137	50,539	5.1			50,539		50,539	
通　信										
スポーツ又はレクリエーション施設	1	30,750	29,500	3.0			29,500		29,500	
環境衛生施設	1	51,824	39,106	4.0				39,106	39,106	
教育文化施設	5	884,820	653,340	66.3	239,100	119,340	294,900		294,900	
社会福祉施設										
消防に関する施設										
国土保全施設		116,700	116,700	11.3		65,000	51,700		51,700	
産業の振興に寄与する施設	2	2,600	2,600	0.3		2,600			2,600	
(未計画分)	1									
合　計	19	1,192,239	985,918	100.0	240,500	247,241	459,071	39,106	985,918	100.0

第1部　日雇労働者の生活問題と社会福祉の課題

敦賀2号機に係る整備計画及び交付実績額

（単位　千円）

交付額／用途	事業件数	整備計画 総事業費	交付金(A)	構成比	交付実績 82年度	83年度	計(A)	残(A)-(B)	(B/A)
道　路	13	331,570	319,570	3.6	29,170	50,361	79,531	240,039	24.9
漁　港	1	20,000	20,000	0.2		19,800	19,800	200	99.0
水　道	4	775,984	731,486	8.2	26,686	55,450	82,136	649,350	11.2
通　信									
スポーツ又はレクリエーション施設	9	731,825	691,025	7.7	102,078	235,471	337,549	353,476	48.8
環境衛生施設									
教育文化施設	24	4,061,412	3,726,728	41.5	164,984	1,092,686	1,092,686	2,469,058	33.7
社会福祉施設	4	492,600	332,900	3.7		15,000	15,000	317,900	4.5
消防に関する施設									
国土保全施設	14	872,536	872,536	9.7	152,591	212,978	365,569	506,967	41.9
産業の振興に寄与する施設	8	2,053,560	1,757,432	19.6	750,269	558,400	1,308,669	448,763	74.5
（未計画分）			523,060	5.8				523,060	-
合　計	77	9,339,487	8,974,737	100.0	1,225,778	2,240,146	3,465,924	5,508,813	38.6

高浜1・2号機、大飯1・2号機に係る整備計画及び交付実績額

（単位　千円）

交付額／用途	事業件数	整備計画 総事業費	交付金(A)	構成比	交付実績 74年度	75年度	76年度	77年度	78年度	79年度
道　路	10	71,565	66,865	1.9			66,865			
漁　港	1	123,800	123,800	3.5			123,800			
水　道	1	2,803,394	677,838	19.0		132,000	451,977	93,861		
通　信	1	233,222	117,855	3.3						117,855
スポーツ又はレクリエーション施設	3	392,131	271,078	7.6		105,250	112,750		53,078	
環境衛生施設	1	243,950	230,973	6.5					230,973	
教育文化施設	12	2,172,276	1,935,013	54.3	156,200	763,268	721,980	247,000	46,565	
社会福祉施設	1	97,000	88,963	2.5			88,963			
消防に関する施設										
国土保全施設										
産業の振興に寄与する施設	1	56,297	56,805	1.5				53,805		
（未計画分）										
合　計	31	6,193,635	3,566,190	100.0	156,200	1,000,518	1,499,470	461,531	330,616	117,855

280

資料集

高浜3・4号機に係る整備計画及び交付実績額

（単位　千円）

交付額　　用途	事業件数	整 備 計 画			交 付 実 績						
		総事業費	交付金(A)	構成比	80年度	81年度	82年度	83年度	計(A)	残(A)-(B)	(B/A)
道　　路	55	2,906,050	2,852,785	23.4	444,916	931,800	525,757	269,173	2,171,646	681,139	76.1
漁　　港	12	591,960	591,960	4.9	279,800	196,060	13,000	43,800	505,760	86,200	85.4
水　　道	10	838,250	595,717	4.9	479,921	54,173	61,623		595,717	0	100.0
通　　信	1	778,200	778,200	6.4		184,600	593,600		778,200	0	100.0
スポーツ又はレクリエーション施設	8	484,110	479,370	3.9		37,575	306,360	13,831	357,766	121,604	74.5
環境衛生施設	13	217,316	184,789	1.5	32,185	40,318	6,986	105,300	184,789	0	100.0
教育文化施設	25	4,046,568	3,667,378	30.1	388,340	960,467	1,262,434	825,437	3,436,678	230,700	93.7
社会福祉施設	5	924,005	723,695	5.9			99,005	200,000	299,005	424,690	41.3
消防に関する施設	1	405,285	350,000	2.9			350,000		350,000	0	100.0
国土保全施設	3	155,159	155,159	1.3	111,636	20,116		19,127	150,879	4,280	97.2
産業の振興に寄与する施設	61	1,717,979	1,600,947	13.1	101,940	508,592	118,626	83,031	812,189	788,758	50.7
（未計画分）			200,000	1.6						200,000	-
合　　計	198	13,064,882	12,180,000	100.0	1,838,838	2,906,701	3,337,391	1,559,699	9,642,629	2,537,371	79.7

281

第1部　日雇労働者の生活問題と社会福祉の課題

（資料15）原子力発電所と被曝労働者にかかわる用語一覧

01）核種

　原子番号Ｚと中性子Ｎにより分類される原子の種類を核種と呼ぶ。核種は、放射性崩壊をしない安定核種と放射性崩壊をする不安定な放射性核種に大別される。後者はさらに、天然に存在する天然放射性核種と、人工的な核反応によって生成する人工放射性核種に分類される。

02）稼動率

　原子力発電所の稼動率を示す指標として、年間設備利用率がある。

03）許容被曝線量と許容集積線量

　日本の法律では、放射線作業従事者の被曝について、次のように定めている。(1)一定期間内における許容被曝線量　３カ月間に３レム。ただし、①皮膚のみの被曝＝３カ月に８レム、②手、前曝、足または足関節のみの被曝＝３カ月に20レム、③妊娠可能な女子の腹部の被曝＝３カ月に1.3レム、④妊娠中の女子の腹部＝妊娠から出産の期間に１レム、(2)一定時点までの許容集積線量　Ｎを年齢、Ｄを許容集積線量（レム）とするときＤ＝５（Ｎ－18）。過去の被曝が明らかでない場合は、１年につき５レムの割合で被曝したものとみなす。(3)緊急作業にかかわる許容被曝線量　12レム。また、管理区域随時立入者および放射性廃棄物の廃棄の業に従事する者についての許容被曝線量は、１年につき1.5レム（ただし、皮膚のみの被曝の場合は３レム）としている。

　現在、放射線作業従事者の線量限度について、(1)の規定を廃止し、(2)を「年間５レム」の表現に改訂する動きがある。

04）軽水炉

　炉内で発生する冷却水蒸気で直接発電機のタービンをまわす沸騰水型炉と、一度熱交換器を通して二次冷却水を沸騰させ、その水蒸気によってタービンをまわす加圧水型炉とに分けられる。

282

05）原子力委員会

科学技術庁長官である国務大臣を委員長とし、委員長および国会の同意を得て内閣総理大臣が任命する委員4人で構成され、原子力の研究、開発および利用に関する重要事項について企画し、審議し、決定する権限を有している。

06）原子力安全委員会

国会の同意を得て内閣総理大臣が任命する5人の委員で構成され（委員長は互選によって常勤の委員から選出される）、原子力の開発利用に関する政策のうち、①安全の確保のための規制などの政策に関すること、②核燃料物質および原子炉に関する規制のうち、安全確保のための規制に関することなどの事項について企画し、審議し、決定することを所掌事務としている。

07）国際放射線防護委員会（ICRP）

International Commission on Radiological Protection といい、国際放射線医学会議に設置されている専門委員会のひとつで、1928年に国際エックス線およびラジウム防護委員会として発足して以来、放射線防護に関する国際勧告活動を通じて各国の関連法規の枠組を与えるなど、拘束力は持たない任意団体ではあるが、大きな影響力を持っている。被曝線量制限に関するICRPの勧告は、1950年代以来 to the lowest possible level から as low as practicable へ、そして as low as readily achievable と表現を変えてきており、原子力発電開発の商業化の進展に伴う経済優先主義的傾向という批判がある。

08）線量限度

従来「許容線量」と呼ばれていた概念で、個人の被曝に対して決められた線量の限度値。ICRP の線量制限体系の一つの要件。線量の値をシーベルト（Sv）またはレム（rem）で表した場合の限度は、線量当量限度と呼ばれる。

09）敦賀原発事故

1981年3月8日に、原電敦賀発電所の放射性廃液処理建屋内にあるフィルタースラッジ貯蔵タンク室において、放射性廃液があふれ、この一部が一般排水路を通して浦底湾内に放出され、これが約1カ月後に、福井県衛生研

第1部　日雇労働者の生活問題と社会福祉の課題

究所が定期的に行っているホンダワラの放射能分析によって発見された。事故発見の経緯、環境への放出の経路、放射性廃棄物の処理等の点で多くの教訓を与えた事故である。

10）定期検査

　原発は定常運転に入ると、一定期間ごとに停止してプラント各部の試験運転を行う。この定期検査には、設置者が自主的に行う定期自主検査と、法律（電気事業法）に基づいて行われる法定検査とがある。

11）電源三法交付金

　原子力開発促進にかかる法律としては、発電用施設周辺地域整備法、電源開発促進税法、同特別会計法などがある。これらの法律に基づいて、電源三法交付金がある。同交付金は、原則として発電の種類別に定められた単価・係数に基づいて算出された額が地元市町村および周辺市町村に交付される。しかし、交付期間は、発電用施設の設置の工事開始年度から運転開始5年後までで、実際には10数年間であり、また、その使途が公共用施設に限定され市町村が自由に使うことはできず、さらに国庫補助がついた事業に充てれば、その分国庫補助金が削られる仕組みになっている。しかも、交付金が切れれば、あとは施設の維持管理費のみが毎年かさむことになり、長期的にはむしろ自治体財政を圧迫することになるといわれている。

12）低人口地帯

　わが国の場合、1964年に原子力委員会が定めた原子炉立地審査指針に基づいて立地の規制がなされている。この指針によれば、①重大事故の場合全身25レム、甲状腺（小児）150レムの被曝を受ける距離までを非居住区域とする　②仮想事故の場合全身25レム、甲状腺（成人）300レムの被曝を受ける距離までを低人口地帯とする　③人口密集地から一定の距離はなれていること、となっている。このうち②の低人口地帯とは「著しい放射線災害を与えないために適切な措置を講じうる地帯」と同指針で定義されている。

13）人・レム

284

資料集

　ある集団について、集団を構成する個々人が受けた線量の合計を集団線量（または集合線量）という。線量を線量当量（単位、シーベルトまたはレム）として表した場合は集団線量と呼ばれ、「人・シーベルト」または「人・レム」で表される。

14）非破壊法

　ある施設の査察においては、施設側の記録を検認すると同時に、主要測定点において測定を行う必要がある。また核物質の移動の有無や同一性を保証する他の手段として、「封じ込め」や「監視＝サーベイランス」も併用される。測定方法は、破壊法と非破壊法に大別される。非破壊法には、核物質中に含まれている特定の核種が放射性壊変に伴って発生する放射線を検出するパッシブ法と中性子線やガンマ線を試料に照射して核反応を起こさせ、その際生成する放射能を測定するアクティブ法とがある。

15）フィルムバッジ

　放射線が写真フィルムに入射すると潜像ができ、これを現像すれば黒化する。被曝線量の測定に広く用いられているフィルムバッジは、この写真作用を利用した線量計である。

16）放射線

　可視光線や紫外線などの電磁波や、電子や中性子などの素粒子またはその複合体の流れを広い意味で放射線と呼ぶ。放射線は、原子や分子を電離するに足る十分なエネルギーをもつ電離放射線とそうしたエネルギーをもたない非電離放射線に大別されるが、一般には電離放射線を単に放射線と呼ぶことが多い。

17）放射能

　不安定な核種が放射線の放出を伴って別の種類の核種に変化する（放射性崩壊）性質を放射能と呼ぶ。放射能の強さは、単位時間当たりに放射性崩壊する原子数、すなわち崩壊率で表すが、この量も放射能と呼ばれる。

285

第1部　日雇労働者の生活問題と社会福祉の課題

18) ポケット線量計

　放射線作業者が受ける被曝線量を測定するための携帯用小型電離箱式放射線計で、万年筆のようにポケットに装着して用いる。

19) レム

　人体に対する放射線の効果は、吸収線量が等しくとも放射線の種類やエネルギーにより異なることが知られている。そのため放射線防護の目的から、種々の放射線被曝に対し生物学的危険度（線質係数）の違いによる重みづけをした尺度が必要であり、これを線量当量という。（線量当量）＝（吸収線量）×（線量係数）×（その他修正係数）と定義され、その単位は吸収線量がグレイのときにはシーベルトである。従来から使用されている線量当量の単位はレムで、これは吸収線量がラドのときの単位である。シーベルトとレムの換算は1シーベルト＝100レムである。

　▲ここに掲げた19種の「用語」はすべて、日本科学者会議編『原子力発電　知る・考える・調べる』合同出版　1985から、拙稿に必要と思われるものを抽出した。

（資料16）原子力に関する略年表（福井県内原子力発電所の歩みとの関連で）

項目／年	県 行政・企業等の動き	県 社会問題と住民・専門家等の動き	国内 行政・企業等の動き	国内 社会問題と住民・専門家等の動き	世界	社会情勢
1928					― 国際放射線防護委員会（ICRP）、職業人の放射線許容線量を示し勧告する(3)	
1942					12. ― シカゴ大学で世界最初の原子炉が始動する(7)	
1945					7. 16 米. 世界初の原爆実験(4) 8. 6 ウラン原爆を広島に投下(3) 8. 9 プルトニウム原爆を長崎に投下する(3)	8. 15 日本、無条件降伏。敗戦(3) 11. 2 財閥解体(2) 12. ― 労働組合法（翌3月実施）(23)
1946				米占領軍、理化学研究所のサイクロンを海中破棄する(3) 5. ― 広島、長崎に白血病患者が出始める(2)	7. 1 米、ビキニ環礁で原爆実験開始(4) 12. 14 ソ連の第1号原子炉が臨界(4)	9. ― 労働関係調整法(23) 11. 3 日本国憲法公布(23)
1947					2. 2 原爆委員会 日本の原子力研究禁止決議(2) 8. 15 英、第1号原子炉が臨界(4)	4. ― 独占禁止法公布(23) 4. ― 労働基準法(23)
1948	7. 7 福井市、全国初の公安条例公布(2)				12. 15 仏、第1号原子炉が臨界(4)	12. 24 岸信介、笹川良一、児玉誉士夫らのA級戦犯釈放(2) ― ナイロン靴下、プラスチック食器登場(2)
1949					8. 26 ソ連、第1回原爆実験(4)	6. 18 独禁法改正、制限緩和(2)

第1部　日雇労働者の生活問題と社会福祉の課題

1950

6. 25　朝鮮戦争はじまる(2)
7. －　総評結成大会(23)
10. －　レッド・パージ、一万名追放解除(23)

1. 31　トルーマン、水爆製造を指令(4)

1956

11. 19　東海道本線電化完成(15)
－　三種の神器(テレビ、電気洗濯機、電気冷蔵庫)の普及はじまる(2)

5. 23　英、コールダーホール発電所1号機発電開始(15)

7. 29　IAEA(国際原子力機関)発足(9)

7. 17　原子力研究再開(2)

1. 1　原子力委員会発足、原子力三法施行、原子力局設置(原子力局設置)(15)
3. 1　日本原子力産業会議(原産)発足(15)
4. 30　日本原子力研究所法、核燃料物質開発促進法、原子力燃料公社法成立(10)
5. 19　科学技術庁発足(9)
6. 15　特殊法人日本原子力研究所発足(10)
7. 1　通産省公益事業局原子力研究準備室設置(10)
8. 10　原子力燃料公社発足(後に動燃事業団に統合)(10)
10. 26　国際原子力機構(IAEA)憲章に調印(9)

1957

4. －　自治労、第1回地方自治研(自治研)(23)
－　第1回集会全国集会(自治研)(23)

1. 13　第1回原子力シンポジウム(学術会議主催)(10)

12. 12　原産・中部原子力懇談会発足(10)
12. 12　関西原子力懇談会発足(10)

3. 7　原子力委員会、原子力発電の早期導入方針を決定(15)
5. 7　岸首相、自衛のための核装備はできると言明(2)
6. 10　原子炉等規制法、放射線障害防止法公布(3)
6. 28　日本原子力平和利用基金(10)
6. 29　放射線審議会設置(15)

－　知事を会長とする福井県原子力懇談会設置(5)

1958

12. 11 100円硬貨発行される (15)

10. 7 英国、ウィンズケール原発で事故発生 (7)
10. 10 英プルトニウム生産炉で燃料溶融事故。炉閉鎖 (3)
12. 5 ソ連原子力砕氷船レーニン号進水 (10)
12. 18 米、初のシッピングポート発電所運転開始 (15)

2. 14 日本原子力学会創立 (10)

8. 21 原子力委員長 (正力松太郎) と経済企画庁長 (河野一郎) との間で論争となっていた性格が、大組織の発電炉受入主導型の株式会社案で一致 (10)
8. 27 研究炉第1号のJRR-1が臨界 (4)
9. - 関西電力に原子力部設置 (16)
11. 1 日本原子力発電株式会社 (原電) 発足 (15)
12. 23 第1回原子力白書発表 (10)

1959

10. - 日米安保条約改定交渉開始 (23)
12. 1 1万円札発行 (15)

1. 1 ユーラトム (欧州原子力共同体) 条約発効 (10)
3. 3 ソ連、核実験の一方的停止を宣言 (10)
6. 6 中国第1号原子炉完成 (10)
6. 16 日米、日英原子力協力協定調印 (2)
8. 13 米英、1カ年の核実験停止を声明 (10)
2. 4 英、ユーラトム原子力協定調印 (10)

4. 1 三菱原子力工業株発足 (10)
5. 12 住友原子力工業会発足 (10)
6. 14 米、ユーラトム原子力協定調印 (10)
6. 16 日米、日英原子力協力協定調印 (12.5 発効) (9)
8. 19 日本原子力船研究協会発足 (2)
8. 25 日本原子力事業株創立 (10)
9. 25 東京原子力産業会発足 (10)
10. 16 核燃料物質の輸出国有化を閣議決定 (10)

第1部　日雇労働者の生活問題と社会福祉の課題

3. ‐ 安保改定阻止国民会議結成(23)
4. ‐ 最低賃金法(23)
9. 26 伊勢湾台風(15)
6. 23 新安保条約批准書交換、発効(15)
9. 5 自民党、高度成長、所得倍増政策発表(19)
9. 10 カラーテレビ本放送を開始(15)
12. 27 閣議、国民所得倍増計画を決定(19)
12. ‐ インスタントラーメン、インスタントコーヒー等発売される(19)

7. 16 国際放射線防護委員会(ICRP)、放射線許容量について新勧告を採択(10)
2. 13 仏、第1回原爆実験(4)
4. 3 ソ、仏原子力研究協定調印(10)
11. 12 西独初のRWE社発電臨界(10)
1. 3 米SL1炉で臨界事故、3名死亡(4)
3. 7 西独国産1号炉臨界(10)

6. 1 日本放射線影響学会が発足(3)
2. 22 第1回原子力研究総会（原子力学会）発表会(10)

3. 24 日本、IAEA天然ウラン供給協定調印(10)
7. 9 日加原子力協定調印(9)
9. 1 通産省公益事業局原子力発電課設置。(9)
11. ‐ 大阪府立中央放射線研究所発足(10)
11. ‐ 原子力委員会、東海原発の安全専門部会、坂田昌一委員が各答申を不満とし て退任(2)
12. 14 原電、東海発電所の原子炉設置許可(10)
12. 18 住友原子力工業㈱発足(10)

10. 1 原研 JRR-2（CP-5）臨界(10)
‐ 科学技術庁、原子力産業会議に「原発大事故時の災害評価」を委託(3)
2. 8 原子力委、原子力開発利用長期計画を発表(10)

3. 23 旧川西町（現福井市）が嶺巣地点に関西研究用原子炉同誘致陳情書を、京都大学・科学技術庁、文部省・福井県に提出(8)

1960

1961

11. 14 通産省、出光興産に山口県徳山、岡山県水島の各石油コンビナート設置の方針決定（各地に2大石油化学コンビナート建設を含む）(19)
2. 1 東京都の常住人口1000万人を突破、世界最初の1000万人都市 (15)
3. － 東洋レーヨン名古屋工場、光合成法によるナイロンの生産を開始 (19)

5. 19 英ソ、原子力研究協力協定締結 (10)
7. 1 ベルギー一重水型材料試験炉臨界 (10)
10. 1 ソ連、インド原子力協定調印 (10)
4. 11 カナダ初の発電試験炉（NPD）臨界 (10)

4. 25 原子力委に原子炉安全専門審査会設置 (2)
6. 8 原子力損害賠償法成立 (2)
8. 12 政府、核燃料物質の民有化方針決める (10)
9. 6 文部省、国立大理工学部の原子力学科定員を翌年度には約3倍に拡大と決定 (2)
12. 5 第2回日米原子力産業合同会議で、米原子力委（AEC）が新燃料政策を発表 (10)

4. 9 原燃、人形峠のウラン鉱を経済的に使用するため目的的で温泉みゃも法に基づく中間貯蔵の建設計画を発表 (19)
5. 28 水上達三経済代表団、中共事案に対する同代表としてラモット下げるため、バルト…するとの発言 (2)

5. 22 丹生地区総会で誘致否決 (16)

3. 2 福井県開発公社と川西町議会関係地区代表との間に土地先買契約締結100万坪 (8)
10. － 関西電力は最有力地として丹生地区を選定 (16)

1962

5. 7 原電か県に地質地盤調査を申し入れ、協力方を依頼した (8)
5. 8 知事から敦賀市長、原電の計画を説明し協力方を依頼した (8)
5. 14 稲田実敦賀発電所建設について知事から協力を求める (5)
6. － 県知事、川西町誘致断念と敦賀半島を有力候補地と発表 (16)
6. － 福井県開発公社と敦賀市白木区住民と土地契約締結 (1)

第1部　日雇労働者の生活問題と社会福祉の課題

8. 8 経済企画庁、低開発地域の66地区を地区指定案。開発審議会に提示。8.16工業開発審議会、71地区を工業開発拠点として決定(19)

8. 30 国産旅客機60人乗りYS-11、試験飛行に成功(15)

12. 20 炭労、石炭政策に反対。大手13社ストへ(19)

3. 27 越前岬沖地震あり。敦賀市旧市街は比較的震害が少なかったが、震災当局の両地点は約、原地に近かったが、何ら被害はなかった(8)

8. － 原水禁9回大会(分裂)(23)

---

3. 11 アジア太平洋原子力会議開催(10)

4. 29 IAEAの原子力損害民事責任に関する条約のための会議が発足(10)

7. 17 スウェーデン・デンマークで発電、暖房二重目的の原子炉がストックホルム郊外オゲスタで臨界(10)

---

2. 22 第1回原子力総合シンポジウム開く(原子力学会)(10)

---

3. 26 日英原子力シンポジウム開催(10)

8. 17 日本原子力船開発事業団発足(3)

8. 22 原研動力試験炉臨界(2)

---

8. 27 敦賀地区労働組合評議会より、敦賀市長に対し原子力発電所の公開質問について我が堤出された(8)

---

6. 27 美浜町議会、臨時総会において「福井県核原子力開発計画に基づく原子力発電所を本町に誘致するものとする」と可決(5)

7. 10 美浜町定例会において原子力発電所誘致を可決。敦賀電気事業所設置条例を可決(5)

7. － 丹生地区で土地売買契約締結(16)

9. 21 敦賀市議会において原子力発電所誘致を決議(8)

11. 9 通産大臣、敦賀地区・美浜地区建設決定を関電・原電に発表。美浜ごと大阪、井で同時発表(東京)(8)

11. － 福井県・日本原電・関西電力の原子炉建設正式に発表(1)

7. 24 美浜町原子力委員会を設置。前の原子力発電所誘致対策委員会(5)

9. 1 つるが原子力展開幕。同月8日まで入場者2万人(8)

292

年					世界の動き
1964	9. 30 原電敦賀地点発電所敷地買収完了 (8)		11. 16 JPDRの勤務体制等でもめていた原研労使交渉が一応妥結をみる (10)		12. 7 東京地裁、原爆投下は、国際法違反として、原子力国に対する損害賠償請求は棄却 (19)
	6. 22 敦賀市議会において原子力発電所特別委員会設置 (8)	7. 8 京都大学原子炉実験所開所。(10)	7. 11 電気事業法公布 (10)	4. 15 インド、独力で核燃料再処理プラント完成 (10)	9. - 失業保険の引締強化 (23)
			7. 31 政府、10月26日を原子力の日とすることを閣議決定 (10)	8. 18 米核燃料有化法成立 (10)	10. 1 東海道新幹線営業開始 (19)
			8. 28 政府、米原潜の日本寄港を受諾 (10)	11. 12 米原潜が佐世保に初寄港 (4)	10. 10 第18回オリンピック東京大会開催 (15)
1965	5. 19 原電開発調査審議会(会長)内閣総理大臣)において敦賀地点が新規着工地点として承認された (8)	11. 12 米原潜シー・ドラゴン号が寄港。(7)	5. 4 原電東海発電所(GCR、16.6万KW)臨界 (15)	- ジュネーブで第3回原子力平和利用国際会議 (3)	2. 7 米、ベトナム戦争で北爆開始 (19)
	10. 6 ふくい原子力展を県会館で開催10月19日まで、入場者22,000人 (18)		8. 7 日本原子力普及センター発足 (2)		
	- 高浜町海地区で原発誘致の話あり (18)		11. 10 原電東海発電所、初発電に成功 (10)	11. 12 米AECo、原子力発電所の設計基準を公表 (10)	
			- 日本、再処理施設を計画へ (10)		
1966	1. - 高浜町小黒飯地区で原発誘致の話あり (1)	4. - 高浜町小黒飯地区住民、高浜町内で2300人の原発反対署名を集め、県と高浜町へ提出 (1)			
	3. 22 関電美浜原子力発電所運転用道路木線拡幅工事起工 (8)				
	4. 22 原電敦賀発電所建設工事着工 (8)				
	4. 27 関西電力、美浜1号機に加圧水型軽水炉(PWR)に決定 (15)				

5. 16 中国で文化大革命始まる (19)

8. 10 関西電力で夏季最大電力が冬季最大を上回る　全国ではじめて (19)
8. 18 低気圧が停滞、高気圧に覆われて異常高温 (8)
8. 26 100円札の廃止、閣議で決定 (15)

－ 3Cブーム（カー、クーラー、カラーテレビ）(2)
12. 31 テレビ受信契約約2000万突破、普及率83パーセント (2)

5. 13 東独、初の原子力発電所「レインスバーグAKW-1」運転開始 (15)
11. 24 国連政治委員会、核実験の全面停止を決議 (15)
6. 17 中国、水爆実験に成功と発表 (10)

8. 27 京都大学の原子炉が臨界 (10)
1. 31 愛媛県津島町の住民、四国電力原発計画をいっせいに断念さす (2)
2. 21 第1回原産年次大会開く　原研労組、勤務体制をめぐってJPDRでスト (10)

5. 11 東京電力、福島1号機に沸騰型軽水炉（BWR）を決定 (15)
3. 15 中国電力、島根発電所にBWR採用を決定 (10)
4. 1 原研大洗研究所開所 (10)
10. 2 原燃公社を動力炉核燃料開発事業団に改組 (4)
12. 11 電力8社、加デニソン社とウラン長期契約 (10)
2. 26 新日米原子力協定調印（7.10発効）(10)
3. 6 新日英原子力協定調印（10.15発効）(10)

4. － 小黒無地区、関電と土地売買協定を結ぶ (18)

5. 31 関電美浜発電所漁業関係補償本調印 (8)
7. 2 原発建設の諸問題の研究・対策のため美浜町原子力対策会議設立 (5)
9. － 綿日美浜町長、スイス・バーゼルでのジュネーブス66の原子力視察団に参加 (5)
10. － 高浜町議会、原発誘致を決議 (18)
12. － 美浜町原子力特別委員会と原子力提携して原子力教育委員会連絡協議会を結成 (5)

1967

5. 2 原電敦賀発電所（BWR）起工 (10)
5. 16 関電美浜発電所（PWR）起工 (10)
7. － 高浜町、関電と原発誘致協定に調印 (1)
11. 18 関電美浜発電所PRセンター落成披露 (8)

1968

資料集

7. 20 米のアポロ11号、月面に着陸 (15)

3. 14 「進歩と調和」をテーマに、日本万国博覧会開会 (15)

---

5. 25 スペイン初の原子力発電所臨界 (10)

6. 12 国連、核拡散防止条約（NPT）支持決議を可決 (10)

7. 1 核不拡散条約に米、英、ソ連が調印 (15)

11. 28 西ドイツ核拡散防止条約（NPT）に調印 (10)

---

7. 原研東海の研究炉で核燃料の板が続出した燃料を職場新聞に書いた職員に対し、3カ月の停職・譴責処分 (2)

2.

---

6. 5 全国原子力発電所所在市町村協議会（全原協）設立 (15)

7. 1 核不拡散条約に調印 (10)

7. 15 原子力委員会、特殊核物質の民間所有を実施 (10)

5. 1 通産省、海外におけるウラン探鉱に助成措置 (10)

6. 12 日本原子力普及及センター改組、日本原子力文化振興財団発足 (2)

7. 21 原研・JRR-1解体へ (15)

1. 12 動燃事業団の東海再処理工場に建設許可 (3)

2. 3 政府、核不拡散条約に調印 (10)

2. 13 高速増殖炉実験炉「常陽」設置許可 (4)

---

2. - 内外原発反対同盟結成。田烏地区小浜原発誘致反対署名を提出 (1)

11. 12 原研・JRR-1解体へ (15)

---

5. 10 関電美浜No.2原発工事許可を総理大臣並びに通産大臣から下附された (8)

9. 6 皇太子ご夫妻関電美浜電所工事状況視察 (8)

10. - 小浜市長、田烏・矢代地区へ原発誘致を要請 (1)

1969

4. 1 原電敦賀発電所PR館の整備完工。会館公開 (8)

4. - 大飯町議会、関電の原発誘致を決議 (1)

5. 16 関電美浜原子力発電所1号機着工式 (8)

10. 3 原電・敦賀発電所（BWR、35.7万kW）原子炉臨界 (10)

11. 16 関電美浜発電所初発電成功初送電 (8)

12. - 関電商美浜1号機（82.6万kW）設置許可 (1)

1970

3. 14 原電・敦賀発電所（BWR、35.7万kW）営業運転開始 (15)

第1部　日雇労働者の生活問題と社会福祉の課題

3.31 よど号事件、日航機「よど号」、赤軍派学生に乗っ取られる(15) 8.15 ニクソン米大統領、金・ドルの交換一時停止など、ドル防衛策発表(15)	4.7 米ＡＥＣ・ローレンス放射線研究所のゴフマン、タンプリン両博士が、原子力発電所の放出放射能を大幅に引き下げよとアピール(10) 5.15 海外ウラン資源開発(株)設立(10) 5.25 米ＡＥＣが模擬テスト中のＰＷＲ型ＥＣＣＳの不具合を認め、問題になる(10) 6.7 米ＡＥＣ、軽水型発電所の放射能放出基準を、従来の10分の1(年間5ミリレム)とする新指針を打ち出す(10)	7.15 東電福島発電所1号炉臨界(ＢＷＲ、46万kW)(10) 3.11 原電、「2000年にいたる原子力構想」を発表(10) 3.26 東京電力福島第一原子力発電所(ＢＷＲ、46万kW)営業運転開始(15) 7.1 原子力委員会、ＥＣＣＳ問題で委員長談話(①炉の停止や出力制限の必要はない②安全研究に万全を期すなど)(10)	5.- 大飯町で原発反対「住みよい町つくり会」が発足(1) 7.- 原発誘致の大飯町長、リコール運動中に辞任(1)	4.- 動燃事業団、高速増殖炉について教賀白木地区住民と建設調査の協定書交わす(1) 7.29 関電美浜発電所1号炉臨界(ＰＷＲ、34万kW)(10) 7.- 美浜1号機臨界(5) 8.8 美浜発電所1号機、発電に成功し万国博会場へ送電を開始(10) 11.28 関西電力美浜発電所1号機営業運転開始(初の加圧水型、34万kW)(9) 11.- 関電高浜原発2号機(82.6万kW)設置許可(10) 12.1 新型転換炉「ふげん」設置許可(10)

1971

2.19 連合赤軍の浅間山荘事件(15)

12.1 三菱原子燃料(株)発足(10)
12.10 原子力委員会、濃縮ウラン確保策として、対米協力、国際濃縮計画への参加、国際濃縮計画の推進の三本建てで進む方針を決める(10)
2.15 日本核燃料開発(株)発足(10)
2.16 動燃事業団プルトニウム燃料製造工場完成(10)
2.21 日豪原子力協力協定調印(7.28発効)(10)
2.26 日仏原子力協力協定調印(9.22発効)(10)

9.26 美浜町漁民総決起大会。約300人集まり、「原発は破壊されると同時に地域住民の健康と生活を脅かすもの」との大会宣言(18)
9.— 美浜町勤労漁協と日向漁協などの代表が参加して美浜町で3号機建設反対の署名を集め、3号機建設反対を2465名で美浜町議会に請願提出(18)
9.— 原発に働く人の多い地区の人々や関西電力の下請の人々らは900人の賛成の署名を集め、3号機の設置促進の請願を美浜町議会に行った(18)
10.— 日本科学者会議、大阪町で現地調査(18)
11.— 福井県及び京都府の若狭湾沿岸住民団体で「原発反対若狭連絡共闘会議」を結成(1)
11.— 高浜で原発反対「明るい町づくりの会」が発足(1)
11.— 原発反対「小浜市民の会」発足(1)

12.— 関電美浜原発3号機の敷地工事許可で美浜町議会が給料する(1)

1972
1.— 「美浜を明るくする会」などから出されていた3号機建設反対請願は、町議会で否決された(18)

5. 15　日米沖縄返還協定発効 (15)
─　ニクソン・ショック (3)
10. 17　石油ショック (2)

5. 13　ラルフ・ネーダーと地球の友がワシントンで特別地裁に、稼働中の原子炉20基の運転停止を提訴 (10)
9. 27　国際放射線防護委員会（ICRP）が、医療被曝放射線の破線量の危険性を指摘 (10)

8. 18　日本科学者会議、北海道岩内町で第1回原発問題シンポジウムを開催 (10)
8. 27　伊方1号原子炉設置許可取消訴訟提訴 (4)

6. 1　原子力発電訓練センター設立 (15)
7. 13　動燃の人形峠ウラニウム貫精鉱パイロット・プラント完成 (2)
─　原子力委員会、電調審で原子力発電所を初の建設　原子力利用長期計画を設定 (3)
7. 25　通産省にエネルギー庁を設置 (10)
9. 18　原子力委員会、福島第二発電所に関し初の公聴会を福島市で開く (10)
9. 25　「エネルギー白書」発表 (2)
10. 6　第4次中東戦争が物価、世界的な石油供給不安に陥る（第1次石油ショック）石油代替エネルギーとして原子力のウエイトが高まる (10)

6.　小浜市民が有権者過半数の請願署名を背景に鳥取原市長「と表明 (21)
3.　─ 美浜1号で核燃料棒の大折損事故（76年末まで隠蔽）(4)

3. ─　関電美浜3号機 (82.6万kW) 設置許可 (1)
4. 15　(財)核物質管理センター発足 (10)
4. 22　原田美浜町長、福井県の欧米原子力施設調査団に参加 (5)
6. ─　関電美浜1号機、蒸気発生器細管事故で運休 (1)
7. ─　関電美浜2号機 (50万kW)営業運転を開始 (1)
7. ─　関電大飯1・2号機 (117.5万kW 2基) 設置許可 (1)
10. ─　科学技術庁、敦賀・美浜地区への高速増殖炉の建設計画を明らかにする (1)

1973

─　大飯町長、科学者会議、ポリウレタン原発公民館の使用を認めず (18)
8. ─　日本科学者会議、原発反対で若狭湾共同調査会議を催し、小浜で若狭シンポジウムを全国で開く (1)
10. ─　美浜町で原発着沈究明の美浜集会を開く (1)

1974

11. 14 中東戦争によるアラブ石油諸国の石油供給削減、主婦ら各地で品不足のトイレットペーパー、洗剤、砂糖の買いだめ (15)
1. 16 電力・石油の使用節減強化で、東京暖房停止、大阪の国電一部暖房停止、NHKは夜11時放送打ち切り (15)
4. — 史上最大のゼネスト決行、81単産600万人が参加 (24)
11. 29 第一回合成洗剤追放全国集会 (2)
12. — 雇用保険法成立 (翌4月施行) (24)、戦後初のマイナス成長 (24)
3. — 企業倒産増大する (24)
3. 10 新幹線、博多まで開業 (15)
4. 30 南ベトナム全土解放 (2)

12. 28 米AEC、ECCSに関する新基準を発表 (10)
4. — 元ビキニ島住民の帰島はじまる (4)
5. 18 インドが平和利用目的の地下核実験を行ったと発表、カーター政府、インドへの原子力援助停止を声明 (10)
9. 30 第1回世界核医学会議開催 (2)
11. 18 国際エネルギー機関 (IEA) OECD内に設置 (15)
1. 29 米国が、エネルギー機構を改革、原子力委員会 (AEC) を廃し、エネルギー研究開発局 (ERDA) および原子力規制委員会 (NRC) を発足させる (10)
3. 22 米ブラウンズ・フェリー原発で大災害 (4)

11. 21 財界、エネルギー総合推進委員会を発足さす (2)
12. 22 第4次中東戦争の影響で、政府が石油緊急事態を告示
1. 29 日本分析化学研の米原潜事件暴露さる (3)
3. 29 中国電力島根発電所 (BWR, 46万kW) 営業運転に入る (10)
5. 1 日本分析センター設立 (10)
6. 6 電源三法 (発電用施設周辺地域整備法、電源開発促進税法、電源開発促進対策特別会計法) 公布 (10)
7. 1 通産省のサンシャイン計画スタート (10)
7. 16 日米エネルギー研究開発協力協定調印 (翌日発効) (10)
10. 29 放射線障害防止中央協議会設立 (10)

4. 15 71年5月に敦賀原発での被曝を被害幸事氏、病し損害賠償請求提訴 (2)
6. — 敦賀市白木地区の住民、高速増殖炉誘致を市へ陳情 (1)
7. 17 美浜1号、蒸気発生器細管破損により以後6年間運転停止 (4)

6. — 大島半島に通ずる青戸大橋完成 (1)
11. 14 関電高浜1号機 (PWR, 82.6万kW) 営業運転に入る (10)

1975

1. 7 福島第二原発1号機の設置に反対住民が、福島地裁に設置許可取消を求める行政訴訟 (10)
8. 24〜26 京都で原発の反原発全国集会 (4)

6. 30 原研安全性研究所NSRR臨界 (10)

8. — 敦賀市で第5回「公害と教育」全国集会 (1)

6. — 浦谷小浜市長「原発誘致の意志なし」と表発 (1)

第1部　日雇労働者の生活問題と社会福祉の課題

9. － 三木首相、「生活設計＜ライフ・サイクル＞計画」発表(24)	12. 19 英で日本からの使用済み核燃料再転換んだ貨物列車脱線。日本の核燃料輸入のうち反対の声をさらに強まる(2)	9. 4 動燃、東海処理工場のウラン以後テスト作業員の被曝を含む事故続出(2)	3. 17 中部電力関１号機(BWR、34万kW)営業運転に入る(10)	3. － 小浜市民の反対運動に応えて浦谷市長「原発による財源頼みより、市民の豊かさのための方策を取る。誘致はしない」と言明(2)
12. － 75年度版厚生白書、「高福祉高負担」を強調(24)	2. 2 米GE社の幹部技術者三名、原子力の安全性に責任を持てないとして辞職(2)		8. 8 核不拡散条約（NPT）批准(9)	6. － 敦賀市で高速増殖炉建設に反対する「敦賀市民の会」が発足(1)
2. － ロッキード疑獄発覚(24)	4. 7 米・カーター大統領、原子力政策発表（プルトニウム・リサイクル中止）(13)		6. 18 原子力委員会、新潟県の協議が得られず東電柏崎原発所の公聴会を断念(10)	7. － 原子力発電に反対する福井県県民会議が発足(1)
5. － 中高年齢者等雇用促進特別措置法一部改正(24)	5. 13 スウェーデンで反原発～16 国際会議(2)		6. － 日本の運転可能原発12基に(3)	12. 3 四年間開きっぱなしの関電美浜１号機の核燃料棒折損事故暴露(2)
10. 29 酒田市で大火(15)	9. 19 スウェーデン総選挙で原発推進の社民党敗れ、原発慎重の保守党が勝利(10)		7. 30 原子力行政懇話会、「原子力行政体制の強化」最終報告を提出(10)	
－ 春闘賃上げ率8.8%と１ケタ台に(労働省調べ)(24)			10. 8 原子力委員会、放射性廃棄物対策についての方針を決定。福井県会で第19回大会原子力関発の再検討を提言(10)	
			11. 12 動燃、独自に開発したウラン一貫精練装置（PNC法）完成。全プロセスを完成(10)	

1976

11. － 関電高浜２号機(82.6万kW)営業運転開始(1)

3. － 大阪郡高浜町議会、関電高浜原発3・4号機(67万kW2基)の増設誘致を決議(1)

10. 22 自治省、福井県の核燃料税新設を認可(10)

10. － 福井県に福井原子力センター完成(1)

資料集

1977					
9.14 EC（ヨーロッパ共同体）エネルギーの域外依存度を50％以下の低減目標を設定(15) 9.16 曲尺、尺貫法復活以来19年ぶり(15) 11.○ 閣議、第三次全国総合開発計画（三全総）決定「定住圏構想」掲げる(24)	3.12 米の原子力政策、ケルニー再処理凍結と高速増殖炉の開発延期を含む大統領エネルギー教書（カーター動向）(15) 4.○ 米カーター大統領、東海再処理工場運転再開をめぐり日米再処理交渉、不拡散を唱え、再処理工場運転(3) 7.○ ヨーロッパ5カ国、高速増殖炉協力協定締結、新会社設立へ向かう(10) 10.1 米エネルギー省（DOE）発足(10)	11.21 参院で九電川内原発における資料ねつ造証言(2) 11.25 女川町漁協総会、漁業に影響が出ているとする東北電力の原発着工をくい止め(15) 11.29 九社、9月決算更新して史上最高の利益(2) 3 電力月間決算更新して史上最高の利益(2)	1.○ 77年から改定された小中学校の新学習指導要領、高原子力教育では「エネルギー資源としての原子力」「資源・エネルギーの有効利用」（中学理科）「原子力の活用」（高校理科）などの項目が新設された(22) 4.4 佐世保市議会、原子力船「むつ」の修理受け入れを可決(10) 4.24 動燃事業団、高速増殖炉実験炉「常陽」（熱出力5万kW）臨界(15) 6.6 総合エネルギー調査会原子力部会、長期見通しを対米表（原子力発電は対米表は昭和60年度3,300万kW、65年度6,000万kW）(10) 9.22 動燃再処理工場が初運転開始(10) 9.30 四国電力伊方発電所1号機（PWR、56.6万KW）営業運転に入る(10) 10.4 原電北陸原子力懇談会が発足(10) 11.18 国家公安委員会、原子力利用の賛否を問う市条例制定を調印(10)	9.○ 原発反対住民会議、発新増設に反対する十万人署名を知事に提出(1) 11.○ 敦賀市民の会議、原発等の賛否を問う市条例制定を求める直接請求表を申請(1)	3.○ 敦賀市議会、浦底区から出いた「日本原電敦賀2号炉建設」を促進める陳情を採択(1) 9.12 福井県自民党総会、これ以上の原発は認めないと決定(2) 11.○ 敦賀市民会議、原発増設と原子力利用の建造物の賛否を問う市条例制定の直接請求表を申請(1)

301

第1部　日雇労働者の生活問題と社会福祉の課題

12.17　超高速鉄道リニアモーターカーの走行実験で世界初の浮上走行に成功(15)
12.－　日経連、78春闘ガイドゾーンを守らず決着した企業を存続を第一義とした企業ごとの決着打ち出す(24)

3.－　完全失業者14万人を超え、失業率2.12%を数え、20年来最悪を記録(24)

5.20　成田空港開港(15)

8.12　日中平和友好条約締結。北京での人民大会堂で調印、尖華両国外相調印(15)

1.24　ソ連の原子炉衛星カナダに落下(7)

3.－　マシューン製鉄会社、核開発参加者の被曝を追跡調査(4)

7.20　韓国初の原子力発電所古里1号機(PWR、595万kW)完成(10)

8.28～31　ビキニ島住民の強制再移住(4)

10.5　原子力発電問題の見解で二転三転、スリーデン内閣が総辞職(10)

4.25　伊方1号裁判で住民側敗訴、高裁に控訴(4)

5.14　豊北町長選で反原発派圧勝(4)

1.20　河本通産大臣らと懇談した東京電力平岩副社長は、おおい電気料金内年度手続きえ要望として立地要件簡素化を要望(22)

3.3　原子力委、長期計画委員会は、わが国の原子力発電開発は高速増殖炉路線であることを確認(10)

5.2　動燃がナトリウム共和国でウラン鉱区を取得と発表(10)

10.4　原子力委員会が改組、新たに原子力安全委員会が発足(10)

10.16　原子力船「むつ」修理のための佐世保港に入港(10)

3.－　敦賀市民の会、市条例制定直接請求を却下処分の取り消しを求める訴えを起こす(1)

3.－　原発反対県民会議、ムラサキツユクサによる環境放射能調査の実施を発表(1)

4.22　高浜3、4号炉になった高浜町に関西電力は、事前にしていた個人に手前に約5万円で売っていた原発反対の県民会議は5万枚のビラで住民に真相を伝えた(22)

5.－　関電から高浜町長の間に人口増設に伴う協力金について、住民監査を請求(1)

7.－　敦賀市役所に直接請訴訟の第1回口頭弁論開かれる(1)

10.－　原発反対県民会議、浜岡1号機運転再開抗議集会を開く(1)

1978

3.20　新型転換炉原型炉「ふげん」発電所臨界(9)

6.－　高浜町長、町議会で3・4号機増設に伴う関電の協力金9億円の使途を明らかにする(1)

10.－　1974年より運転停止していた関電高浜発電1号機、本格運転に備えてサイクリング運転に入る(1)

一　女子従業者数史上最高の2083万人と雇用労働者の3割を超す(24)

11. 5　オーストリア国民投票で原発運転にストップ(4)
11. 7　米オレゴン州で住民投票の結果、原発建設コストを電力料金に組み込むことを禁止(10)

12. 5　仏・中国間の原子炉輸出契約調印(10)
12. 18　海外ウラン資源開発(株)の参加するニジェール・アクータ鉱山が開所式(10)

1. 19　NRC(米原子力規制委)、ラスムッセン報告書の一部についての評価の変更分について持を撤回(10)

2. 18　スイスの原子力国民投票(51.2%対48.8%)で原発支持(10)
2. 28　米スリーマイル島原発で大小溶融事故(4)

2. 一　市川教授、ムラサキツユクサの突然変異率上昇は原発の影響による疑いが濃いと発表(1)

2. 52年現在の世界人口、41億2400万人と国連発表、都市では東京が2位(15)

5. 一　サラ金規制法案、自民党議員提案で衆院に提出(24)
5. 12　本四連絡橋、尾道ー今治ルートの大三島橋が開通、「夢のかけ橋」第1号(15)
6. 28　東京サミット(第5回主要先進国首脳会議)(10)
6. 28　OPEC総会、基準原油価格引き上げを決定、1バレル=18〜25.5ドルに(15)

---

11. 1　放射線従事者中央登録センターが被曝線量登録を開始(10)
11. 28　東海第二発電所がわが国の原子力発電所の設備容量が1,000万kWを突破(10)

1. 4　通産省は、原子力発電の安全審査課と原子炉規制課を新設(9)
1. 22　通産省、原発立地点での公開ヒアリングの制度化を(10)
1. 26　原子力安全委、安全審査のダブルチェック審査の公開を決める(10)

---

11. 13　新型転換炉「ふげん」100%出力を達成(10)

1979

3. 27　関西電力、大飯発電所1号機(PWR、117.5万kW)営業運転開始(15)
3. 一　動燃新型転換炉「ふげん」本格運転開始(1)
4. 16　TMI事故にかんがみ、大飯1号機の運転を停止して安全解析を実施(10)
4. 一　小浜市、関電との間で「大飯原発の通報連絡等に関する協定」を締結(1)
5. 19　原子力安全委、大飯1号機の運転再開を承認(10)
6. 一　大飯原発1号機運転再開(1)

第1部　日雇労働者の生活問題と社会福祉の課題

				1980
8. — 経済審議会「新経済7カ年計画」を答申 (24)	7. 9 ベラウで非核憲法草案を住民投票で批准（圧倒的多数が賛成）(4)	11. 26 学術会議と原子力安全島原発開放に関する「学術シンポジウム」(4)	9. 12 動燃事業団・人形峠ウラン濃縮パイロットプラント第1期分、1000台が稼働 (15)	7. — 関電大飯発電1号機、わが国で初の非常用炉心冷装置（ECCS）が作動する事故を起こす (1)
10. 7 第35回総選挙（自民248、社会107、公明57、共産39、民社35、新自74、社民連2）(19)	7. 15 米カに、80年代に発電用石油を半減させる新エネルギー政策を発表 (10)		11. 4 原子力安全委、低レベル放射性廃棄物の海洋処分の安全性を確認 (10)	7. 12 高浜町の母親と子供たちを守る「母の会」（女性365人）が署名「高浜3・4号機増設の慎重な審査を不採択」を町議会に提出 (17)
12. — 住宅金融公庫、80年度より親子ローンの新設 (24)	10. 2 日米両政府が東海再処理工場運転期間延長で合意 (10)		12. 6 原研核燃合研修施設起工 (10)	3. 12 高浜町の母親グループ「高浜と子供を守る母の会」（女性365人）の署名「高浜3・4号機増設の慎重な審査」を町議会に提出 (17)
	— 7 NRC、TMI原発運転者メトロポリタン・エジソン社に15万5,000ドルの罰金を科す (10)		12. 18 原子炉等規制法一部改正施行、再処理民営化の道ひらく (10)	4. 教賀で原発行政訴訟広まる、市長の私的機関として教賀市民の会を参加させる条件で和解 (1)
	1. 24 米NRC特別調査グループ「原発安全上の最大の陥没は管理」との報告をまとめる (4)		1. 常陽実験炉「常陽」が定常運転に入る (10)	12. — 関電大飯原発2号機、営業運転を開始 (1)
	1. 27 デンマーク政府が原発メーカーの設計が原発を合意 (10)		2. 高速実験炉をまとめる (10)	1. 17 原子力安全委員会、高浜原発3、4号機増設でヒアリング第2次公開ヒアリングを開催 (15)
	2. 27 INFCE最終総会、平和利用と核不拡散の両立を合意 (15)		3. 民間の再処理事業をめざす日本原燃サービス会社発足 (10)	3. 13 高浜町議会、母親ら（女性365人の要望）の署名「高浜3・4号機増設の慎重な審査を不採択」(17)
	3. 23 スウェーデン国民投票「穏健な原発推進」を選択 (4)		4. 産業界の協力受注体制として原子力発電エンジニアリング会社発足 (10)	4. 8 関西電力高浜原子力3・4号機の増設で原発の私的諮問機関として、教賀市民の会等55年度の電力施設計画案を発表 (17)
				4. 23 関電、高浜原発3・4号機を高浜町にPRするパンフを公開配布（高浜・大飯には全戸、反対意見のあるものには送られていない）(17)

世界
7.5 厚生省発表の54年簡易生命表で、男は73.46歳、女性は78.89歳で世界1位、生命長で女性2位(15)

5.22 IEA閣僚理事会が、1990年の石油依存率を40%に減らすことをめる(10)
5.28 日中科学技術協力協定調印署名(10)
6.23 ベネチア・サミットで、1990年の石油依存率40%を達成するために、石炭と原子力の開発を各首相宣言を採択(15)
11.10 オーストラリアで原子力国民投票のやり直し請求の署名運動がはじまる(10)

8.14 南太平洋諸国首脳安全会議(グアム島)で、実証される1984年まで日本の放射性廃棄物海洋投分計画中止を要求することを決定(10)

5.14 石油代替エネルギー法案が成立(10)
5.15 同原、第46回中央評議会で原発推進の方針調認(10)
5.16 動燃、ザンビア共和国とウラン探査協定調印(10)
6.30 原子力安全委員会、原子力防災指針を決定(10)
7.29 原子力発電環境保全協議会が新設立を設置(10)
8.13 放射性廃棄物海洋処理問題で政府説明団が南太平洋地域に出発(10)
9.12 新エネルギー世界会議空間発電会社発足(10)
10. 動燃人形峠ウラン濃縮バイロット4,000万台体制へ(10)
11.11 学術審議会が大学の核融合研究で長期戦略を決め合同委員会で安全委員会の承認で6年ぶりに運転再開(10)

5.26 高浜1号機1次系でひび割れし、定検中の4月に各県に公表した(17)
7.25 原発反対県民会議(時岡国孝史代表委員)が「高浜3・4号機の耐震設計の基準に問題あり」と指摘(17)
7.28 原子力安全委、高浜3・4号機を審査する審査専門会合審で容申(第一信号)」(17)
8.4 高浜3・4号機の「原子炉設置許可申請中間中で着工の段取り、これで県内原発が11基、出力793万kWとなる(17)
9.4 高浜3・4号機の交付金総額146億円(17)
9.14 反原発中心会合で舞鶴市民参加し反原発デモ・シュプレヒコール(17)
10.13 高浜原発1号機、緊急炉心冷却装置の空気抜き管バルブから二次冷却水編れる(17)
11.1 高浜2号機連転速成。37日を運転休み(17)
11.10 通産省、高浜3・4号機の連転速成運転を認可(17)
27 大飯1号機、原子炉格納容器内に一次冷却水が編れる(17)
原発反対県民会議「住民ヒヤリング」を開く(1)

1981
20 日本原子力発電敦賀発電所第2次公開ヒヤリング開催(9)

第1部　日雇労働者の生活問題と社会福祉の課題

3. 16 臨時行政調査会（第2次）初会合(19) 会長土光敏夫

5. 仏大統領にミッテラン氏 当選(10)（社会党）

12. 12 米DOE、放射性廃棄物管理に関する最終環境声明で、地層処分が最善と結論(15)
1. 1 「ペラウ共和国が「独立」非核憲法成立(4)
20. 米大統領にロナルド・レーガン氏就任、原発救済が期待される(10)
3. 11 米RNC、病院や研究機関の低レベル廃棄物規制を緩和(10)
4. 3 米DOE、80年は初めて原子力発電が火力を上まわったと発表(10)
14. 米ペンシルバニア州保健省、TMI事故と幼児死亡率は無関係とする最終報告を発表(10)

3. 8 高知県望川町で原発推進町長リコール成立(3)
4. 19 高知県望川町で、藤戸進氏が町長に返り咲き(10)

14. 海洋投棄に関するロンドン条約、わが国について発効(9)
20. 電気事業連合会、将来濃縮ウランを国産化すると明らかにする基本方針を決定(10)
12. 11 原爆被爆者対策基本問題懇談会が厚生省に意見書被爆者の訴えを切りすてて(4)

5. 12 政府、原子力動力むつ新定係港候補地を関根浜に決定(10)

1. 18 高浜町内、原発3・4号機増設工事で作業員宿舎が急増(17)
3. 30 岩被爆訴訟で原告敗訴、高裁も控訴却下(4)
4. 1 原電敦賀事故隠し発電。ついて一連の事故隠し明るみに(3)
14. 福井県衛生研究所、原電敦賀発電所前面海域から異常放射能値を検出(15)
18. 敦賀原発の放射性廃液流出事故が発見(4)
5. 23 原発反対県民会議など、大阪1号機冷却水漏れと関電発表に対し「いらだち」と手情報に県などへ再調査要請(17)
- 小浜市民の会「TLD（熱蛍光線量計による原発周辺の放射能測定を開始(1)

21. 高浜原発の協力会行政訴訟、福井地裁が「出訴期限」過ぎ無効」と原告の訴え却下(17)
12. 5 高浜3・4号機建設始まる(17)
5. 11 原発、敦賀事故でてんやつ署を提出(10)
18. 通産省は、敦賀発電所の事故についての最終報告書を発表(9)
- 福井県、関電大飯3・4号機増設に伴う事前環境影響調査を認める(1)

6. 9 敦賀市で原発安全宣言大集会開く (10)

18 敦賀原発運転停止処分（～12.17）(4)

---

6. 5 原発反対県民会議、敦賀原発の一連の事故隠しとして原電本社鈴木社長、若狭原電敦賀発電所長らを電気事業法と原子炉等規制法違反の疑いで福井地検へ告発 (1)

・原発反対大人数集会を求めた10万人請願署名を中川知事に提出 (1)

7. 1 初の原発下請け労働組合結成 (3)

8. 31 大飯2号機、定検中に燃料被覆管に5センチの穴、放射性物質が漏出する事故が明らかに (17)

9. 14 原発設置反対小浜市民の会などと地元の問題を上げる大飯3・4号期問題を主体性ある判断をしくり上げる小浜市議会に要請 (17)

16 小浜市雲浜地区区長会、大飯町長、同町議会議長、大島漁協組長などに事前環境調査の不同意を要請する電報をうつ (17)

20 原発反対県民会議、ビラなどで大飯原発の事前調査の区長らとの懇談会を町議会に対する指弾の材料とすべきと町民に訴えてほしいと町民に呼びかける (17)

10. 9 大飯原発3・4号調査問題の区長らとの懇談会で町や町議会に対する指弾の材料とすべきと (17)

---

6. 23 関根浜漁協、もつと係留港調査受入れを決定 (10)

7. 9 電事連、敦賀事故に対応して保安管理体制整備などの対策をきめる (10)

17 日本、OECDの放射性廃棄物海洋投棄規制度に加盟 (3)

20 通産省、敦賀事故に対応して安全規制強化策を決定して了承を得る (10)

8. 28 東北電力巻原子力発電所1号機建設に伴う第1次公開ヒアリング開催 (9)

9. 2 日本原子力研究所に核プロジェクトが発足 (9)

10. 1 原子力発電電源周辺地域交付金削減をスタート (9)

---

6. 21 日向市で反ウラン市長当選 (4)

---

6. 7 イスラエル空軍機、イラクのタムーズ1号研究炉を爆破 (10)

7. 29 米で原発の使用済み燃料中のプルトニウムを軍事転用する計画が明るみに (4)

30 仏政府、10月国会の討議まで5地点18基の原発計画を凍結 (10)

8. 28 北海道岩内漁協、泊原発に条件つき賛成を (3)

9. 2 第3回太平洋地域省庁協議（グアム島）、低レベル放射性廃棄物海洋処分に反対 (10)

10. 30 日米両政府、東海再処理工場の運転を59年末まで延長ときめる (10)

---

8. 6 香川県仁尾町の電源開発会社太陽熱発電パイロットプラント、稼働開始（出力1000kW、4㎡の平面鏡807枚使用）(19)

11. 15 デモに米軍基地撤去デモ、20万人参加。フランドでもNATO加盟反対・反核デモ。11.21 アムステルダムで30万人の反核デモも、欧州各地で、平和運動広がる。(19)

2. 29 日航機、羽田沖に墜落 (15)

11. 2 豪レンジャー・ウラン鉱山が操業式 (10)

11 国連総会、原子力施設へ軍事攻撃禁止決議案を採択 (10)

1. 18 仏の高速増殖炉「スーパー・フェニックス」にロケット弾攻撃 (3)

25 米ヌネネィ発電所で蒸気発生器細管破損、放射能一時緊急事態宣言が発せられる (10)

3. 17 豪政府、確認埋蔵量世界最大のジャビルカ・ウラン鉱山の開発を許可 (10)

11. 5 東海村で初の大規模防災訓練を実施 (10)

12. 2 電気事業連合会費用の料金部会、再処理費用を提起 (10)

9 北海道電力泊発電所1・2号機建設に伴う第1次公開ヒアリング開催 (9)

1. 27 科技庁長官、電力業界にATR実証炉の建設を要請 (10)

3. 6 原子力委、廃炉対策専門部会発足。廃止措置について「原子炉報告書提出 (10)

26 北海道電力初の泊原子力発電所1、2号機が電縮プラント▶動燃ウラン濃縮プラント、7,000台で全面運転開始 (10)

14 大飯原発3・4号調査問題の各団体長との懇談会[積重ね]が始まる (17)

15 大飯町[住みよい町づくりの会、「大飯原発増設反対」金之ごと案内前調査不同意」を大阪住民とする大島地区一部住民、町議会に請願。95名の署名簿を大阪町、町議会に提出 (17)

22 大飯1号機、定検中、蒸気細管26本に異常を発見（さや管2本も脱落）(17)

11. 22 敦賀発電所営業運転再開 (10)

26 敦賀発電所2号機設置許可 (10)

1982

1. 22 高速増殖炉「もんじゅ」の第1次安全審査結果の地元説明会が敦賀市で開かれる (1)

2. - 高速増殖炉「もんじゅ」の第1次安全審査結果の地元説明会が敦賀市で開かれる (1)

2. 4 高浜1号機、定検中蒸気発生器細管に損傷があることが県に報告された (17)

資料集

4. 1500円硬貨発行(15)

6. 23 東北新幹線営業運転開始(15)

11. 15 上越新幹線営業運転開始(15)

---

4. 2 ブラジル初の原子力発電所アングラ1号運転開始(10)

5. 1 米ノックスビルでエネルギー博覧会開催(10)

7. 30 米ネバダ・ユタ両州住民が核実験被害賠償を求めて提訴(4)

· 米原子力規制委員会、発大事故の確率は200～600炉年に1度との調査結果を公表(4)

8. 17 米連邦控訴審、原発の放射性廃棄物搬入を停止したワシントン州法を違憲と判決(10)

9. 17 カナダ・ブルース原電所、494日連続運転の世界記録を達成(10)

11. 2 米国各州で原子力をめぐる州民投票を実施(10)

---

4. 11 東海処理工場で事故あいつぐ(3)

7. 19 高知県窪川町、原発建設の賛否を直接住民投票に問う全国初の「町民投票条例」を制定(10)

---

4. 21 総合エネルギー調査会需給部会「長期エネルギー需給見通し「原子力発電は56年度の「原子力発電」をぬいた」と中電協が下方力」を中電協が発表(10)
23 福島第二・1号機営業運転 福島第二2号機着工(10) ▲数質

6. 9 第2会国連軍縮特別総会で、鈴木首相は、原子力の平和利用こそ核軍縮への道であると演説(15)
30 原子力委、「原子力開発利用長期計画」を決定(10)

8. 1 原子力船工学試験センター、多度津工学試験所を設置(10)
30 原子力船「むつ」の大湊大港で政府、むつ市、原青森県協定の5者が協定(9月6日入港)(10)

9. 21 玄海発電所3、4号機電調審決定(10)

10. 22 玄海発電所1号機、367日連続運転(わが国PSW最長記録)(10)

---

6. ·原発反対県民会議、「住民とヒアリング」を敦賀市で開く(1)

11. 4 高浜1号機、定検中温え高い燃料棒1本発見(17)

---

5. 7 福井県知事、FBR原型炉「もんじゅ」の建設に同意(10)
14「もんじゅ」建設閣僚了承(10)

7. 2 高速増殖炉原型炉「もんじゅ」発電所の第2次公開ヒアリング開催(9)

8. 25 関西電力、大飯町、同町漁協に大飯発電所3、4号機増設に対し安全協定に申し入れ、県は「初耳だ」を連発(17)

9. 21 衆橋貫一大飯町長、定例会で3・4号機増設問調査に同意、県に前向きの姿勢を示唆(17)

10. 動燃事業団「ふげん」発電所、初の国産プルトニウム燃料で発電(15)
大飯町議会、関電大飯発電所3・4号機増設に伴う原子環境影響調査の受け入れを可決(1)

第1部　日雇労働者の生活問題と社会福祉の課題

				1983
15. 米、原子力損害賠償責任保険を民営化(10)				12. 10. 大飯町長ら、「大飯3・4号機増設」で知事に陳情(17)
26. 仏・インド・タラプール発電所への濃縮ウラン供給協定の調印（米が肩代わりを了承）(10)		9. 東北電力、地元誘致をうけて女川発電所3、4号増設を宮城県へ申し入れ(10)	4. 大飯1号機、定検中新たに72本の気泡発生器細管に異常発見(17)	14. 敦賀発電所、通産省の特別監察に合格、運転再開へ(10)
	1. 3. 7年度の原子力発電電力量は全発電量の20%に達す(15)	1. 6. 原子力安全委、原研JPDRの解体計画を承認(10)		16. 福井地検、敦賀事故関係者の不起訴処分を決定(10)
3. 仏EDF（電力）、83年の電力の48%を原子力が供給したと発表(10)	31.	22. 柏崎・刈羽発電所2、5号機第2次公開ヒアリング、初の文書方式採用(10)		29. 国産濃縮ウランを用いた燃料を新型転換炉原型炉「ふげん」に初装荷(9)
10. OPEC、基準原油価格を5ドル値下げ(10)	3. 17. 動燃再処理工場に世界初の大規模なプルトニウム・ウラン混合転換施設完成(10)			4. 福井検察審査会は、敦賀発電所事故についての名福井地検の不起訴決定を福井県警へ提出(1)
4. 14. 日加原子力協定の包括的事前同意制に両国が合意(10)		18. 通産省が原発立地検討委を設置、軟弱地盤への立地技術の検討を開始(10)		
	5. 13. 島根発電所2号機第2次公開ヒアリングに島根県漁協参加、初の反対派組織参加が実現(10)	5. 7. 東京電力、福島第二原子力発電所1号機の運転開始、福島第一原発の世界最高の運転400日を達成(15)		5. 27. 動燃事業団・高速増殖炉原型炉「もんじゅ」設置許可される(15)
6. 19. パリ（仏）で50万人反核集会(19)	28. 阪大、世界最大規模のレーザー核融合実験装置完成 XII(10)	6. 1. 全原協総会、原子力地域振興法制定の要望を決議(10)		6. 23. 定期小浜市議会、原発設置反対小浜市民の立地の賛否問う「関電との協定の立地並み改定」陳情書を採択(17)

310

資料集

9.
5 石油公団・出光石油開発(株),中国南海石油開発と中国南部石岸大陸棚石油開発権利に調印(19)

9. 19 中国で総合原子力利用展が開幕(10)

10. 11 IAEA総会,中国の加盟を承認(10)
16 米上院,クリンチリバー増殖炉(CRBR)予算建設計画は中止に.(10)

8. 7 七つの市町根活協,原子力問題でつの新定係港受入れを決議(10)
27 反原発市民団体が8年ぶらく原子力原発全国集会をひらく(京都)(10)

3 国土庁電源地域振興検討会が初会合(10)
31 通産省,原子力発電分野の国際協力連絡会をつくり,初会合(10)

9. 1 通産省,原子力安全委案に原子力発電所内の廃棄物横ドラム缶数を34万本と報告(10)

10. 29 日本弁護士連合会第26回人権擁護大会,原子力問題を中心に選択とエネルギーの選択と環境保全で決議(19)

29 動燃「常陽」の使用済燃料を用いて高速炉燃料再処理実験に成功▶石川県,能登発電所予定地海域調査を県自身が実施する決定を行う.(10)

7. 25 原子力安全委,環境モニタリング指針を改訂▶原産,公開ヒヤロとして原子力問題でセンターを設置(10)

7. 12 狼橋大飯町長,住民投票に関する公開質問に回答(17)

7. 5 大飯町みよい町づくりの会,3・4号増設で町長に公開質問状(17)
25 定検中の高浜2号機,湿分分離加熱器にヒビ割れ発見(10)
原発下請け労働者の権利を守る会,救援総会を開く(1)

8. 9 関電,町議員に対し大飯3・4号事前調査結果を説明(17)
9 関電,大飯原発3・4号事前調査を再開(1)
関電実美浜原発1号機,2年3カ月ぶりに営業運転を再開(1)

8. 2 関西電力,大飯3・4号増設事前調査を問う住民との会議設置を町案採択(1)

9. 2 関西電力,大飯原発3・4号事前調査事前協議で両論ゆれる地元(17)
9 「大飯町住みよい町づくりの会」の原発増設の是非を問う住民投票を求める町案を問う住民の署名を始める(1)

18 原発反対県民会議等反対グループ「建設反対」増設の可否は住民投票でとデモ行進(17)

12 関電と大飯町に県が事前調査結果を提出(17)

18 萩新会(大飯町3・4号増設保守系多数派)住民投票必要なしと新聞折り込み(17)

10. 26 大飯町住みよい町づくりの会,原発住民投票の直接請求665人の署名簿を提出(17)
21 日本初の電気保険訓練センター高浜に完成.(17)

第1部　日雇労働者の生活問題と社会福祉の課題

12.		
8 第37回総選挙（自民250、民社38、共産26、新自ク78、社会112、公明58、社民連3）(19)		
1.25 政府、59年度改革実施方針を決める (19)		
28 米ABC放送製作の反核戦争映画「ザ・デイ・アフター」広島で一般公開（～3・9）(19)		
31 1983年の完全失業率2.6% 完全失業率 (19)		

12.		
5 英、安全性確認まで放射性廃棄物の海洋投棄を中止すると表明 (10)		
1.16 米NRC、CE社の標準型炉に最終設計承認▲ニューデリー新原子炉直接施行、使用済み燃料直接処分可能に▲西独ミュール原発2号に建設停止命令 (10)		
27 米NRC、TMI-1号機の運転再開計画を発表 (10)		
2. 7 米中央電力、スーパーフェニックスIIに15%出資で合意 (10)		
28 米上院、原子力輸出に関する規制強化法案を可決 (10)		

11.17 電気事業審議会、長期電力需給見通しを改定する (10)		
18 ウラン濃縮原型プラント（年200トンSWU）の立地が人形峠に決まる (10)		
12. 2 泊発電所1、2号機第2次公開ヒアリング開催、参加されなかった全国労協の参加は実現せず (10)		
1.10 科技庁の食品照射研究運営会議、「放射線照射に関する研究、小麦の殺虫による研究について熟議を発表、安全性を確認」と発表、安全性を確認 (10)		
23 電源開発会社、日立、東芝など重電メーカー五社に新型転換炉実証炉の基本設計を発注 (10)		
2. 8 東京電力、福島第一原子力発電所3号炉でBWR高性能燃料試験を開始 (10)		
22 原動燃事業団、原子力船「むつ」の関根浜新母港の建設着工 (10)		
28 原産、原子力発電所立地は地元の電気大手と地域献金ついての委員を大きく地域献金……社会……と原子力発電……と贈する報告書を発表 (10)		

12. 22 敦賀大飯町長、町会で大飯3・4号増設を申し入れを表明（住民投設置条例は否定）(17)		
12. 21 小浜市民の会が実施した「ハガキ・アンケート」、86.6%が大飯3・4号増設に反対」（回収率24.5%）(17)		
1.31 原発反対小浜市民ら3団体、浦谷小浜市長に対し大飯町会について3・4号増設同意するよう要請を提出(17)		
12.12 関電、冷たいイメージ解消のため原発ドームに絵を（高浜3・4号機で検討中）(17)		

1984		
12. 22 敦賀大飯町長、町会で大飯3・4号増設を申し入れを表明（住民投設置条例は否定）(17)		
1.10 小浜市、関西電力（株）との大飯原発に関する協定交渉再開への動き (17)		
2. 2 大飯町議会、3・4号増設同意案を13：1で可決(17)		
2.27 原発反対県民会議、中川知事宛に大飯3・4号増設反対を申し入れ(17)		
24 関西電力、大飯原発固体廃棄物貯蔵増設計画の事前了解願を県、大飯町に提出(17)		

3・16　カネミ油症事件控訴審で福岡高裁が原告の請求を認める判決。国側上告（3・29）(19)

18　グリコ・森永事件 (19)

3・16　日中両国政府、北京で築和原子力発電所和圧力容器供給に関する簡を交換 (10)

4・カナダAECL、経済的理由からダグラスポイント発電を停止 (10)

16　南ア、クバーグ1号機が送電開始 (10)

17　仏・ベルギー、原発3基の共同建設で協定 (10)

19　米コロラド州産業委員会、ロッキー・フラッツ工場従業員のガン死と低レベル放射線の長期被曝が原因と認定 (10)

30　米中原子力協力協定仮調印 (10)

3・　ビキニ被災30周年統一ビキニデー中央集会（焼津市）(19)

3・5　原産調べによると、昭和58年末現在の原子力発電所の運転は1億9,850万kW。中略…洲南立地に関する調査研究の実施を申し入れ (10)

4・5　原産調べによると、昭和58年度のわが国の原子力発電所の平均稼働率は71.6%に達し、原子力発電所が本格化して以来はじめて70%を上回る (10)

9・石川島播磨重工、米国ウエスチングハウス社と放射性廃棄物関係協力技術について技術協力協定を結びたと発表 (10)

10・通産省、昭和59年度電力施設計画の概要をとりまとめ発表　▶科技庁、原子力委員会の方設主任が来日 (10)

19・中央電力協議会のとりまとめによると、昭和58年度の原子力発電電力量のシェアは21.4%に達した (10)

20・電気事業連合会、北科青森県知事に対し原子燃料サイクル三施設の立地を正式に要請 (10)

4・16「もんじゅ」安全大会を実施 (13)

18　大飯3・4号環境資料の公開始まる（自然環境言書提出されず）(17)

22　大飯3・4号機環境アセス、初の地元説明会「もっと時間を」などの出席者の声 (17)

6・15 ＩＡＥＡ、原発の重大事故は皆無とする原子力産業の安全性報告 (10)	5・28 超党派の政治家知識人による核軍縮を求める委員会発足（座長宇都宮徳馬）(19)	5・18 原子力委、核燃料サイクル推進会議と再処理推進懇談会の設置を決定 (10)	6・4 原発反対県民会議、県に三国臨工の核燃料組立工場の誘致中止を要請 (17)	6・7 大武福井市長、福井臨工の核燃料集合体組立工場誘致に前向き姿勢 (17)
7・1 米コネチカットヤンキー原発、417日間の軽水炉連続運転記録を達成 (10)	7・5 神奈川県が非核宣言 (19)	19 動燃事業団、中国原子力工業省との間で、中国ウラン資源の広域調査に関し調印 (10)		18 三国町会「福井臨工に懸念」と意見交換 (17)
5 米ＡＩＦ、米原子力発電の不振は制度的要因とする報告書を発表 (10)	23 福島地裁、東京電力の福島第二原子力発電所1号機の原子炉設置許可処分訴訟で、原告側住民の請求を棄却 (10)	20 総理府、「原子力に関する世論調査」の結果を発表 (10)		7・19「ふげん」長期連続運転へ始動 (13)
13 英ブラック委員会、セラフィールド再処理工場と近隣の白血病は無関係と結論 (10)		6・1 東北電力初の女川原子力発電所1号機が営業運転入り (10)		
		14 通産省、北海道電力の泊原子力発電所1、2号機の設置許可と原子力安全委の緊急時環境放射線モニタリング指針を決定 (10)		
		28 原研、核融合用中空コイルを使ってこれまで世界最高の11.1テスラを達成したと発表 (10)		
		7・7 総合エネルギー調査会原子力部会、「自主的技術サイクルの確立に向けて」と題する報告書を発表 (10)		
		4 九州電力の川内原子力発電所1号機が営業運転入り (10)		
		6 原動燃事業団を原研に統合する原研法改正法案が参院本会議で可決・成立 (10)		

10.31　OPEC臨時石油相会議、生産上限削減を決める　ガソリーンスタンド首相断数(19)

8.25　プルトニウム450トンを積んだ仏貨物船「モンルイ号」沈没(10)

31　米コンソンウェルス・ジンン社、ドレスデン1号機の閉鎖を決定(10)

9.7　ハンガリー、バタクシ2号機が送電開始(10)

23　スイス国民投票、反原子力2決議案を否決(10)

24　IAEA総会で中国の指定理事国入りを承認(10)

10.3　モンレイ号からプルトニウム入りコンテナを無事回収(10)

8.31　原発に反対する市民グループ、「原子力連絡会」んだ関西連絡会を結成　熱料連載で関電に質問状(17)

9.15　東北、東京両電力の東通原子力発電所建設計画に伴う温排水補償金2億6,700万円を台議、小野田沢漁協温協議会長が受け入れ(10)

16　「海外再処理に伴う返還廃棄物の安全性に係る検討について」を決定(14)

22　九州電力の玄海原子力発電所2号機、415日の日本長期運転記録を達成し記録入り(10)

8.7　原子力委員会の放射性廃棄物対策専門部会、低レベル以下の放射性廃棄物を候補地に立地して、埋設処分とし、センターの概要を説明、同理解を求める(10)

10.動燃事業団の吉田理事長、横路北海道知事に対し、天然部幌延町が減工し学技補地の育有を申し入れ(10)

28　科技庁、原子力船「むつ」による新たな原子力船研究開発計画を策定(10)

9.17　原子力委懇談会、原子力分野での海上国協力の遂上国協協力のあり方を明らかにした報告書を発表(10)

19　九州電力の玄海原子力発電所2号機、米国TMI事故以降では最短記録の日で停止期間60日を達成(10)

10.1　科学技術庁、放射線障害防止法通用事業などとともに対象に放射線曝線量登録制度を発足させ、放射線従事者中央登録センターに登録(10)

8.14　大飯2号機、格納容器内で放射能を含んだ一次冷却水漏れ(17)

8.3　日本原子力発電会社、敦賀原子力発電所1号機に燃料棒化物(MOX)燃料の少数体照射実験を「昭和61年度から実施したい」と福井県と敦賀市に申し入れ(10)

20　県自然環境保全審・自然公園部会で大飯原発3・4号機の形から敷設用1年余論さにつき新炉建設だと述べる(17)

315

第1部　日雇労働者の生活問題と社会福祉の課題

11. 1 新1万円・5千円・千円 札発行 (19)

12. 20 電電公社、民営化法成 立 (19)

11 中国とブラジルが原子力 協力協定締結 (10)
14 スペイン、コフレンテス 原発は送電開始 (10)

7 米学術研究会議、次期核 融合装置は日、欧と共同 建設をと提言 (10)

14 米産業界主導のIDCO Rが、原発重大事故のさ い、放射能による死者は 出ないとする最終報告を 発表 (10)

13 英環境相、海洋投棄一時 中止を表明 (10)

15 スイス、ライプシュタッ ト原発が営業運転開始 (10)

11. 26 青森県の原子燃料サイク ル事業の安全性について 検討した専門家会議、「安 全性は基本的に確保でき しうる」とする報告書を 発表 (10)

12. 14 高松高等裁判所、四国電 力の伊方原子力発電所1 号機の原子炉設置許可処 分の取り消しを求めた周 辺住民の控訴を棄却 (10)

1. 27 原発反対県民会議第9回 総会、もんじゅ訴訟提 訴を含む活動方針決める (17)

11. 15 仏から初の返還プルトニ ウム、動燃事業団東海事 業所に無事搬入 (10)

12. 1 東芝、日立、三菱重工の 三社合弁の「ウラン濃縮 機器株式会社」が発足 ▲動燃事業団、科技庁に高 速増殖炉「もんじゅ」発 電所の設計および工事方 法の許可申請書を提出 (10)

1. 17 関西電力浜発電所3号 機建設運転開始 (加圧水 型軽水炉) (87年初臨界) 日本の原子力発電規模 2千万kWを突破 (9)

11. 16 大飯3・4号公開ヒアリ ング。厳成の中24人陳 述。(陳述人スラリ議員) (17)

4 大飯原発増設の賛否を問 う住民投票を進める会の 大飯3・4号増設はがき 住民投票、反対が9割 (回収率53.2%) (17)

11 原発反対県民会議など3 団体「身近な原正さうる から」と 原発問題を考えるシンポ 「住民ヒアリング」を小 浜商工会館で開く (17)

16 大飯3・4号反対デモでヒ ラシング反対公開反対派 4人逮捕 (17)

19 高浜原発使用済み燃料輸 送容器内で放射能漏れ。 輸送を取りやめ。 わかった (3日前発見され たもの) (17)

12. 22 猿橋大飯町長、議会で「申 し入れを受けることにな って町振興計画の各事 業の実現を図りたい」の 立場で、大飯3・4号機の 増設受け入れ明示 (17)

7 関西電力、若狭湾一帯で 重水温度調査を していたことが内部資料 であきらかになる (17)

17「ふげん」の自動停止は、 重水温度調節弁放散とわ かる (17)

21 大飯3・4号機増設での アンケート (原発設置反 対小浜市民の会実施) で 回答 (小浜市民)の 86%が反対 (17)

1985
1. 31 電源開発調整審議会 関 西電力大飯原発3・4号の 電力増設をきめる (19)

3. 17 科学万博〔国際科学技術博覧会〕「つくば博'85」開幕(〜9.16)(19)

18 米の1984年経常収支赤字、過去最高の1016億ドルに(19)

4. 1 電電公社・専売公社民営化され、それぞれ日本電信電話会社〔NTT〕と日本たばこ産業会社として発足(19)

2. 18 高浜2号定期運転中、放射能漏れし、蒸気発生器細管9本のひび割れによるもので、運転停止(11)

19 原子炉建屋などのしゃへいコンクリートの塩害ひび割れが県内原発で続出していることが明らかとなる(17)

21 原子力委員会、敦賀原発1号機の核燃料変更申請(プルサーマル計画)について安全を確保できると答申(17)

21 原発塩害、県近く現地調査(17)

3. 5 作業員健康診断書偽造、九州電力会社問題に関連し、福井県労基局もはじめる(17)

5 北九州の建設会社、原発労働者の健康診断書に関し、大飯町など各地へ500人おくりこむ(17)

28 高浜2号放射能漏れは、定期検査での手抜き、細管耐圧後検査せず(17)

5. 13 敦賀、調整運転中冷却水漏れにて復水器の応力腐食割れ、運転停止(11)

31 敦賀、調整運転中タービン軸受けの加振受員…作業員3名被ばく(各々340、170、100ミリレム)(11)

6. 5 高浜4号機営業運転開始(17)

19 福井県、大飯原発の廃棄物貯蔵庫増設了承(ドラム缶1万本分)(17)

31 県、大飯3・4号に同意(17)

2. 13 電気事業連合会、「もんじゅ」建設資材相当額を盛込む、委員会総額190億円に(11)

2. 25 青森県知事、電気事業連合会に対し、核燃料サイクル施設の立地協力を表明(17)

第1部　日雇労働者の生活問題と社会福祉の課題

8.12 日航機墜落事故。単一機事故では史上最悪、520人死亡 (20)

5.17 補助金削減一括法成立 ▲三菱、南大夕張鉱でガス爆発・死者62人 (19)

9.7 仏高速増殖型実証炉スーパーフェニックス臨界 (19)

4.26 ソ連チェルノブイリ原発炉心溶融、史上最悪の事故になる (17)

29 チェルノブイリ原発事故、10年で1万人死亡？西独の専門家が指摘 (17)

5.1 ソ連原発事故後の世論調査で米国民の68%が原発反対 (17)

上 ソ連チェルノブイリ原発事故によりイタリアでコモ市とレッコ県境の町で牛乳販売中止 (11)

7.25 定検中の大飯1号、蒸気発生器細管1100本に損傷みつかる (17)

10.16 ふげん定検中、タービン建屋での火災 (11)

11.16 ふげん定検中、装荷作業中燃料破損 (11)

12.19 ふげん、調整運転中、警報装置誤信号で自動停止 福井県事故の相次ぐ動燃、ふげんに文書申し入れ (11)

5.2 高速増殖炉と建設に反対する敦賀市民の会、ソ連原発事故をうけ原発の総点検を要請 (17)

7.17 県、大飯3・4の敷地造成許可 (17)

18 大飯3・4号機の準備工事スタート (17)

7.15 廃炉後の原発、解体し再建設。原子力部会が廃炉処置対策小委員会が報告 (17)

17 日本原子力研究所、〔HCLWR〕の開発研究に着手 (17)

8.31 福島第一1号炉運転中、火災で運転中止。福島県重大な事故と重視して立ち入り調査 (11)

11.13 人形峠の動燃ウラン濃縮プラント着工 (17)

18 北海道幌延町で動燃の核廃施設に酪農民ら抗議集会 (17)

23 動燃、北海道幌延町で道知事や周辺市町村の意向を無視し高レベル放射性廃棄物貯蔵施設の立地事前調査を抜き打ち的に実施 (17)

6.26 ソ連、チェルノブイリ原発事故後キエフから土の汚染を保持・持ち帰り原発、政府発表の10倍とソ連政府発表と京大原子炉実験所発表 (11)

1986

資料集

※（　）内の数字は引用文献につけた番号である。以下番号順に引用文献名等を記す。

番号　文献名　発行年月　著者・編者名　発行所

（1）　写真集「福井の原発」　1983. 11. みんなで「福井の原子力発電を考える本」をつくる会　同左

（2）　反原発事典〔反〕原子力発電篇　1978. 4. 反原発事典編集委員会　現代書館

（3）　原発のある風景（上）　1983. 1. 柴野徹夫　未来社

（4）　原発切抜帖　1983. 1. 能勢剛（編集代表）　青林舎

（5）　美浜町行政史　1975. 12. 美浜町企画広報課　三方郡美浜町

（6）　原子力安全白書 S. 61年版　1981. 12. 原子力安全委員会　大蔵省印刷局

（7）　原子力　知る・考える・調べる　1985. 8. 日本科学者会議　合同出版

（8）　原子力施設の地域社会への影響調査　1970. 3. 敦賀市・美浜町原子力発電所特別委員会連絡協議会　同左

（9）　原子力ポケットブック昭和61年度版　1985. 12. 科学技術庁原子力局監修　（社）日本原子力産業会議

（10）　原子力年鑑　1985. 8. （社）日本原子力産業会議　同左

（11）　放射能Ｑ＆Ａ　1985. 6. 放射能電話相談室　日本消費者連盟

（12）　福井県の原子力　1984. 1. （財）福井原子力センター　福井県

（13）　ざ・さいくる No. 19　1984. 10. 動力炉・核燃料開発事業団広報室同左

（14）　原子力安全白書 S. 60年版　1986. 1. 原子力安全委員会　大蔵省印刷局

（15）　原子力発電の歩み　1983. 10. （財）日本原子力文化振興財団　通商産業省資源エネルギー庁

（16）　日本の原発地帯　1982. 4. 鎌田慧　潮出版社

（17）　新聞スクラップ　1979. 1. ～ 1985. 5. 福井新聞社

（18）　父と子の原発ノート　1978. 5. ゆきのした文化協会・日本科学者会議福井支部共同編集　ゆきのした文化協会

（19）　原子力年表（1934 ～ 1985）　1986. 11. （社）日本原子力産業会議　同左

（20）　ブリタニカ国際年鑑1986年版　1986. 4. ティービーエス・ブリタニカ年鑑（株）同左

（21）　－反原発－わかさ通信　原発設置反対小浜市民の会

（22）　反原発新聞　反原発運動全国連絡会

（23）　戦後日本の社会事業　1967. 2. 日本社会事業大学　勁草書房

（24）　福祉体制の終焉と80年代　1980. 3. 松尾均編集　労働教育センター

第 2 部

原発労災裁判梅田事件に係る原告側意見書

福岡地裁平成 24 年（行ウ）第 9 号　原発労災給付不支給処分取消請求事件に係る
原告側意見書（2015 年 11 月 10 日提出）

第2部　原発労災裁判梅田事件に係る原告側意見書

第　1

意見の趣旨

　本意見書は、原子力発電所で働く被曝労働者の生の声（事実あったことを中心に据えた聴き取り記録）の分析結果に基づいたものである。聴き取った人々が、筆者を介して言葉を発している。聴き取った人々の背後には、あまたの労働者とその家族たちが存在する。

　科学技術の最先端をいくといわれる原発は、生命とカネとを交換することにつながらざるをえない被曝労働を抜きにして成り立たない。生命を交換することになりかねない労働を常に必要としているのが原発である。使用者が労働者に、法で規制された時間いっぱいの労働、残業の積み重ねを課して行う搾取とは異なる。政府や企業が用意した制度上の閾値までの被曝労働及び拘束時間に対して、賃金が支払われるのである。

　建前は閾値を守って被曝労働をしていることになっているが、実態は、すべての被曝線量が放射線管理手帳に記録されてきたかというと、筆者の聴き取りからは、そのように言い難い。実際には記録以上の被曝を強いられている場合が多いと考えるのが、妥当であろう。

　短時間で閾値に達する作業をつなぎ合わせ続けなければ、原発を動かしていくことができないのだが、電力会社や元請会社の知識と技術を持った正社員を育成・増員・組織し、一連の被曝作業にあたらせ続けるために要する人件費と、正規労働者の場合、被曝と関連すると思われる健康への影響が出てもすぐさま切り捨てられないこと、労災補償のコスト等が勘案され、電力会社や元請会社は、必要な時期に寄せ集め、必要がない時期には、あるいは傷病により使えなくなった場合には、いつでも切り捨てられる労働者を、多重下請構造を利用して安上がりに使用する方を選んできた。

　被曝線量は、多重下請構造の末端労働者ほど多くなる。原発の放射線管理区域で最も多く被曝する作業を受け持っているのが末端下請労働者、とりわけ日

322

雇労働者たちであるが、原発労働者の中でも底辺に置かれた者ほど、被曝が人体に及ぼす影響を知らない。被曝労働に就く直前の安全教育の内容は、あまりに不十分である。

末端下請の従業員の場合は、正規雇用であっても、彼一人の賃金だけで、彼の世帯の生計を賄うのは厳しい状態に置かれている。日雇労働者となれば、その生活のなかみは極めて弾力性がなく窮屈なものにならざるを得ない。その日暮らしの原発日雇労働者の場合、被曝をさけられない作業現場であっても、そこに入っていく。窮迫就労である。

日雇労働者や日雇労働者と変わらぬ社会的位置に立つ一人親方の供給源は、農林漁業に従事していた者、零細自営業が立ち行かなくなった者、企業の都合により退職を余儀なくされた者、定年退職後も働かねば生計を立てていくのが難しい状況に置かれている者、安定職に就く機会に恵まれず職業訓練を受ける機会にも恵まれず、不安定就労を繰り返してきた者等で構成されるぶあつい層である。原発は、社会的に作り出されるこの層の人々を次々と使い捨てて成り立ってきた。原発日雇労働者の健康状態が崩れた時、傷病休暇などありようもなく、失業する。健康が大崩れする前に雇用契約を切られ、解雇後間もなく手遅れのがんで死亡した事例もある。

ところで、原発での被曝労働については、これまでがん疾患について、ごく少数の労災認定されたケースがあるにとどまり、晩発性の非がん疾患、とりわけ脳・心臓疾患等の循環器系疾患については、労災による救済は全く図られてこなかった。電力会社の正社員が、被曝との因果関係が強く疑われるがん疾患にかかった場合ですら、即解雇とはならないものの、会社が労災の手続きに後ろ向きで、健康保険による治療の後、死亡した事例が現にあった。元請会社の正社員が、被曝との因果関係が強く疑われる非がん疾患にかかった折にも、使用者は、その因果に触れず有給休暇を使わせ健康保険による検査・治療をさせ、配置転換で済ませた事例があった。継続的に雇用されていない日雇労働者の被曝による晩発性疾患の場合、よほど当事者に制度を使う知識と権利意識があり、因果関係を追跡できる条件が整えられない限り、労災補償の対象になりようがない。社会的に弱い立場に置かれた者ほど、正当な声を上げられないのが、大方の姿である。

原発労働に従事して被曝し、真実は業務起因性が認められる晩発性の非がん

疾患によって労働能力を喪失したとしても、非正規雇用の被曝労働者は、国民健康保険と自己負担において個人的な病気として治療を続け、貯蓄等財産があればそれで生計を維持しながら、それらがほぼすべて費消された段階でようやく生活保護法による生存権保障を受けることができるにすぎない。当該労働者の家族がいれば、その家族の財産もほぼすべて費消されなければ生活保護法による保障を受けることはできない。健康保険にせよ、国民健康保険にせよ、ましてや生活保護制度は、労災制度を肩代わりする筋合いにない。ましてや本人が賃金からいくばくか蓄えた財産や家族の賃金をもって、労災による治療費や仕事に就けないために不足する生活費にあてることは、筋違いである。

　原発における被曝労働者に対する、労災補償のシステムの機能不全状態は、筆者の聴き取り調査では、電力会社を頂点としてその傘下企業が加わった労働者やその家族への個別対策によって、意図的に作られてきた側面が強い。その結果、労災行政を通じての労災の原因究明も行われていない。そして、安全衛生の確保ができず、水面下で次々と労働者が健康を害し命を落としていく悪循環の歴史が続いてきたのである。

　つまり、労災保険制度が、事業主から広く薄く保険料を徴収して、一定割合で発生する労災事故に備えるという労災の補償保険機能が最も求められる場面であるはずの原発労働にあって、制度が機能しないというその矛盾は極めて大きく、自己責任を課せられるという看過しがたい不正義の結果を招いている。

　以上、実態を鑑みる時、原発被曝労働を経て発症した晩発性の非がん疾患について、その因果の追跡の結果、因果を科学的に否定できない限りは、現在の労災補償保険システムの中で救済していくことが、労災保険補償法の趣旨を具現することなのであり、その積み重ねによって労災行政を通じた実践的な労災防止・安全衛生の確保へとつながっていくことも期待されているといわなければならない。裁判所が、実態から遊離した事実認定をすることなく、原発被曝労働者の実態を正確に把握して判断することを願ってやまない。

第　2

はじめに

1　本意見書の構成

　本意見書は筆者が、第2の(2)に記した調査枠組に基づき、面接調査を行った原発労働者等からの聴き取り調査結果をaからtに分類し、原発労働者の特徴を明らかにしている。つまり、「a 原発に至る経路」「b 原発関連会社で就労するための仲介者等」「c 下請構造、作業指示系統」「d 不安定就労」「e 作業内容の説明」「f 教育」「g 被曝線量の違い」「h 労務管理・地域管理」「i 作業環境・作業条件」「j 被曝労働」「k ずさんな被曝管理・被曝線量の扱い、線量計の扱い」「l 線量計の不具合」「m 健康状態」「n 健康診断」「o 労災の扱い」「p 怪我・病気即失業」「q 地元労働者の他県原発での就労」「r 地元外労働者」「s 地元外労働者の定住例」「t その他」に分類、整理した。その上で、相当数の原発労働者は労災制度を適用されねばならない存在であることを論じた。

2　本意見書のもととなった、原発労働者の聴き取り調査について

(1)　筆者の職歴と研究者としての専門領域，研究テーマ

　本意見書の筆者は、原子力発電所が立地している福井県美浜町で生まれ育っている。日本福祉大学社会福祉学部を卒業後、1977年4月から美浜町社会福祉協議会（以下、「社協」）に就職し、社会福祉法人格を得る手続き段階からはじまり、障害者の働く場づくりや認知症の人の家族介護者の調査、低所得層の住民の生活資金貸付窓口など、地域福祉活動に取り組んだ。社協には7年6

第2部　原発労災裁判梅田事件に係る原告側意見書

カ月在籍した。地域福祉活動の課題は、地域住民（働く人々とその家族）が社会的に抱え込んでいる生活問題（生命・健康・生活の維持再生産の困難・破たん）を明らかにし、可能な限り問題の深刻化を防ぎ誰もが住みよい地域を作る取り組みを進めることであった。

　そのためには、生活問題の構造を実態から明らかにする必要があった。地域福祉活動によって、すべての生活問題に対処しえるものではない。しかし、住民と社協の専門職員が共に生活実態を明らかにする取り組みをし、各個人や各世帯が抱えている生活問題の因果関係をつかみだし、その緩和・解決のために、集落レベルで取り組めること、当事者組織で取り組めること、町行政や県行政が取り組むべきこと、政府が責任を持って取り組まねばならないこと、企業に働きかける必要のある事柄等を系統立てて提示することは、重要な地域福祉活動であった。

　こうした現場実践を推進するにあたり、生活問題が作り出される社会のメカニズムを理論的に学びなおし、生活問題を分析しうる実態調査の手法を身につける必要があると考えた。当時、働きながら学ぶ条件は、今日のように整っておらず、また自宅の地理的条件から、自宅から通学できる社会福祉学部ないし社会福祉学科のある大学はなかったため、進学を目的に退職し、研究テーマを固める準備学習をした。

　その後、1986年に日本福祉大学大学院社会福祉学研究科社会福祉学専攻修士課程に入学した。研究テーマは、受験前に決めていた。それは、美浜町を含む若狭地域住民の中では珍しくない原発で働く日雇労働者の生活問題を、労働問題と不可分のものとして存在すると考え、原発日雇労働者を、若狭地域の不安定雇用労働者の典型として捉え、その生活問題を集中的に抱えている人々のところから、地域住民の抱える生活問題の構造を明らかにすることであった。

　筆者は、1986～87年の間、「日雇労働者の生活問題と社会福祉の課題－若狭地域の原発日雇労働者の生活実態調査分析から－」をテーマに調査研究を行い、修士論文を仕上げた。この時の調査研究を土台に公表した1990年までの論文の内、主なものを発表年順にあげる。

- 「原子力発電所で働く日雇労働者の実態」『立命評論』第85号、立命評論編集部、pp.28-46、1987年。

第2　はじめに

- 「迷路を語る原発日雇労働者－その生活・労働・意識の一断面－」『賃金と社会保障』通号 993、労働旬報社、pp.66-74、1988 年。
- 「日雇労働者の生活問題の実態分析－若狭地域の原発日雇労働者の生活実態分析から－」『日本福祉大学研究紀要』第 79 号、日本福祉大学、pp.151-212、1989 年。
- 「原発日雇労働者の医療保障問題－国保加入階層の生活問題として－」『地域を考える－住民の立場から福井論の科学的創造をめざして－』日本科学者会議福井支部編・発行、pp.441-475、1990 年。

　筆者は、修士課程修了後、福井県保険医協会の事務局員や岐阜県のサンビレッジ国際医療福祉専門学校立ち上げ時の専任教員として働いた。働きながら社会福祉分野の調査研究を続け、1993 年に金沢大学大学院社会環境科学研究科に進学し、1998 年に金沢大学大学院社会環境科学研究科で博士号（学術博士）を取得した。博士論文のタイトルは、「「合理的看護職員構造」の研究－介護概念の看護概念への包摂による看護・介護職員養成制度の統合」である。この論文では、国際的な看護の本質論研究の到達点と看護職員政策事情を押さえた上で、日本では看護労働の担い手である労働者を看護職と介護職に差別的に分離する養成・資格制度を設けてきたことの問題の構造を、理論的かつ政策史的に分析し、労働の同一性を実証的に明らかにし、問題解決の方向性を提示した。この博士論文に、社会福祉政策を分析する理論の章を新たに加えて、単著『新しい看護・介護の視座－看護・介護の本質からみた合理的看護職員構造の研究－』（看護の科学社、1998 年）を公刊した。

　筆者は、1998 年 4 月から同朋大学（愛知県名古屋市）で、社会福祉原論やコミュニティワークを受け持つ専任講師となった。2002 年 4 月から岐阜大学地域科学部助教授となり、2008 年 1 月から同大学教授となった。岐阜大学においては、社会福祉原論、地域福祉論等の授業を担当している。

　筆者は、一貫して社会福祉の対象課題である生活問題に関する地域住民や社会福祉制度のもとで働く人々の実態調査に取り組み、生活問題を作りだす根本原因に労働問題があることを明らかにする作業を続けた（野宿労働者・失業者のライフヒストリー調査、障害者とその家族の生活問題実態調査、介護労働者の労

327

働と生活の実態調査等）。また、介護保障政策と医療保障政策の関係が、生活保障を充足させる方向に向いていない事実を政策史研究により洗い出し、制度矛盾を乗り越える方法の提示を行ってきた。こうした社会福祉の対象課題と政策実践の方法の問題を立体的に明らかにする研究の軌道上に、地域の社会福祉史の調査研究もある（「貧困者対策と民間福祉活動」「医療・福祉サービスの拡大」「福祉・医療サービスの変容」「井伊文子と沖縄」『新修彦根市史　第4巻　通史編　現代』上野輝将他編、彦根市、pp.122-148, pp.386-404、pp.598-620、p.660、2015年）。

　このような研究を積み重ねてきたところ、2011年3月に福島原発の巨大事故が発生した。その後、複数の学術団体主催の研究大会におけるシンポジウム等で、筆者が1980年代に行った原発労働者の調査研究を中心とする報告を行う機会を得た。各シンポジウム企画者によれば、社会科学者による原発労働者の労働と生活実態の調査研究が、筆者のもの以外に見当たらなかったとのことであった。招請により行った報告は、次の通りである。

- 2011年7月24日、基礎経済科学研究所東京集会、「震災・復興・原発と社会科学」のシンポジスト、会場：専修大学、招請。
- 2012年5月27日、日本社会政策学会、非定型労働分科会シンポジスト、会場：駒澤大学、招請。
- 2013年8月3日、日本学術会議アジア研究教育拠点事業（京都大学）・プロジェクト「人間の持続的発達に関する経済学的研究」の一環となる「人間発達の経済学 日中会議」で報告、会場：中華人民共和国・安徽大学、招請。

　これらのシンポジウムを契機に、1980年代の調査研究を土台に、2012年1月から、若狭地域における原発労働者や原発とかかわりのある仕事をしている住民等からの聴き取り調査並びに文献調査に取り組んだ。その研究成果を、以下の通り論文により公表した。

- 「Nukes pushed out from Kyoto and Osaka to Wakasa and the conditions of NPP workers and their families in Wakasa revealed by the 1980s' survey」『岐阜大学地域科学部研究報告』第 31 号、岐阜大学地域科学部、pp.133-146、2012 年 9 月（岐阜大学外の研究者による査読付、英文）。

- 「堆積する被曝労働者と家族の労働・生活問題 – 繰り返し使い捨てられ、最後にいのちを引き換えに働く原発労働者 –」『月刊国民医療』No.299、国民医療研究所、pp.31-60、2012 年 9 月。
- 「Listen To Their Silent Cry: The Devastated Lives of Japanese Nuclear Power Plant Workers Employed by Subcontractors or Labour-brokering Companies」『社会医学研究』第 31 巻 1 号、日本社会医学会、pp.9-20、2013 年 12 月。（査読付原著論文、英文）。

(2) 調査目的、調査対象者、調査期間、調査方法などの概要

A「1980 年代の調査」について

髙木和美「日雇労働者の生活問題の実態分析 – 若狭地域の原発日雇労働者の生活実態分析から –」『日本福祉大学研究紀要』第 79 号（1989）及び「原子力発電所で働く日雇労働者の実態」『立命評論』第 85 号（1987）に基づき以下に記す。

1) 調査目的

調査目的の「第 1 点目は、原発日雇の生活問題を構造的に捉えること」「第 2 点目は、原発日雇の生活問題は特殊なものではなく、わが国の広範な労働者の問題と共通していることを明らかにすること。つまり、①労働者としての権利の行使ができず、不安定な労働状態にあり、②時間的に不規則で、低賃金、危険労働に従事していること、③生命そのものが引きかえになる可能性のある被曝労働である故に、心身の健康崩壊と加齢とによって、地域の重大な老人問題になりうること等は、原発日雇のみの問題ではないのである」「第 3 点目は、原発日雇の生活問題対策のひとつとしての社会福祉の位置づけを明らかにすること」「第 4 点目は、以上のような作業をすることによって、社会福祉の実践や運動の基本的方向をみいだす手がかりを蓄積すること」である。

第2部　原発労災裁判梅田事件に係る原告側意見書

2) 調査対象者

　面接人数43名（内33名は、若狭地域の原発で働く原発労働者や元原発労働者、死亡した原発労働者の家族。10名は若狭地域住民で、医師、元医療事務職員、現役議員、元議員、行政職員等）。筆者の知人、知人から紹介を受けた人、喫茶店等で偶然知り合った人、中学や高校の同窓会や冠婚葬祭の場で交流した人の中に原発で働いていることがわかった人、当時運輸一般関西地区生コン支部の原発分会の分会長であった斎藤征二氏から紹介された人等を、電力会社、元請会社、1次下請会社、それ以下の下請会社に分類し、各階層の労働者から聴き取りを行った。

　日雇労働者の置かれている状態を明らかにするために、各階層の労働者を調査対象に含めた。原発労働者については、63名に打診したところ、33名が調査に応じた。対象者は、若狭の範囲で地域的にばらつきを持たせ、個々の被面接者が結びつかないように配慮した。原発での作業実態や下請構造などを家族も含めて他言しないように雇用主サイドから固く口止めされており、誰が誰に何をしゃべったかが職場や地域で監視されるような環境にあったから、原発の仕事を請け負っている会社に調査協力を働きかけたり、一つの町に入り短期間に集中的に調査する手法は取りえなかった。

　筆者は、聴き取りにあたり、対象者には、調査研究の成果を論文や学会発表によって公表するが、その際個人が特定できるような扱いはせず、個人の氏名はもとより会社名も必要な場合記号化し、聞き取った内容も事実関係をゆがめないことを前提に図表などを用いて加工する旨伝えた。したがって聴き取り記録抜粋表「別紙1」とそれに基づく調査結果である「意見書　第3」では、聴き取り対象者や企業名等を記号化している。

3) 調査主体（調査の計画・実施・分析）　　髙木和美

4) 調査期間　　1986年7月1日〜1987年3月31日
　　　　　　　　（上記調査期間以前に予備調査を行っている。また '87
　　　　　　　　年3月31日以降にも複数の追加調査を行った。）

5) 調査枠組みと調査項目
調査枠組み（生活問題を捉える柱）
①雇用・労働条件

②暮らしを守る手だて（利用できる政策・制度の適用状況）

③暮らしに発生している歪み（心と身体の健康）

④横の結びつきのなかみ（職場、地域、家族）

調査項目（面接時、質問を始める前に対象者に調査項目一覧を渡して読んでもらい、応答を手書きで記録することについて同意を得た内容。ただし、対象者が答えうる範囲内で自由に答えてもらうこととした）

①面接時年齢、②原発労働に初めて従事した年齢、③出生地、④生家の生計中心者の職業、⑤家族構成、⑥住宅が持家か否か・住居の間取り等、⑦学歴、⑧学卒後最初についた職業、⑨原発で働く直前の職業、⑩現在の生活の諸条件・思いつくこと、⑪休暇・余暇の有無とその使い方、⑫原発へ働きに行くようになった動機・きっかけ、⑬原発での仕事の内容、⑭通勤時間・通勤手段、⑮原発での拘束時間、⑯実際の作業時間・作業パターン、⑰賃金・手当、⑱現在利用している制度・補償、⑲健康状態の変化・自覚症状等、⑳原発労働について思うこと、㉑生活や地域について思うこと、㉒家計で最も多い支出項目、㉓家計で最も節約している項目、㉔悩み事は誰に相談するか、㉕病気になった時、誰が介護してくれるか。

B「2012年以降の調査」について

1）調査目的

若狭地域の原子力発電所で働く労働者の労働・生活歴の聴き取り調査を基に、原発労働者とその家族の「生きる条件」に関する調査研究を行う。そこから生涯にわたり安心して働き暮らせる地域づくりの条件も導き出す。この目的での調査研究は、すでに1986〜1987年に取り組んでいる。2012年から取りかかる調査研究では、第1に、80年代の調査方法を踏襲しつつ新たな知見を加え、原発労働者と家族及び原発のある地域の住民を対象とした聴き取り調査を行い、80年代調査との比較を行う。複数の集落全体で、原発関連会社で働く人々がどのように存在するかも聴き取りにより把握する。第2に、政府・県・市町村レベルの諸統計・地域に存在する文献・資料を分析し、聴き取り調査結果の分析を検証する重要な手段とする。

第2部　原発労災裁判梅田事件に係る原告側意見書

2) 調査対象者

　若狭地域の原発労働者、元原発労働者、原発労働者や元原発労働者の家族、原発労働者や元原発労働者を知人に持つ住民、自らの住む集落の住民の就業先をよく知る住民、議員、元議員、行政職員、医師等。2015 年 10 月 1 日現在、25 人（内、原発労働者、末端下請会社社長、元原発労働者の家族は、15 人。一般住民、行政職員、医師等 10 人）が聴き取りに応じた。原発労働者等 25 人の内 5 人からは、複数回、聴き取りを行っている。

3) 調査主体（調査の計画・実施・分析）と調査方法
髙木和美
調査主体 1 名と調査対象者 1 名の場での聴き取り調査。

4）調査期間
2012 年 1 月 22 日開始
2015 年 10 月 22 日現在、本調査は途中である。

5) 調査枠組みと調査項目
調査枠組み（労働問題と生活問題の関係を捉える柱）
※この枠組みは、三塚武男『生活問題と地域福祉』図表 3 － 1（p.83）に依拠した。
　　　　①労働者・元労働者世帯の生活基盤となる雇用・労働条件・労働内容
　　　　②社会的共同生活手段の利用状況（職業安定所や社会保障制度等）
　　　　③地域や職場における横のつながりの内容
　　　　④上記①②③に規定された暮らしのなかみ（世帯構成・家計・住居・健康状態等）

　調査項目（面接時、質問を始める前に対象者に調査項目一覧を渡して読んでもらい、応答を手書きで記録することについて同意を得た内容。ただし、対象者が答えうる範囲内で自由に答えてもらうこととした）

　1. 年齢、2. 学歴、3. 出生地、4. 親の職歴、5. 家族歴（出生時から現在まで）、6.

332

住居歴（出生時から現在まで）、7．職歴とその時々の雇用条件・社会保険の種類・賃金・ボーナスの有無、8．原発で働くようになった理由、9．配偶者と子供の職歴・賃金・社会保険、10．親戚や近隣住民で原発で働いている人を知っているか、11．住民管理（近隣住民間で、または親戚の集まりの中で、原発や原発労働への不安を気兼ねなく口にできるか、できないとすればなぜか）、12．原発で働くことになったときの教育、継続して働いている間に受ける教育、13．現場で怪我人や病人が出た時の対応、14．労働者間の労働環境や作業手順などについての打ち合わせ、15．賃金について社長と話し合えるか（下請会社に雇用されている場合）、16．現場で体調が悪くなった時やけがをした時の対応、17．家族の中で、労働環境や賃金などについて話すことがあるか（具体的に）、18．仕事や生活上の心配ごとの相談相手、19．家計で、かさむものと切り詰めているもの、20．病歴、現在の自覚症状（通院・入院歴も）、21．家族の病歴（通院・入院歴も）、22．同居、別居を問わず、日常的に障害者や病人、高齢者の介護を担っているか、23．勤め先の会社名、従業員規模、会社の所在地、24．勤め先の会社と電力会社とのつながり（知っている範囲の下請構造も）※「社長」や「一人親方」の場合、請け負う方法・手順も聞く、25．請負額（請負の内訳やその変化も）、26．工事見積の仕方、26．なぜそこで働くことになったか、27．知り合いで、被曝線量限度に至った人は、どこで働いているか、28．同僚等の雇用条件、職歴、社会保険等、29．契約書及び添付書類、30．作業服や防護マスク、安全靴などは誰が購入するのか、31．衣服以外の消耗品（アルコール、グリス、ウエス、ヘルメット、防護服、安全帯等）や工具は誰が購入するのか、32．被曝線量計と被曝限度の設定、記録等、33．放射線管理手帳、被曝量の記載、34．定検がない時期の労働日数、通勤時間、労働時間と拘束時間、35．定検中の労働日数、通勤時間、労働時間と拘束時間、36．原発で仕事が得られない時の仕事先、37．取得した資格、作業との関係、資格と賃金の関係、38．経験年数や熟練度は、賃金と関係するか、39．出勤時から帰宅まで（時間や通勤方法含むタイムスケジュール）、40．通勤方法、41．作業手順、42．作業環境、43．作業内容、44．健康診断（どこでしているか、何か変化が出たことはあったか、医師による助言は？）、45．その他

第2部　原発労災裁判梅田事件に係る原告側意見書

第 3

調査結果

１ａ　原発に至る経路

(1)　はじめに

　原発に至る経路には、階層性が見られる。いずれの理由を見ても、若狭地域（ここでは、敦賀市を含めて若狭地域という）に、健康で文化的な生活が保てる賃金と人間らしい生活のできる労働時間で、安定雇用を保障する事業所が極めて乏しいことが伺える。若狭地域での男性向けの安定雇用先としては、電力会社を除くと、市役所・役場、郵便局、公立学校、公立病院、地元銀行、JR（旧国鉄）、NTT（旧電電公社）くらいである。それに賃金水準はともかくとして、安定雇用の職場としては、農協、商工会、障害者や高齢者等の福祉施設などがある程度あるが、福祉施設で男性職員が増えてきたのは最近のことである。いずれも、地元にある事業所数自体が少なく従業員数も少ない。これらの事業所の場合、中卒者がストレートで採用される可能性は低い。また、病院や福祉施設の看護・介護職員以外は、中高齢の労働者を中途採用することは稀であろう。

　電力会社は、地元対策として、工業高校や高専の卒業生の一定数を、電力会社の正社員として採用している。そのほとんどが原発に配属されている。

　農業をしながら月々の現金収入を求める人々、事業所の倒産による失業や事業所の人員整理による失業に追い込まれた人々、建設会社の不安定雇用で転々と雇われ先を移らざるを得なかった中年層や、高卒や大卒後、一旦都市部で就職したが不況によるリストラや家督を継ぐためにＵターンした青年たちは、親戚・縁者を頼って、あるいは職業安定所を通じて、自宅から通える、原発へ向かうほかに選択肢がない状況である。

334

原発関連会社に転職した人々は、仲介者の原発関連会社への影響力、当事者の学歴や年齢、資格や技能の有無によって、下請会社のランクや正規雇用か日雇かが決まっていく。

本項目では、「電力会社正規雇用」「元請、１次、２次下請正社員」「３次以下の下請正社員」「２次以下の下請の親方」「日雇、一人親方」に分け、それぞれの原発労働者が原発で働くに至る経路を述べる。

(2)　電力会社正規雇用

毎年、福井県内の工業高校の卒業生の一定数が、電力会社の正社員として採用されてきた。AW はその一例である（79）。高校と電力会社との恒常的な結びつきと併せて、親族・縁者が、立地自治体行政の幹部や県・市町村の有力議員に、あるいは電力会社の人事関係者に対し、縁戚の子どもが電力会社に採用されるように働きかけている例は現にある。CC は、その一例である（205）。AM は、「電力会社 X や元請～１次下請会社 C の社員採用において、全くコネがないとは言えない」(115) という。

CC によれば、電力会社 X の正社員の中には、北陸、近畿、中国、四国、九州地方の工業高校や高専卒業者が少なくない。なかでも、美浜、大飯、高浜原発に配属されている電力会社 X の社員の約３分の１は、福井県出身者である（209）。

(3)　元請、１次、２次下請正社員

１次下請正社員の AB は、「転職者は、電力会社の社員になるのは難しいから、このごろは狙って元請～１次下請会社 C へ行く者もいる」(229) と言う。電力会社正社員 AW は、「電力会社 X の社員は中途就職の者はいないが、下請の元請～１次下請会社 C になると、ほかの職を辞めてきたという者が多い。地元では元請～１次下請会社 C にまず職を頼みに行き、そこで引き受けられない頭数は、さらに下請の関係業者へと就職斡旋がされている」(86) と言う。元町会議員 AM も、「地元の高校卒業前に電力会社 X や元請～１次下請会社 C の入社試験に合格しなかった者は、元請～１次下請会社 C などの下請、そのまた下請に入っている」(115) と言っている。農業離職者訓練を受けていた CD の場合は、職業訓練校が元請～１次下請会社 C の所長に橋渡しをして、

当初元請～１次下請会社 C の日雇労働者となり、３年後に正規雇用されている（182）。３次ないし４次下請社長 CJ は、「元請～１次下請会社 F の従業員は、電力会社 Y の OB が多い。元請～１次下請会社 C の従業員は、電力会社 X の OB が多い」（194）と言う。

なお、有力な仲介者がないのに元請会社の正社員となった事例として、元請会社に３年勤めて癌を患い死亡した労働者の妻子に、元請会社の側から就職の誘いがあった（AP109）。

AP のような場合を除き、有力なコネ等がない場合には、１次下請や２次下請の正社員になっている。

筆者の調査では、リストラで U ターンし、地元の工場で働いたが劣悪な労働条件で体を壊し退職した後、職業安定所の紹介で２次下請の正社員になった事例（BE11）や、家督を継ぐため都市部での仕事を自ら辞めて U ターンし、職安を介して２次下請の正社員になった例（AS14）がある。20 代から 30 代のはじめの年齢の場合、また、専門学校や大卒の学歴がある場合、転職組であっても、２次下請レベルではあるが、正社員になれる可能性がある。高校中退で職を転々とし 20 代半ばで２次ないし３次下請の正社員になった例としては、親族の経営する会社に採用された者がある（AI88）。この例の場合、親族の会社に正規採用される前に、別会社で鳶の修業をしている。機械を扱う技術があったため、１次下請の日雇から、別の１次下請の正社員となった事例（AB228）もある。

(4)　３次以下の下請正社員

３次以下の下請正社員は、やはり転職者が多い。国鉄に勤めていたが早期退職を迫られ、子どもの教育費や身内への経済的支援が必要なことから、知り合いの下請会社の社長に誘われて正社員になった事例（AH139）がある。20 代後半に３次ないし４次下請会社の正社員になった例としては、高卒後現業部門の公務員になったが低賃金であったので辞め、地元の工場等で働いていたが、クレーンを扱う資格があり、地元の人の仲介で３次ないし４次下請の会社に入った者がある（AF62）。

(5)　２次以下の下請の親方

２次以下の下請の親方になる経路はさまざまである。

もともと兵庫県で仕事をしていたが、原発関連の下請会社をつくって若狭に定住した者、地元で経営していた会社が倒産したので人夫を集めて原発下請会社の親方になった者がいる（AB229）。

2次ないし3次下請会社社長のCKは、地元出身である。親が製造業を転じて、魚の卸業をするようになり、それを手伝っていたが、20代で原木管理や土建業を請け負う自分の会社を作った。70年代末から主に原発の仕事を受けるようになった。日雇労働者を集めて、原発の2次下請や3次下請となる位置で仕事を請け負っている（141）。

3次ないし4次下請会社社長のCJは、親族の経営する下請会社の日雇だったが、はじめの社長（親族）も次の社長（親族）も亡くなったため、自分が社長になった。身内を含め数名の正社員を雇い自分も現場で働いている（187）。

(6) 日雇、一人親方

筆者の調査では、もともと別の仕事をしていたものの、低賃金や倒産、先の就労不安のため、原発日雇労働者となった事例が多い。

いくつか例をあげると、2次下請日雇労働者AAは、地盤改良の仕事を1981年頃までしていたが、新工法ができて会社の仕事が減り、諸経費の上昇のしわ寄せが労働者に来るようになったため仕事を辞め、知り合いのつてで、原発で日雇労働をするようになった（69）。2次ないし3次下請日雇労働者ALは、中卒後、ラジオ店に就職するも低賃金で辞め、職を転々とし、20代になって鉄工所で溶接の仕事をするようになった。30代の終盤に知人を通じて2次、3次下請会社の日雇になった（237）。3次下請日雇労働者AKは、1959年から1964年まで地元の工場で働いていたが、その工場が倒産したため失業した。その後、いくつか不安定雇用で働き、1976年から原発で働くようになった（26）。

いずれにしても、不況のために就労先がないか、あっても労働環境が悪いために仕事を続けられなかった多くの労働者たちが、生活に必要な現金収入を得るために、決して労働環境がよいとは言えない原発日雇となっていくことがわかる。

このことについて、元町会議員のAMは、「原発下請の日雇労働者の場合は、地元の中高齢の者が多い。失業者やもともと不安定就労だった者、定年退職者の再就職先となっている。生活に必要な現金収入を得るために、原発日雇にな

る」（115）、「大飯郡の経済圏、就労の場は、原発ができるまで、舞鶴市にあったといっても過言ではない。少なくとも田んぼで生計を立てようと思うと、1町から1町5反ないとできない。この地域では、専業でやっていける農家はまれで、自分が食べるだけの田畑を作っている家の者は、災害復旧の土方に出て日銭を稼いできた。戦前は、舞鶴の軍需産業に依存していたが、戦後はその仕事はなくなり、皆冬場に出稼ぎに行っていた。林業者についていえば、外材の輸入が増えて林業労務者の仕事はなくなった。炭焼きの仕事も『燃料』が変わって廃れていった。大阪の練炭・豆炭の工場に出稼ぎに行くものも多かったが、やはり『燃料』として使われなくなった」（117）、「原発が働き先になって、ある程度過疎になるのを防いでいると思う。ただし、ほとんどの住民の雇用形態は日雇。住民は特殊技術を持たないものがほとんど。働き先を選びようがない。となると、最末端の単純労働に配置される。だから社会保険や福利厚生というものは、会社でみてもらえず、何か病気になったり怪我をするとほとんど、自己負担になっている。福利厚生はなくとも、原発日雇は、遠くに出稼ぎに行かずとも家から通えるところにメリットがあった」（116）と、地元に雇用がないが故に、技術を持たず出稼ぎしていた住民や失業者、不安定就労者が原発日雇労働者となっていく実情を語った。

原発が最終の行き場であることを示すかのように、3次ないし4次下請日雇労働者のACは、「年中働ける工場があれば原発へは行かない」（16）と述べ、同じく日雇労働者のARは「原発の内部に入るのは、気持ちのよいものじゃない。放射線が見えたら誰も入らんやろけど、金儲けをせんならんから行っている。もし原発での仕事がなかったら土方をせんならん。百姓だけでは絶対に食えない」（58）と述べている。

2b　原発関連会社で就労するための仲介者等

(1)　はじめに

以下は、1980年代の聴き取りの際の元町会議員AMの言であるが、自らの家族も地域住民もまるごとと言えるほど原発関連事業所に就業している様子が見えてくる。「最近は、都会に出ていても不況でやっていけなくて、Uターン

してくる若者も多く、原発関連企業で働いている。また、地元の高校卒業前に電力会社 X や元請〜1次下請会社 C の入社試験に合格しなかった者は、元請〜1次下請会社 C などの下請、そのまた下請会社に入っている。電力会社 X や元請〜1次下請会社 C の社員採用において、全くコネがないとは言えない。原発下請の日雇労働者の場合は、地元の中高齢の者が多い。失業者やもともと不安定就労だった者、定年退職者の再就職先となっている。生活に必要な現金収入を得るために、原発日雇になる。私の息子は元請〜1次下請会社 C の正社員。娘はゼネコンの原発工事事務所の事務職員」(115)。また、2013 年に聞き取った若狭地域の一般住民 CF の言葉は、80 年代の元議員の言葉と重なり合う。CF と AM は若狭地域の異なる自治体住民である。「この村の住民は、今の世帯主の親の代から原発関連の会社で働いている者が多い。原発で働いていて、癌でなくなった者は少なくない。各家の耕地面積はそれほど広くないし、林業で生計が成り立つ時代でなくなり、安定して雇ってもらえる事業所が少なく、家を守りながら働けるところとして村民は原発へ行くようになった。この村の各家は地縁・血縁の結びつきが強い。高校の就職指導で原発関係の会社で働くようになった者もいるが、たいてい村の内外のつながりを使って原発で働いていると思う」(166)。

　原発における発注受注のつながりの中には、個人的といえるものもあった。1次下請社長の CL は、友人で電力会社 Y である程度まで出世した正社員が、仕事を回してくれていたが、その社員が定年退職してから、その仕事は別会社に発注されるようになったという (222)。

　この項では、原発関連会社へ就労する際の仲介者について、類型に分けて事例を紹介する。

(2) 家族自身、親戚、縁者が地元有力者または電力会社に働きかけて就業

　電力会社正社員がすべてコネによる就職とは限らない。しかし、家族自身、親戚、縁者が地元有力者または電力会社に働きかけて就業することは地元では珍しくない。例えば、電力会社正社員 AD は、「親戚のコネがあって電力会社の正社員になれたと思う」と述べている (41)。元町会議員 AM は、「電力会社 X や元請〜1次下請会社 C の社員採用において、全くコネがないとは言え

ない」（115）と言う。

　地元住民にとっては、電力会社の正社員は、またとない大企業の安定職であり、使える人脈は使って採用枠に入ろうと努めるのである。

(3)　家族自身，親戚、縁者が元請会社や１次、２次下請会社に働きかけて就業

　電力会社正社員の場合、中途採用の者はまずいないが、元請会社になると他の職を辞めている例が多い（AW86）。地元では、家族や親戚・縁者が、（高木調査による：行政や議会の有力者や元請会社の人事に一定の影響力のある人に）頼みに行き、元請会社の正社員となる例がある。例えば1980年代に聴き取りをした１次下請正社員 AB は、「地元で条件の良い仕事先があれば、そちらに行くがこの辺では原発しかないのが実情。元請〜１次下請会社 C も中途就職が多いが、このごろはコネなしには入れない。転職者は、電力会社の正規社員になるのは難しいから、このごろは狙って元請〜１次下請会社 C へ行く者もいる」という（229）。元請会社の採用枠には限度があるので、元請会社で採用できない分を、元請会社側が、１次、２次クラスの下請会社に、正社員として採用するよう働きかけることもある（AW86）。

　大卒後、跡継ぎとして実家に戻ったが、思い通りの職に就けなかったため、親の知り合いを通じて２次下請会社の正社員となった者もいる（BG1）。

(4)　親戚、集落住民、知人の世話で下請会社に就業

　親戚、集落住民、知人の世話で下請会社に就業する例もある。

　３次ないし４次下請正社員の妻 AH は、「夫は国鉄が民営化される前にリストラされ、53歳のとき退職した。この時知り合いの会社 17 の社長がうちの家に来て、原発で働かないかと言われ、国鉄を辞めて３カ月後に再就職となった。社長に何人でも人がいると言われて、夫は国鉄を早期退職した人たちに声をかけて、数人一緒に会社 17 の従業員になった」という（140）。また、３次下請日雇の BC は親戚の世話で３次下請会社の日雇となり（118）、２次ないし３次下請日雇労働者の妻 AQ は、夫は２番目に働いていた会社が倒産した後に友人の世話で原発下請日雇になったという（133）。

(5)　自ら下請会社を作った

自ら下請会社を作った者もいる。

1次下請正社員の AB は、「会社 12 の親方は、兵庫県から出てきた人。元請〜1次下請会社 G にいて辞めて会社 17 から仕事を受ける会社を作り若狭に定住した。会社 12 の親方は、クレーンや溶接の仕事ができた。会社 15 の親方は、M 町で会社を経営していたが倒産したので、下請会社を作った。人夫を集めて原発の仕事をもらっている」という（229）。

(6)　親族が下請会社経営、そこへ就業

親族の経営する下請会社に就業する例もみられる。3次ないし4次下請会社社長の CJ は、原発日雇になる前から不安定就労を続けており、80 年代に親族が作った3次ないし4次下請会社の日雇となった（187）。親族が次々と亡くなったため、はじめて原発労働者となってからおよそ 25 年後、CJ が社長の座を引き継いだ。CJ の会社には他人もいるが、親族の子どもが社員となっている（199）。

2次ないし3次下請会社社員の AI は、職を転々とした後に原発関連会社である親族が経営する会社の社員となった（88）。

(7)　元請会社から採用の申し出

AH の一家は、原発のすぐそばに住んでいた。半農半漁で、AH の夫は建設会社の土方もしていた。同人は、原発の建設期に元請会社の日雇に行っていて、正規雇用になった。同人が癌で死亡後、妻 AH とその息子が元請会社の正規雇用となった。妻と子の採用については、元請会社からの申し出による（108、109）。

(8)　電力会社正社員が婿養子に入り地元住民となり、結果「家族が就業」となっている例

四国や中国地方出身の電力会社正社員が、相当数若狭の原発で働いている。地元の女性を嫁にもらって社宅で暮らしている例もあるが、多くは婿養子という形で地元住民となっている。この場合仲介者に就職を頼みに行ったわけでは

341

第2部　原発労災裁判梅田事件に係る原告側意見書

ないが、婚姻も、地元住民にとって、家族の中に大企業の正社員を得るという結果を生んでいる（AW87）。

(9)　ムラぐるみ

調査からは、原発に関係のない仕事をしている者はいないと思われるほど、村（一つの集落）全体が原発関連の就業をしていることがわかる。以下は、一般住民 CF からの聴き取り内容である（167）。なお、CF の語った集落住民の屋号が特定できないよう、「1 家」「2 家」などと記載した。若狭地域において、CF が語った"ある村"ほど原発労働者が多くない集落もあるが、原発とかかわりのある事業所や商店を含めれば、住民が原発と無縁という集落は想像しにくい。

「1 家の息子は電力会社正社員」「2 家の世帯主は、元請〜1 次下請会社 C の正社員だったが、癌だとわかって肩たたきにあい、会社をかわってから癌で死亡した」「3 家の今のおじさんも電力会社 X の下請で働いている」「4 家の世帯主は、下請会社へ行っていた。息子は電力会社の正社員。別の電力会社に出向している」「5 家の世帯主は、原発の下請に行っていたが辞めた。その息子は電力会社正社員」「6 家の者は、元請会社正社員」「7 家の者も、元請会社正社員」「8 家の息子も、電力会社正社員」「9 家の長男は、電力会社正社員」「10 家の世帯主は、原発の下請会社で働いている」「11 家の娘婿は、電力会社正社員」「12 家の世帯主は、電力会社 X の社員」「13 家の娘婿は、電力会社 X の正社員で、守衛をしている」「14 家の世帯主は、下請会社の正社員だったが、癌になり、今はその会社を辞めている」「15 家の娘婿は電力会社正社員」「16 家の息子は 2 人とも電力会社の下請で働いている」「17 家の長男は原発の下請会社に勤めている。次男は電力会社正社員」「18 家の世帯主は、元請会社正社員だったが、定年前に肺がんになり、亡くなった」「19 家の世帯主は、O 市の工場で働いていたが、リストラで原発の元請会社に中途採用してもらった。そこももう定年となった」「20 家の世帯主は、電力会社正社員」「21 家の息子は電力会社正社員」「22 家の世帯主は、下請会社の非正規労働者」「23 家の世帯主は、電力会社正社員」「24 家の世帯主は、元請会社の正社員」「25 家の世帯主は、公務員だったが定年退職後、知識・技能を生かして電力会社の嘱託として働いている」「26 家の世帯主は、公務員を定年退職し、天下りで県の原発関連の仕

342

事に就いた」「27 家の世帯主は、高卒後ずっと原発の元請会社正社員だったが、癌になって肩たたきにあった。別会社に転職後、癌で死亡した」「28 家の世帯主は、元請会社正社員」「29 家の息子は、一時電力会社正社員になったが、若いうちに途中退職し、公務員になった」「30 家の娘婿は元請会社の正社員」「31 家の娘婿は、元請会社の正社員」「32 家の息子は原発の下請会社で働いている」「33 家の息子は電力会社正社員」「34 家の世帯主は、大手プラント会社の正社員で、全国の原発のあるところに行っている」「35 家の娘婿は、正規雇用かどうかわからないが原発の守衛をしている」「36 家の世帯主は、電力会社正社員」「37 家の世帯主は、原発の下請会社で働いていて癌で死亡した」「38 家の世帯主は、下請会社の正社員」「39 家の世帯主は、電力会社正社員」「40 家の父は電力会社の正社員だったが定年退職したのはだいぶ昔。息子も電力会社の正社員になった」「41 家の娘婿は、電力会社正社員」「42 家の世帯主は、元請会社正社員」「43 家の世帯主は、下請会社で働いている」「44 家の世帯主の弟は元請会社正社員」「45 家の息子は電力会社正社員」「46 家の息子は電力会社正社員」「47 家の世帯主も原発関係の会社で働いている」「48 家の息子は、電力会社正社員」「49 家の世帯主は原発の下請で働いていた」「50 家の息子は、電力会社正社員」「51 家の息子は、電力会社正社員」「52 家の息子は、電力会社正社員。癌治療をしている」「53 家の者は、原発の守衛」「54 家の息子は、電力会社正社員」「55 家のおじいさんは電力会社正社員だった」「56 家の娘婿は、原発関係の会社に勤めている」「57 家の息子は電力会社正社員と元請会社正社員」「58 家は、資材会社の従業員として原発へ行っている」「59 家の世帯主は、元請会社の正社員」「60 家の娘婿は電力会社正社員」「61 家の娘婿も電力会社正社員」「62 家の息子は、電力会社正社員」「63 家の娘婿は電力会社正社員」「64 家の世帯主は原発の日雇。息子は電力会社正社員」「65 家の娘婿は電力会社の正社員」「190 世帯ほどの村だが高齢者のみ世帯が相当数ある。家族構成員が公務員や団体職員をしていて、原発に行っていない家もあるが、原発関係の会社で働いている者がいる家と親戚関係で結ばれている場合が少なくない」。

第 2 部　原発労災裁判梅田事件に係る原告側意見書

3 c　下請構造、作業指示系統

(1)　多重下請構造の全体像

　1980 年代の聴き取り記録を見ると、原発労働者が多重下請構造の中に組み込まれていることがわかる。その下請構造の階層は 4 層にも 5 層にもなっている。あるいはさらに下位の層が組み込まれていることもある。そして、最も危険な被曝を伴う現場作業にあたるのは下位階層の労働者である。電力会社正社員 AD は「アスファルト固化設備の工事の元請は、商事会社 A。その下請が会社 16。その下請が会社 10。実際の作業員は、会社 10 の下請の子会社がいくつか入っている。会社 16 は現場監督的立場」と述べている (42)。なお、筆者は、1980 年代に下請の構造図を作成している。第 1 部に載せているので、それも参照されたい（髙木和美「日雇労働者生活問題の実態分析 − 若狭地域の原発日雇労働者の生活実態調査から −」『研究紀要』第 79 号第 2 分冊福祉領域、1989 年、日本福祉大学、159 ページの図 2 を一部加工）。

　原発労働者の多重下請構造は、1980 年代調査の時点と近年を比較して大きな違いはない。2012 年以降の聴き取りで、電力会社正社員 CC が語った下請構造は、次のとおりである。「元請〜 1 次下請会社 C、元請〜 1 次下請会社 H、元請〜 1 次下請会社 G 等は、電力会社 X の元請にもなるし、電力会社 X の元請に入る元請〜 1 次下請会社 I の下請にもなることがある。電力会社 X の元請に入った元請〜 1 次下請会社 I の下請に入った元請〜 1 次下請会社 H と契約している下請会社がいくつもある。電力会社 X の元請に入る元請〜 1 次下請会社 C の下請会社は、会社 11、会社 17 等。電力会社 X の元請に入る元請〜 1 次下請会社 G や会社 9 等の下請会社もある。元請〜 1 次下請会社 G や会社 9 等の下請会社のさらに下請会社がある。ただし、電力会社 X が直接元請〜 1 次下請会社 I に発注するのではない。具体的には商事会社 B に発注する。商事会社 B は、元請〜 1 次下請会社 I の大阪支社を間に入れて、会社 3 や会社 4 等に発注する」(207)。

　多重下請構造となっていることで、上位階層の労働者は下位階層の業者や

344

労働者の実情を把握できないようである。例えば80年代の聴き取りにおいて、電力会社正社員AWは次のように述べた。「下請の管理は、保修課の仕事だが、仕事は一括して元請～1次下請会社Cに渡されているから、下請の状態は、電力会社Xの社員はあまりわからない」(80)。

(2) 作業の指示系統

作業の指示系統は、通常、上位階層から下位階層へと流れていく。しかし、電力会社正社員の業務としてすべき作業指示を元請会社に代替させ、元請会社は、1次下請会社から「出向」していた者に、電力会社社員の作業服を着せて、作業指示をさせていた事例があった（CH 161）。作業指示については、元請会社社員が現場の実情を十分把握していない場合に、電力会社社員が下請会社のボーシンや作業員を呼んで、実情を説明させ作業内容の指示にあたることもあった（CC206）。

(3) 賃　金

幾重もの中間搾取が行われているため、元請会社になることも1次下請会社になることもある層の会社と、2次下請以下の会社とでは、労働者の賃金に大きな格差がある。

3次ないし4次下請正社員のAFは、「電力会社Xの社員Hさんは、一人の労働者につき電力会社Xが出しているのは7万円だと言っていた。元請～1次下請会社Jや元請～1次下請会社Iのメーカーの技術者は、1日7万円に加えて手当5万円で、計12万円もらっている。僕の月給は22、23万円や」と述べていた（67）。また、元1次下請会社正社員CHは、「1980年前後、電力会社Xが支払うのは、1人工54,000円と言われていた。"1人工"とは、労働者1人当りの人件費プラス諸経費のこと。職種によって幾らか差があったかもしれない。元請～1次下請会社Cが下請会社に支払うのは、1人工が16,000円だった。元請～1次下請会社Cの下請の会社23は、私に1日約8,000円支払っていた」と述べた（162）。電力会社Xから順次下請へと仕事がおろされる中で、賃金の相当額が中間搾取されていたことがわかる。

当然のことながら、賞与の差もみられた。元請会社正社員のAGは、「ボーナスは、1次下請会社だと出るが、2次下請から下になるとない。現場で実際

第2部　原発労災裁判梅田事件に係る原告側意見書

に汗水流しているのは、1次下請から4次下請の労働者たちなんだが。たくさん被曝する箇所で危険作業に従事しているのは、下請の日雇労働者たちだ」という（103）。

　同人は次のような感想を述べている。「給料は10年働いて手取り20万円弱。残業やボーナスを入れると年収500万円程度。保育料や住宅ローンがきつい。下請のもっと低賃金の人たちは、いったいどんな生活を送っているのかと思う」（105）。

(4)　下請会社の立場の不安定性、恒常的に仕事が発注されている下請会社の条件

　筆者の聴き取りからは、特に下位階層の下請会社の立場が不安定であったことが窺われる。3次ないし4次下請会社社長のCJは、「事故とかトラブルがあったら、うちみたいに小さい会社はすぐ切られると思う。他の小さい会社でトラブルがあったところは切られている。ちょこちょこ聞く。大きい会社は切られることはない。関連する大きな会社がないと電力会社自体が困るから、切られることはない。例えば、廃液をタンクに移すときのバルブの開け閉めの点検、受け入れタンクの状態の点検、漏れないかどうかスイッチの点検等、手順がすべて決まっている。電力会社や元請会社の担当者がOKといっても、実際に点検をする下請の労働者本人による確認を徹底することになっている。電力会社がOKを出していても、万一間違っていたことがあると、直接従事した下請会社に責任追及がある」という（197）。現場作業に関し、電力会社が間違った指示を出した場合も、その責任追及は下請会社に向くのである。

　立場の弱い下請会社は、仕事を受注するために積極的にきつい仕事、危険な仕事を引き受けた。1980年代にできた3〜4次下請会社26は、恒常的に仕事を受注していた。会社26についてよく知る、1次下請会社社長CLはその理由を次のように説明した。「僕が昔からよく知っている原発の下請会社の中に、会社26がある。会社26は、元請〜1次下請会社Kからくる仕事は、どんな仕事でも黙ってする。会社26のように一切黙って、何でもする会社にしかさせられない、そんな仕事がある。上の会社に対し権利を主張したり労働安全上問題があるというようなことを言う者にはさせられない仕事。要するに本当に汚れ仕事、危険な仕事で、そこそこ熟練した技能がないとできない仕事を会社

346

26 のような会社にさせている。何というか、かつて差別されてきた地域の者が作った会社や親が外国籍だった者等に対し、上の会社は、お前らは普通にしていたら仕事はあたらない立場なんやと、けどもさせてやっているんやからありがたく思えという態度だ。小さな会社 26 は恒常的に仕事を請け負っているのだが、会社 26 に特命で仕事がばんばん発注されるのを見て、僕は、地元のいわゆるがらの悪い人夫まわしをしている親分連中に“怒らないのか？”と聞くと、彼らは、“会社 26 は仕方がない”という。会社 26 は、絶対逆らうことなく、上の会社からしろと言われたことは何でもしている。夜中でも危険な仕事でも。だから重宝されている」のだという（221）。

(5) 期間雇用の日雇労働者、一人親方の立場の弱さ

　期間雇用の日雇労働者は、一人親方を含め、必要な時寄せ集められ、いつでも使い捨てられる存在である。

　3 次、4 次下請会社の常勤労働者は、社長と少数の正社員で構成され、請け負った工事によって、人夫の頭数を、さらに下請の会社や手配師を通じて集めていた（CN226）。地元の労働者も、県外の労働者も、こうした各階層の会社に組み込まれて若狭の原発で働いていた。

　一人親方の立場は安定していただろうか。2 次ないし 3 次下請会社と契約しているはずの一人親方 CI は、「一人親方といっても、会社 28 との契約書はなにもなかった。会社 28 が請け負った仕事を毎日、現場に行ってしていただけだ。仕事の内容は、1 ～ 2 カ月間は決まっていた。その 1 ～ 2 カ月が終わると、会社 28 が受けた次の工事現場へ行く。一人親方として仕事に慣れてからは、ボーシンとして働いてきた」という（169）。また、元 2 次下請会社社長の子である CM は、「一人親方は労災特別加入ができる。しかし、上の事業者の証明が必要。証明を出してくれと言うに言えない。上の事業者は証明をしたがらない。労災事故を出す下請は入れてもらえなくなるからだ。一人親方も仕事をもらいにくくなるから、内々ですませることがザラにある」と述べる（155）。一人親方の立場はやはり弱く、不安定なものだった。一人親方は、実質的に他の労働者と同じように時間決めで働いていた。

　継続して受注したい下請業者や、就業の機会を失いたくない労働者たちは、黙して働くのである。

第2部　原発労災裁判梅田事件に係る原告側意見書

4d　不安定就労

　原発は、定検時とそれ以外の時期で、必要とされる労働者の数が大きく増減する。そのため、非正規雇用労働者は、必要とされた日数が終われば仕事を失い、新たな仕事を探さなければならない。したがって、原発労働者のうち、下請労働者、特に日雇労働者の就労期間は不安定である。当然ながら通常運転中の被曝労働者の多くも、非正規雇用の労働者である。

　特に定期点検や事故対応の際には、原発の下請業者ないしは日雇労働者は、全国から集められている。筆者の聴き取りにおいては、仕事を求めて若狭の原発にやってきた北海道（CK143）、沖縄（CO223）在住者の存在がわかっている。

　また、3次ないし4次下請日雇労働者 AX は若狭地域在住であるが、「原発日雇の仕事は、いつまでたっても落ち着きのない不安定なものだった。定検の時期ごとに各原発を移動した。他県の原発にも行った」（54）と述べた。AX は結局、原発に将来性はないと感じるようになり、新規に立ち上げられる地元の事業所で正規雇用されるチャンスにめぐりあい、転職をしている。一方、2次ないし3次下請日雇の AL は、「元請〜1次下請会社 C の下請の会社 11 の下請の会社 29 の日雇になったこともある。会社 29 の従業員は、地元の者4人、大阪方面出身者4人、他に2人いた。仕事仲間に“仕事ないか？”と言って、お互いに仕事の回しあいをしている」（237）と言うように、現実には、AL のような労働者が大勢存在する。

　当然ながら、雇用条件の不安定性は、原発労働者たちの労働環境や待遇に反映する。

　2次ないし3次下請会社から仕事を請け負っている一人親方 CI は、長年会社 28 の仕事をしていたが、会社 28 との契約書は何もなかった（169）。2次下請日雇の AA は、定検中の期間雇用であり、1つの仕事について日給月給の雇用契約を結んでいた。AA は、社会保険料の事業主負担のある雇用保険や健康保険に加入していないと述べた（69）。3次下請日雇労働者の妻 AV は、夫が満 70 歳になる前、急激に体重が落ちた時期に「年寄りは使われん」と言って辞めさせられたと述べた（123）。それまで AV の夫は、日曜日でも代わりの者がおらんと言って出勤していたという（124）。

348

第3　調査結果

こうした労働者について、元医療機関非正規職員 AJ は、「末端の労働者は、ともかく雇ってもらっているという感じだった。働き先はそこにしかないという感じ。特に中・高齢者の就職先は、原発以外にない。こうして働いている人たちは、健康な間は気付かないが、万一怪我したり、病気になったら、その時に自分には何の保障もなかったことに気付く」(98) と、的確な指摘をしている。

5e　作業内容の説明

(1)　雇入時

原発労働者として雇い入れられる際、担う業務が放射線管理区域の場合、末端下請会社社長や手配師から、作業環境は密閉され暑く配管だらけであるが重装備が必要であること、とりわけ被曝の危険性について、詳しく説明してもらったことのある末端労働者は、筆者が聴き取った労働者において皆無であった。"手配師"の手先が、原発内部の計器調整の仕事の内容を実際に知っていたかどうかは、わからないが、3次ないし4次下請日雇労働者 AX は、「僕と同じ集落に住む原発で働いている"手配師"の手先が、定職がなかった僕を原発に誘った。原発がどんなところかという説明はなく、計器調整の仕事の内容だけ聞かされた」(48) という。3次ないし4次下請傘下の一人親方 CI も、契約時に「契約書は何もなかった。会社 28 が請け負った仕事を毎日、現場に行ってしていただけだ」(169) と言い、2次ないし3次下請会社社長の CK は、「昔はハローワークに頼まなくても人は来てくれた。うちへ来てくれる労働者が遊んでいる人を連れてきて紹介してくれた」(144) と語っている。鳶や溶接、クレーンオペレーター等、主に原発で担当する作業が明確に技能を使うことがわかっていた労働者は、自身が担う主な作業を雇われる際に了解していたであろうが、それでも原発内部の作業環境、とりわけ被曝の危険性を前もって説明されていたという話を、筆者はこれまで聞いていない。

西成労働福祉センター職員による、82年3月26日に高浜原発で働いた労働者 A からの聴き取り記録 (別紙3) には、86年3月5日大型バス2台で西成出発。高浜寮到着。入所手続き、ホールボディ検査、3月6日安全教育、3月8日仕事の説明・現場の実物模型で作業訓練等、そして本番作業となっている。就労

349

期間は 20 日間であった。この時の作業は、「蒸気発生器（SG と略称、3 器あり）内、細管にプラグ（栓）打ち込み。プラグ 1 本打ち込むとすぐさま SG からとび出す（1 本打つのに約 40 〜 50 秒）」と書かれていた。大型バス 2 台で西成を出発する前に、作業環境と作業内容の説明は、極めて大雑把であったことが伺える。

2001 年に至っても、就業先すら知らされずに原発へ連れてこられる労働者がいた。沖縄在住の甥が 3 次ないし 4 次下請日雇で働いていたという CO は、「2001 年 6 月に、甥から突然電話がかかった」「“おじさん、今、内地に来たよ”“知らんとこへ来た。仕事や”と甥は言った。私はいやな予感、原発ではないかという気がしたので“海がみえるか？”と聞いた。“みえてきたよ”と言うので、私は“大きな工場のようなものがみえるか？”と聞くと、“みえてきた”と応答した。“電力会社の看板がみえるか？”と聞くと“みえてきた”と応答した。私は“大げんかしてでも、歩いてでも帰れ”と言い、甥は“わかった”と応じたが、仕事をしてから帰った。名古屋か大阪の空港から高速で福井に行ったと思われる。空港から降りてすぐに車に乗せられたという」と語った（225）。

（2）　雇入後

雇い入れ直後の作業内容の説明は、作業の種類によると思われる。作業前の教育は、「f 教育」のまとめに記したように、主として安全教育ではなかろうか。また、西成労働福祉センター職員が 82 年に記録した事例のように、高被曝する場所でプラグ 1 本を打つ作業などは、模型を使った練習がなされていた。この本番直前の練習は、その作業に熟練していない労働者を人海戦術で現場に繰り入れていくための段取りと言える。

（3）　作業時

実際の作業当日の下請労働者への具体的な作業内容の指示・作業監督は、発注した上位の元請会社もしくは 1 次下請会社が行っていた。雇い入れた下請会社が請け負った仕事について裁量を持って段取りし進めているわけではなく、下請会社の従業員は、上位の元請会社等に指示されて、部分化された作業をしていた。

中には、電力会社正社員の業務としてすべき作業指示を元請会社に代替させ、元請会社は、1 次下請会社から「出向」していた者に、電力会社社員の作業服

を着せて、作業指示をさせていた事例もあった（CH 161）。作業指示については、元請会社社員が現場の実情を十分把握していない場合に、電力会社社員が下請会社のボーシンや作業員を呼んで、実情を説明させ作業内容の指示にあたることもあった（CC206）。

　3次ないし4次下請会社の熟練した技術のある社長CJの場合も、「勤務時間は、8時20分〜17時20分。全部の作業員で朝礼、体操には（元請会社または1次下請に位置する）会社10の社員も来る。作業内容の打ち合わせ、リスクアセスメント、班に分かれて打ち合わせをする。いくつかの会社が一つの班を作るのはまれだ。ほぼ（会社10の下請会社）会社26のみで打ち合わせをする。13時の昼礼は、する会社としない会社がある。午後はまた、会社10から作業指示書をもらう。請負といっても、すべて時間管理され、上の会社から作業の指示を受けて行っている。例えば計装の分野を担っている一つの会社が、従業員を分けて組織的に分業させるのとは異なる」と語る（203）。

6f　教　育

⑴　放射線、閾値に関する労働者の認識

　「現場に入っていて自分のアラームメーターが鳴ったことはある。特にどうこう思わない。ちゃんと管理されているから大丈夫だ。国で決めた値より会社で決めた値のほうが厳しいし、それは学者の出した科学的な数値だと思う」（43）と筆者に話したのは、1987年当時20代半ばの電力会社正社員ADだった。ADは、「国で決めた値より会社で決めた値のほうが厳しいし、それは学者の出した科学的な数値だ」と教育されており、その教育内容通り応答した。全国各地の原発で働いてきた2次下請日雇労働者AAも、「日本の場合、計画線量を国際的な基準以下にして、各会社が自主管理している。被曝線量については、ほとんど問題がないと思う。計画線量が厳しすぎるのが、仕事を進める上でのマイナス要因になっていると思うくらいや」（73）と語った。

　3次ないし4次下請正社員AFもまた、「次々と違う会社の仕事を請け負うたびに、同じ内容の教育を受けることになる。ここ（筆者注：筆者が聴き取りをしていた喫茶店）においても、放射線はある。ブラジルでは自然放射線の量は

351

第2部　原発労災裁判梅田事件に係る原告側意見書

すごいそうだ。野菜にも含まれている。原発での被曝線量は、日、月、年ごとに人が被曝しても大丈夫な基準の中で管理されている」(65) と説明した。3次ないし4次下請日雇労働者 AU は、「放射線被曝とかかわって病気、死に至ったと思われる事例の原因が、明らかにされていくならば、みんな考えると思う。原発で働く際に受ける安全教育では、指示どおりに動いていれば大丈夫だと教えられる」(35) と語った。3ないし4次下請日雇労働者 AN は、「例えば、40ミリレム、70ミリレム、100ミリレムというように、作業に応じて許容線量を決めてセットし、身につける。ビーと鳴ったから大変だというわけじゃないと聞いている」(40) と言った。

　3次ないし4次下請日雇労働者 AR は、安全教育を次のように説明した。「原発で被曝労働をするにあたって、教育される。それで納得する。テレビを見ていても放射線を浴びる。レントゲンの被曝量は、私らの仕事で浴びるよりうんと多いと聞いた。スライドとテキストを使って教育される。朝9時から12時までと午後1時から5時まで講習を受ける。7時から30分間試験がある。歳が行ってからの講習や試験はかなわんな。原発に入る前の教育の内容は、入り方、服の着替え方、放射線とは何かについてだ。教育するのは、元請〜1次下請会社 C の放管担当者だ。原発の敷地内に、講習を受けるところがある。そこに人形が置いてあって、それを使って服の着方を示された」(59)。

　このように、安全教育において、自然放射線と人工的に作り出される放射線の人体に与える影響は同質であり、原発の外にいても被曝しているし、地域的に自然放射線量が多いところもある。放射線をそう恐れることはないという教育がなされているが、このことが科学的に立証されているわけではない。また、歴史的に ICRP が提示してきた閾値以内の被曝であれば人体に害はないということは、科学的に立証されているわけではない。

(2)　放管と親方、作業員たちの実情

　当時20歳代後半であった2次下請正社員の放管 BG は、「放管が『これで安全だ』と言うと、作業員は鵜呑みにして働きに出ていく」(2) と語った。安全教育の場で、「これで安全だ」と言った放管自身は、「今、身体的に影響はないと言っているがこれから先のことはわからない。発癌の可能性や遺伝については教育の時間に触れていない。しかし、教育していて午後からいなくなった人

352

もいた」(3) と語った。BG は、「5 社の下請労働者に安全教育をした時、各々の親方におこられた。親方たちは、"本当のことを言うと、若い者は怖がる" "本当の教育をすると人は逃げる"」(4) と言われている。放管である BG は、上司から教育内容について指導され、下請会社の親方から、本当のことは言うなと言われており、「原発の構造や、被曝について細かいことを理解し教育できる人間は、現場の放管の仕事はできないと思う」(5) と語った。

3 次下請日雇労働者 BC は、安全教育と被曝労働について、次のように話した。「安全教育は受けたが、忘れている。私たち日雇は、ただ、こういう仕事をやってくれと言われて放射線の危険性について詳しくはわからないまま作業をしていた。原発で働いている者は、10 人が 10 人とも言うと思う。放射線が目に見えるなら、そこで働かんと言うと思う。目に見えん、臭いもせん、どうなっているのかはっきりわからんから、だましだまし生活のために働いている。日雇の私たちは、開き直って働くか、やはり不安で辞めるかしかない」(121)。

そして、3 ないし 4 次下請正社員 AF が「放射線を浴びることについては、仕事に就いた頃はちょっと抵抗があった。いまはどうってことない」(65) と言うように、目に見えず臭いもしない放射線の中で日々働いていると、当初感じた抵抗感が薄れていくようである。「仕事で原発に入る度に、安全教育を受ける。もう耳にたこができるほど聞いた。今までに、玄海、美浜、東海、伊方、福島の原発で働いたことがある」と、被曝労働に慣れきった 2 次下請日雇労働者 AA が言う (76)。また、原発と無関係の職場に正規雇用で転職できた元 3 次ないし 4 次下請日雇労働者 AX は、手配師の手先に「計器調整の仕事」(項目 e 聴取番号 48 参照) と聞かされ原発で働きだした。その当座は「原発の恐ろしさ、被曝の怖さを知らなかった。原子力エネルギーはこれから発展するものだという思い、そこで機械を触る技術が身についたら得だと思った」(49) と語った。手配師の手先は、「原発がどんなところかという説明」(48) をしていない。

7g 被曝線量の違い

(1) 電力会社正社員と下請会社労働者の被曝線量の違い

元電力会社正社員 CB は、末端の下請労働者を直接目にすることはなかった

という。彼は、「定年後の再雇用も含めて46年余り原発で働いた。積算でいうと50ミリシーベルトくらい被曝した。200ミリシーベルトまで浴びても死ぬことはない。敦賀で原子炉の燃料を取り出し、水を抜いて空っぽにして点検、改造したことがある。その時、結構被曝した。実際に多く被曝しているのはメーカーの人。メーカーの下請社員はさらに多く被曝すると思う。私は、その下請の労働者を直接目にすることはなかった。きびしい作業が、下請にいっているのは事実」(151)と語った。このように、CBは、末端労働者による汚染除去作業がなされた後に、それでも高被曝する場所に入ったという。一方CBとは別の電力会社正社員ADは、「この間まで2次系の弁の担当だったが、今は1次系の弁の担当。電力会社社員は、保修課の場合、週1回あるいは2週間に1回現場を点検に歩く。運転課は毎日確認に歩く」(41)という。また、ADと同じ電力会社正社員AWは、「入社してからはじめの10カ月間、運転課に配属された。その期間に、美浜1号機と2号機の中で、1,000ミリレム浴びた。現在までの、14年弱の集積線量は1,100ミリレムだ。同期に入社している社員で、5,000ミリレムになっている人もいる。1、2号機は古いから3号機より被曝線量が多くなる」(81)と言う。このように電力会社正社員でも、配属された部署によって、被曝線量に差異が出ている。

　死亡した電力会社正社員の妹AYは、次のように言う。「兄は、周囲の者に、"元請～1次下請会社C以下の会社では働くな。電力会社の正社員の被曝線量は、安全範囲内だ"と言っていた。しかし、原発関係で働いていて、兄のような病気（項目h聴取番号111参照）で亡くなった正社員が、年に1～2人はいると聞いている」(112)。このように、閾値管理がなされ、電力会社正社員は、相対的に下請労働者よりも被曝量は少なくてすむ労働環境に置かれていても、被曝の影響が強く疑われる病気で亡くなっている例が数えられる。その現実を見ないわけにはいかず、電力会社や元請会社は、「誰も危険なところへ行きたくないから、危険な仕事は、みな下請に出す」(8)と、2次下請正社員の放管BGは言った。

(2) 下請労働者における、被曝線量の違い

　3次下請正社員AZは、「短期でなく1年中雇用される者は、1日2～3ミリレム、多くて1日20～30ミリレムの範囲で働いていた」(25)と言う。そして、

３次ないし４次下請日雇労働者 AR は、「85 年から１次系に入っている。年中被曝労働をしている者の場合、被曝線量がすぐに閾値に達しないように、作業内容が加減されている。短期契約でよそから来る者は、最も危ないところへ入っている」（55）と語った。「短期契約でよそから来る者は、最も危ないところへ入っている」との言は、短期契約で九州から若狭の原発に来ていた２次下請日雇労働者 AA の、「これまでの４年間の集積被曝線量は、5,000 ミリレム程度」（項目 j 聴取番号 77 参照）という話からも裏付けられる。

8 h　労務管理・地域管理

(1)　労災封じ

　元電力会社正社員の妹 AY は、労災の疑いのある病気で兄が亡くなる前後の電力会社と父をはじめとする家族の対応について、次のように語った。「兄は、工業高校を出て電力会社 X 社員になった。……81 ～ 82 年度は E 原発、83 年度は D 原発に配属された。３交代の運転室勤務だった。頑丈な体つきで病気はしたことがなかった。83 年６月の下旬、立ちくらみやめまいがする、寝ても疲れがとれないと私に訴えた。実家に戻る前に兄は市民病院で診てもらっていた。その病院から会社の運転室に、兄の検査結果とともに再検査が必要と連絡されていた。上司が兄を伴って市民病院へ行き即入院となった。入院した翌日に、病院から親に電話があった。急性骨髄性白血病の疑いがあるので、すぐ病院へ来るようにとのことだった。……市民病院へ　１カ月入院していたが、電力会社 X の上司から親の方に電力会社経営の病院で治療を受けた方がよいとの連絡があった」（111）。電力会社経営の病院へ移ってから、「兄は、人事異動で本社の原子力管理部に人事異動されていた」（111）。「兄が電力会社 X 経営の病院に入院していた時、兄と同じような症状で入院していた電力会社 X 社員 Y さんがいた。その人は D 原発にいたが、入院時点で本社の原子力管理部に人事異動されていた」（111）。

　つまり、より治療体制の整った病院へ移動させたことはよしとしても、福井県外の電力会社経営の病院へ移した意図として、AY の兄を、共に働いていた同僚や親戚、地元住民の目に触れない、従って口伝えで情報が伝わりにくい環

第2部　原発労災裁判梅田事件に係る原告側意見書

境に置いたとも考えられる。地元の病院の患者や見舞いに訪れる人々のほとんどは地元住民であり、病院勤務者の多くも地元住民である。

　人事異動により、社内記録上、本社社員が白血病死したことにされる。急性骨髄性白血病の疑いとの診断が本人より先に会社に連絡されてから亡くなるまで、兄の治療先も人事異動も会社側の段取りでなされている。

　AY は言う。「兄が急性骨髄性白血病で亡くなった後、被曝によるものかどうかという話は、電力会社側とするにはした。会社側に、被曝のデータを見せてもらった。私たち家族は、労災で訴えることができたかどうか未だにわからないのだが、労災申請すると、父母もよいと思っていかせた会社が悪かったという結論になるように思われ、それが父母には耐えられなかった。死ぬような会社に行かせたと考えたくなかったと思う。また、近隣から原発へ行っている人の意識も考えて、息子の白血病死に関しては、周囲に語ることをしなかった。同じ仕事についている人に不安を与えたくないと、父は言った。兄の職業と病気、死の関係について深く追及しないと、父母が判断した。会社側から病名を伏せてくれといった圧力はなかったが、会社側からこれは労災だという話もなかった」（113）。治療にあたった医師たちは何も言わなかったとしても、就いていた業務と病名からすれば、遺族が労災補償を追求する選択肢はあった。しかし会社側の提示した資料や労災申請を勧めない態度、親戚や近隣住民たちが原発関連会社で働いていること、親がよいと思って行かせた会社であったことなどを重ね考えた家族は、労災申請手続きを取れなかった。電力会社は、遺族による口をつぐむ判断をじっと待っていた。

　1次下請正社員 AB は、「職場にいる者同士であまり仕事のことは口にしない。"お前、どんな仕事やってるんや"とは聞かない。仮に事故につながることがあっても、互いに隠しあう。会社も隠す。隠されてしまったことはその現場にいた者以外わからない。知っている者は言わない。会社に迷惑がかかると思ったり、自分が職を失うことにつながると思うから。かわいそうなのは怪我や病気になった時だ。大卒で原発で働いていた丹後出身の人は癌で死んだが、家族はなぜか沈黙した。金で病気を買うことはある」（234）と言う。丹後出身の癌で亡くなった人の遺族もまた、沈黙した。

　2次下請正社員の妻 AE は、労災申請しなかった事情を語った。「夫は、勤めていた下請会社の運動会を、町内会の仕事があるので欠席すると言ってい

356

た。しかし会社から是非とも出席してくれと言われて、町内の仕事を早く済ませて運動会に参加した。騎馬戦の途中、頭から落ちて半身不随になった。その後全身マヒになり、入院先で亡くなった。会社は、労災にしないでくれと言ってきた。そのかわり、給料を半年分出すとのことだった。夫の勤めていた会社の労務課の人が話をしに来たのだが、その人は、警官あがりの人だった」(101)。この事例は、大衆の面前での、因果関係の明白な労災事故であった。だからこそ、警察上がりの労務担当者が、労災隠しのために金の話を持ちかけたのである。

　3次下請日雇労働者 AK は、「怪我しても言わん。同じ会社内においても、働いている者同士の間で言わない。上の者は知っているが隠す。何でもかんでも隠す。怪我が電力会社 X に聞こえたら、仕事の受注に差し支えるから、内緒にしておけることは内緒にせえということ。会社に怪我を隠したりするのはおかしいと思っても、この年になってくると黙認してしまう。仕組みが、長いものに巻かれろになってしまって、言いたいことが言えん。労働者も委縮して、上の顔色ばかりうかがっていると思う」(32) と言う。作業中の怪我が表ざたになるとその下請会社に仕事が回してもらえなくなるため、同じ会社の労働者間であっても怪我を隠しているのである。労働者は雇用が継続されることが日々の課題となっているので、今現在我慢できる怪我であれば、何も言わない、言えない環境が作られている。

　元・元請会社正社員の妻 AP は、夫が原発で働きだしてから体調を崩し、癌で亡くなったけれども労災申請しなかったいきさつを語った。「1968 年頃から日雇で原発の仕事をするようになり、隣の集落の知人に誘われて 72 年から元請～1次下請会社 C の正社員になった。けれども 75 年 10 月に亡くなった。夫は、元請～1次下請会社 C で働きだしてから病気がちになり、時々仕事を休んでいた。疲れやすく足がだるい足がだるいと言いながら働いていた。右足の大腿部にコブができた。地元の病院で 73 年に悪性腫瘍を取る手術をした。74 年には、金沢の病院で右足を切断した。かつて土方仕事をしていた時は国保だったが、悪性腫瘍で入院した時は健康保険に加入していたので助かった。元請会社からは、僅かな退職金が出た。夫が亡くなってから、私に元請～1次下請会社 C から働かないかと声かけがあり、……清掃をしている。……私には会社から家族扶養手当が出た。それも助かった。息子も高校を卒業した 80 年代半ばから元請～1次下請会社 C の社員になった」(109)。筆者は、AP から高卒後息

第2部　原発労災裁判梅田事件に係る原告側意見書

子を元請〜1次下請会社Cの正社員にすると言われていたと聞いている（110）。こうした元請〜1次下請会社Cからの母子とも正規雇用の話が用意されて、助かったと思い、労災申請を考えなかったという（110）。APは、家等の借金もあり（110）、夫を亡くし明日からの生活をどうしていけるかと、一方ならぬ不安を抱いていた。聴き取りの限りでは、治療にあたった医師が被曝との因果関係を疑って被曝歴に関する資料の提示を患者に求めた様子はない。APは、土方の時は国保だったが、「悪性腫瘍で入院した時は健康保険に加入していたので助かった」と、夫が正社員であったことについて、まだよかったと言うのである。このような労災が疑われる事例が、水面下の個別対応で封じられている。

　作業現場で事故につながることが起きていても、隠されている。先に述べた通り、1次下請正社員ABは、事故につながることがあっても互いに隠し合うし、会社も隠す、労働者が病気で死んだときは家族も沈黙すると述べている（234）。このように労働者どうしで事故につながる出来事を隠しあう実態は、所属する会社が苦境に立たされたり、労働者が職を失うおそれを感じて生み出されている。被曝労働に就いていた丹後出身者の発病の原因は、聴き取りの限りでは不明であるが、ABは、「金で病気を買うことはある」と評している。

(2)　労災が疑われる元請正社員の処遇

　元・元請〜1次下請会社Cの正社員CDは、「1970年代初頭、元請〜1次下請会社Cで働くようになった年に高被曝した。そのためホールボディで被曝量を測った。その直後は、半年ほど出勤するが被曝する作業現場にいかないですんだ。その半年は除いて1970年代初頭から80年代初頭まで、被曝労働についていた。80年代に入り、失神発作が起きるようになり、下痢が度々起こり、白血球数が変化するようになった。地元の医療機関の医師は原発の中に入って働いてもよいと言ったが、産業医は入ってはダメと言った。初めて失神したのは、出勤するため、家から車で出ようとした時。……市民病院や県立病院へ行きいろいろ検査した。失神してからも1年くらいは原発内部で働いていた。その後、現場で数回失神した。会社の産業医から被曝作業につくなと言われた」（175）。

　CDのようなケースでは、失神発作が起きるようになり、下痢が度々起こり、白血球数が変化するようになった時点で、被曝の影響が強く疑われるのであり、

358

使用者側は、労災保険による治療と休業ができるように取り計らう責任があったといえよう。産業医は管理区域に入るなとのみ言い、一般病院では被曝の影響を考慮していない。使用者側は、地元の正社員をいきなりリストラするわけにはいかず、淡々と事務部門に配置転換している。配置転換後 CD は、「着工届、作業員名簿、工事に関する事務手続、日常点検の月々の報告書を作る事務にまわった。私の場合、事務はできたし、元請の正社員であり地元住民だったから、配置転換という措置になったのではないかと思う。現場の仕事を辞めてから失神は起こらなくなった。R 大学病院まで行ったが、失神の原因がわからなかった。労災の申請はしていない。医者は原因がわからないと言った。私自身は、被曝労働と防護服を着た特殊な作業環境が失神や下痢、白血球数の異変等の症状の原因と思っている。事務に異動するまでの集積被曝線量は、17,875 ミリレム。ピットに鉄板を落とす前は集積で 100 くらい。ピットに鉄板を落としたとき、1,000 は浴びただろう。それ以降は、閾値以下だったと思う。同じ村の電力会社 Y に行っていた A さんも失神発作を起こしている。その人は私より若いが、車の運転ができなくなった。この地域には、"あったことは言うな"という、何かにつけての聞こえない見えない圧力がある。自己規制もある。自分の生命や健康が危険であっても、言うと悪いやろという思いがある」(175)。CD と同じ村の原発労働者 A もまた、失神発作を起こすようになり、車の運転ができなくなっている。CD は、"あったことは言うな"という、何かにつけての聞こえない見えない圧力の下で、しかも検査・治療にあたる医師が被曝との因果関係を口にしない中、配置転換による雇用の継続がなされたことで、沈黙してきた。筆者は、CD から、健康保険制度を使い、有給休暇の限度まで使って、入院・通院をして検査を受けたこと、有給休暇の限度を超えて休むと賃金がカットされたり、勤めづらくなるので出勤したと聴いている。

　元・元請会社正社員の母 CP は、息子のリストラのきっかけ、転職後に癌が再発または進行して死亡したことについて、次のように語った。「息子は高校卒業後、元請〜１次下請会社 C の正社員になった。35 年働いて、50 で肩たたきで辞めざるを得なかった。定年は 60 だし辞めたくないから最後までねばったけど、と言っていた。辞める幾分か前に、一度手術を受けた。本人ははっきり言わなかったが癌だったんじゃないか。転職して、長時間のきつい仕事に就いてから重症の癌になっていることがわかった。その時はもう手遅れで、数え

第2部　原発労災裁判梅田事件に係る原告側意見書

年の58歳で亡くなった。原発では、機械の中へ順番に入る仕事で、夏なんか
は暑て暑て出てきたくらいなら汗びっしょりでどんなに暑いかわからんと言っ
ていた」(186)。

　筆者がCPの息子の同僚であったCDから聴き取った話では、CPの息子は
事務はできなかったという。定年より10年も早く肩たたきされる直前に入院
手術していることが影響したのであろうか。CPの息子の死は、元請会社にとっ
ては無関係であずかり知らぬことになってしまっている。

(3)　国籍差別を受けた極貧層の次世代が築いた会社の自主規制

　1次下請社長CLは、原発の労働安全衛生にかかわる業務を請け負っていた
ことがある。管理区域で常時被曝作業にあたる業務を請け負っていたのではな
い。そのCLが昔からよく知っている、3次ないし4次下請の会社26につい
て語った。「会社26は、元請～1次下請会社Kからくる仕事は、どんな仕事で
も黙ってする。会社26のように一切黙ってなんでもする会社にしかさせられ
ない、そんな仕事がある。上の会社に対し権利を主張したり労働安全上問題が
あるというようなことを言う者にはさせられない仕事。要するに本当に汚れ仕
事、危険な仕事で、そこそこ熟練した技能がないとできない仕事を会社26の
ような会社にさせている。何というか、かつて差別されてきた地域の者が作っ
た会社や親が外国籍だった者等に対し、上の会社は、お前らは普通にしていた
ら仕事はあたらない立場なんやと、けどもさせてやっているんやからありがた
く思えという態度だ。小さな会社26は恒常的に仕事を請け負っているのだが、
会社26に特命でいい仕事がばんばん発注されるのを見て、僕は、地元のいわ
ゆるがらの悪い人夫まわしをしている親分連中に"怒らないのか？"と聞く
と、彼らは、"会社26は仕方がない"という。会社26は、絶対逆らうことなく、
上の会社からしろと言われたことは何でもしている。夜中でも危険な仕事でも。
だから重宝されている」(221)。

　かつて日本で差別扱いされ、なかなか好条件の安定職に就けなかった集落
住民や外国籍で同様の差別を受けた人々の子ども世代が、従業員を主に親族
でかためた会社をつくっている例が、若狭地域の原発関連会社に複数見られる。
会社26の場合、親族中心の少人数の従業員で結束し、どのような被曝労働も、
夜間労働も黙ってすべて請け負い、絶対逆らわず黙しているので、使い勝手が

360

よいから継続して発注がなされてきた。仕事を継続して発注することで、会社26の社員が熟練していくのは発注者側にとっても好都合であった。

(4) 言論の自由や思想信条の自由を奪う労務管理

かつて1次下請会社23の正社員であったCHは、「私が地域で取り組んでいた文化サークルでは、電力会社Xから頼まれて慰問活動をしていた。電力会社Xは地域住民に受け入れられる活動をしたがっていた。慰問活動が終わると、夜は飲み会があり、その費用はすべて電力会社X持ちだった。電力会社Xからサークルに寄付金も入った」(165)と当時を振り返る。CHは、ある時、政治的には革新的といわれた劇団の公演を企画したところ、電力会社Xからの「あらゆる協力がピタリと止まった」(165)という。そして電力会社の労務管理の担当者から、元請〜1次下請会社Cの支所を作るとき、CHに「その支所長をやらせるから……公演の企画から手を引こう」言われている。さらに元請〜1次下請会社Cから、「会社23の社長に対し、私のことがあるので、仕事をまわさないとも言ってきた」(165)ため、CHは退職するに至っている。

電力会社Xから頼まれて慰問活動をしていた文化サークルであっても、そのサークルが政治的には革新的といわれた劇団の公演を企画したとたん、企画をした原発下請会社正社員CHに電力会社社員が直接、懐柔策を講じている。それが失敗に終わると、CHのプライベートの時間のサークル活動であるにもかかわらず、CHを雇う下請会社に元請会社が圧力をかけている。

CHの経験は、特別な出来事ではなかった。当時1次下請正社員だったABは、次のことを語った。「一度、息子の行っている職場（筆者注：公営企業）上司から依頼があり、原発のPR館で京都の大学生たちに原発の話をしてくれと言われたことがあった。わしは、自分の知っている具体的な話を何もすることができなかった。情けないが"電力を大切にしてくれ"としか言えなかった。PRセンターのスタッフが普段、一般の来所者に言っていることをそのまま話しておいた。盗聴マイクがないかと疑ったから。元請〜1次下請会社Cの嘱託で働いているMMさんは、社会党支持者として選挙運動などをしていたが、もう沈黙してしまった。元請〜1次下請会社Cの警察上がりの社員数人と会社17の社員2人は、品行の悪い者や思想チェックをするのを仕事にしている。会社17の社長が認めないので労働組合はできない。苦情処理委員の

第2部　原発労災裁判梅田事件に係る原告側意見書

制度ができたが、社員が会社の管理職に投票するような具合で、自然消滅した。苦情の1番は給料が少ないこと、作業服は夏冬とも貸与だったものが一部自己負担で買い取りしなければならなくなったことなど。正社員が少ない会社がいくつも集まって原発の仕事をしている。労働者はつながりようがない環境にいる。一度、わしの家に労働組合の話をしに来た原発労働者がいたが、その人が見張られていたようで、その人がわしの家へ来たことは、すぐに会社に知れていた。電力会社の労働組合は、選挙の時だけわしらに頼みに来るので腹が立つ。わしらは会社から自民党の議員の演説会に行けと言われて行った。転職して会社17に入社した人は労働組合活動をしようとしたが、会社から班長の役をもらって、ぴたりと組合活動をしなくなった。わざと組合活動をしようとしたのかと思うほど。他に聴き取り可能な人と言っても、紹介できない。そういう体質の会社だ」（235）。

　原発の中で作業を担当している者が、自分の知っている具体的な作業内容を聴衆に何も話すことができなかった。それは、盗聴マイクがないかと疑ったためであり、元請会社と会社17の社長と従業員数名による監視が行われている事実を知っていたために、何がもとで自分に圧力がかかるかわからず、ABとしては「情けない」対応をしたのであった。

　2次ないし3次下請自営BBは、四国出身の電力会社正社員であったが、婿養子に入り若狭に定着して自営業を始めた。転職のきっかけは、地元の若者との地域活動のために残業をしない勤務ぶりや原発に批判的な参議院議員候補を応援したことで、会社側にとっては好ましくない存在とみなされていた。勤務時間外の生活時間を、地域の若者との交流にあてたり、自分が指示する立候補者を応援する自由はあってしかるべきだが、実態としてそのような社員の出世はないことを、BB自身がわかっていた。BBは言う。「四国出身。工業高校卒業後、電力会社正社員となった。若狭のあちこちの原発で、計11年にわたり勤務した。……当時地元の若者どうしで地域活動をしていた。日曜はもとより、仕事は定時で終えて帰り、活動していた。当時電力会社Xではほとんどの社員が残業していたから、僕の行動は例外的でよく思われていなかった。参議院選挙の時、原発に批判的な候補者の応援をした。……会社から目をつけられていた。そうなると昇給も昇格も望めないと思ったから、辞めた。被曝するからやめたのではない。……その頃地元の人と結婚。辞めてから3年間地元の会社

362

で見習いをして、今は独立し自営業をしている。電力会社をやめたといっても、元請～1次下請会社Cの下請の下請の下請をしている。原発と無関係の仕事の注文も受けている。被曝作業ではない仕事だ」(126)。BBは、原発関係のものだけ受注しているのではない。原発関連会社からの発注のみで自営業を営んでいないので、ある程度社会活動の自由が保てているようであった。

BBの事例からも、思想・信条の自由が、実態として抑圧されていることがわかる。また、残業ありきの職場で残業せず、地元の若者とともに地域活動に取り組んだが故に、負の人事考課が予見できたことから、電力会社正社員の私的時間も会社の方針で管理されていたといえよう。

(5) 作業・労働環境の話を封じる労務管理

電力会社正社員ADは、「別にウソは言っていないし、誰に悪いことも言っていないが、何もかも書かれるのはちょっとな。他の電力会社社員に原発で働くことに関して聞いても、あんまり快くしゃべってくれないんじゃないかな」と言った(45)。2次下請正社員BGは、「以前、ルポライターがもぐりこんだが、今はかなり厳しくチェックされる」(9)、「あなたのやっている聴き取り調査にヘタに関わると圧力がかかると思う。下請労働者に聴き取りすると、その上部の業者から、親方や労働者本人に圧力がかかるだろう」(10)と言った。また、2次下請正社員BEは、「わしの名前は出してほしくない。他に快く話してくれるような労働者の心当たりはない」(12)と言った。3次下請日雇AKも、「あんたの村の者もようけ原発で働いとる。なかなかしゃべってもらえんやろうな」(33)と言った。研究目的であれ、原発の作業現場の話を表に出すと、自分自身や属する会社等に圧力がかかるであろう実状が見える。

3次ないし4次下請社長CJは、「誓約書は2枚くらいある。『飲酒運転をしない』『飲みに行っても暴れたり迷惑をかけない』といった、何項目かが書かれている。誓約書の紙には書いてないが、入所教育の時に、"仕事にかかわることは、飲み屋さんや他人に喋らないように"と必ず言われる」(193)と語ったことは、BGやBE、AKの発言と符合する。2次ないし3次下請日雇労働者の妻AQも、「夫は除染作業をしていた。仕事の内容を家族にも言ってはならないと会社の方から言われていた」(134)と言っている。

飲食店経営者CAも、「うちの店にも作業員の方はこられる。新聞記者も店

363

第2部　原発労災裁判梅田事件に係る原告側意見書

にくるが話を聞きにくいそうだ。会社から強く口止めされているようだ。客として、電力会社Yの社員や家族を何人も知っているが、結構おつきあいのあった方でも、原発の中の話を聞きづらい。だから、紹介もできない」(156) と、口をつぐむ。

　次の3次ないし4次下請日雇労働者ANの話から、原発内部での故障や事故時の応急処置などは、できるだけ外部に漏らさず行っていることがわかる。「1次系で働く人たちは、現場のことを話したがらない。僕がまだ原発で働いていた時、1次冷却水が漏れて機械が止まった。その時はバルブを取り替えられず、外から包み込む補修をしておいて、定検の時に取り換えたそうだ」(39)。

　仕事に係ることを他人にしゃべったらどうなるのか。2次ないし3次下請日雇労働者の妻AOは言う。「夫は原発ができたころからずっとそこで働いている。常雇みたいなものだ。前に、原発で働く者のことを本にした人がいた。夫も隣の旦那さんもその人と一緒に働いていた。隣の人はごく気前良く、本を書いた人に仕事の話をしていた。相手を仲間内と信じていたからだ。本になって、隣の人は会社からそれはもうひどい仕打ちを受けた。あんたにその気がなくても、絶対名前がわかるようなことはせんと言われても、いつ、どこで、どんな風にしゃべった事が公になるかしれない。普段の生活をありのままに話してくれと言われても、仕事に触れずに話すことはできん。話せばついつい本音で話してしまう。隣の人が本当にひどいことになったのを見ている。疑い出したらきりがないけど、黙っていた方が何事もなくてよい。私らの暮らしは、毎日主人が原発へ働きに行くことでやっていけている。原発から締め出されたら、たちまち生活に困る」(68) と。黙っていた方が何事もなくてよいと、たった今働けている者の家族も黙りこむ。

　労働者自身の被曝歴の問い合わせは、よほどの個人的に放射線管理手帳発行機関に問い合わせたい事情がなければ、労働者を直接雇っている下請会社もしくはその上位にある下請会社を介して放射線管理手帳発行機関に照会することになる。2次ないし3次下請日雇労働者BHは、「手帳は会社の方で管理している。3カ月に一回、被曝線量の控えをくれるけど、そんなもんはもうほかした。親方や上の会社に自分の被曝線量をもういっぺん見せてくれとは言えない。何のためやと聞かれる。自分の被曝線量を問い合わせにくい環境がある」(243) と言う。仕事のことを家族や他人に話さないように常に電力会社から末端下請

364

会社の労働者まで口封じされているだけでなく、自分の被曝線量の記録を見る行動も抑制されている。

(6) 地域管理

電力会社正社員 CC は、電力会社が地元住民を一定数雇用している状況を、次のように述べた。「電力会社 X の社員には、関西、北陸、九州方面出身者がいる。その他の地域出身者もいる。高専は各県に１つしかないので、鳥取や島根からも採用されている。美浜、高浜、大飯の原子力で働いている電力会社 X の社員は、福井県出身者が多い。福井県出身者は、原発部門の正社員で約３分の１程度。大企業の正社員を地元から一定数雇用することで、地元に貢献することになる」(209)。安定職で選べる仕事先が少ない若狭地域において、地元に住み続けながら大企業である電力会社に就職できる条件を用意している点で、電力会社は地域貢献をしている。ただし、電力会社に採用された者や家族は、(1)や(4)で記した環境下におかれている。

一般住民である CF の話から、地元には、地元出身の電力会社正社員と県外出身の電力会社正社員で地元に婿養子に入った者と、元請会社正社員、幾重もの下請会社正社員や日雇労働者が存在していること、地元の原発で働く労働者たちは、お互いに地縁・血縁で結ばれていることがわかる。筆者が住宅地図を持って CF を訪ねたことで、次の話を聴くことができた。CF の住む集落の世帯数は、約 190 であり、筆者は全世帯分を聴き取っているが、以下はその抜粋である。

「１家の息子は電力会社正社員」「２家の世帯主は、元請〜１次下請会社 C の正社員だったが、癌だとわかって肩たたきにあい、会社をかわってから癌で死亡した」「３家の今のおじさんも電力会社 X の下請で働いている」「４家の世帯主は、下請会社へ行っていた。息子は電力会社の正社員。別の電力会社に出向している」「５家の世帯主は、原発の下請に行っていたが辞めた。その息子は電力会社正社員」「６家の者は、元請会社正社員」「７家の者も、元請会社正社員」「８家の息子も、電力会社正社員」「９家の長男は、電力会社正社員」「10家の世帯主は、原発の下請会社で働いている」「11家の娘婿は、電力会社正社員」「12家の世帯主は、電力会社 X の社員」「13家の娘婿は、電力会社 X の正社員で、守衛をしている」「14家の世帯主は、下請会社の正社員だったが、癌

になり、今はその会社を辞めている」「15 家の娘婿は電力会社正社員」「16 家の息子は 2 人とも電力会社の下請で働いている」「17 家の長男は原発の下請会社に勤めている。次男は電力会社正社員」「18 家の世帯主は、元請会社正社員だったが、定年前に肺がんになり、亡くなった」「19 家の世帯主は、O 市の工場で働いていたが、リストラで原発の元請会社に中途採用してもらった。そこももう定年となった」「20 家の世帯主は、電力会社正社員」「21 家の息子は電力会社正社員」「22 家の世帯主は、下請会社の非正規労働者」「23 家の世帯主は、電力会社正社員」「24 家の世帯主は、元請会社の正社員」「25 家の世帯主は、公務員だったが定年退職後、知識・技能を生かして電力会社の嘱託として働いている」「26 家の世帯主は、公務員を定年退職し、天下りで県の原発関連の仕事に就いた」「27 家の世帯主は、高卒後ずっと原発の元請会社正社員だったが、癌になって肩たたきにあった。別会社に転職後、癌で死亡した」「28 家の世帯主は、元請会社正社員」「29 家の息子は、一時電力会社正社員になったが、途中退職し、公務員になった」「30 家の娘婿は元請会社の正社員」「31 家の娘婿は、元請会社の正社員」「32 家の息子は原発の下請会社で働いている」「33 家の息子は電力会社正社員」「34 家の世帯主は、大手プラント会社の正社員で、全国の原発のあるところに行っている」「35 家の娘婿は、正規雇用かどうかわからないが原発の守衛をしている」「36 家の世帯主は、電力会社正社員」「37 家の世帯主は、原発の下請会社で働いていて癌で死亡した」「38 家の世帯主は、下請会社の正社員」「39 家の世帯主は、電力会社正社員」「40 家の父は電力会社の正社員だったが定年退職したのはだいぶ昔。息子も電力会社の正社員になった」「41 家の娘婿は、電力会社正社員」「42 家の世帯主は、元請会社正社員」「43 家の世帯主は、下請会社で働いている」「44 家の世帯主の弟は元請会社正社員」「45 家の息子は電力会社正社員」「46 家の息子は電力会社正社員」「47 家の世帯主も原発関係の会社で働いている」「48 家の息子は、電力会社正社員」「49 家の世帯主は原発の下請で働いていた」「50 家の息子は、電力会社正社員」「51 家の息子は、電力会社正社員」「52 家の息子は、電力会社正社員。癌治療をしている」「53 家は、原発の守衛」「54 家の息子は、電力会社正社員」「55 家のおじいさんは電力会社正社員だった」「56 家の娘婿は、原発関係の会社に勤めている」「57 家の息子は電力会社正社員と元請会社正社員」「58 家は、資材会社の従業員として原発へ行っている」「59 家の世帯主は、元請会社の正社員」「60

家の娘婿は電力会社正社員」「61 家の娘婿も電力会社正社員」「62 家の息子は、電力会社正社員」「63 家の娘婿は電力会社正社員」「64 家の世帯主は原発の日雇。息子は電力会社正社員」「65 家の娘婿は電力会社の正社員」「190 世帯ほどの村だが高齢者のみ世帯が相当数ある。家族構成員が公務員や団体職員をしていて、原発に行っていない家もあるが、原発関係の会社で働いている者がいる家と親戚関係で結ばれている場合が少なくない」(167)。

　ところで、地域管理は、原発建設の前から行われていた。

　元・元請正社員 CD は、元請会社社員になる前の出来事を話した。「原発を建設する前の地質調査の段階では、市街地の人は雇用せずに建設地の集落の人だけが雇われた。街の者が入ってくると情報が拡散しやすい。立地地域の住民だけを雇えば村人は経済的に助かるし、村人どうしの中で秘密を漏らさない環境が作れる。電力会社 Y はそう考えた。私は、専門の会社の手伝いでボーリングをした。その後も、原発のある足元の集落の住民は、少なからず原発の仕事に就いている。原発建設で道をつけるというので住民は期待した。国も自治体も企業も、原発は、絶対に安全だと説明していた。原発の建設を受け入れるかどうか、地元の集落では、男の世帯主だけが集まって話し合ったと聞いている。いわゆる家長は、子や妻には詳しいことは一切語らなかった」(181) と。CD は、その村に原発の建設を受け入れるかどうか男性のみの家長たちが話し合った当時の、一家長の息子である。建設前の地質調査の仕事には立地予定地域の住民のみを雇いあげる方式が採られ、集落住民が結束して、調査作業の中で見聞きした情報や、建設にあたっての地元民との交渉内容を口外しない環境が作りあげられていた。

　地域管理は、原発内で、怪我人や急病人が出た時にも徹底されている。

　元医療機関非正規職員 AJ は、「一般の労働者の場合、現場の事故で怪我をしたら救急病院の P 病院へ運ばれるのが常だ。しかし原発の場合は違う。小さな事故で、原発から救急車が出ても、最も原発に近い P 病院の前を素通りして、県境を越えたところにある病院へ運んでいる。よほど単純な怪我の場合は、P 病院へ連れてくる。地元の病院へ入院させて内部情報が地元で漏れ広がることを恐れてのことかと思う」(99) と述べた。このように、原発労働者の労災が疑われる事例が、地元救急車によって、地元の救急病院から遠く離れた病院に運ばれている現実がある。

第 2 部　原発労災裁判梅田事件に係る原告側意見書

　他に、原発を批判する住民への電力会社の対し方の例として、市街地の自営業者 CA の体験談がある。「原発のことを意識したのは市民劇団にかかわった頃から。平成元年頃。市民劇団の手伝いをするようになった。うちの店でチケット販売を引き受けた。電力会社 Y が「ふれあい財団」を作っていたが、劇団に反原発の人が 2 人いたため、財団から劇団に助成金がもらえなかった。パンフの広告料ももらえなかった」(159) とのことであった。電力会社によって、原発に反対する住民がチェックされ、地域の文化活動に協力する体制を持っている電力会社側が、原発に反対する 2 人の住民が属する市民劇団の取り組みには明確に協力しない対応が採られている。

9 i　作業環境・作業条件

(1)　原発内における過酷な作業環境

　聴き取りから、原発内での作業環境が過酷であることがわかる。循環水管の掃除、配管の仕事、ポンプの修理、除染の仕事など 1 次系、2 次系問わずいろいろな仕事をしてきたという元請会社社員の AG は、「1 次系に入るのはやはりいやだ。被曝のこともあるが、1 次系の服を着て作業するのは、やりにくい。動きにくい。いらいらする。作業の場は狭い。作業箇所の周囲にポリシートを張るのでよけいに狭い。一応換気はされているが、空気も悪い気がする。ポケット線量計のピッピッと鳴る音で気ぜわしいし、緊張する」(106) という。末端の労働者になるほど、過酷な作業現場であることを訴える者は多くなる。例えば、2 次ないし 3 次下請の日雇労働者である AL は、「原発の中に入ると 40 度くらいする場所がある。長時間作業していられない」(240)、「高被曝するところは、服装が煩わしいし、窓がなく密閉された作業場所は、気分がイライラする」(242) という。また、3 次ないし 4 次下請の日雇労働者である AU は、「炉心部での仕事を終えると冷静にものを考える力を失う。中がとても暑いから体がだるい」(36) という。管理区域内での現場作業は、被曝という生命・健康の崩壊と直結する危険労働であるばかりでなく、暑く、狭く、薄暗く、絶え間ない騒音がするところで、アラームメーターで管理される細切れ作業の繋ぎ合わせである。この環境は、心身の疲労を増大させるだけでなく、ひとまとまり

第3　調査結果

の仕事をひとまとまりの労働者たちが仕上がるまで取り組めることによるやりがいも削ぐものといえる。

⑵　五感で感じられずとも労働者たちは確実に被曝していく

　当然のことながら、原発労働者たちは原発内で被曝を重ねていく。原発内では、法令に基づき企業が設定した限界線量を示すアラーム音が頻繁に鳴り響いていたようである。前述の元請会社社員の AG は、「集積被曝線量は、3,939 ミリレム。同じ期間働いてきて、僕の倍被曝している人もいる」「ポケット線量計のピッピッと鳴る音で気ぜわしいし、緊張する。仕事を終えて外に出る前のチェックの時、体に放射性物質が付いていてランプがついたことは何度かある」（106）という。2 次ないし 3 次下請日雇労働者の AL は、「作業は、テレビで監視されているからええ加減なことはできんが、思ったようにし上がらない内にアラームがすぐにピッピッと鳴る」（240）、「原発では、取りかかった仕事ができるまでその場で作業することができない。5 分や 10 分で作業場を離れねばならないこともある」（242）という。防護服の洗濯をしていたという 3 次下請日雇労働者の BC も、「洗濯しても線量が落ちていないので、乾燥させた服をたたんでいる私のアラームがすぐに鳴った。ここの洗濯場で、安心して働けることはなかった」（120）と述べている。洗濯という一見軽作業にも思える労務であっても、洗濯前の汚染した服やマスクに触れる者も被曝するし、洗濯後の服に触れても被曝する危険な作業なのである。また、作業室の空間にも放射線は飛び交っていた。

　3 次ないし 4 次下請の日雇労働者である AX は、「原発内の通路は、パイプの間にあって迷路のようなところだった。冷却水が漏れて水浸しになったところに、白墨で危険という印が書かれていた。そこを雑巾で拭いている者がいた」（53）と述べている。一方で、放射線は五感で感じることができないため、原発労働者は「放射線の強いところと弱いところの予測がつかない」（AL242）のである。

⑶　適正とは言い難い現場管理

　放管による作業現場の管理が、適正になされていたとは言い難い。1970 年代初頭から 80 年代初頭にかけて被曝作業をしていたという元・元請正社員の

369

第2部　原発労災裁判梅田事件に係る原告側意見書

CD は、「本当は着なければならなかったが赤服を着ずに、黄服でバルブを閉めに行ったこともあった。配管は床から2m以上の高いところにある。バルブを閉めるのにハシゴをかけず、パイプを伝って登って閉めた。小便はそこらへんのピットでしていた。小便のために服を脱いで外へ出て行ったら仕事にならない」(177) と言い、作業服という最も基本的なルールですら守られていなかった実情を語っている。放管が現場作業員の仕事内容をわかっていたかについて、2次ないし3次下請日雇労働者の AL は、「放管が仕事の箇所を指示し点検する。しかし放管に僕らのほんまの仕事はわからん。ほんまに一緒に機械や配管を見て作業してみんとわからん」(242) と、日頃の思いを述べている。また、3次ないし4次下請日雇労働者の AX は、「同級生で電力会社 Y の放管をしていた者がいた。放管たちは一応、作業員の管理や汚染物の処理に注意を払っていたのだが、作業員はいくらでもその裏をかくことができた。管理区域で使って汚染した道具類を処分せず、示し合わせてトラックできている者の所へ運び、外に持ち出して使われていた。汚染しているが見た目には新品。下請の親方は、道具は処分したというと、上の会社から道具の代金が支払われていた。親方はそれで、よい儲けができた」(52) という。作業員たちが1度や2度ならず放管の目をくぐり、汚染している道具類を原発の外に持ち出して売却等してしまうことは実際にあったのであり、いかに放管の管理に抜け穴があったかがわかる。

(4) 原発労働者の立場の弱さ

危険で被曝する過酷な労働現場でありながら、原発作業員たちが社会的に置かれた立場は弱い。電力会社正社員の AW ですら、「今、10日まとめて休もうと思うと、会社を辞めねばならないような体制。ためしに、元請〜1次下請会社 C に使ってくれないかといったら、中央制御室にじっとしていた者は、駄目だと言われた」(84) という。下請になると一層立場は弱くなり、1次下請正社員の AB は、「1次系、2次系を問わず、怪我をすると仕事が与えられない。しかし作業が無くても出勤せよと言われる。これは労災にしないためかと思う。歳の行った者が怪我をするとなかなか治らないが、痛いのに出てくる。出勤して何もしないでいるのは耐えられないから、痛くても"私は治りました"と言う。周りの者は、裏でかわいそうやなと、ヒソヒソ言っている。会社17には

370

中高齢者が多いが、86年は高卒や大卒が入ったので、専務は高齢者に"嫌なら辞めてくれ"と言うようになった」(232)と述べている。過酷な作業現場でありながら、仕事を失うことを恐れて怪我をおして出勤するのである。その理由について、同ABは、「この地域は、企業が少なく働く場がない。職を確保しようと思うと原発しかない。みな家のローンや車のローン、教育費などを払って、地域で付き合いをしていかねばならない」(232)という。家族とともに日々生きていくために過酷な状況に耐えざるを得ないのである。

10j　被曝労働

(1)　具体的な労働内容

　原発労働者と一口に言っても、労働安全衛生法及び労働安全衛生法施行令の規定に基づく電離放射線障害防止規則に基づく放射線管理区域で作業する者から、放射線管理区域外での作業、原発敷地内での事務作業に従事する者まで多種多様である。もっとも、筆者の聴取した原発労働者はいずれも被曝していない者はいなかった。

　電力会社正社員AWは、1987年時点の制御室の体制を次のように説明した。一つの制御室に、課長、主任、班長、制御、主機、補機がおり、制御担当者は原子炉を動かす業務なので管理区域には入らない。主機はタービンを動かしている。運転中は新入社員レベルの補機が、常時1次系を見回っている。補機は、1次系と2次系を交替で担当している。課長と主任は、その責任上、1日に1回見回っている(82)。

　つまり、制御室に配属されている正社員も、放射線管理区域に立ち入り、被曝しているのである。

　電力会社正社員の作業内容は制御室担当にとどまらず、電力会社正社員ADや亡くなった電力会社正社員の妹AYによれば、放射線管理区域で1日につき合計4時間ほど直したポンプの試運転の立会いをしたり(44)、何かが漏れている箇所に、自ら確かめに行く(112)など、単なる巡回より高いレベルの被曝を伴う作業に従事することもあったようである。

　元請会社正社員AGは、同僚も含めて1次系と2次系いずれもで、循環水管

371

第2部　原発労災裁判梅田事件に係る原告側意見書

の掃除、配管の仕事、ポンプの修理、除染の仕事などに従事したとのことであるが、1次系作業は、防護服が動きにくく「いらいらする。作業の場は狭い。作業箇所の周囲にポリシートを張るのでよけいに狭い。一応換気はされているが、空気も悪い気がする。ポケット線量計のピッピッと鳴る音で気ぜわしいし、緊張する」(106) と語り、AGと同い年の同僚は、筆者の聴き取り日の少し前に死亡したという。

　また、元・元請正社員で1970年代初頭から10年ほど被曝労働に従事したCDは、バルブしめや汚染水処理、廃棄物処理、濃縮された廃棄物をコンクリートで固める作業、セメント詰めにしたものをフォークリフトに積んでスレート葺きの平屋の建物に奥のほうから積み上げる作業、廃棄物処理建屋のコントロールルームの中で三交替で働くなどさまざまな被曝労働に従事した (176)。その際の作業員の服装や管理区域内部での行動について、CDは、次のことを話した。「被曝する原発内の作業員の基本的な服装は、赤いシャツに黄色い上着（つなぎ）だ。最も危険な区域に入る者は、赤いシャツに赤いつなぎを着ている。三交替だが、仕事がなければ夜仮眠している。本当は着なければならなかったが赤服を着ずに、黄服でバルブを閉めに行ったこともあった。配管は床から2m以上の高いところにある。バルブを閉めるのにハシゴをかけず、パイプを伝って登って閉めた。小便はそこらへんのピットでしていた。小便のために服を脱いで外へ出て行ったら仕事にならない」(177)。

　防護服の違反は外部被曝、内部被曝ともに人体への負の影響を大きくする可能性がある。パイプを汚染水が流れる場合はパイプの外側も高線量となっているはずであり、これを伝って行く過程だけでも高線量被曝の恐れが高い。また、小便は防護服から身体の一部を直に被曝させることになる。筆者の聴き取りによれば、CDだけが特別ルール違反をしていたのではないという。CDは、1970年代初頭、元請～1次下請会社Cで働くようになった年に高被曝している。しかし1980年代初頭まで被曝労働に従事していた。80年代に入り、失神発作や下痢、白血球数の変化が度々あったが約1年原発内部で作業していた。現場で数回失神したという。その後、事務作業（着工届、作業員名簿、工事に関する事務手続、日常点検の月々の報告書を作る事務）へ配置転換となった (175)。

　2次下請よりさらに下位の会社で働く労働者は軒並み、高線量被曝の危険のある作業に従事している。例えば、2次ないし3次下請日雇ALは、「原発の

中に入ると 40 度くらいする場所がある。長時間作業していられない。作業は、テレビで監視されているからええ加減なことはできんが、思ったようにし上がらない内にアラームがすぐにピッピッと鳴る。そうすると外に出る。トイレは服を着替えるところにあるから、作業に入る前に用を足しておく。それでも作業中にしたくなったら、服を脱いで出てくるほかない。重装備で高被曝するところの作業は、短時間にならざるを得ないから、短時間の作業を好んでいく者もいる」(240) と語る。

　具体的な作業内容としては、2 次下請日雇 AA の場合、「1 次系の蒸気発生器の点検整備をする。熱交換器が正常かどうか調べる。次の定検まで使用に耐えうる状態かどうか、データを取る仕事」(72) をしていた。2 次ないし 3 次下請会社社長 CK は、「炉心部のモーターをバラし、バラした機械をみがいて、もとどおり組み立てる作業」(145)、2 次ないし 3 次下請会社の一人親方 CI は、「配管と機械類のメンテナンスが主な仕事。定検に入ると、経年で変化したパイプ、サビも多く寿命のきたパイプを取り替える。これまで使用していたポンプ関係を分解・点検して組み立て直す、機械類のメンテナンスもしている」(173)。

　3 次ないし 4 次下請会社社長 CJ は、高被曝する現場での作業がうまくいかないと予定した時間の倍の時間がかかり、その分だけ被曝線量が増えるという。「定検が入れば、燃油の取扱設備の仕事もする。ピットから燃料を抜いたり入れたりする際の、クレーン、コンベアカー、その中についているスイッチ類のメンテもしている。これは、3 日ほどで終わる。その作業は土日でもする。24時間交代制で、仕事をする。そこにいる必要がある。お釜の真上に行ってもそれほど被曝しない。一番被曝するのは、コンベア点検やバスケットのスイッチの点検だ。その場所へ行くのに時間がかかる。その場へ行く時間と戻る時間の他に、コンベア点検などに 5 ～ 6 分かかる。これは、うまく行った場合。うまくいかないと再調整で倍の時間がかかる。5 ～ 6 分で 2 ～ 3 ミリシーベルト被曝する。10 分以上かかるとさらに被曝する」(191)。

　3 次ないし 4 次下請会社正社員 AF も、「蒸気発生器、SG の仕事……原子炉のふたを取って中の点検・手入れをするための作業、リアクタークーラントポンプの分解・点検のための作業などをしてきた」(64) と語る。

　また、被曝労働者の作業服のクリーニングにも下請会社日雇労働者が多く従事しており、特に定期検査のときの作業量は膨大であった。3 次下請会社日雇

第2部　原発労災裁判梅田事件に係る原告側意見書

BC は、「4 年間、ずっと1次系のクリーニングの仕事をした。私は主に円管服をたたむ作業をしていた。午前 8 時 30 分から午後 7 時まで、1 人で 1 日 700 から 1,200 枚の服をたたんでいた」(119)、「定検のピークの時には、専用の洗濯粉は使用していなかった。実際には水洗いしかしていなかった。2 ～ 3 回ドラムが回るとすぐに止めて乾燥機に放り込んでいた。定検の時は、1,200 枚の 1.5 ～ 2 倍の量の洗濯物があった」(120) と語る。

3 次ないし 4 次下請会社日雇 BF は、「初めの会社では1次系の配管の点検、掃除などをした。1 日 1 ～ 2 ミリレム被曝した。次の会社はランドリーの仕事で、靴下、手袋、ヘルメット、円管服などの除染作業だった。僕は、主に裏返しになっている服を表に返す作業をした。表に返した服を洗濯することになる」(131) と語る。3 次下請会社日雇労働者（故人）の妻 AV は、「夫は、洗濯や被曝線量の測定係、1 次系での除染作業やワイヤーをつなぐ作業等をしていたそうだ。作業現場に入っているのは長くて 1、2 時間と聞いた。洗濯の仕事には高齢者が回されていたらしい。毎月 25 日は働いていた、まじめ一方で働いていた。私が日曜日ぐらい休んだらと言っても、代りの者がおらんと言って出勤していた。残業も多かった」(124) と振り返った。

(2)　高線量被曝労働

上記のような労働に従事して、聴取者それぞれが高線量被曝の経験があるか、知人らの高線量被曝の被害を目の当たりにしていた。

特に下請会社日雇労働者の高線量被曝労働が目立つ。

3 次ないし 4 次下請会社日雇 AC は、「ボルト 1 本締めて飛び出す仕事」(17) に従事し、3 次ないし 4 次下請会社日雇 AX も、「ポケット線量計で、30 分で 200 ミリレム（2mSv）を記録した」(50)。3 次ないし 4 次下請会社正社員 AF も、「定検ごとに、原発を移動している。蒸気発生器、SG の仕事をするときは、高被曝する方。1 日に 5 分の仕事」を経験している (64)。主に 1 次系の蒸気発生器や熱交換器を点検する 2 次下請会社日雇 AA も、「もたもたしとったら、線量をいっぱい浴びる。僕らの危険というのは、線量を浴びるということ」(72) と、短時間で高線量被曝した経験やその危険性を語った。2 次ないし 3 次下請会社に属して働いてきた一人親方 CI も被曝限度「ぎりぎりで走って出た」(173) 経験を語り、2 次ないし 3 次下請会社社長 CK も「たくさん被曝するので 10

374

分といられないところの作業」(145) を行ったと語る。

　2次ないし3次下請日雇 AL は、「原発では、取りかかった仕事ができるまでその場で作業することができない。5分や10分で作業場を離れねばならないこともある。……放管が仕事の箇所を指示し点検する。しかし放管に僕らのほんまの仕事はわからん。ほんまに一緒に機械や配管を見て作業してみんとわからん。何でも使えば傷むものだ。傷んでから傷みの内容がわかる」(242) と、末端労働者の高線量被曝の不安と細切れの作業にならざるを得ない実情を語る。3次ないし4次下請会社日雇 AX は、「ホールボディカウンターの検査で引っかかった三方町の人は、3カ月ほど1次系への出入りを禁止された。引っかかった者はしばらく管理区域外で働いていた。僕が働いていた70年代は、入札制ではなく、下請の人夫の頭数によって、電力会社は人件費を支払っていた」(50) と、高線量被曝により線量限度を超えるために一時的に作業現場を変えられた労働者を目の当たりにしている。3次ないし4次下請会社日雇 BF は、「定検時、毎日被曝線量の限度まで働いた。働いていて急に血圧が高くなる人もいた。症状によっては1週間も2週間も休まざるを得ないケースもある」(131) と、作業現場の変更でなく仕事を休まねばならない健康状態になった例を挙げた。

　2次下請会社日雇 AA の4年間の集積被曝線量は、5,000ミリレム（50mSv）程度と決して低線量とはいえない (77)。聴き取り時点の集積被曝量が3,939ミリレム（39.39mSv）の元請会社正社員 AG は、「同じ期間働いてきて、僕の倍被曝している人もいる」(106) という。

　電力会社正社員であっても、だれもが低線量に抑えられているとは限らない。電力会社正社員 AW は、「入社してからはじめの10カ月間、運転課に配属された。その期間に、G原発1号機と2号機の中で、1,000ミリレム（10mSv）浴びた。現在までの、14年弱の集積線量は1,100ミリレム（11mSv）だ。同期に入社している社員で、5,000ミリレム（50mSv）になっている人もいる。1、2号機は古いから3号機より被曝線量が多くなる」(81) と語り、電力会社正社員 CC も被曝限度を超えたことがあったという (220)。急性骨髄性白血病で死亡した電力会社の元正社員の妹 AY は、「兄は、周囲の者に、"元請～1次下請会社C以下の会社では働くな。少なくとも電力会社Xの社員の被曝線量は安全範囲内だ"と言っていた。兄は何かが漏れている箇所に、自ら確かめに行ったと聞いている。原発関係で働いていて、兄のような病気で亡くなってい

第2部　原発労災裁判梅田事件に係る原告側意見書

る社員が、年に1～2人いると聞いている」(112) と被曝と健康被害への不安を語る。

　期せずして高線量被曝した者もいた。元・元請正社員 CD は、地下で鉄板を動かしたら汚染水の底に落ちたため、これを引き上げようとして、元請会社社員4人で底から水位30cmくらいにまでくみ上げ続け水位が下がって被曝量が増えた。結局、鉄板は引き上げられず、その後も長期に渡り沈んだままにされていた (178)。CD は、「集積被曝線量は、17,875 ミリレム」「鉄板を落としたとき、1,000 は浴びただろう」と語った (175)。

　アラームメーターが鳴って線量限度を超える危険を目の当たりにした労働者が多い。2次ないし3次下請日雇 AL は、自ら「思ったようにし上がらない内にアラームがすぐにピッピッと鳴る」(240) との経験を語り、3次下請会社正社員 AZ は、「時々5分ほどでアラームメーターが鳴った者がいた」「放射線は目に見えない。臭いもしない。機械で測るしかその強さがわからん。使用済みの靴下をまだ使えるものと汚染して使えないものに分けてナイロン袋に詰めて運んだ。ナイロン袋を放管の所へ持っていくと、ビーとなるものを触っていた。ほんのひとしずくの水がかかっていたらもうその防護服は高被曝をしていた」と頻繁に短時間でアラームメーターが鳴っていた経験や一雫の汚染水で高線量被曝の恐れがあった経験を語る (24)。クリーニング作業に従事していた3次下請会社日雇 BC も「アラームメーターがなったことはしょっちゅう」(119) で、「洗濯しても線量が落ちてないので、乾燥させた服をたたんでいる私のアラームがすぐに鳴った」と洗濯済み防護服による被曝経験を語った (120)。

　しかも、アラームメーターの設定については、3次ないし4次下請会社社長 CJ によれば、「会社10の仕事をする場合、1日100ミリシーベルトが限度で、アラームは80ミリシーベルトで鳴るように設定。アラーム設定の時間や被曝線量の限度は、1次下請の会社によって違う」(192) うえ、2次下請会社日雇 AA によれば、「アラームメーターが鳴ることはよくある。セットした数値より少ないのに鳴る時もあるが、セットした数値以上になってから鳴る時もある」(78) とのことである。

　元請会社正社員 AG は、1次系で働く際は「ポケット線量計のピッピッと鳴る音で気ぜわしいし、緊張する」(106) と、やはり被曝の不安を語る。

　高線量被曝を防ぐため、線量を分け合う工夫がなされている。例えば、2次

376

ないし3次下請日雇 AL によれば、「地元の1年中被曝労働についている者は、長く働いていられるように、そしてまたいつ高被曝しなければできない仕事が入るかわからないから、その時のために、継続して高被曝するところで働かせない。高線量被曝の所へ行ったら、次は低線量被曝の所へ行かされる」(238)と語っている。つまり、地元原発労働者を継続雇用し（地元対策）、いざという時に高被曝する作業ができるようにも用意しておくという意味がある。地元労働者の被曝線量をできる限り低線量被曝にとどめるようにしているため、地元外の原発労働者は短期間で高線量被曝する危険が高いといえる。また、線量を下請会社間で分け合うように原発ごとに高線量被曝労働担当と低線量被曝労働担当を変えている。このことについて、電力会社正社員 CC は、次のように説明した。「定検についてだが、G 原発の場合、元請～1次下請会社 G が服を着替える仕事を担当している。元請～1次下請会社 G は本社が東京なので関東の出身者も多いが、全国に営業所がある。G 原発で、服を着替えなくてよいのが元請～1次下請会社 H。一方、E 原発1、2、3、4号機で、服を着なくてよいのが元請～1次下請会社 G、着なければならない作業をするのが元請～1次下請会社 H。D 原発1、2号では、元請～1次下請会社 G は服を着ないが、元請～1次下請会社 H は服を着る。D 原発3、4号はその逆。労働者の被曝線量の調節が行われていると思われる。一人親方の掛け持ち作業もある。クレーンが必要な作業は、ちょっとずつだから、複数の会社の仕事を掛け持ちすることがある。例えば会社7は、元請～1次下請会社 G と元請～1次下請会社 H の工事を受注している。会社7は、ある作業員、それが一人親方のことがあるが、午前中にたくさん被曝した場合、午後は被曝させられないので、作業場所を変えさせる。報酬を払っているから、遊ばせておくわけにはいかない。だから、同一の作業員が午前中元請～1次下請会社 G のヘルメットをかぶり、午後元請～1次下請会社 H のヘルメットをかぶって作業させる場合がある」(208)。

(3) 高線量被曝したあとの除染等

除染についても、労働者がそれぞれの苦労を語る。

3次下請会社正社員 AZ は、汚染された防護服について、「使用済みの靴下をまだ使えるものと汚染して使えないものに分けてナイロン袋に詰めて運んだ。

第2部　原発労災裁判梅田事件に係る原告側意見書

ナイロン袋を放管の所へ持っていくと、ビーとなるものを触っていた。ほんの
ひとしずくの水がかかっていたらもうその防護服は高被曝をしていた。一滴か
かった部分を切り取ってから計測すると、切り取った後の服の被曝線量は低く
出たことがあった。汚染がひどく、使えないものについては、ドラム缶に詰め
るところに運んだ」(24)。また、自らの高線量被曝の除染についても、「外に
出るドアの手前で汚染していることがわかれば髪を切ることもある。1,000円
の散髪代をもらう。仕事が済んで帰る時に、計測で赤ランプがつくと、外へ出
られない。ゴム手袋がやぶれたり、ひっかけてしまうと、そこから汚染した水
が爪の間に入る。手がひりひりするほど、1時間ほど洗う」(18)と語る。

　クリーニング作業に従事していた3次下請会社日雇BCは、「作業場を出る
時に、度々赤ランプがついた。1回でパスすることはほとんどなかった。ラン
プがつくとシャワーを浴びねばならなかった、線量計がオーバーしていて、外
に出られずシャワー室と計測器とを行き来して、昼ご飯を食べずに1時間を費
やしたことは、度々あった。放射性物質が爪の間に入った時はうっとおしい。
常に爪を短く切っていた。切り傷をしたものは、1次系に入れてもらえず、2
次系に回されるか1日遊ぶかだった」(119)と、除染が過酷であった経験を語る。

　同じく、クリーニング作業のほか、被曝線量の測定係、1次系での除染作業
やワイヤーをつなぐ作業等に従事して癌と思われる症状で亡くなった3次下請
会社日雇の妻AVは、「作業現場に入っているのは長くて1、2時間と聞いた。
洗濯の仕事には高齢者が回されていたらしい。……仕事を終えると、外に出る
前に被曝線量を測っていた。ビーッと鳴るとシャワーを浴びたそうだ。ビーッ
と鳴らなくなるまで、風呂で体を擦らないといけなかったそうだ。私は放射線
がシャワーでとれて家に戻ってきたのではないと思っている」(124)。

11k　ずさんな被曝管理・被曝線量の扱い、線量計の扱い

(1)　被曝管理の甘さによる預け等の「工夫」

　原発労働者は、被曝量が、3カ月単位、年単位の閾値を超えると管理区域で
働くことができなくなる。そのため、仕事を継続したいために線量を低く見せ

かけようとすることがあった。それが可能となる管理体制であった。原発労働者の中には線量計に記録される被曝線量を低くするための工夫をする者もいた。2012年以降の聴き取りで、元1次下請正社員のCHは「労働者自身が、フィルムバッジとポケット線量計を、実際に作業する場所と違う場所に置くと、線量を低く記録できた」(164)という。また、電力会社正社員CCは、「まあ、昔ほどではないにしても福島なんかでもあったわな。ある線量を超えたら作業につけない。仕事に入れなかったら金は入ってこんから、線量計に鉛でカバーするというようなことが。福島でなくても線量計の機械的な管理がされていなかった昔は、被曝線量のごまかしはあったやろうな。まあ、僕もちょっと被曝限度を超えたことがあった。"工作室のおっちゃん"がいて、工具を借りに行った時におっちゃんに線量計を預かってもらった。おっちゃんは、『預かっておいちゃるで』と言った。工作室へ放射線管理担当者と一緒に行くわけではないから、放管はその時見ていない」(220)と述べた。少なくとも、作業場所とは違う場所に線量計を置く、他人に預けるなどの行為は、古くから実際に行われていたのである。そして、それを可能にしたのは、放管の管理の甘さ及び人員配置の問題である。いかに甘かったかについて、1980年代の聴き取りにおける、3次ないし4次下請の日雇労働者AXはこう述べる。「同級生で電力会社Yの放管をしていた者がいた。放管たちは一応、作業員の管理や汚染物の処理に注意を払っていたのだが、作業員はいくらでもその裏をかくことができた。管理区域で使って汚染した道具類を処分せず、示し合わせてトラックできている者の所へ運び、外に持ち出して使われていた」(52)と。

(2) 放射線管理手帳の扱い

　放射線管理手帳には原発労働者の被曝線量が時系列で残されている。後の健康管理、労災申請などで必要となる重要な記録である。しかし、聴き取りによって、離職時に労働者に返却されないことがあることが判明した。2次ないし3次下請会社社長のCKは、「会社21が放射線管理手帳を管理している。労働者個人のものかもしれないが、労働者が辞める時には持ち帰らせない。辞める人に返していない。次にもし原発の被曝作業につく時まで預かっておいてくれという人もいる」(146)という。また、放射線管理手帳は放管が管理していたが、労働者が預かり知らぬところで、放射線管理手帳の本人確認印の欄にそ

379

第 2 部　原発労災裁判梅田事件に係る原告側意見書

れぞれの労働者の印鑑が押されていたこともある。例えば 1980 年代聴き取り
で、1 次下請正社員 AB は、「2 次系に移ってから放射線管理手帳を返しても
らった。会社 17 の放管が管理していた。手帳の本人確認印の欄に、わしの名
字の印が押してあるが、わしは一度も印鑑を押したことはない」(231) と述べ
ている。筆者は、電力会社正社員 CC や元・元請正社員 CD、一人親方 CI、3
次ないし 4 次下請日雇労働者 CG からも自ら押印したことはないと聞いている。
後に述べるように、放射線管理手帳の管理体制は国会でも問題として取り上げ
られている（別紙資料 4）。放射線管理手帳の管理体制が何度も問われ続けなが
ら国が、国の責任において管理体制を一向に改善しないことは、原発労働者の
健康管理や労災申請を困難なものとしている。

　加えて、放射線管理手帳へのフィルムバッジの値の記入は、放管が行ってい
た。元 1 次下請正社員の CH は次のように述べている。「放射線管理手帳には『工
事名』が載る。1 カ月単位の被曝線量が記録される。1 カ月単位の記録は、労
働者が書き込むのではなく、会社 20（1 次下請）や元請～ 1 次下請会社 C の放
管が書いていた。1 次系に入る労働者はポケット線量計とフィルムバッジの両
方を持っている。ポケット線量計を、1 次系から 2 次系に出るときに機械に差
し込む。電力会社 X の機械が記録する。各労働者が機械に表示されたデータ
を覚えて帰って元請～ 1 次下請会社 C の放管に伝える。口頭で言うか若しく
は労働者本人が記録する。これはポケット線量計の話。フィルムバッジは 1 カ
月後に現像されていた。現像の専門業者がある。私は、元請～ 1 次下請会社 C
の放管に、フィルムバッジの数字とポケット線量計の数字が違ったときはどう
するのか尋ねたことがあるが、尋ねた放管は、照らし合わせて低い方を放管手
帳に書くと言っていた。フィルムバッジを現像したデータを、労働者本人は見
ることがない」(163)。この聴き取りからは次のような問題点が明らかとなる。
第一に放管がフィルムバッジとポケット線量計の低い方の数字を放射線管理手
帳に書くことの問題である。第二に、労働者自身がフィルムバッジのデータを
見ることができないために、数字が改竄されてもわからず、また、記録に残る
放射線被曝量をいつでも容易に確認できる環境にないことである。

(3)　線量計の扱い

　原発労働者は、被曝線量を少なく見せかけることが多くあったようである。

380

第3　調査結果

　1980年代の聴き取りで、3次下請正社員AZは「アラームメーターが重いので、外している者もいた。50ccのバイクに乗るのにヘルメットをかぶれというのと一緒で、面倒くさいからだ。それに、これだけの仕事がしたい、続けたいのにアラームメーターが鳴るとできなくなるから、汚染の少ないところにメーターを隠している人がいた」(19)と述べる。同様に、元・元請正社員のCDも、「多く浴びると働き続けられないので、労働者は、線量計を身につけず、加減して持っていた」(179)という。

　アラームメーターを無視して働き、放射線被曝の数字を低く偽った者もいる。3次下請日雇労働者のAKは、「原発で働きだした頃は、アラームメーターが鳴ると止めた。報告書には、200ぐらい浴びても95と書いて、毎日仕事をした」(30)と言い、「何度シャワーを浴びてもホールボディでパスしない時、願書に判を押して外に出してもらった」(31)と述べた。

　この実態からすると、原発労働者に持たされていた放射線計測機器は、実際の放射線被曝量よりも低い数字を記録しているとの疑いを持たざるを得ない。

12 1　線量計の不具合

　1980年代の調査においては、線量計などの計測器具は壊れやすく、正確な線量を計測できないものが少なくなかったようである。

　2次下請日雇労働者のAAは、「アラームメーターが鳴ることはよくある。セットした数値より少ないのに鳴る時もあるが、セットした数値以上になってから鳴る時もある」(78)と言う。3次ないし4次下請日雇労働者のAXは、「僕が働いていた70から71年の頃、ホールボディははっきり測定できる機械だったが、あとのフィルムバッジやポケット線量計、それにチェックポイントの被曝測定機は、かなりいい加減なもの、不良品が多かったと思う」(51)と言い、同じく3次ないし4次下請日雇労働者のCGも、「アラームメーターの破損は、よくあった。1度使ったものは、1日の作業が終わると、『ゼロ』に戻して翌日また使った。しかし、壊れていると測れない。被曝線量の限度が来ていてもアラームメーターが鳴らない」(185)と言う。元電力会社正社員ですら「線量計を2つつける（すぐ数値が見られるものと、あとで被曝合計を正確に測るもの）。衝撃で針が触れることもある。今は、フィルムはなくなった。90年代

381

第2部　原発労災裁判梅田事件に係る原告側意見書

初頭、20年くらい前までは、フィルムだった。フィルムは精度が少し悪い」(150)と述べている。

　故障は、計測器具だけではなかった。3次ないし4次下請日雇労働者のCGは、「僕の経験では、マスクのフィルターのねじが壊れていることがあった。フィルターを閉めても壊れているので、空気が漏れているものが少なくない。このことは、安全教育の際にも話されていた」(185) と述べている。

13 m　健康状態

　聴き取りに応じた原発労働者の内、電力会社から下請会社まで正社員は、40歳代までの者が多く、健康状態に特段の自覚症状のない者が多かった。相対的に中高齢者が多い下請日雇労働者についても日々働ける身体条件を有しており、原発労働に就くまでも身体は丈夫であった。しかも、原発で働く前後や最中も定期的に健康診断を受けなければならず、健康状態はある程度検証されていたはずである。

　しかし、原発労働者においては、労働中の被曝が不可避的に伴うため、被曝による疾患が疑われる例があまりに多い。筆者が聴き取りをした原発労働者は、高血圧となった者が目立ち（AB230、BF131、CI171）、がん（AH139、AP109、BA137、CK147、CP186）、心臓疾患（AZ22及び23、CK147、CO223）、白血病（AJ95、AY111、BF131）、脳血栓（AB236）、白血球数の増減（AF66、AG107、AK27、AJ93、CD175）、失神発作（CD175）、原因不明の頭痛・吐き気（AK28）、斑点（AZ23）、盲腸破裂（AG107）、原因不明の急死（AB236、AT60及び61）、体重が極端に減る（AJ93）などの症状が生じている。

　そして、被曝による疾患が閾値を超えた者にのみ生じるとはいえず、被曝線量が比較的低い電力会社正社員であっても「急性骨髄性白血病」で死亡した例もある（AY111）。また、放射線で汚染された防護服やマスク等のクリーニング業務に従事する者は原因不明で急死し（AT60及び61）、清掃担当者（AB236）、原発守衛（AB236）ですら皮膚に斑点が生じている。

382

14 n　健康診断

　上記のように、原発で働くようになって被曝労働によって疾患が生じる例が
非常に目立つが、その疾患予防や対策を立てるために役立つのが、健康診断で
あり、原発労働者には定期的な健康診断が義務付けられている（電離放射線障
害防止規則第56条）。

　健康診断を受ける医療機関は、会社が原発ごとに指定している（BF132）。下
請労働者は、雇い主と労働者にとっての地元病院（福井県外）で健康診断を受
ける場合（AA77）もあれば、下請労働者の健診を毎日約20名、定期点検時
に毎日50〜60名ほど、原発立地地域の病院が引き受ける場合もある（AJ93）。
特に原発付近の受け入れ病院においては、「健康診断の証明用紙に、別の医療
機関のゴム印か、あるいは下請の会社が勝手に作ったゴム印で、『異常なし』
という文字が押されていた」（AJ97）、3次下請会社社長が体がだるいと病院
へ行ったときには「手遅れの肝臓癌で、医師の診断通り10日後に亡くなった。
原発で定期的に健診していたが、これほどになるまで癌がわからないものだ
ろうか？　風邪ひとつひかない元気な人だったのに」（BA137）等、重篤な疾
患を見逃している例も調査の中で聞かれ、健康診断のずさんな実態も明らかと
なった。

　また、労働者にとって健康診断を受けることは、半日仕事ができずに作業が
遅れることから、比較的厳密に診断を行う医療機関に対して労働者が「H病院
なんかはもっと簡単に済むのに、ここの病院は厳しく検査する」と文句を言う
こともあった（AJ96）。

　さらに、白血病となった原発労働者の雇用主が、「被曝労働と労働者の白血
病とは無関係だということを証明してくれ」と訴え、院長が説明にあたったが、
「その会社にとっては、労働者のことはどうでもいいようで、会社に火の粉が
かからないための方策を考えているようだった」（AJ94）。下請業者によっては、
健康診断を、原発労働者の健康状態をチェックし疾病予防の役割を果たすため
のものと位置づけておらず、医師・医療機関を労災隠しに巻き込もうとさえし
ている。

第2部　原発労災裁判梅田事件に係る原告側意見書

15 o　労災の扱い

(1)　使用者及び労働者の労災隠し

　労災補償保険法の目的は、「当該労働者及びその遺族の援護、労働者の安全及び衛生の確保等を図り、もつて労働者の福祉の増進に寄与する」（労災補償保険法第1条）ところにある。

　当然ながら、電力会社正社員から日雇労働者まで、すべて労働者であって、業務に起因する怪我や疾病については、労災が適用されてしかるべきである。

　しかし、労働者の側は仕事を失うことを恐れて労災を申請せず、むしろ怪我や疾病を隠そうとする。元・元請〜1次下請会社Cの正社員CDも、「労災の場合も、下請は自己規制する。公に言うと仕事をもらえないから。労災が公になると、発注した会社からかなり怒られる。仕事ができなくなるのは痛手。建前は、起こったら言ってくださいというが、言うとあとが厳しい。労災扱いになった場合、必ず再発防止の書類を出せと言われ、厳しいチェックがされる」(183) と述べ、1次下請正社員ABも、「1次系、2次系を問わず、怪我をすると仕事が与えられない。しかし作業が無くても出勤せよと言われる。これは労災にしないため」(232)、2次下請正社員BEも、「怪我は、……出入り禁止になる場合がある。物を壊したときより怪我をした時のほうがうるさい」(13) と語る。

　さらには、元医療機関非正規職員AJによれば、「NN工業の人が、被曝労働と労働者の白血病とは無関係だということを証明してくれと言って……院長が説明にあたった。……会社に火の粉がかからないための方策を考えているようだった」(94)。1次下請正社員ABも、「仮に事故につながることがあっても、互いに隠しあう。会社も隠す。隠されてしまったことは、その現場にいた者以外わからない。知っている者は言わない。会社に迷惑がかかると思ったり、自分が職を失うことにつながると思うから」(234)。元・元請〜1次下請会社Cの正社員CDも、「この地域には、"あったことは言うな"という、何かにつけての聞こえない見えない圧力がある。自己規制もある。自分の生命や健康が危険であっても、言うと悪いやろうという思いがある」(175)。4次下請クラスの

384

第 3 　調査結果

日雇の仕事に従事したことがあり、急死した者の母は、「沖縄で商売をしているので、"どこかから圧力がかかると生活できなくなるので、誰にも息子の辿った経緯を話したくない。息子の友達についても経験を話すとどこで話したことが漏れるかわからず、漏れたらもう仕事をもらえなくなる可能性もある。そっとしておいてほしい"と言っている」（CO224）と、筆者に対し親族を介して語り、労働者も使用者も、内外の圧力から労災隠しを行う実態が明らかとなった。

⑵　労災申請数自体が少ないこと

　そのため、労働者側から積極的に労災申請を行う者も少ない。原発で 10 年働いた 3 次下請日雇労働者の妻 AV は、夫について「作業現場に入っているのは長くて 1 、 2 時間」のほか「洗濯の仕事」を担当して「毎月 25 日は……まじめ一方で働いて……残業も多かった」「仕事を終えると、外に出る前に被曝線量を測」り、「ビーッと鳴らなくなるまで、風呂で体を擦らないといけなかった」（124）が、「退職するまでに」健康診断で「なにもおかしいと言われなかった」のに癌になっていた。しかし遺族は、「現金収入を得るため、危険を承知で原発へ行ったのだし、歳も取っていたのだし、今さら会社を相手に訴えるつもりはない。60 過ぎた者をそれなりの給料で雇ってくれるところは原発しかなかった」（123）と諦めていた。また、 3 次下請会社社長（作業の指揮命令は、上位の会社の監督者から受けており、中間搾取する立場に立ちつつ、作業現場においては時間決めで働く労働者と同様の立場に立っている）の妻も、「あんまり気分が悪いから病院へ行く……手遅れの肝臓癌で、医師の診断通り 10 日後に亡くなった。原発で定期的に検診していたが、これほどになるまで癌がわからないものだろうか？　風邪ひとつひかない元気な人だったのに。病院へ行く前には、体がだるいと言っていた。労災の申請はしなかった。冷静に前後関係を考える事ができなかったし、知識もなかった」（BA137）。

　労災の被害に遭っても、地元に労災の不安が広がることを恐れて、また原発関連会社で働いている親族やこれから就職しようとする親族に圧力がかかることを恐れて、労働者やその遺族までもが自制するまでになっている。電力会社正社員が「急性骨髄性白血病で亡くなった後、被曝によるものかどうか……家族が積極的に関連付ける方向で行動しなかった。……近隣から原発へ行っている人の意識も考えて、被曝と白血病に関しては、周囲に語ることをしなかった。

385

同じ仕事についている人に不安を与えたくない……会社側から労災だという話はなかった」（AY113）。元医療機関非正規職員 AJ によれば、「一般の労働者の場合、現場の事故で怪我をしたら救急病院の P 病院へ運ばれるのが常だ。しかし原発の場合は違う。小さな事故でも、原発から救急車が出ても、最も原発に近い P 病院の前を素通りして、県境を越えたところにある病院へ運んでいる。よほど単純な怪我の場合は、P 病院へ連れてくる。地元の病院へ入院させて内部情報が地元で漏れ広がることを恐れてのことかと思う」(99) とのことである。

(3) 被曝労働と労災との因果関係切断のための人事異動

被曝労働に起因することが強く疑われる怪我や疾病が生じた場合、電力会社正社員であっても、例えば原発運転室勤務で急性骨髄性白血病を発症した者は、入院後「本社の原子力管理部に人事異動され……まもなく亡くなった。……同じような症状で入院していた電力会社 X の社員 Y さん……は、高浜原発にいたが、入院時点で本社の原子力管理部に人事異動され」（AY111）、社内統計上被曝業務外の部署の社員が白血病で死亡したことにされている。

(4) 労災以外の方法での解決の横行

労災の主張をさせないよう、労災以外の方法で解決が図られている。例えば、原発内で作業中、クレーンのフックで怪我をした会社 25 の社員は、「行きと帰りだけ原発作業員を乗せるバスを運転している。その間の時間は寝ているそうだ。労災で長期休んだ後もその人のできる仕事に就くことができている」（AJ100）。この事例は管理区域外の作業中の怪我であり、労災が適用されており、且つ退院後は継続雇用で負担の軽い労働についている。会社 25 の正社員であったことと管理区域外での重症の怪我であったこと、地元住民であることにより、切り捨てない対処方法が採られたといえる。一方、元請会社正社員が原発労働中悪性腫瘍で死亡したケースでは、「元請～1 次下請会社 C からは、僅かな退職金が出た」。併せて妻に「元請～1 次下請会社 C から働かないかと声かけがあり、言われるままに入社し、電力会社 X が使用している事務所の清掃をしている。社会保険に加入している。……家族扶養の手当が出たので、それも助かった。息子も高校を卒業した 80 年代半ばから元請～1 次下請会社 C の社員になった」（AP109）。そのため、遺族は「原発元請～1 次下請会社 C で働かせ

てもらえるし、息子も高卒後働かせてもらえるという話もあって、労災申請は考えなかった」（AP110）。

このように、比較的規模の大きい会社の正社員であればこのような配置転換や遺族への就職等の手当ても可能であろうが、下請零細企業の場合、いずれも困難である。しかも、労災による解決が図られなければ労基署による調査も行われず、労災事故・疾病の再発防止を図ることもできない点で、被曝労働者（もしくは遺族）の救済のなされ方はあまりに不適切である。

(5) 労災申請の実態

被曝に関係のない業務に起因する怪我であっても隠蔽されている。「勤めていた下請会社の運動会……騎馬戦の途中、頭から落ちて……亡くなった。会社は、労災にしないでくれと言ってきた。そのかわり、給料を半年分出すとのことだった。夫の勤めていた会社の労務課の人が話をしに来たのだが、その人は、警官あがりの人だった」（AE101）。このように、労災申請はなされていない。

(6) 制度の抜け道を利用した労災隠し、労災事故調査の実態

そもそも労災の適用は、労基署署長 CE が指摘するように、「仕事中のけが等で休業があった場合に、報告が義務付けられていますが、赤チン災害といわれる不休の災害の報告義務はないです。もうひとつ労災の申請をするかどうかですが、労災の申請自体は権利として労働者本人が持っていますが、申請をするかしないかは自由です。要は保険を使うかどうかということですから、自費診療する限りにおいては、なんら法律に触れるものではありません。例えば、……いくらその日 1 日治療したとしても自費診療で行う、労災申請をしないということであれば、それで終わってしまいます」（217）。「休業があれば、雇いの状況に関係なく労災の対象になります。事業主は、休業させないようにすることはあるかもしれませんね。クビにするというより、出勤させるというケースが多いかもしれません。不休なら労基署に報告する必要はありませんから。仕事をしなくても、松葉杖をついていようが事務所に来ていれば不休ですから」（218）。結局、「申請自体がなされなければまったく我々の預かり知らない」ことになる（214）。

そのため、労災申請させないように、怪我や疾病が生じても会社が治療費を

出して自費診療を行わせ、原発内に待機させて休業がなかったことにして、労災申請の必要のない状態を作出することが容易くなされている（AB232）。

　仮に制度上、申請が不可欠としても、極端に労災申請がなされない現状に鑑みれば、労働者保護のため、労基署をはじめとした行政が積極的に原発労働者の労働実態や被曝による疾病を調査すべきであるが、死亡率調査ではなく、行政による被曝労働者や離職した元被曝労働者の労災申請としてあがってこない実質的には労災である事例の調査や労働者の追跡健康調査の実績は、筆者が調べた限り見当たらない。

　しかも、原発労働者の現実の疾病を調査しうる権限を有する労基署署長ですら、「厚生労働省の大原則として、臨検監督は、予告しない」「ただ、原子力発電所については、ゲートがありまして、テロ対策も含めて、すっと入れない状況です。現状では、ぎりぎりのやりとりの中で、行く当日に、メンバーの生年月日や乗っていく車のナンバーを通告する約束になっている。事前に何の通告もしないで行くと、向こうの所内の手続をするために、ゲートで1時間ほど待たされてしまいます。ですから、朝ファックスを入れておくと、せいぜい30分程度でゲートを通過することができます。一般の建設現場へ行くようなわけにはいかないですね」（CE211）。「管理区域に入る班は、私どもの監督署でアラームをセットしていくので、現地での手続が必要です。そこでも一定の時間がかかっています。内部を電力会社側の担当者に案内してもらいます。原発内は広いです。今日はどこの現場で、例えば今日は元請〜1次下請会社Ⅰが作業をしていますと担当者から聞いて、その現場に案内・同行してもらって作業を見せてもらいます」（CE212）。「過去の被曝状況を踏まえた上で作業計画をたてなければなりませんから、何に依拠するかというと、何に頼るかということになると、放管手帳になってしまうんです。それが辛いところでもあります。放管手帳を偽造されたら終わりですね」（CE213）。

　「ここは本当に汚染がひどいので行くと大変ですよと説明を受けることはあります」（CE215）。「私自身、あまり知識もなくて、エリアの中に線量の高いところと低いところがあって、あんまり警戒もせず線量の高いところに立ち止まって、元請の人と話しこんでしまった時、ピーピーと鳴りました。本当に知識がないと、そうなる」（CE216）と、労基署署長自ら、被曝についての知識と現場における無用の被曝との相関関係、微妙な作業位置における原発労働者の

第3　調査結果

被曝線量のおおよその推定や原発で抜き打ち調査を行うことが困難であること
を明らかに認識していながら、特に対策を取っていない。これらは、行政とし
て被曝労働による労災を防ぐための方策を立て、これを計画的に実施する方針
をもっていないことを表している。

16 p　怪我・病気即失業

　上記のように、結局、原発労働者は、「1次系、2次系を問わず、怪我をす
ると仕事が与えられない」（AB232）。このことに不服を申し立てれば、「会社
に迷惑がかかると思ったり、自分が職を失うことにつながると思うから」黙す
るのである（AB234）。特に末端労働者は怪我や病気の補償もなく「ともかく雇っ
てもらっている」（AJ98）状態であり、3次ないし4次下請日雇社員 AN に至っ
ては、「車の運転中、国道上で」原発内部の労働との因果が疑われる脳梗塞になっ
たが、その後仕事の採用がなく働くことができなくなり（38）、失業した。

17 q　地元労働者の他県原発での就労

(1)　生活の場を地元に持つ原発ジプシー

　「原発ジプシー」という言葉に象徴されるような、各地原発を転々とする労
働者は原発の定期検査だけでなく原発の建設段階から存在していた。その中に
は建設業界における下請構造の一端をなす会社に正規雇用された熟練労働者も
いた。ジプシーとなる主なきっかけは、おおむね失業や不安定雇用、農林業の
衰退にある。原発立地地域に住む労働者も、生まれ育った地域の原発で働きな
がら、さらに他県の原発へも働きに出るという状況がある。

　1次下請正社員 AB は、戦時中大阪で大砲を製造する仕事に就いていたのだ
が、その後の足取りを次の通り話した。「戦争が終わって地元に戻った。安い
賃金で食えなくて辞め、運転手や雑役など何でもした。1968年、知り合いに
原発の建設の仕事に来ないかと誘われた。よそから流れてくる者と一緒に働く
のにためらいがあったが、賃金がましならと思い元請〜1次下請会社 G の下
請会社の日雇となった。美浜、大飯、伊方の建設に携わった。わしは資格を持っ

389

ていないが旋盤やパイプの端を溶接しやすい形状にする機械を扱う技術があった」(228)。同じく地元の AX も「原発日雇の仕事は、いつまでたっても落ち着きのない不安定なものだった。定検の時期ごとに各原発を移動した。他県の原発にも行った」と述べた (54)。

2次ないし3次下請社長 CK は、「若狭の各原発以外に伊方や福島の原発へも行った。定検があると、応援に来てくれと言われて行った」(142) と言い、3次ないし4次下請社長 CJ は、「福井県内の原発で定検がないときは、泊原発、伊方原発、島根原発、六ヶ所村の再処理施設、浜岡原発へも行った。会社10から発注を受けて各地へ行った」と述べている (189)。会社10は、各地の原発の仕事を受注している企業である。

(2) 定検時期を電力会社間で調整

また、3次ないし4次下請社長 CJ は、「東海村の仕事でうちの会社から3人行く時、宿泊する。うちの会社は出張赤字が出る。しかし、地元の茨城の業者を使わない。地元にも熟練した業者があると思うが」(201) と述べている。東海村の原発において、地元の業者をできるだけ使わず、他県の業者を呼んで作業を行う場合もあったようである。また、元電力会社正社員 CB は、「E 原発の3、4号が定検に入ると、通常の従業員以外に 3,000 人くらい増えると聞いている。ジプシーの労働者が来る。定検がないと、それで生計をたてている民宿等はやっていけない。熟練した労働者集団を全国でまわすために、定検の時期は、電力会社間で調整して決めている。どれだけの作業者が必要かは、元請のファミリー企業が計算する」(149) と述べているが、原発の定期検査そのものが原発ジプシーを当然の前提として成り立っていることはもちろん、原発立地地域の旅館業はもとより、その他産業も原発ジプシーの存在なくして存立し得ないと言って過言ではない。

18 r 地元外労働者

(1) 県外者の若狭定住

原発建設段階に原発立地地域外から流入した労働者の一部は、各原発が運転

期に入るに伴い定期点検の作業に従事するようになっていく。

3次下請会社社長の妻BAは、夫とともに福井に住むようになった経緯を、次のように話した。「（夫は）腕の良い鳶職だったから、元請～1次下請会社Lの人に見込まれ、一本立ちして福井で仕事をしてみないかと声をかけられた。1967年に福井に来た。原発建設の仕事が無くなってからは、定検作業などに携わった。その頃は、会社17の下請だった。当初3年くらい福井で仕事をするつもりだったが、長くなった。大阪から労働者を連れてきてくれる仲介人がいた。10日とか20日間の契約で、労働者を集めてもらって、建てた寮に泊めていた。私は、その人たちの食事の世話をした。大阪から来た労働者を使って、夫が親方として、G原発やE原発、D原発で仕事をしていた」(136)。

(2) 一時的に集められる県外者

地元外の労働者を原発の建設や定期点検の作業に動員するには、下請会社が仲介人（近年では正規に営業している派遣業者が仲介する傾向がある）を通じて労働者を集めることとなるが、大阪などの大都市のように、余剰労働力が集積している地域で集めることはめずらしくなかった。

3次下請会社社長の妻BAは、必要に応じて人夫を大阪で集めた様子を次の通り語った。「私たちは大阪から福井に引っ越して、原発の下請会社を営んでいた。仲介人に大阪で労働者を集めてもらって仕事をしていたが、だんだん地元の美浜や小浜の人にも働いてもらうようになった。地元の人だと、何日間という契約で労働者を次々と組みかえて呼んでくる必要はなく、仕事もまじめでかたかったから。請け負った仕事によって、使う人夫の数を増やしたり減らしたりした。暇な時は地元の人10人程度を使い、忙しい時は大阪から人夫を呼んだ。一番忙しい時、2～3年のことだったが、全部で70人くらい雇っていたことがある」(138)。

2次ないし3次下請会社傘下の一人親方CIは、前職の関係で知っていたことを話した。「車のメンテナンスの店には、元請～1次下請会社Hの正社員で現地に派遣されていた人も来ていた。他県から1カ月程度の期限付きでやってくる業者もあった。大阪や神戸、姫路などから来ていた。どこの業者かは、車のメンテナンスの店の伝票を見ればわかった」(170)。

3次下請日雇労働者AZは、「釜ケ崎から、若狭へ行ったら1日1万やと言っ

て連れてこられた者がいた。逃げ帰った者もいたし、仕方なく10日ほど被曝して帰る者もいた。九州から出稼ぎに来た者も、飲み食いしたら残せるものは少ない。出稼ぎの者はかわいそうや」と語った(20)。

(3) 県外労働者の出身地

もちろん、大阪だけでなく、他県の中都市や漁村などからも労働者が集められてくる。

電力会社正社員CCは、電力会社正社員はその企業の営業地域を中心に構成され、中でも原発立地県の原発関係部署に所属する地元社員は多いという。「電力会社Xの社員には、関西、北陸、九州方面出身者がいる。その他の地域もある。高専は各県に1つしかないので、各地(鳥取、島根出身者あり)から来る。G、D、Eの原発で働いている電力会社Xの社員は、福井県出身者が多い。福井県出身者は、原発部門の正社員で約3分の1程度。大企業の正社員として地元から一定数雇用することで、地元に貢献することになる。地元住民としては、大会社での就職がある程度確保できる」(209)。

元・元請〜1次下請会社Cの正社員CDは、振り返る。「定検になると、他所から車に1台分くらいでいくつものグループが入ってきていた。東北や新潟などから来ていた。彼らは、原発を渡り歩いていた」(180)。2次ないし3次下請社長CKは、「北海道の北見から出稼ぎに来てもらっていた。……北見の人たちは漁業をしていた。……一冬中来てもらっていた」という(143)。

(4) 県外短期契約者の扱い

定期点検のような、一人あたりの被曝線量を抑えるために人海戦術に頼らざるを得ない作業の中では、とりわけ他県からの労働者があてにされるが、それら労働者に対する被曝管理のずさんさや作業契約終了後に抱え込む健康問題に関しては、労働者と家族の自己責任で対応せざるを得ない状況が読み取れる。

3次ないし4次下請日雇労働者ARは、「G原発やE原発建設時の配管工として働いた。その後、80年からポンプ専門の仕事に就いた。85年から1次系に入っている。年中被曝労働をしている者の場合、被曝線量がすぐに閾値に達しないように、作業内容が加減されている。短期契約でよそから来る者は、最も危ないところへ入っている」(55)と言ったが、沖縄から出てきた労働者の

第3　調査結果

例からもそのことが伺える。

　4次下請クラスの元日雇労働者の叔父 CO は、甥は原発で働き始めて約 10 年後に心臓疾患で亡くなったと話す（223）。CO は言う。「私は、Y 県に住んでいる。沖縄出身。妹は沖縄に住んでいる。妹の息子は、人材派遣業者を通じて、何人か一緒に福井の原発へ行った。一緒に行った者は、原発であったことを、だれにも言うなと言われていたそうだ。固く口封じされているようだ。甥は、2001 年 6 月の 2 日間、敦賀半島の原発で働いて、その後敦賀と遠く離れた福井県内の歯科診療所と内科のある病院で検査を受けた。甥の部屋に 2 種類の領収証が残っていた。福井から沖縄に戻ってトラックの運転手などをしていて心臓の具合が悪くなり、琉球病院に入院した。それから名古屋の心臓の専門病院に転院し手術した。名古屋の病院を退院後、2012 年 7 月に死亡。原発で働いたのは、2001 年 6 月だけではなかったようだ」（223）。「甥の葬儀の時、僕は、その場をかりて〝甥は被曝で死んだと思う。一緒に原発へ行った人を教えてくれ〟と訴えた。甥の友人から、自分は 2 回原発に行ったが甥はもっと多い回数原発へ行っていたこと、現場はものすごく暑く、マスクを着けていたから呼吸が苦しかったこと、現場へ入って 1 分もたたない内にピーピー測定器が鳴ったが、無視して作業をやらざるを得なかったことを聞いた。沖縄の人材派遣会社の募集に応じ、数人で、行き先や仕事内容を知らされず、電力会社とだけ聞いて行ったという。2001 年 6 月に行ったのが最初。甥は 2012 年に 35 歳で死んでから、甥の母は、甥の部屋で 2 枚の領収証を見つけた。それで、働き終わった後に 2 つの医療機関を受診していたことがわかった。しかし、私の妹、つまり甥の母は、沖縄で商売をしているので、〝どこかから圧力がかかると生活できなくなるので、誰にも息子の辿った経緯を話したくない。息子の友達についても経験を話すとどこで話したことが漏れるかわからず、漏れたらもう仕事をもらえなくなる可能性もある。そっとしておいてほしい〟と言っている」（CO224）。「2001 年 6 月に、甥から突然電話がかかった。その時のことを今でも覚えている。〝おじさん、今、内地に来たよ〟〝知らんとこへ来た。仕事や〟と甥は言った。私はいやな予感、原発ではないかという気がしたので〝海がみえるか？〟と聞いた。〝みえてきたよ〟と言うので、私は〝大きな工場のようなものがみえるか？〟と聞くと、〝みえてきた〟と応答。〝電力会社の看板がみえるか？〟と聞くと〝みえてきた〟と応答した。私は〝大げんかしてでも、

393

歩いてでも帰れ"と言い、甥は"わかった"と応じたが仕事をしてから帰った。名古屋か大阪の空港から高速で福井に行ったと思われる。空港から降りてすぐに車に乗せられたという」(CO225)。

19 s　地元外労働者の定住例

　原発立地地域は、古くからの慣習が残る集落が多く、当該の「家」を守り継承するために、他県から流入してきた労働者がそこに婿養子となって定住している例も少なくない。電力会社正社員 AW は、「四国や中国地方出身の電力会社 X の社員が、けっこう若狭の原発で働いている。地元の人を嫁にもらって社宅で暮らしている例もあるが、多くは婿養子という形で地元住民となっている」(87) と話した。

　元町会議員だった AM は、人夫の親方に県外出身者が見られると指摘している。「原発が働き先になって、ある程度過疎になるのを防いでいると思う。ただし、ほとんどの住民の雇用形態は日雇。住民は特殊技術を持たないものがほとんど。働き先を選びようがない。となると、最末端の単純労働に配置される。だから社会保険や福利厚生というものは、会社でみてもらえず、何か病気になったり怪我をするとほとんど、自己負担になっている。福利厚生はなくとも、原発日雇は、遠くに出稼ぎに行かずとも家から通えるところにメリットがあった。人夫の親方になるような人は、この町の人ではない。特殊技術をもって会社を作り、この町に入り込んだのは、この町の人ではない」(116)。若狭全域でみれば、地元出身の親方も存在するが、AM の言うように、特殊技術をもって原発で働くようになって、自ら親方になり定住している例は筆者の聴き取りの中でも複数存在した。親方でなくとも、原発の仕事が継続的にある時期に若狭地域住民と結婚し定住した例もある。

　1次下請正社員 AB は、「元請～1次下請会社 C の下請の会社 17 の下請には、会社 12 や会社 33、会社 21、会社 15 などがある。頭数がいるときは、さらに下請から人夫を集めている。会社 12 の親方は、兵庫県から出てきた人。元請～1次下請会社 G にいて辞めて会社 17 から仕事を受ける会社を作り若狭に定住した」(229)。3次ないし4次下請日雇労働者であった CG は、「中卒後、親族を頼り、大阪の鉄工所で働いて技能を身につけ、配管工として全国を渡り歩

くようになった。1967 年、27 歳のときに原発の建設期からこの地で働くように
なった。この地域には原発が集中して建設され、稼働するようになったから。
出身地ではないこの街で所帯を持った」(184)。

20 t　その他

　原発の多重下請構造の中で、末端の会社になればなるほど、従業員の健康管
理がずさんになっていく傾向がみられた。
　1 次下請正社員 AB は、「元請〜1 次下請会社 C の下請の会社 17 の作業員
の健康管理を元請〜1 次下請会社 C がやっていた時はちゃんとしていたが、
会社 17 自身が健康管理をするようになってから、ズサンになった。例えば会
社 17 には、美浜原発に常駐する看護婦はおらず、看護婦は、美浜、大飯、高
浜を回って歩いている」(233)。
　正社員数の少ない末端の会社の純益は限られており、会社の経営状況が、原
発作業員ではない看護師（2001 年に保健婦助産婦看護婦法改正がなされ、性の区
別のない職業名とされた）の配置の仕方に現れ、それが従業員の健康管理に影
響していることは否定できない。会社 17 より下層の 3 次ないし 4 次下請会社
の社長 CJ は、聴き取りの時点では、原発内で作業する数名の正規雇用労働者
と事務員を雇うのみであった。CJ は自らに支払う給料又は報酬について、次
の通り内訳を語った。「会社 26 の 2013 年 7 月 1 日現在の社長の給料は、本俸
30 万円、役職手当 5 万円、手取 29 万円。下請の社長でこんなもん」(204)。

21　まとめ

　以上、今回の調査結果を類型別に整理して見てきたが、それらをまとめると
以下のとおりである。

(1)　若狭地域（ここでいう「若狭地域」には敦賀市を含める）には、健康で文
　　化的な生活が保てる賃金と人間らしい生活のできる労働時間で、安定雇用
　　を保障する事業所が極めて乏しい。この地域において、電力会社は極めて
　　安定した事業所であり、電力会社関連の事業所で働こうとすれば、原発へ

第２部　原発労災裁判梅田事件に係る原告側意見書

向かうほかに選択肢がないと言って過言ではない。ある集落の成人の就労先を見たとき、原発に関係のない仕事をしている者はいないと思われるほど、集落全体が原発関連の事業所で就業していた。また電力会社は地元対策として、工業高校や高専の卒業生の一定数を電力会社の正社員として採用しており、そのほとんどが原発に配属されている。また大都市部に出て働いていても不況で解雇されたり、「家」を継ぐためにＵターンしてくる若者が一定数いる。帰郷後彼らの中で、仕事先の選択肢の乏しい若狭において原発関連企業で働いている例はめずらしくない。安定雇用の就業先を確保できない場合には、生活に必要な現金収入を得るために原発日雇になる者も多い。中途採用される人々は、仲介者の原発関連会社への影響力、当事者の学歴や年齢、資格や技能の有無によって、下請会社のランクや正規雇用か日雇かが決まっていく。親戚が電力会社と深いつながりのある地元有力者に頼みに行き、電力会社正社員として採用される例など仲介者の影響力は大きい。下請構造の階層は４層にも５層にもなっており、上位階層の労働者は下位階層の労働者の実情を把握できてはいない。

　電力会社正社員の業務としてすべき作業指示を元請会社に代替させ、今度は元請会社が１次下請会社から「出向」してきた者に、電力会社の作業服を着せて作業指示をさせていた事例があった（偽装請負）。また、常時決まった下請会社Ｍの指示に従い日々の作業を行ってきた一人親方は、長年一人親方である間、会社28と業務内容を書いた契約を交わしたことがないまま、会社28の指示で他の下請会社の労働者のボーシンとして働くこともあった。

(2)　被曝の危険性について、詳しく説明してもらったことのある末端労働者は、筆者が聴き取った限りにおいては皆無であった。作業環境と作業内容の説明は極めて大雑把であり、2012年以降の調査でも、2001年という時代に至っても具体的な就業先すら知らされずに原発へ連れてこられる労働者がいた。放射線管理区域内に入って働く労働者は、アラームメーターが鳴っても放射線の被曝量は管理されているから大丈夫、国で決めた閾値より会社で決めた閾値のほうが厳しいし、それは学者の出した科学的な数値だと思うなどとして、実は科学的根拠のない安全教育に基づく誤認をし

たまま働いているケースが多い。原発での被曝による発癌の可能性や遺伝子が障害されうることについての情報は、教育の時間には触れられていない。下請会社の社長らは、安全教育の担当者に「本当のことを言うと、若い者は怖がる」「本当の教育をすると人は逃げる」などと率直に教育内容の程度を申し入れていた。当初危惧感を抱いて作業に従事していた労働者も、目に見えず臭いもしない放射線の中で日々働いていると、当初感じていた抵抗感が薄れていくようである。さらに1980年代の調査では、当時の線量計等の計測器具は壊れやすく、正確な線量を計測できなかったという。また、フィルムバッジやポケット線量計も不良品が多く、アラームメーターが鳴らないことがあったり、少しの衝撃で針が触れることがあったようである。また、マスクのフィルターのねじが壊れていることがあり、フィルターを閉めても壊れているので、空気が漏れているマスクが少なくないという衝撃的な事実もあった。この事実は安全教育の際に労働者にも話されていた。

　一方、原発労働者は、被曝量が日単位、月単位の閾値を超えると管理区域で働くことができなくなるため、仕事をするために、つまり賃金を継続して得るために、被曝線量を低く見せかけようとすることが多々あり、またそれが可能となる管理体制だった。原発労働者の中には線量計に記録される被曝線量を低くするための工夫をする者もいた。作業場所とは違う場所に線量計を置く、他人に預けるなどの行為は、古くから実際に行われていた。そしてそれを可能にしたのは放管の管理の甘さや放管の配置員数と関係していると言わざるを得ない。

(3)　原発内での作業環境は過酷である。原発の中は気温が40度を超す場所があり、長時間の作業をしていられない。被曝線量の高いところは、服装が煩わしく、窓もなく密閉されており、労働者の精神状態にも多大な影響を与えていた。炉心部での作業を終えると冷静にものを考える力を失い、体が相当だるいという。電力会社正社員は、例えば制御室担当者であれば、管理区域に立ち入って作業することがないため被曝線量の集積は比較的少ない。しかし正社員であっても配属された部署によっては被曝線量に差異が出ている。急性の白血病で亡くなった電力会社正社員がいたが、その家

第2部　原発労災裁判梅田事件に係る原告側意見書

族は、年に1～2人の社員が同様の病気で亡くなっていることを聞いたと
言い、現に家族外に同様の病気で電力会社経営の病院に入院している社員
を目にしている。

電力会社正社員の被曝状況に対し、下請会社の労働者や日雇労働者の高
線量被曝労働が目立つ。高線量被曝を防ぎ下請会社従業員の構成をある程
度維持するために被曝線量を分け合う工夫もなされており、被曝線量を下
請会社間で分け合って原発ごとに高線量被曝労働担当と低線量被曝労働担
当を変えている会社もあった。また地元住民の目に見える地元原発労働者
をなるべく低線量被曝にとどめるようにしているため、地元外の原発労働
者は短期間の雇用契約で高線量被曝する危険が高い作業に振り分けられる
傾向がある。短期契約で九州から若狭の原発に来ていた2次下請日雇労働
者の4年間の集積被曝線量は5,000ミリレム（50 m Sv）を超えていたという。

(4)　被曝線量は放射線管理手帳に記録されているが、手帳は会社の方で管理
しているので、労働者は普段手帳を確認する機会がない。手帳には月ごと
に「本人確認印」欄に本人名の押印がされているが、筆者が聴取した者の
中に、自ら押印したと言う者はなかった。3カ月に1回被曝線量の控えが
交付されるが、労働者はそれらを保管していなかった。後になって自身の
被曝線量をもういっぺん見せてほしいとは言えない、会社から何のためや
と聞かれる、自身の被曝線量を問い合わせにくい環境があるという。一般
の労働者の場合、作業現場で怪我をしたら近くの救急病院へ運ばれるが、
原発の場合、小さな事故で救急車が出ても、最も原発に近い救急病院には
行かず、県境を越えた病院に運ばれている。地元の病院へ通院させて内部
情報が地元で漏れ広がることを恐れてのことのようである。筆者が聴取し
たところでは、被曝による疾患が疑われる例があまりに多い。高血圧が目
立つが、癌、心臓疾患、白血病、脳血栓、白血球数の増減、失神発作、下
痢、原因不明の頭痛・吐き気、盲腸破裂、原因不明の急死、体重が極端に
減る、手・足・首・顔がまだらに白くなる、皮膚に白と黒の斑点ができる
などの症状が見られた。被曝労働の積み重ねの中で白血球数が異常に減っ
ていて、早めに受診していたのに医師は炎症反応はないと言い、その後盲
腸が破裂した例も、被曝と結びつきがあると考えられる。

398

第3　調査結果

(5)　急性骨髄性白血病の疑いと診断された電力会社正社員は、その直後、人事異動で本社勤務社員となり、被曝との関連性を断つかのような人事配置がされた。組織編成上人員の補充が必要であったとして、病気休暇を取っている社員を従来の職場に属したままの補充は可能である。元請会社の正社員が悪性腫瘍で死亡したケースでは、死亡後間もなく、妻に対し当該元請会社から働かないかとの打診がなされ、言われるままにその会社に入社し清掃業務に従事、その息子も高校を卒業と同時にその元請会社の正社員として採用された。元請会社正社員であっても、労働者本人も家族も労災申請の行動を起こすに至らない経緯を辿っている中、さらに下請会社の労働者は仕事を失うことを恐れて労災申請はしないし、怪我や疾病を隠そうとする。労災が公になれば、発注元会社からかなり怒られ仕事ができなくなるという。仮に事故につながるようなことがあっても互いに隠しあい会社も隠す。会社に迷惑がかかると思ったり、自身の失職につながるため、事故は隠蔽されていく。

(6)　ある1次下請正社員の家に労働組合の話をしに来た原発労働者がいたが、その訪問は、すぐに訪問された者の勤める会社に知れていた。そのため、当該社員が、原発のPR館で原発の仕組みや仕事を聴衆に話す機会があった際、自分の話が盗聴されていることを危惧し、思うように話ができなかったという。また同社に転職してきた社員が労働組合活動をしようとしたところ、会社からすぐに班長のポストを与えられ、ぴたりと組合活動をしなくなったという。地域で文化サークルを主宰している下請会社の労働者がいたが、政治的には革新系といわれる劇団の公演を企画したところ、電力会社がそのサークルに対しそれまで行ってきた協力がピタリとやんだ。他方で当該労働者に対し、電力会社の労務担当者が、元請会社の支所長をやらせる代わりにその公演の企画から手を引くよう言っている。さらに元請会社から当該労働者が所属する下請会社の社長に対し、その労働者のことがあるため仕事を回さないと言ってきた。結局、労働者は退職した。

　　また、以前敦賀地域にルポライターが入ってきて取材を行ったことがあった。それもあって今ではかなり厳しくチェックされている。筆者の聴き取り調査についても、「ヘタに関わると圧力がかかると思う」と言われた。

399

第2部　原発労災裁判梅田事件に係る原告側意見書

　とある下請会社社長は、社員ともども入所時に誓約書を書いているが、それ以外に、入所教育の際"仕事に関わることは飲み屋や他人に喋らないように"と必ず言われている。これは 2013 年 7 月時点で語られた内容と 80 年代に語られた内容に大きな相違がないことを意味する。

第 4
おわりに

　原子力発電所における放射線管理区域での労働は、その性質上必然的に、労働者の身体の健康に悪影響をおよぼすことを否定できない被曝と不可分である。そこでの被曝線量は、社会の仕組みとして温存されている多重下請構造の末端労働者ほど多くなると言わざるをえない。

　しかも多重下請構造の末端労働者は、大多数が不安定な雇用形態であるため、国や企業が設定した被曝線量の閾値に達したり、何らかの身体的な異変が見られたときには継続雇用されない立場におかれている。その現実が、自らとその家族の生活を維持しなければならない労働者が被曝線量の意図的なごまかしを行う原因ともなっている。

　こうした実態に鑑みるとき、原発労働者の労災請求における被曝線量の認定ならびに被曝労働者の健康悪化に関する業務起因性を判断するにあたっては、過去、記録上残された被曝線量データだけでなく、被曝当時の被曝労働者の労働現場の実態ならびに被曝隠しの実態が踏まえられなければならない。

　とりわけ、画一的な基準で処理される労災行政の限界に鑑みる時、当該具体的事情を踏まえた司法判断への期待は大きく、それを通じて、「当該労働者及びその遺族の援護、労働者の安全及び衛生の確保等を図り、もつて労働者の福祉の増進に寄与する」という目的（労災補償保険法第1条）の達成が期待されている。

以　上

第 2 部　原発労災裁判梅田事件に係る原告側意見書

別紙資料

「別紙 1.　1980 年代聴き取り調査一覧」及び「別紙 2.　2012 年以降聴き取り調査一覧」の記号の意味

(1)　「項目」記号 a〜t は、聴き取り記録を、抜粋分類するための記号である。a から t の内容は、以下の通りである。

a　原発に至る経路

b　原発関連会社で就労するための仲介者等

c　下請構造、作業指示系統

d　不安定就労

e　作業内容の説明

f　教育

g　被曝線量の違い

h　労務管理・地域管理

i　作業環境・作業条件

j　被曝労働

k　ずさんな被曝管理・被曝線量の扱い、線量計の扱い

l　線量計の不具合

m　健康状態

n　健康診断

o　労災の扱い

p　怪我・病気即失業

q　地元労働者の他県原発での就労

402

r　地元外労働者

s　地元外労働者の定住例

t　その他

(2)　聴取番号は、個別の聴き取り記録をa～tの項目別に抜粋する際に、つけたものである。

(3)　属性番号1～5は、下請構造における聴き取り対象者の現役時代の位置を示すものである。なお、遺族から聴き取った場合にも、現役時代の労働者の属性番号を付した。

　　　属性番号6は、直接原発とかかわる仕事をしていない一般住民である。

　　　1：電力会社正社員

　　　2：元請会社正社員（一般に元請会社と認識されているが、1次もしくは2次下請に位置する場合もある）

　　　3：1次下請会社正社員及び1次下請会社社長

　　　4：2次下請会社社長、2次ないし3次下請会社正社員、2次ないし3次下請自営

　　　　　2次ないし3次下請会社傘下の一人親方、3次ないし4次下請会社社長、3次ないし4次下請会社正社員

　　　5：2次以下の下請会社傘下の日雇労働者

　　　6：その他（一般住民等）

(4)　対象者略称は、個々の聴き取り対象者に付した記号である。対象者略称で一文字目にAまたはBを付した者は1980年代の聴き取り対象者、Cを付した者は2012年以降の聴き取り対象者である。

403

第2部　原発労災裁判梅田事件に係る原告側意見書

別紙1：1980年代聴き取り一覧

項目	聴取番号	属性番号	属　性	対象者略称（聴取日）	聴取内容
a	79	1	電力会社正社員	AW（1987/1/15）	地元の工業高校卒業後、電力会社Xの正社員となった。親父も電力会社Xの正社員だったがもう定年退職した。
a	86	1	電力会社正社員	AW（1987/1/15）	電力会社Xの社員は中途就職の者はいないが、下請の元請〜1次下請会社Cになると、他の職を辞めてきたという者が多い。地元では、元請〜1次下請会社Cにまず職を頼みに行き、そこで引き受けられない頭数は、さらに下請の関係業者へと就職幹旋がされている。
a	103	2	元請会社正社員	AG（1987/2/16）	高卒後、10年間自動車修理工場の社員だった。この会社は休日がはっきり決まっておらず、残業手当が出たり出なかったりしたので辞めた。そして28歳で、電力会社Xの元請会社に入社した。ずっと機械課。結婚は今の会社に入社した後だ。今の会社（元請）は、日曜日の他に、各週で土曜日が休日。他の土曜には半日出勤。土曜で1日仕事になれば残業手当は付く。僕の会社の下請会社の場合、半日仕事とされていた土曜日に1日働くことになっても、残業手当は出ない。ただし、平日の残業の場合、下請会社も17時30分以降について、幾分手当が出ているそうだ。ボーナスは、1次下請会社だと出るが、2次下請から下になるとない。現場で実際に汗水流しているのは、1次下請から4次下請の労働者たちなんだが。たくさん被曝する箇所で危険作業に従事しているのは、下請の日雇労働者たちだ。
a	108	2	元請会社正社員の妻	AP（1987/2/28）	私の実家は半農半漁。中卒後、集落にある店で働いていた。日給月給制で国保加入。19歳の時見合い結婚。子供は3人。舅夫婦は小さい季節旅館をしていた。原発の建設期になると私は、原発の橋を架ける現場や削った山から出てくる根っこ拾い等土方仕事をした。家から近かった。元請〜1次下請会社Cの日雇だったが、夫が元請〜1次下請会社Cの正社員になってからは、夫婦で同じ会社の給料をもらうのは悪いと思い、日雇だった私が辞めた。早朝田んぼの仕事をしてから原発以外の日雇仕事をし、夕方家に帰って旅館の仕事を手伝っていた。
a	109	2	元請会社正社員の妻	AP（1987/2/28）	夫は、日雇労働者としていくつかの建設会社で働いていた。常雇いではなく工事ごとに雇ってくれるところへ行っていた。1968年頃から日雇で原発の仕事をするようになり、隣の集落の知人に誘われて72年から元請〜1次下請会社Cの社員になった。機械の組み立て、分解、その掃除などをしていると言っていた。けれども75年10月に亡くなった。夫は、元請〜1次下請会社Cで働きだしてから病気がちになり、時々仕事を休んでいた。疲れやすく足がだるい足がだるいと言いながら原発で働いていた。右足の大腿部にコブができた。悪性だったため、地元の病院で73年に腫瘍を取る手術をした。それでも駄目だったので74年に金沢の病院で右足を切断した。土方仕事の時は国保だったが、腫瘍で入院した時は健康保険に加入していたので、助かった。元請〜1次下請会社Cからは、僅かな退職金が出た。夫が亡くなってから、私に元請〜1次下請会社Cから働かないかと声かけがあり、言われるままに入社し、電力会社Xが使用している事務所の清掃をしている。社会保険に加入している。私には会社から家族扶養の手当が出たので、それも助かった。息子も高校を卒業した80年代半ばから元請〜1次下請会社Cの社員になった。

a	228	3	1次下請 正社員	AB (1986/8/18)	谷あいの農家で生まれた。6人兄弟の3番目。1942年から45年9月まで、大阪陸軍の技能者養成所というところで大砲を作っていた。戦争が終わって地元に戻った。地元の工場に勤めだして結婚した。婿養子。その後工場を幾つか転々とした。正規の営業手続をせずに自営の運送屋を10年ほどしていたこともある。O市の中では規模の大きいS製作所の下請鉄工所の社員になったが、安い賃金で食えなくて辞め、運転手や雑役など何でもした。1968年、知り合いに原発の建設の仕事に来ないかと誘われた。よそから流れてくる者と一緒に働くのにためらいがあったが、賃金がましならと思い元請〜1次下請会社Gの下請会社の日雇となった。元請〜1次下請会社Gは元請〜1次下請会社Iの下請をしていた。美浜、大飯、伊方の建設に携わった。わしは資格を持っていないが旋盤やパイプの端を溶接しやすい形状にする機械を扱う技術があった。1975年に元請〜1次下請会社Gの下請会社を辞めて元請〜1次下請会社Cの下請の会社17の社員になった。社会保険加入。75年に会社17に雇われているのだが、放射線管理手帳には、76年4月入社と記されている。86年現在も会社17の正社員。
a	229	3	1次下請 正社員	AB (1986/8/18)	元請〜1次下請会社Cの下請の会社17の下請には、会社12や会社33、会社21、会社15などがある。頭数がいるときは、さらに下請から人夫が集めている。会社12の親方は、兵庫県から出てきた人。元請〜1次下請会社Gにいて辞めて会社17から仕事を受ける会社を作り若狭に定住した。会社12の親方は、クレーンや溶接の仕事ができた。会社15の親方は、M町で会社を経営していたが倒産したので、下請会社を作った。人夫を集めて原発の仕事をもらっている。会社17の正社員は、いろいろな仕事を転々としてきたものが多い。地元で条件の良い仕事先があれば、そちらに行くがこの辺では原発しかないのが実情。元請〜1次下請会社Cも中途就職が多いが、このごろはコネなしには入れない。転職者は、電力会社の正規社員になるのは難しいから、このごろは狙って元請〜1次下請会社Cへ行く者もいる。
a	62	4	3次ないし4次 下請正社員	AF (1986/11/30)	1954年生まれ。高卒後現業の公務員になったが、3カ月で辞めた。仕事と雰囲気が自分には合わなかったし給料が安かったから。しばらく地元の工場で働いたが、1982年に原発の下請会社に転職。その会社社員全部地元の人。全員クレーンオペレーター。社長も自分たちと同じ仕事をしている。

第2部　原発労災裁判梅田事件に係る原告側意見書

a	139	4	3次ないし4次 下請正社員	AH (1987/2/26)	夫は、国鉄を定年前に早期退職せざるを得なかった。国鉄が民営化される前のリストラ。39年勤めて53歳の時退職した。この時知り合いの会社17の社長がうちの家に来て、原発で働かないかと言われ、国鉄を辞めて3カ月後に再就職となった。息子は浪人していたし、兄弟が借金して家を建てたので、少しでも援助してやりたい、自分はまだ働けると言っていた。会社17の従業員として原発で働き始める前に、健康診断をした。癌で亡くなったのは56歳。55歳の夏、お盆に、前から胃が重だるいと思っていたが今日は特に変だと言った日に、私も付き添って病院へ行った。その日も次の日も諸検査をし、9月に手術をしたが、胃、十二指腸、大腸に転移しており手遅れだった。原発で働いたのは2年3カ月だった。働き始める前にも途中でも健康診断をしたはずなのに、手遅れになる前になぜわからなかったのかと思う。夫は、倉庫に入っている1次系で働く人たちのための手袋、服、マスク、諸道具を整理したり、衣類をトラックに積み込む仕事をしていると言っていた。近所に住むTさんは、クリーニングの仕事でたくさん被曝するが、わしの被曝量は少ないと言っていた。夫も被曝していた。労災かどうか調べなかった。医師は少しずつ進行して、一気に広がったのではないかと言っていたが、いつから癌になったのかはわからない。
a	88	4	2次ないし3次 下請社員	AI (1987/1/18)	地元の中学を卒業して大阪の高校へ行ったが、1年で退学となった。明石市や姫路市をうろついていた。クラブのボーイもした。母が病気という知らせで、19歳の時地元に戻った。定職に就いていなかったので、建設会社を経営していた親族が、大阪の会社37で鳶の修業をしろと言った。まもなく会社37がE原発建設を請け負ったので、5年間E原発建設の仕事をした。E原発の仕事が終わった時、親族の会社の社員になり、3年間D原発の建設に入った。親族の会社の社員となった時、わしの抱える鳶職は7人いた。ただし、わしは国民健康保険に加入。労災保険など雇用契約のなかみのことは、親族に任せてあるので、知らない。
a	14	4	2次下請 正社員	AS (1986/8/11)	一度東京で働きたいと思った。一定規模の会社の営業マンだったが、兄が実家を継がないと言ったので自分がUターンした。田舎で仕事を探すのなら20代のうちのほうがよいと思い、職安へ行き、原発の下請会社を紹介された。
a	21	4	3次下請 正社員	AZ (1986/8/11)	農業をしながら原発労働者となった。農業機械にも金がかかったから。71年から81年まで原発で働いた。高齢者足切りのために、会社が定年制を導入した時、65歳で辞めた。50代で無資格で働きに行けるところは、あそこ、原発しかなかった。

a	126	4	2次ないし3次 下請自営	BB (1987/2/27)	四国出身。工業高校卒業後、電力会社正社員となった。若狭のあちこちの原発で、計11年にわたり勤務した。辞める時点の月給は月30万あった。当時地元の若者どうしで地域活動をしていた。日曜はもとより、仕事は定時で終えて帰り、活動していた。当時電力会社Xではほとんどの社員が残業していたから、僕の行動は例外的でよく思われていなかった。参議院選挙の時、原発に批判的な候補者の応援をした。そういったことで会社から目をつけられていた。そうなると昇給も昇格も望めないと思ったから、辞めた。被曝するからやめたのではない。表向きの理由は、単身赴任があると嫌だからということにした。その頃地元の人と結婚。辞めてから3年間地元の会社で見習いをして、今は独立し自営業をしている。電力会社をやめたといっても、元請〜1次下請会社Cの下請の下請の下請をしている。原発と無関係の仕事の注文も受けている。被曝作業ではない仕事だ。G原発で働いた2年間で、約900ミリレム被曝した。
a	11	4	2次下請 正社員	BE (1986/8/19)	高卒後専門学校へ行き、大阪の会社で4年半いたが不況で首切りにあった。毎日夜中の2時3時まで働いていたから体調が悪くなっていた。Uターンして地元の工場で働いたが、そこも大阪の会社の労働条件と変わらず、胃と目を悪くして辞めた。体が持たなかった。都会からUターンしたものの就職先は原発以外にない。2次下請会社を職安で紹介された時は、どんな内容の仕事かわからなかった。その時は放射線のことは考えなかった。ともかく安定雇用の仕事がほしかった。前職より残業は少なく、3食必ず食べるようになった。
a	6	4	2次下請 正社員 (放管)	BG (1986/5/12)	下請労働者の場合、家族を抱えて、今そこで働くしかない者が多い。
a	69	5	2次下請 日雇	AA (1987/1/1)	島根県に生まれ育った。高卒後、東京に本社のある大手の建設会社に入った。ダム工事ばかり、毎日山の中ばかりで同じ人の顔ばかり見ての仕事で嫌になった。10年働いたが、結婚のチャンスも逃すと思って辞めた。九州に渡って地盤改良の仕事を4年前、1981年頃までやっていた。新工法ができて、僕の働いていた会社の仕事が減った。公共事業の発注額は横ばい。諸経費は上がるから、しわ寄せは労働者に来た。先の見通しが暗いので辞めた。原発で働いている人の中に知り合いがおり、そのつてで、原発で働くようになった。定検中の期間雇用だ。一つの仕事について日給月給の雇用契約を結んでいる。雇用保険はない。国保だ。
a	15	5	3次ないし4次 下請日雇	AC (1986/8/1)	中卒後、県内の工場で働いていたが、東京に出た。東京で、ミュージシャンになるつもりで、いくつものアルバイトをした。石油ショックで東京でも働きづらくなり、実家に戻った。親族は建設期から原発の作業員として計器の取り扱いを覚えていった。81年に親族3人で有限会社を作った。自分は日給月給。3次や4次下請クラスの仕事をしている。
a	16	5	3次ないし4次 下請日雇	AC (1986/8/1)	心配事、いやなことはいっぱいある。同業の連れと話すと、10人中10人とも、世帯持ちはみな同じことを言う。休んだら金にならん。有給休暇のある大きな会社員とは違う。わしらはあんな仕事いややといっても、しないと金にならん。結局年中仕事のあるところへ行っているわけだ。年中働ける工場があれば原発へは行かない。

第2部　原発労災裁判梅田事件に係る原告側意見書

a	26	5	3次下請 日雇	AK (1986/1/5)	1959年から64年まで地元の工場で働いていたが、倒産により失業。その後いくつか不安定雇用で働いた。20日間とか30日間の約束で千葉や大阪でバルブ修理の仕事をしていた。敦賀は働く場があまりない。76年から原発で働くようになった。親方は地元の人。
a	34	5	3次下請 日雇	AK (1986/8/8)	今年7月に、親方から敦賀、美浜の仕事がなくなったから、大飯へ行けと言われた。60歳になって、遠いところへ行くのは大変だから、会社39を辞めた。今は失業保険で生活。会社39などの下請を取り仕切っている会社17かその下の他の会社から声かけがあったら、また働くつもり。
a	237	5	2次ないし3次 下請日雇	AL (1986/8/18)	明治時代から1970年まで、山で使うガンドなどの目立て屋をしていた。祖父も父も目立て屋。僕は、中卒後、家から通えるラジオ店で3年間修理の仕事をしたが低賃金のため辞めた。その後セメント会社の土方に2年、塩ビ板の加工会社に1年半行った。臨時で国鉄の信号保安の仕事に就いたが本採用してくれなかったので、22歳から鉄工所に勤めた。そこで10年溶接の仕事をしたが、また別の会社で働いた。1974年から原発建設の仕事にかかわった。元請〜1次下請会社Hや会社2、会社1の下請の仕事をした。僕が属していたのは、元請〜1次下請会社Cの下請の会社11の下請の会社29の日雇になったこともある。会社29の従業員は、地元の者4人、大阪方面出身者4人、他に2人いる。仕事仲間に仕事ないか？と言って、お互いに仕事のしあいをしている。資格がなくてもできる仕事だ。原発は景気の良し悪し関係なく。
a	37	5	3次ないし4次 下請日雇	AN (1986/8/17)	僕の知人が原発に勤めていて、その人を通じて末端の原発労働者になった。若い時、地元の農協に勤めていた。一度東京に出て会社に勤めたのち、商品販売の自営業をし、また原発で働くようになった。僕の息子も兄の息子も元請〜1次下請会社Cの社員だ。
a	133	5	2次ないし3次 下請日雇 労働者の妻	AQ (1987/2/11)	夫も私も大正生まれ。夫は兵役も務めた。戦後、それぞれ小浜市の工場で働いていた。会社は違ったが縁あって知り合い、25歳のころ結婚。子どもは5人生まれた。低賃金で交代制の工場勤務を辞め建築会社に移り20年勤めたが、その建築会社は倒産した。夫が仕事から帰ってくると交代で私が旅館の下働きに出た。夫は失業後、友人のつてで原発の下請会社の日雇になった。月23万ほどで結構よかった。夫はまじめで頑固で仕事しかしなかった。酒は飲んだがギャンブルはしなかった。原発で10年間働いて62歳になった時、原発行きのバスが止まるバス停まで自転車で行って倒れた。くも膜下出血と言われた。倒れてから5時間ほどで死亡。
a	58	5	3次ないし4次 下請日雇	AR (1986/10/26)	原発の内部に入るのは、気持ちのよいものじゃない。放射線が見えたら誰も入らんやろけど、金儲けをせんならんから行っている。もし原発での仕事がなかったら土方をせんならん。百姓だけでは絶対に食えない。定年は特にない。働けるまで、許容線量の限界までということだ。島崎工業の作業員の中で、肝臓が悪くなって働けなくなった者がいる。自分は今健康で働いている。

a	123	5	3次下請 日雇労働者 の妻	AV (1987/3/24)	栄養失調状態で戦地から帰ってきた夫が健康を取り戻し、敦賀の会社の従業員として、18年間、底引き網の漁船に乗っていた。そこが倒産したので、潜水の会社に18年勤めたが、そこも倒産した。別の潜水の会社に入り15年間務めたが倒産した。最後の15年勤めた会社で厚生年金に入れたので、今、その年金が下りている。それまでの会社では、何の保険にも加入していなかった。それぞれ長く勤めていた会社だったが、3つとも倒産した。夫は、それから10年、原発日雇になった。元請～1次下請会社Cの下請の会社17の下請の会社の日雇。会社21では、社会保険に加入していなかった。J原発に5年、G原発に5年通った。ずっと大病なしで暮らしてきたが、満70歳になる前に、年寄りは使われんと言って辞めさせられた。辞める前に、会社17の看護婦さんが、おんちゃん、5キロも痩せたんやから、辞めたあとどこかで精密検査をしてもろたほうがええと言ったそうだ。1カ月に5キロも痩せたので、病院で見てもらったら、胃、大腸、すい臓などいたるところに癌が広がっていた。81年9月に13か所癌を焼き切る手術をしたが、翌年9月に亡くなった。定期的に会社の健康診断を受けていた。退職するまでに、なにもおかしいと言われなかったのはおかしいと思っている。癌になったのは、原発で10年働く間に放射線を浴びたせいかと思う。夫は、現金収入を得るため、危険を承知で原発へ行ったのだし、歳もとっていたのだし、今さら会社を相手に訴えるつもりはない。60過ぎた者をそれなりの給料で雇ってくれるところは原発しかなかった。月13～15万円。若い人の行くところじゃないと思う。
a	46	5	3次ないし4次 下請日雇	AX (1986/1/9)	高校卒業後、親戚の鉄工所で1年半働いた。その後、半年電気工事店で働いた。次に紡績会社の人絹製造過程で出る廃液からガラスの原料等を作る工場で働いた。しかし紡績会社で人絹を作らなくなって僕の勤めていた工場は閉鎖された。70年から1年ほど原発の日雇労働者になった。その後、地元の一部事務組合の正職員になった。
a	118	5	3次下請 日雇	BC (1987/3/24)	高校中退後24歳、57年頃まで、小さな印刷会社に勤めた。臨時だが郵便局で働かないかと誘われて、27歳まで働いた。61年に結婚し62年に長男が生まれた。妻と姑との関係が悪かったので、しばらく妻の実家（若狭にある）に居候した。長男を妻の母に預けて夫婦で建設会社の日雇に出た。2人目を身ごもって妻は土方をやめた。私は3年間建設会社の日雇いをした後、ビル建設の会社に移った。正社員として9年間運転手をした。もう少し給料をよくするという誘いがあり、建材会社に移った。ここでは正社員として7年働いたが、正社員を親族で固めるといわれて、辞めざるをえなかった。親戚の世話で、原発の3次クラスの下請会社の日雇となった。原発日雇は4年間で辞め、86年に化繊工場の下請会社に勤めるようになった。電力会社の正社員になった娘が、原発で出会うことを嫌がった。原発での賃金は、建材会社よりよかった。日給自体は安かったけれど、運転手当や時間外手当、技能手当などがついたので、多いときは月30万ほどになった。今は月13万円余り。

409

第2部 原発労災裁判梅田事件に係る原告側意見書

a	90	5	3次ないし4次下請日雇労働者の父	BD (1986/11/30)	息子は20歳になります。息子は会社31という日雇人夫ばかり扱っている会社の寮で寝起きしています。自宅から仕事に行っていた時は、特別悪いことはしなかったけれども、家庭内暴力を振るったり、夜遅くまで遊びまわっていたので、朝起きられず、仕事に行かない状態が続いていた。会社の寮で生活するようになって、わがままは許されないから、ちゃんと仕事に行っているようです。小児ぜんそくだったので、過保護に育てました。会社31の社長にあずかってもらっています。私はもう70近い。4年前に脳梗塞で倒れてからろれつが回りにくくなりました。
a	130	5	3次ないし4次下請日雇	BF (1987/4/10)	1950年代の生まれ。中卒後、2年間メガネ工場正社員、次の3年間は土建会社正社員、1年間ゼネコンの下請会社日雇、3年間電気設備の会社日雇、半年間自動車工場の季節工、3年間自衛隊にいたが目を悪くしてやめた。2年間滋賀県の板ガラス工場の社員になった。若狭の実家の近くのコンクリートの型枠を作る会社に1年間いて、84年から2年間原発の下請会社で働いた。その後また別の原発下請会社の日雇となった。
a	115	6	元町会議員	AM (1987/3/12)	最近は、都会に出ていても不況でやっていけなくて、Uターンしてくる若者も多く、原発関連企業で働いている。また、地元の高校卒業前に電力会社Xや元請～1次下請会社Cの入社試験に合格しなかった者は、元請～1次下請会社Cなどの下請、そのまた下請会社に入っている。電力会社Xや元請～1次下請会社Cの社員採用において、全くコネがないとは言えない。原発下請の日雇労働者の場合は、地元の中高齢の者が多い。失業者やもともと不安定就労だった者、定年退職者の再就職先となっている。生活に必要な現金収入を得るために、原発日雇になる。私の息子は元請～1次下請会社Cの正社員。娘はゼネコンの原発工事事務所の事務職員。
a	116	6	元町会議員	AM (1987/3/12)	原発が働き先になって、ある程度過疎になるのを防いでいると思う。ただし、ほとんどの住民の雇用形態は日雇。住民は特殊技術を持たないものがほとんど。働き先を選びようがない。となると、最末端の単純労働に配置される。だから社会保険や福利厚生というものは、会社でみてもらえず、何か病気になったり怪我をするとほとんど、自己負担になっている。福利厚生はなくとも、原発日雇は、遠くに出稼ぎに行かずとも家から通えるところにメリットがあった。人夫の親方になるような人は、この町の人ではない。特殊技術をもって会社を作り、この町に入り込んだのは、この町の人ではない。
a	117	6	元町会議員	AM (1987/3/12)	大飯郡の経済圏、就労の場は、原発ができるまで、舞鶴市にあったといっても過言ではない。少なくとも田んぼで生計を立てようと思うと、1町から1町5反ないとできない。この地域では、専業でやっていける農家はまれで、自分が食べるだけの田畑を作っている家の者は、災害復旧の土方に出て日銭を稼いできた。戦前は、舞鶴の軍需産業に依存していたが、戦後はその仕事はなくなり、皆冬場に出稼ぎに行っていた。林業者についていえば、外材の輸入が増えて林業労務者の仕事はなくなった。炭焼きの仕事も「燃料」が変わって廃れていった。大阪の練炭・豆炭の工場に出稼ぎに行くものも多かったが、やはり「燃料」として使われなくなった。私は、病院の職員になるまで、木を切る日雇い人夫もしたし、村の仲間と一緒に京都の写真印刷の工場へ出稼ぎに行っていたこともある。原発は出稼ぎに行かなくて済む。

b	41	1	電力会社 正社員	AD (1986/9/29)	僕の場合、親戚のコネがあって電力会社の正社員になれたと思う。高卒後1年間電力会社の学園で教育を受け、80年代初頭からD原発で働いている。この間まで2次系の弁の担当だったが、今は1次系の弁の担当。電力会社社員は、保修課の場合、週1回あるいは2週間に1回現場を点検に歩く。運転課は毎日確認に歩く。
b	79	1	電力会社 正社員	AW (1987/1/15)	地元の工業高校卒業後、電力会社Xの正社員となった。親父も電力会社Xの正社員だったがもう定年退職した。
b	86	1	電力会社 正社員	AW (1987/1/15)	電力会社Xの社員は中途就職の者はいないが、下請の元請〜1次下請会社Cになると、他の職を辞めてきたという者が多い。地元では、元請〜1次下請会社Cにまず職を頼みに行き、そこで引き受けられない頭数は、さらに下請の関係業者へと就職斡旋がされている。
b	87	1	電力会社 正社員	AW (1987/1/15)	四国や中国地方出身の電力会社Xの社員が、けっこう若狭の原発で働いている。地元の人を嫁にもらって社宅で暮らしている例もあるが、多くは婿養子という形で地元住民となっている。
b	108	2	元請会社 正社員 の妻	AP (1987/2/28)	私の実家は半農半漁。中卒後、集落にある店で働いていた。日給月給制で国保加入。19歳の時見合い結婚。子供は3人。舅夫婦は小さい季節旅館をしていた。原発の建設期になると私は、原発の橋を架ける現場や削った山から出てくる根っこ拾い等土方仕事をした。家から近かった。元請〜1次下請会社Cの日雇だったが、夫が元請〜1次下請会社Cの正社員になってからは、夫婦で同じ会社の給料をもらうのは悪いと思い、日雇だった私が辞めた。早朝田んぼの仕事をしてから原発以外の日雇仕事をし、夕方家に帰って旅館の仕事を手伝っていた。
b	109	2	元請会社 正社員 の妻	AP (1987/2/28)	夫は、日雇労働者としていくつかの建設会社で働いていた。常雇いではなく工事ごとに雇ってくれるところへ行っていた。1968年頃から日雇で原発の仕事をするようになり、隣の集落の知人に誘われて72年から元請〜1次下請会社Cの社員になった。機械の組み立て、分解、その掃除などをしていると言っていた。けれども75年10月に亡くなった。夫は、元請〜1次下請会社Cで働きだしてから病気がちになり、時々仕事を休んでいた。疲れやすく足がだるい足がだるいと言いながら原発で働いていた。右足の大腿部にコブができた。悪性だったため、地元の病院で73年に腫瘍を取る手術をした。それでも駄目だったので74年に金沢の病院で右足を切断した。土方仕事の時は国保だったが、腫瘍で入院した時は健康保険に加入していたので、助かった。元請〜1次下請会社Cからは、僅かな退職金が出た。夫が亡くなってから、私に元請〜1次下請会社Cから働かないかと声かけがあり、言われるままに入社し、電力会社Xが使用している事務所の清掃をしている。社会保険に加入している。私には会社から家族扶養の手当が出たので、それも助かった。息子も高校を卒業した80年代半ばから元請〜1次下請会社Cの社員になった。

第2部　原発労災裁判梅田事件に係る原告側意見書

b	229	3	1次下請 正社員	AB (1986/8/18)	元請〜1次下請会社Cの下請の会社17の下請には、会社12や会社33、会社21、会社15などがある。頭数がいるときは、さらに下請から人夫を集めている。会社12の親方は、兵庫県から出てきた人。元請〜1次下請会社Gにいて辞めて会社17から仕事を受ける会社を作り若狭に定住した。会社12の親方は、クレーンや溶接の仕事ができた。会社15の親方は、S町で会社を経営していたが倒産したので、下請会社を作った。人夫を集めて原発の仕事をもらっている。会社17の正社員は、いろいろな仕事を転々としてきたものが多い。地元で条件の良い仕事先があれば、そちらに行くがこの辺では原発しかないのが実情。元請〜1次下請会社Cも中途就職が多いが、このごろはコネなしには入れない。転職者は、電力会社の正規社員になるのは難しいから、このごろは狙って元請〜1次下請会社Cへ行く者もいる。
b	139	4	3次ないし4次 下請正社員 の妻	AH (1987/2/26)	夫は、国鉄を定年前に早期退職せざるを得なかった。国鉄が民営化される前のリストラ。39年勤めて53歳の時退職した。この時知り合いの会社17の社長がうちの家に来て、原発で働かないかと言われ、国鉄を辞めて3カ月後に再就職となった。息子は浪人していたし、兄弟が借金して家を建てたので、少しでも援助してやりたい、自分はまだ働けると言っていた。会社17の従業員として原発で働き始める前に、健康診断をした。癌で亡くなったのは56歳。55歳の夏、お盆に、前から胃が重だるいと思っていたが今日は特に変だと言った日に、私も付き添って病院へ行った。その日も次の日も諸検査をし、9月に手術をしたが、胃、十二指腸、大腸に転移しており手遅れだった。原発で働いたのは2年3カ月だった。働き始める前にも途中でも健康診断をしたはずなのに、手遅れになる前になぜわからなかったのかと思う。夫は、倉庫に入っている1次系で働く人たちのための手袋、服、マスク、諸道具を整理したり、衣類をトラックに積み込む仕事をしていると言っていた。近所に住むTさんは、クリーニングの仕事でたくさん被曝するが、わしの被曝量は少ないと言っていた。夫も被曝していた。労災かどうか調べなかった。医師は少しずつ進行して、一気に広がったのではないかと言っていたが、いつから癌になったのかは分からない。
b	140	4	3次ないし4次 下請正社員 の妻	AH (1987/2/26)	会社17では日給月給制だったが社会保険には加入した。日給月給制で1年目は、1日7,500円、2年目から8,000から8,500円くらいだった。社会保険料等を引かれて、手取り月18万くらいだった。社長に何人でも人がいると言われて、夫は国鉄を早期退職した人たちに声をかけて、数人一緒に会社17の従業員になった。原発で働いている人はこの村にもたくさんいる。Sさんは役場を退職後原発へ行くようになった。Tさんは木材会社に勤めていたが給料が安かったので原発へ行った。Iさんはずっと原発ではないところで日雇仕事をしていて原発へ行くようになった。
b	88	4	2次ないし3次 下請社員	AI (1987/1/18)	地元の中学を卒業して大阪の高校へ行ったが、1年で退学となった。明石市や姫路市をうろついていた。クラブのボーイもした。母が病気という知らせで、19歳の時地元に戻った。定職に就いていなかったので、建設会社を経営していた親族が、大阪の会社37で鳶の修業をしろと言った。まもなく会社37がE原発建設を請け負ったので、5年間E原発建設の仕事をした。E原発の仕事が終わった時、親族の会社の社員になり、3年間D原発の建設に入った。親族の会社の社員となった時、わしの抱える鳶職は7人いた。ただし、わしは国民健康保険に加入。労災保険など雇用契約のなかみのことは、親族に任せてあるので、知らない。

412

別紙資料

b	1	4	2次下請 正社員	BG (1986/5/12)	大卒後、長男の跡継ぎだったから出身地に戻った。4年間、県の臨時職員や小、中学校の臨時教員をしていた。それから親の知り合いを通じて原発の会社に入った。他になかなか安定した就職ができなかったから。
b	133	5	2次ないし3次 下請日雇 労働者の妻	AQ (1987/2/11)	夫も私も大正生まれ。夫は兵役も務めた。戦後、それぞれ小浜市の工場で働いていた。会社は違ったが縁あって知り合い、25歳のころ結婚。子どもは5人生まれた。夫は低賃金で交代制の工場勤を辞め建築会社に移り20年勤めたが、その建築会社は倒産した。夫が仕事から帰ってくると交代で私が旅館の下働きに出た。夫は失業後、友人のつてで原発の下請会社の日雇になった。月23万ほどで結構よかった。夫はまじめで頑固で仕事しかしなかった。酒は飲んだがギャンブルはしなかった。原発で10年間働いて62歳になった時、原発行きのバスが止まるバス停まで自転車で行って倒れた。くも膜下出血と言われた。倒れてから5時間ほどで死亡。
b	118	5	3次下請 日雇	BC (1987/3/24)	高校中退後24歳、57年頃まで、小さな印刷会社に勤めた。臨時だが郵便局で働かないかと誘われて、27歳まで働いた。61年に結婚し62年に長男が生まれた。妻と姑との関係が悪かったので、しばらく妻の実家（若狭にある）に居候した。長男を妻の母に預けて夫婦で建設会社の日雇に出た。2人目を身ごもって妻は土方をやめた。私は3年間建設会社の日雇いをした後、ビル建設の会社に移った。正社員として9年間運転手をした。もう少し給料をよくするという誘いがあり、建材会社に移った。ここでは正社員として7年働いたが、正社員を親族で固めるといわれて、辞めざるをえなかった。親戚の世話で、原発の3次クラスの下請会社の日雇となった。原発日雇は4年間で辞め、86年に化繊工場の下請会社に勤めるようになった。電力会社の正社員になった娘が、原発で出会うことを嫌がった。原発での賃金は、建材会社よりよかった。日給自体は安かったけれど、運転手当や時間外手当、技能手当などがついたので、多いときは月30万ほどになった。今は月13万円余り。
b	115	6	元町会議員	AM (1987/3/12)	最近は、都会に出ていても不況でやっていけなくて、Uターンしてくる若者も多く、原発関連企業で働いている。また、地元の高校卒業前に電力会社Xや元請〜1次下請会社Cの入社試験に合格しなかった者は、元請〜1次下請会社Cなどの下請、そのまた下請会社に入っている。電力会社Xや元請〜1次下請会社Cの社員採用において、全くコネがないとは言えない。原発下請の日雇労働者の場合は、地元の中高齢の者が多い。失業者やもともと不安定就労だった者、定年退職者の再就職先となっている。生活に必要な現金収入を得るために、原発日雇になる。私の息子は元請〜1次下請会社Cの正社員。娘はゼネコンの原発工事事務所の事務職員。
c	42	1	電力会社 正社員	AD (1987/1/29)	おとといは、1次系の中に入って、工事の立会いをした。アスファルト固化設備の工事の元請は商事会社A。その下請が会社16。その下請が会社10。実際の作業員は、会社10の下請の子会社がいくつか入っている。会社16は現場監督的立場。
c	80	1	電力会社 正社員	AW (1987/1/15)	下請の管理は、保修課の仕事だが、仕事は一括して元請〜1次下請会社Cに渡されているから、下請の状態は、電力会社X社員はあまり分からない。

第２部　原発労災裁判梅田事件に係る原告側意見書

c	103	2	元請会社 正社員	AG (1987/2/16)	高卒後、10年間自動車修理工場の社員だった。この会社は休日がはっきり決まっておらず、残業手当が出たりでなかったりしたので辞めた。そして28歳で、電力会社Xの元請会社に入社した。ずっと機械課。結婚は今の会社に入社した後だ。今の会社（元請）は、日曜日の他に、各週で土曜日が休日。他の土曜には半日出勤。土曜で1日仕事になれば残業手当は付く。僕の会社の下請会社の場合、半日仕事とされていた土曜日に1日働くことになっても、残業手当は出ない。ただし、平日の残業の場合、下請会社も17時30分以降について、幾分手当が出ているそうだ。ボーナスは、1次下請会社だと出るが、2次下請から下になるとない。現場で実際に汗水流しているのは、1次下請から4次下請の労働者たちなんだ。たくさん被曝する箇所で危険作業に従事しているのは、下請の日雇労働者たちだ。
c	105	2	元請会社 正社員	AG (1987/2/16)	給料は10年働いて手取り20万円弱。残業やボーナスを入れると年収500万円程度。保育料や住宅ローンがきつい。下請のもっと低賃金の人たちは、いったいどんな生活を送っているのかと思う。
c	229	3	1次下請 正社員	AB (1986/8/18)	元請〜1次下請会社Cの下請の会社17の下請には、会社12や会社33、会社21、会社15などがある。頭数がいるときは、さらに下請から人夫を集めている。会社12の親方は、兵庫県から出てきた人。元請〜1次下請会社Gにいて辞めて会社17から仕事を受ける会社を作り若狭に定住した。会社12の親方は、クレーンや溶接の仕事ができた。会社15の親方は、M町で会社を経営していたが倒産したので、下請会社を作った。人夫を集めて原発の仕事をもらっている。会社17の正社員は、いろいろな仕事を転々としてきたものが多い。地元で条件の良い仕事先があれば、そちらに行くがこの辺では原発しかないのが実情。元請〜1次下請会社Cも中途就職が多いが、このごろはコネなしには入れない。転職者は、電力会社の正規社員になるのは難しいから、このごろは狙って元請〜1次下請会社Cへ行く者もいる。
c	63	4	3次ないし4次 下請正社員	AF (1986/11/30)	電力会社Xから元請〜1次下請会社Cに発注され、元請〜1次下請会社Cから元請〜1次下請会社Iに発注され、元請〜1次下請会社Iから元請〜1次下請会社Hや元請〜1次下請会社G、会社10等に発注される。僕の勤めている会社は、さらに下請。
c	67	4	3次ないし4次 下請正社員	AF (1986/11/30)	電力会社Xの社員Hさんは、一人の労働者につき電力会社Xが出しているのは7万円だと言っていた。会社1や元請〜1次下請会社Iのメーカーの技術者は、1日7万円に加えて手当5万円で、計12万円もらっている。僕の月給は22、23万円や。
c	89	4	2次ないし3次 下請社員	AI (1987/1/18)	電力会社Xが元請〜1次下請会社Mや元請〜1次下請会社L、元請〜1次下請会社N、元請〜1次下請会社O等に発注する。親族の会社は元請〜1次下請会社Mや元請〜1次下請会社Lの下請。頭数がいるときは、さらに下請の会社が労働者を連れてくる。親族の会社とその下請の親方とのつながりだが、下請の親方が、うちにやらしてくれと言って親族のところへやってくる。その見積もりと、業者同士の付き合いで話を決める。親族の会社と元請〜1次下請会社Mの関係のようなものや。

c	136	4	3次下請会社 社長の妻	BA (1987/2/25)	私は大阪生まれ。私が30歳、夫が29歳の時大阪で所帯を持った。その頃夫は建設会社の鳶をしていた。正規雇用だった。腕の良い鳶職だったから、元請～1次下請会社Lの人に見込まれ、一本立ちして福井で仕事をしてみないかと声をかけられた。1967年に福井に来た。原発建設の仕事が無くなってからは、定検査業などに携わった。その頃は会社17の下請だった。当初3年くらい福井で仕事をするつもりだったが、長くなった。大阪から労働者を連れてくれる仲介人がいた。10日とか20日間の契約で、労働者を集めてもらって、建てた寮に泊めていた。私はその人たちの食事の世話をした。大阪から来た労働者を使って、夫が親方として、G原発やE原発、D原発で仕事をしていた。
c	127	4	2次ないし3次 下請自営	BB (1987/2/27)	電力会社Xが、元請～1次下請会社Iや元請～1次下請会社Hと仕事の契約をする。電力会社Xの社員は、その元請会社と直接話をするが、その下請会社の者と話をすることは少ない。電力会社Xの正社員は、若くても一応割り当てられた現場監督の仕事に就く。何も実体験のない者が、監督として下請に指図する。
c	128	4	2次ないし3次 下請自営	BB (1987/2/27)	元請～1次下請会社Cの従業員の多くは、電力会社Xからの派遣社員や電力会社X退職者だ。親方日の丸的な感覚があるのが、元請～1次下請会社Cではないか。
c	129	4	2次ないし3次 下請自営	BB (1987/2/27)	電力会社Xの社員自体はほとんど被曝しないが、下請の被曝はどうしても多くなる。しかし安全管理はされている。1～2時間という時間内で、線量計を身につけて、次々と人を送り込んでいく人海戦術をとっている。現場に入る日雇労働者は、その日当を受け取って生活を成り立たせているのだし、雇う側も、そのような気持ちで割り切っていると思う。被曝すれば病気になるという因果関係が解明されているわけではない。
c	70	5	2次下請 日雇	AA (1987/1/1)	会社14に所属している。電力会社が元請～1次下請会社Iに発注し、元請～1次下請会社Iが元請～1次下請会社Gに発注する。簡易な仕事は電力会社が直接元請～1次下請会社Gに発注する場合がある。元請～1次下請会社Gの役員として元請～1次下請会社Iの人が入っている。元請～1次下請会社Gは、小倉にも拠点があって、会社14などの下請会社を使っている。会社14は、元請～1次下請会社Gからの仕事がこない時は、別の会社の下請をしている。
c	71	5	2次下請 日雇	AA (1987/1/1)	人手が足りなくなったので、敦賀に来た。自宅は九州。今、敦賀の寮で寝泊まりしている。元請～1次下請会社Gの下請会社で常駐しているところがあるが、SU工業の者は常駐ではない。
c	237	5	2次ないし3次 下請日雇	AL (1986/8/18)	明治時代から1970年まで、山で使うガンドなどの目立て屋をしていた。祖父も父も目立て屋。僕は、中卒後、家から通えるラジオ店で3年間修理の仕事をしたが低賃金で辞めた。その後セメント会社の土方に2年、塩ビ板の加工会社に1年半行った。臨時で国鉄の信号保安の仕事に就いたが本採用してくれなかったので、22歳から鉄工所に勤めた。そこで10年溶接の仕事をしたが、また別の会社で働いた。1974年から原発建設の仕事にかかわった。元請～1次下請会社Hや会社2、会社1の下請の仕事をした。僕が属していたのは、元請～1次下請会社Cの下請の会社11の下請の会社29の日雇になったこともある。会社29の従業員は、地元の者4人、大阪方面出身者4人、他に2人いた。仕事仲間に仕事ないか？と言って、お互いに仕事の回しあいをしている。資格がなくてもできる仕事だ。

c	56	5	3次ないし4次 下請日雇	AR (1986/10/26)	敦賀原発の場合、電力会社Yが会社8に発注する。会社8が元請～1次下請会社Cに発注。元請～1次下請会社Cは会社11に発注し、会社52や会社29など4つぐらいの子会社に発注。僕は会社52に所属。会社52の前の建設工事の時は、会社13という会社に所属していた。人夫回しが、所属先を振り分けていた。会社56の社長に、うちへ来てくれと言われて行ったが、会社56の社長は1次系に入るのは嫌だと言って滋賀県などに仕事を求めるようになった。百姓は滋賀まで行けない。はじめは会社56からの派遣で会社52に行っていた。その後、会社56を辞めて会社52に直接雇われるようになった。
c	47	5	3次ないし4次 下請日雇	AX (1986/1/9)	電力会社が元請～1次下請会社Iに発注する。元請～1次下請会社Iが会社10には発注する。その下請に会社57がある。会社57のもとに幾人かの親方が数人の労働者を集めて班を作っていた。僕は、N班だった。賃金をもらいに行くのに、人夫寄せ、手配師のアパートへ行った。実際に働いておらず、人夫の頭数をそろえる手配をして、ピンハネで設けている人たちが住むアパートがあった。
d	66	4	3次ないし4次 下請正社員	AF (1986/11/30)	健康管理は、自分で責任をもってしなさいと言われている。白血球が急に増えたり減ったりした者や血圧の高い者は管理区域に入らせてもらえない。健康診断で引っかかった者は、作業待機する。とにかく出勤さえすれば、待機で時間をつぶしても日給は貰える。短期雇用の日雇の者は、休まず働かないと金が入らない。
d	69	5	2次下請 日雇	AA (1987/1/1)	島根県に生まれ育った。高卒後、東京に本社のある大手の建設会社に入った。ダム工事ばかり、毎日山の中ばかりで同じ人の顔ばかり見ての仕事で嫌になった。10年働いたが、結婚のチャンスも逃すと思って辞めた。九州に渡って地盤改良の仕事を4年前、1981年頃までやっていた。新工法ができて、僕の働いていた会社の仕事が減った。公共事業の発注額は横ばい。諸経費は上がるから、しわ寄せは労働者に来た。先の見通しが暗いので辞めた。原発で働いている人の中に知り合いがおり、そのつてで、原発で働くようになった。定検中の期間雇用だ。一つの仕事について日給月給の雇用契約を結んでいる。雇用保険はない。国保だ。
d	237	5	2次ないし3次 下請日雇	AL (1986/8/18)	明治時代から1970年まで、山で使うガンドなどの目立て屋をしていた。祖父も父も目立て屋。僕は、中卒後、家から通えるラジオ店で3年間修理の仕事をしたが低賃金で辞めた。その後セメント会社の土方に2年、塩ビ板の加工会社に1年半行った。臨時で国鉄の信号保安の仕事に就いたが本採用してくれなかったので、22歳から鉄工所に勤めた。そこで10年溶接の仕事をしたが、また別の会社で働いた。1974年から原発建設の仕事にかかわった。元請～1次下請会社Hや会社2、会社1の下請の仕事をした。僕が属していたのは、元請～1次下請会社Cの下請の会社11の下請の会社29の日雇になったこともある。会社29の従業員は、地元の者4人、大阪方面出身者4人、他に2人いた。仕事仲間に"仕事ないか?"と言って、お互いに仕事の回しあいをしている。資格がなくてもできる仕事だ。原発は景気の良し悪し関係なく。

別紙資料

d	241	5	2次ないし3次 下請日雇	AL (1986/8/18)	ギャンブルはしない。酒はビールを少し飲むだけ。日給11,000円。他に手当はない。土曜日は半日仕事だが、今はほとんど仕事がない状態。1人雇っていくらピンハネするかでやっている親方にすれば、月給制は損だ。労働者にとっても、健康保険に入ると収入のごまかしがきかないから課税が大きい。僕は、建設が予定されている火力発電所建設の日給が少しでもよかったら、そちらへ移る。被曝して修理する仕事より、新しいものを作る仕事の方がよい。火力発電所が建設される場所は、家から通える。僕の場合、妻が店をしているし自宅の一部を人に貸しているので、僕の賃金と合わせて住宅ローンや子どもへの仕送りができている。
d	55	5	3次ないし4次 下請日雇	AR (1986/10/26)	百姓の合間に土方をしていた。美浜原発や大飯原発建設時の配管工として働いた。その後、80年からポンプ専門の仕事に就いた。85年から1次系に入っている。年中被曝労働をしている者の場合、被曝線量がすぐに閾値に達しないように、作業内容が加減されている。短期契約でよそから来る者は、最も危ないところへ入っている。
d	56	5	3次ないし4次 下請日雇	AR (1986/10/26)	敦賀原発の場合、電力会社Yが会社8に発注する。会社8が元請〜1次下請会社Cに発注。元請〜1次下請会社Cは会社11に発注し、会社11は会社52や会社29など4つぐらいの子会社に発注。僕は会社52に所属。会社52の前の建設工事の時は、会社13という会社に所属していた。人夫回しが、所属先を振り分けていた。会社56の社長に、うちへ来てくれと言われて行ったが、会社56の社長は1次系に入るのは嫌だと言って滋賀県などに仕事を求めるようになった。百姓は滋賀まで行けない。はじめは会社56からの派遣で会社52に行っていた。その後、会社56を辞めて会社52に直接雇われるようになった。
d	123	5	3次下請 日雇労働者の 妻	AV (1987/3/24)	栄養失調状態で戦地から帰ってきた夫が健康を取り戻し、敦賀の会社の従業員として、18年間、底引き網の漁船に乗っていた。そこが倒産したので、潜水の会社に18年勤めたが、そこも倒産した。別の潜水の会社に入り15年間務めたが倒産した。最後の15年勤めた会社で厚生年金に入れたので、今、その年金が下りている。それまでの会社では、何の保険にも加入していなかった。それぞれ長く勤めていた会社だったが、3つとも倒産した。夫は、それから10年、原発日雇になった。元請〜1次下請会社Cの下請の会社17の下請の会社に通った。会社21では、社会保険に加入していなかった。J原発に5年、G原発に5年通った。ずっと大病なしで暮らしてきたが、満70歳になる前に、年寄りは使われんと言って辞めさせられた。辞める前に、会社17の看護婦さんが、おんちゃん、5キロも痩せたんやから、辞めたあとどこかで精密検査をしてもろたほうがええでと言ったそうだ。1カ月に5キロも痩せたので、病院で見てもらったら、胃、大腸、すい臓などいたるところに癌が広がっていた。81年9月に13か所癌を焼き切る手術をしたが、翌年9月に亡くなった。定期的に会社の健康診断を受けていた。退職するまでに、なにもおかしいと言われなかったのはおかしいと思っている。癌になったのは、原発で10年働く間に放射線を浴びたせいかと思う。夫は、現金収入を得るため、危険を承知で原発へ行ったのだし、歳もとっていたのだし、今さら会社を相手に訴えるつもりはない。60過ぎた者をそれなりの給料で雇ってくれるところは原発しかなかった。月13〜15万円。若い人の行くところじゃないと思う。

417

第２部　原発労災裁判梅田事件に係る原告側意見書

d	124	5	3次下請日雇労働者の妻	AV (1987/3/24)	夫から聞いた限りでは、夫は、洗濯や被曝線量の測定係、1次系での除染作業やワイヤーをつなぐ作業等をしていたそうだ。作業現場に入っているのは長くて1、2時間と聞いた。洗濯の仕事には高齢者が回されていたらしい。毎月25日は働いていた、まじめ一方で働いていた。私が日曜日ぐらい休んだらと言っても、代りの者がおらんと言って出勤していた。残業も多かった。仕事を終えると、外に出る前に被曝線量を測っていた。ピーッと鳴るとシャワーを浴びたそうだ。ピーッと鳴らなくなるまで、風呂で体を擦らないといけなかったそうだ。私は放射線がシャワーで取れて家に戻ってきたのではないと思っている。
d	54	5	3次ないし4次下請日雇	AX (1986/1/9)	原発日雇の仕事は、いつまでたっても落ち着きのない不安定なものだった。定検の時期ごとに各原発を移動した。他県の原発にも行った。次第に原発は将来性のないものと思うようになり、地元に新しくできる事業所があると知り合いに誘われ、一部事務組合の正規職員に転職した。
d	98	6	元医療機関非正規職員	AJ (1987/2/11)	末端の労働者は、ともかく雇ってもらっているという感じだった。働き先はそこにしかないという感じ。特に中・高齢者の就職先は、原発以外にない。こうして働いている人たちは、健康な間は気付かないが、万一怪我をしたり、病気になったら、その時に自分には何の保障もなかったことに気付く。
e	48	5	3次ないし4次下請日雇	AX (1986/1/9)	僕と同じ集落に住む原発で働いている人夫寄せ、手配師の手先が、僕を原発に誘った。原発がどんなところかという説明はなく、計器調整の仕事の内容だけ聞かされた。
f	43	1	電力会社正社員	AD (1986/9/29)	現場に入っていて自分のアラームメーターが鳴ったことはある。特にどうこう思わない。ちゃんと管理されているから大丈夫だ。国で決めた値より会社で決めた値のほうが厳しいし、それは学者の出した科学的な数値だと思う。
f	65	4	3次ないし4次下請正社員	AF (1986/11/30)	放射線を浴びることについては、仕事に就いた頃はちょっと抵抗があった。いまはどうってことない。放射教育を受けた。安全教育については時間も内容も決められている。次々と違う会社の仕事を請け負うたびに、同じ内容の教育を受けることになる。ここにおっても放射線はある。ブラジルでは自然放射線の量はすごいそうだ。野菜にも含まれている。被曝線量は、日、月、年ごとに人が被曝しても大丈夫な基準の中で管理されている。
f	129	4	2次ないし3次下請自営	BB (1987/2/27)	電力会社Xの社員自体はほとんど被曝しないが、下請の被曝はどうしても多くなる。しかし安全管理はされている。1〜2時間という時間内で、線量計を身につけて、次々と人を送り込んでいく人海戦術をとっている。現場に入る日雇労働者は、その日当を受け取って生活を成り立たせているのだし、雇う側も、そのような気持ちで割り切っていると思う。被曝すれば病気になるという因果関係が解明されているわけではない。
f	2	4	2次下請正社員	BG (1986/5/12)	放管が「これで安全だ」と言うと、作業員は鵜呑みにして働きに出ていく。
f	3	4	2次下請正社員	BG (1986/5/12)	今、「身体的に影響はない」と言っているがこれから先のことはわからない。発癌の可能性や遺伝についてはふれていない。しかし、教育していて午後からいなくなった人もいた。
f	4	4	2次下請正社員	BG (1986/5/12)	5社の下請労働者に安全教育をした時、各々の親方におこられた。親方たちは、"本当のことを言うと、若い者は怖がる""本当の教育をすると人は逃げる"と言った。
f	5	4	2次下請正社員	BG (1986/5/12)	原発の構造や、被曝について細かいことを理解し、教育できる人間は、現場の放管の仕事はできないと思う。

418

f	73	5	2次下請 日雇	AA (1987/1/1)	日本の場合、計画線量を国際的な基準以下にして、各会社が自主管理している。被曝線量については、ほとんど問題がないと思う。計画線量が厳しすぎるのが、仕事を進める上でのマイナス要因になっていると思うくらいや。
f	76	5	2次下請 日雇	AA (1987/1/1)	仕事で原発に入る度に、安全教育を受ける。もう耳にたこができるほど聞いた。今までに、玄海、美浜、東海、伊方、福島の原発で働いたことがある。
f	40	5	3次ないし4次 下請日雇	AN (1986/8/17)	例えば、40ミリレム、70ミリレム、100ミリレムというように、作業に応じて許容線量を決めてセットし、身につける。ビーと鳴ったから大変だというわけじゃないと聞いている。
f	135	5	2次ないし3次 下請日雇	AQ (1987/2/11)	原発がどんなもんか自分の目でも見たいと思って、婦人会で見学に行った。電力会社Xがバスを出して案内してくれた。電力会社Xの人に安全を99パーセント保証するといわれた。
f	59	5	3次ないし4次 下請日雇	AR (1986/10/26)	原発で被曝労働をするにあたって、教育される。それで納得する。テレビを見ていても放射線を浴びる。レントゲンの被曝量は、私らの仕事で浴びるよりうんと多いと聞いた。スライドとテキストを使って教育される。朝9時から12時までと午後1時から5時まで講習を受ける。7時から30分間試験がある。歳が行ってからの講習や試験はかなわんな。原発に入る前の教育の内容は、入り方、服の着替え方、放射線とは何かについてだ。教育するのは、元請〜1次下請会社Cの放管担当者だ。原発の敷地内に、講習を受けるところがある。そこに人形が置いてあって、それを使って服の着方を示された。
f	35	5	3次ないし4次 下請日雇	AU (1985/12/2)	放射線被曝とかかわって病気、死に至ったと思われる事例の原因が、明らかにされていくならば、みんな考えると思う。原発で働く際に受ける安全教育では、指示どおりに動いていれば大丈夫だと教えられる。
f	49	5	3次ないし4次 下請日雇	AX (1986/1/9)	当時、原発の恐ろしさ、被曝の怖さを知らなかった。原子力エネルギーはこれから発展するものだという思い、そこで機械を触る技術が身についたら得だと思った。ウエスチングハウス社と契約して働いていた日本人の技術者は、事故が起きる確率は低い。砂漠の中で小豆粒を一つ探すようなものだと言っていた。彼らは東大や京大の出身だったから、間違いなかろうと思っていた。
f	121	5	3次下請 日雇	BC (1987/3/24)	安全教育は受けたが、忘れている。私たち日雇は、ただ、こういう仕事をやってくれと言われて放射線の危険性について詳しくはわからないまま作業をした。原発で働いている者は、10人が10人とも言うと思う。放射線が目に見える物なら、そこで働かんと言うと思う。目に見えん、臭いもせん、どうなっているのかはっきり分からんから、だましだまし生活のために働いている。日雇の私たちは、開き直って働くか、やはり不安で辞めるかしかない。
g	41	1	電力会社 正社員	AD (1986/9/29)	僕の場合、親戚のコネがあって電力会社の正社員になれたと思う。高卒後1年間電力会社の学園で教育を受け、80年代初頭からD原発で働いている。この間まで2次系の弁の担当だったが、今は1次系の弁の担当。電力会社社員は、保修課の場合、週1回あるいは2週間に1回現場を点検に歩く。運転課は毎日確認に歩く。
g	81	1	電力会社 正社員	AW (1987/1/15)	入社してからはじめの10カ月間、運転課に配属された。その期間に、美浜1号機と2号機の中で、1,000ミリレム浴びた。現在までの、14年弱の集積線量は1,100ミリレムだ。同期に入社している社員で、5,000ミリレムになっている人もいる。1、2号機は古いから3号機より被曝線量が多くなる。

g	112	1	電力会社 正社員の妹	AY (1987/7/11)	兄は、電力会社Xでの教育を受け、原発で働くことについて疑問を持っていないようだった。兄の話を聞いて私は、ああさすがに会社に都合よく教育されているなと思ったものだ。一方で兄は、周囲の者に"元請〜1次下請会社C以下の会社では働くな。少なくとも電力会社X社員の被曝線量は安全範囲内だ"と言っていた。兄は何かが漏れている箇所に、自ら確かめに行ったと聞いている。私は、原発労働について不安を持っている。特に兄の死によってその不安は消えない。原発関係で働いていて、兄のような病気で亡くなっている社員が、年に1〜2人いると聞いている。やはりその方面はとても気になる。
g	25	4	3次下請 正社員	AZ (1986/8/11)	短期でなく1年中雇用される者は、1日2〜3ミリレム、多くて1日20〜30ミリレムの範囲で働いていた。
g	129	4	2次ないし3次 下請自営	BB (1987/2/27)	電力会社Xの社員自体はほとんど被曝しないが、下請の被曝はどうしても多くなる。しかし安全管理はされている。1〜2時間という時間内で、線量計を身につけて、次々と人を送り込んでいく人海戦術をとっている。現場に入る日雇労働者は、その日当を受け取って生活を成り立たせているのだし、雇う側も、そのような気持ちで割り切っていると思う。被曝すれば病気になるという因果関係が解明されているわけではない。
g	8	4	2次下請 正社員	BG (1986/5/12)	誰も危険なところへ行きたくないから、危険な仕事は、みな下請に出す。
g	55	5	3次ないし4次 下請日雇	AR (1986/10/26)	百姓の合間に土方をしていた。美浜原発や大飯原発建設時の配管工として働いた。その後、80年からポンプ専門の仕事に就いた。85年から1次系に入っている。年中被曝労働をしている者の場合、被曝線量がすぐに閾値に達しないように、作業内容が加減されている。短期契約でよそから来る者は、最も危ないところへ入っている。
h	45	1	電力会社 正社員	AD (1987/1/29)	別にウソは言っていないし、誰に悪いことも言っていないが、何もかも書かれるのはちょっとな。他の電力会社Xの社員に原発で働くことに関して聞いても、あんまり快くしゃべってくれないんじゃないかな。
h	111	1	電力会社 正社員の妹	AY (1987/7/11)	兄は、工業高校を出て電力会社X社員になった。80年度は電力会社X学園で勉強をし、81〜82年度はE原発、83年度はD原発に配属された。3交代の運転室勤務だった。頑丈な体つきで病気はしたことがなかった。月1回ほど実家に戻っていた。83年6月の下旬、立ちくらみやめまいがする、寝ても疲れがとれないと私に訴えた。休みで実家に帰ってきて寝っぱなしに寝ていた。実家に戻る前に兄は市民病院で診てもらっていた。その病院から会社の運転室に兄の検査結果とともに再検査が必要と連絡されていた。上司が兄を伴って市民病院へ行き即入院となった。入院した翌日に、病院から親（実家）に電話があり、急性骨髄性白血病の疑いがあるので、すぐ病院へ来るようにとのことだった。抗がん剤の点滴を受けて、市民病院へ1カ月入院していたが、電力会社Xの上司から親の方に電力会社X病院で治療を受けた方がよいとの連絡があった。市民病院の救急車で電力会社X病院へ移り、2人のきょうだいの骨髄を移植したが、2回とも成功しなかった。9月と10月のことだった。この頃兄は、本社の原子力管理部に人事異動されていた。兄はまもなく亡くなった。兄が電力会社X病院に入院していた時、兄と同じような症状で入院していた電力会社X社員Yさんがいた。その人は、D原発にいたが、入院時点で本社の原子力管理部に人事異動されていた。

h	112	1	電力会社 正社員の妹	AY (1987/7/11)	兄は、電力会社Xでの教育を受け、原発で働くことについて疑問を持っていないようだった。兄の話を聞いて私は、あああすがに会社に都合よく教育されているなと思ったものだ。一方では兄は、周囲の者に、"元請～1次下請会社C以下の会社では働くな。少なくとも電力会社Xの社員の被曝線量は安全範囲内だ"と言っていた。兄は何かが漏れている箇所に、自ら確かめに行ったと聞いている。私は、原発労働について不安を持っている。特に兄の死によってその不安は消えない。原発関係で働いていて、兄のような病気で亡くなっている社員が、年に1～2人いると聞いている。やはりその方面はとても気になる。
h	113	1	電力会社 正社員の妹	AY (1987/7/11)	兄が急性骨髄性白血病で亡くなった後、被曝によるものかどうかという話は、電力会社X側とするにはした。会社側に、被曝のデータを見せてもらった。しかし、私たち家族が積極的に関連付ける方向で行動しなかった。本人が行きたいと言って行った会社や進路まで否定すると思われた。突き詰めると父母もよいと思って行かせた会社が悪かったという結論になる。それはとても父母には耐えられなかった。死ぬような会社に行かせたと考えたくなかったと思う。また、近隣から原発へ行っている人の意識も考えて、被曝と白血病に関しては、周囲に語ることをしなかった。同じ仕事についている人に不安を与えたくないと、父は言った。兄の職業と病気、死の関係について深く追求しないことは、父母が判断した。会社側から病名を伏せてくれといった圧力はなかった。会社側から労災だという話はなかった。
h	109	2	元請会社 正社員 の妻	AP (1987/2/28)	夫は、日雇労働者としていくつかの建設会社で働いていた。常雇いではなく工事ごとに雇ってくれるところへ行っていた。1968年頃から日雇で原発の仕事をするようになり、隣の集落の知人に誘われて72年から元請～1次下請会社Cの社員になった。機械の組み立て、分解、その掃除などをしていると言っていた。けれども75年10月に亡くなった。夫は、元請～1次下請会社Cで働きだしてから病気がちになり、時々仕事を休んでいた。疲れやすく足がだるい足がだるいと言いながら原発で働いていた。右足の大腿部にコブができた。悪性だったため、地元の病院で73年に腫瘍を取る手術をした。それでも駄目だったので74年に金沢の病院で右足を切断した。土方仕事の時は国保だったが、腫瘍で入院した時は健康保険に加入していたので、助かった。元請～1次下請会社Cからは、僅かな退職金が出た。夫が亡くなってから、私に元請～1次下請会社Cから働かないかと声かけがあり、言われるままに入社し、電力会社Xが使用している事務所の清掃をしている。社会保険に加入している。私には会社から家族扶養の手当が出たので、それも助かった。息子も高校を卒業した80年代半ばから元請～1次下請会社Cの社員になった。
h	110	2	元請会社 正社員の妻	AP (1987/2/28)	舅は86年、姑は87年に特養で亡くなった。夫が亡くなった75年は、家を建てたときの借金、風呂を直した時の借金、それに夫が足を切断してから特別仕様の車を購入する際にした借金が少しずつ残っていて、教育費とともにやりくりが大変だった。舅さんとともに旅館をしていなかったら、生活していけなかったと思う。私も原発元請～1次下請会社Cで働かせてもらえるし、息子も高卒後元請～1次下請会社Cで働かせてもらえるという話もあって、労災申請は考えなかった。

第2部　原発労災裁判梅田事件に係る原告側意見書

h	234	3	1次下請 正社員	AB (1986/8/18)	職場にいる者同士であまり仕事のことは口にしない。お前、どんな仕事やってるんやとは聞かない。仮に事故につながることがあっても、互いに隠しあう。会社も隠す。隠されてしまったことはその現場にいた者以外わからない。知っている者は言わない。会社に迷惑がかかると思ったり、自分が職を失うことにつながると思うから。かわいそうなのは怪我や病気になった時だ。大卒で原発で働いていた丹後出身の人は癌で死んだが、家族はなぜか沈黙した。金で病気を買うことはある。
h	235	3	1次下請 正社員	AB (1986/8/18)	一度、息子の行っている職場上司から依頼があり、原発のPR館で京都の大学生たちに原発の話をしてくれと言われたことがあった。わしは、自分の知っている具体的な話を何もすることができなかった。情けないが電力を大切にしてくれとしか言えなかった。PRセンターのスタッフが普段、一般の来所者に言っていることをそのまま話しておいた。盗聴マイクがないかと疑ったから。元請〜1次下請会社Cの嘱託で働いているMMさんは、社会党支持者として選挙運動などをしていたが、もう沈黙してしまった。元請〜1次下請会社Cの警察上がりの社員数人と会社17の社員2人は、品行の悪い者や思想チェックをするのを仕事にしている。会社17の社長が認めないので労働組合はできない。苦情処理委員の制度ができたが、社員が会社の管理職に投票するような具合で、自然消滅した。苦情の1番は給料が少ないこと、作業服は夏冬とも貸与だったものが一部自己負担で買い取りしなければならなくなったことなど。正社員が少ない会社がいくつも集まって原発の仕事をしている。労働者はつながりようがない環境にいる。一度、わしの家に労働組合の話をしに来た原発労働者がいたが、その組合づくりの働きかけをしに来た人が見張られていたようで、その人がわしの家へ来たことは、すぐに会社に知れていた。電力会社の労働組合は、選挙の時だけわしらに頼みに来るので腹が立つ。わしらは会社から自民党の議員の演説会に行けと言われて行った。転職して会社17に入社した人は労働組合活動をしようとしたが、会社から班長の役をもらって、ぴたりと組合活動をしなくなった。わざと組合活動をしようとしたのかと思うほど。他に聴き取り可能な人と言っても、紹介できない。そういう体質の会社だ。
h	101	4	2次下請 正社員の妻	AE (1987/2/10)	夫は、勤めていた下請会社の運動会を、町内会の仕事があるので欠席すると言っていた。しかし会社から是非とも出席してくれと言われて、町内の仕事を早く済ませて運動会に参加した。騎馬戦の途中、頭から落ちて半身不随になった。その後全身マヒになり、入院先で亡くなった。会社は、労災にしないでくれと言ってきた。そのかわり、給料を半年分出すとのことだった。夫の勤めていた会社の労務課の人が話をしに来たのだが、その人は、警官あがりの人だった。

h	126	4	2次ないし3次 下請自営	BB (1987/2/27)	四国出身。工業高校卒業後、電力会社正社員となった。若狭のあちこちの原発で、計11年にわたり勤務した。辞める時点の月給は月30万あった。当時地元の若者どうしで地域活動をしていた。日曜はもとより、仕事は定時で終えて帰り、活動していた。当時電力会社Xではほとんどの社員が残業していたから、僕の行動は例外的でよく思われていなかった。参議院選挙の時、原発に批判的な候補者の応援をした。そういったことで会社から目をつけられていた。そうなると昇格も望めないと思ったから、辞めた。被曝するからやめたのではない。表向きの理由は、単身赴任があると嫌だからということにした。その頃地元の人と結婚。辞めてから3年間地元の会社で見習いをして、今は独立し自営業をしている。電力会社をやめたといっても、元請〜1次下請会社Cの下請の下請の下請をしている。原発と無関係の仕事の注文も受けている。被曝作業ではない仕事だ。G原発で働いた2年間で、約900ミリレム被曝した。
h	12	4	2次下請 正社員	BE (1986/8/19)	わしの名前は出してほしくない。他に快く話してくれるような労働者の心当たりはない。
h	9	4	2次下請 正社員	BG (1986/5/12)	以前、ルポライターがもぐりこんだが、今はかなり厳しくチェックされる。
h	10	4	2次下請 正社員	BG (1986/5/12)	あなたのやっている聴き取り調査にヘタに関わると圧力がかかると思う。下請労働者に聴き取りすると、その上部の業者から、親方や労働者本人に圧力がかかるだろう。
h	32	5	3次下請 日雇	AK (1986/8/8)	怪我しても言わん。同じ会社内においても、働いている者同士の間で言わない。上の者は知っているが隠す。何でもかんでも隠す。怪我が電力会社Xに聞こえたら、仕事の受注に差し支えるから、内緒にしておけることは内緒にせよということ。会社に怪我を隠したりするのはおかしいと思っても、この歳になってくると黙認してしまう。仕組みが、長いものに巻かれろになってしまって、言いたいことが言えん。労働者も委縮して、上の顔色ばかりうかがっていると思う。
h	33	5	3次下請 日雇	AK (1986/8/8)	あんたの村の者もようけ原発で働いとる。なかなかしゃべってもらえんやろうな。
h	39	5	3次ないし4次 下請日雇	AN (1986/8/17)	1次系で働く人たちは、現場のことを話したがらない。僕がまだ原発で働いていた時、1次冷却水が漏れて機械が止まった。その時はバルブを取り替えられず、外から包み込む補修をしておいて、定検の時に取り換えたそうだ。
h	68	5	2次ないし3次 下請日雇 労働者の妻	AO (1986/11/28)	夫は原発ができたころからずっとそこで働いている。常雇みたいなものだ。前に、原発で働く者のことを本にした人がいた。夫も隣の旦那さんもその人と一緒に働いていた。隣の人はごく気前良く、本を書いた人に仕事の話をしていた。相手を仲間内と信じていたからだ。本になって、隣の人は会社からそれはもうひどい仕打ちを受けた。あんたにその気がなくても、絶対名前がわかるようなことはせんと言われても、いつ、どこで、どんな風にしゃべったことが公になるかしれない。普段の生活をありのままに話してくれと言われても、仕事に触れずに話すことはできん。話せばついつい本音で話してしまう。隣の人が本当にひどいことになったのを見ている。疑い出したらきりがないけど、黙っていた方が何事もなくてよい。私らの暮らしは、毎日主人が原発へ働きに行くことでやっていけている。原発から締め出されたら、たちまち生活に困る。

h	134	5	2次ないし3次 下請日雇 労働者の妻	AQ (1987/2/11)	夫は除染作業をしていた。仕事の内容を家族にも言ってはならないと会社の方から言われていたそうだ。普段はD原発で働いていたが、忙しいときはG原発にも行っていた。管理区域に入る前に裸になって、服を着替えて仕事をしたそうだ。仕事を終わるとまた裸になって、外に出る時にピーッと鳴る機会の上に載って、出してもらえない時は何べんもシャワーを浴びると言っていた。絶対安全や心配するなと夫は言っていた。
h	99	6	元医療機関 非正規職員	AJ (1987/2/11)	一般の労働者の場合、現場の事故で怪我をしたら救急病院のP病院へ運ばれるのが常だ。しかし原発の場合は違う。小さな事故でも、原発から救急車が出ても、最も原発に近いP病院の前を素通りして、県境を越えたところにある病院へ運んでいる。よほど単純な怪我の場合は、P病院へ連れてくる。地元の病院へ入院させて内部情報が地元で漏れ広がることを恐れてのことかと思う。
h	243	6	2次ないし3次 下請日雇	BH	被曝線量は、放射線管理手帳に記録されている。手帳は会社の方で管理している。3カ月に一回、被曝線量の控えをくれるけど、そんなもんはもうほかした。親方や上の会社に自分の被曝線量をもういっぺん見せてくれとは言えない。何のためやと聞かれる。自分の被曝線量を問い合わせにくい環境がある。
i	83	1	電力会社 正社員	AW (1987/1/15)	現時点の交代制勤務は、8時から16時、16時から23時、23時から8時、休暇、日勤業務処理の区分で、交代している。
i	84	1	電力会社 正社員	AW (1987/1/15)	今、10日まとめて休もうと思うと、会社を辞めねばならないような体制。ためしに、元請～1次下請会社Cに使ってくれないかといったら、中央制御室にじっとしていた者は、駄目だと言われた。その通りだ。今、他の職を探しても見つかるものといえば、条件の良くないものしかない。父が電力会社Xを退職して、職安へ行ったら、「ああ、電力会社Xさんですか。電力会社Xより条件の良い仕事はありませんよ」とすぐに言われたそうだ。
i	85	1	電力会社 正社員	AW (1987/1/15)	去年大飯原発でちょっと事故があって、運転を停止した時、通産省から事故の追及がなされた。その折は、事故の直の班のメンバー全員の日頃の行動調査がされた。コーヒーカップぐらい、休憩中にうっかりこぼすことなど誰でも経験があると思うのだが、そうした一つひとつの挙動、言動がチェックされた。仕事をミスしたらミスしたもの一人が責任をとれば済むものではない。その主任、課長へと追及が行く。自分一人ぐらい辞めることになってもいいが、関係者みなに追及が及ぶから怖い。めったな行動はとれない。
i	106	2	元請会社 正社員	AG (1987/2/16)	1次下請会社の社員で、僕と同い年のKさんがこの2月の初めに亡くなった。1次系、2次系のいずれもで、いろいろな仕事をしていた人だ。僕も、1次系、2次系のいずれもで働いてきた。循環水管の掃除、配管の仕事、ポンプの修理、除染の仕事など。ただし、ここ4年ほどは1次系で働いていない。集積被曝線量は、3,939ミリレム。同じ期間働いてきて、僕の倍被曝している人もいる。1次系に入るのはやはりいやだ。被曝のこともあるが、1次系の服を着て作業するのは、やりにくい。動きにくい。いらいらする。作業の場は狭い。作業箇所の周囲にポリシートを張るのでよけいに狭い。一応換気はされているが、空気も悪い気がする。ポケット線量計のピッピッと鳴る音で気ぜわしいし、緊張する。仕事を終えて外に出る前のチェックの時、体に放射性物質が付いていてランプがついたことは何度かある。

i	230	3	1次下請 正社員	AB (1986/8/18)	1971年の第1回定期検査の時、1次系に入った。機械仕事の必要な時、1983年まで1次系に入った。原発で働きだしてから血圧が高くなった。そして血圧の上下の差がなくなり苦しんだ。元請～1次下請会社Cが会社17の社員の健康管理もしている頃、1981年に相当血圧が高かったので、1次系へは入れないと言われた。しかし技術職なので、元請～1次下請会社Cの担当者と一緒に産業医の許可をもらい、1次系に入れるようにした。81年には、股にできものができて切除してもらった。老眼用のメガネをつけなければならないし、マスクをしているとやりにくいところへは、血圧が高いので入れないと自分から申し出て84年から1次系には行かなくなった。その後2次系で働いている。2次系といっても、一般の作業現場と離れて、休憩室の近くの工作室で働いている。メインは私であと一人若い者が工作室にいる。部品の摩耗や原発の外に出せない物の修理をしている。わしのいる作業室には、電力会社の社員以外はあまり来ない。1次系には1次系の専従の工作室担当者がいる。工作室の他に、労働者の通勤用の中型バスの運転手もしている。このバスには、ところどころにある会社17のバス停から1次系に行く者も2次系に行く者も乗り込む。
i	232	3	1次下請 正社員	AB (1986/8/18)	1次系、2次系を問わず、怪我をすると仕事が与えられない。しかし作業が無くても出勤せよと言われる。これは労災にしないためかと思う。歳の行った者が怪我をするとなかなか治らないが、痛いのに出てくる。出勤して何もしないでいるのは耐えられないから、痛くても私は治りましたと言う。周りの者は、裏でかわいそうやなと、ヒソヒソ言っている。会社17には中高齢者が多いが、86年は高卒や大卒が入ったので、専務は高齢者に嫌なら辞めてくれと言うようになった。この地域は、企業が少なく働く場がない。職を確保しようと思うと原発しかない。みな家のローンや車のローン、教育費などを払って、地域で付き合いをしていかねばならない。
i	7	4	2次下請 正社員	BG (1986/5/12)	汚染区域は次のように分けられる。①放射線と汚染の強いところ。②汚染はあるが、放射線は少ないところ。③汚染はないが、放射線の強いところ。
i	74	5	2次下請 日雇	AA (1987/1/1)	24時間中、管理区域に入れる時間の総計が10時間以内という規則がある。ただし、原発敷地内で、例えば20時間いることは可能だ。休日はたいてい日曜日だが、2週間に1日だけの時もある。
i	238	5	2次ないし3次 下請日雇	AL (1986/8/18)	7年ほど被曝労働についているが、体に異常はない。ないから働けている。地元の1年中被曝労働についている者は、長く働いていられるように、そしてまたいつ高被曝しなければできない仕事が入るかわからないから、その時のために、継続して高被曝するところで働かせない。高線量被曝の所へ行ったら、次は低線量被曝の所へ行かされる。定検の時に高被曝する場所があるが、運転中の線量は高いが運転を止めると線量が低くなる場所もある。今は、だいたい1日1ミリか2ミリレムくらい被曝している。

i	240	5	2次ないし3次下請日雇	AL (1986/8/18)	昼飯の後は昼寝している。待機用詰所にはクーラーがある。原発の中に入ると40度くらいする場所がある。長時間作業していられない。作業は、テレビで監視されているからええ加減なことはできんが、思ったようにし上がらない内にアラームがすぐにピッピッと鳴る。そうすると外に出る。トイレは服を着替えるところにあるから、作業に入る前に用を足しておく。それでも作業中にしたくなったら、服を脱いで出てくるほかない。重装備で高被曝するところの作業は、短時間にならざるを得ないから、短時間の作業を好んでいく者もいる。
i	242	5	2次ないし3次下請日雇	AL (1986/8/18)	原発では、取りかかった仕事ができるまでその場で作業することができない。5分や10分で作業場を離れねばならないこともある。高被曝するところは、服装が煩わしいし窓がなく密閉された作業場所は、気分がイライラする。放射線の強いところと弱いところの予測がつかない。水漏れを直す作業、バルブ修理は、水がかからないように合羽を着る。放管が仕事の箇所を指示し点検する。しかし放管に僕らのほんまの仕事はわからん。ほんまに一緒に機械や配管を見て作業してみんとわからん。何でも使えば傷むものだ。傷んでから傷みの内容がわかる。
i	36	5	3次ないし4次下請日雇	AU (1985/12/2)	炉心部での仕事を終えると冷静にものを考える力を失う。中がとても暑いから体がだるい。
i	52	5	3次ないし4次下請日雇	AX (1986/1/9)	同級生で電力会社Yの放管をしていた者がいた。放管たちは一応、作業員の管理や汚染物の処理に注意を払っていたのだが、作業員はいくらでもその裏をかくことができた。管理区域で使って汚染した道具類を処分せず、示し合わせてトラックできている者の所へ運び、外に持ち出して使われていた。汚染しているが見た目には新品。下請の親方は、道具は処分したというが、上の会社から道具の代金が支払われていた。親方はそれで、よい儲けができた。
i	53	5	3次ないし4次下請日雇	AX (1986/1/9)	原発内の通路は、パイプの間にあって迷路のようなところだった。冷却水が漏れて水浸しになったところに、白墨で危険という印が書かれていた。そこを雑巾で拭いている者がいた。
i	120	5	3次下請日雇	BC (1987/3/24)	定検のピークの時には、専用の洗濯粉は使用していなかった。実際には水洗いしかしていなかった。2～3回ドラムが回るとすぐに止めて乾燥機に放り込んでいた。定検の時は、1,200枚の1.5～2倍の量の洗濯物があった。1寸くらいのボルトを締めるのに20人くらい必要になると、ボルトを締めに行っているものの後に、防護服を着た者が4～5人待機していた。洗濯しても線量が落ちていないので、乾燥させた服をたたんでいる私のアラームがすぐに鳴った。ここの洗濯場で、安心して働けることはなかった。
j	44	1	電力会社正社員	AD (1987/1/29)	今日、10時過ぎから12時までと午後1時30分から3時30分まで管理区域に入っていた。直したポンプの試運転の立会いをしていた。
j	81	1	電力会社正社員	AW (1987/1/15)	入社してからはじめの10カ月間、運転課に配属された。その期間に、G原発1号機と2号機の中で、1,000ミリレム浴びた。現在までの、14年弱の集積線量は、1,100ミリレムだ。同期に入社している社員で、5,000ミリレムになっている人もいる。1、2号機は古いから3号機より被曝線量が多くなる。

j	82	1	電力会社 正社員	AW (1987/1/15)	1、2号機で制御室が1つ、3号機で制御室が1つある。1つの制御室に、課長、主任、班長、制御、主機、補機がいる。「制御」担当者が原子炉を動かしている。主機はタービンを動かしている。補機は、新入社員レベル。補機には、1次系担当と2次系担当があって交替している。「制御」になると、1次系に入らないので、被曝線量の集積はあまりない。運転中は、補機が常時1次系を見回っている。課長と主任が1日に1回見回る。よほど他に用がない限り、責任上、不安になって、自分から見回らざるをえないのが、課長や主任の立場だ。
j	112	1	電力会社 正社員の妹	AY (1987/7/11)	兄は、電力会社Xでの教育を受け、原発で働くことについて疑問を持っていないようだった。兄の話を聞いて私は、ああさすがに会社に都合よく教育されているなと思ったものだ。一方で兄は、周囲の者に、"元請～1次下請会社C以下の会社では働くな。少なくとも電力会社Xの社員の被曝線量は安全範囲内だ"と言っていた。兄は何かが漏れている箇所に、自ら確かめに行ったと聞いている。私は、原発労働について不安を持っている。特に兄の死によってその不安は消えない。原発関係で働いていて、兄のような病気で亡くなっている社員が、年に1～2人いると聞いている。やはりその方面はとても気になる。
j	106	2	元請会社 正社員	AG (1987/2/16)	1次下請会社の社員で、僕と同い年のKさんがこの2月の初めに亡くなった。1次系、2次系のいずれもで、いろいろな仕事をしていた人だ。僕も、1次系、2次系のいずれもで働いてきた。循環水管の掃除、配管の仕事、ポンプの修理、除染の仕事など。ただし、ここ4年ほどは1次系で働いていない。集積被曝線量は、3,939ミリレム。同じ期間働いてきて、僕の倍被曝している人もいる。1次系に入るのはやはりいやだ。被曝のこともあるが、1次系の服を着て作業するのは、やりにくい。動きにくい。いらいらする。作業の場は狭い。作業箇所の周囲にポリシートを張るのでよけいに狭い。一応換気はされているが、空気も悪い気がする。ポケット線量計のピッピッと鳴る音で気ぜわしいし、緊張する。仕事を終えて外に出る前のチェックの時、体に放射性物質が付いていてランプがついたことは何度かある。
j	64	4	3次ないし4次 下請正社員	AF (1986/11/30)	定検ごとに、原発を移動している。蒸気発生器、SGの仕事をするときは、高被曝する方1日に5分の仕事だ。他に原子炉のふたを取って中の点検・手入れをするための作業、リアクタークーラントポンプの分解・点検のための作業などをしてきた。
j	18	4	3次下請 正社員	AZ (1986/8/11)	外に出るドアの手前で汚染していることがわかれば髪を切ることもある。1,000円の散髪代をもらう。仕事が済んで帰る時に、計測で赤ランプがつくと、外へ出られない。ゴム手袋がやぶれたり、ひっかけてしまうと、そこから汚染した水が爪の間に入る。手がひりひりするほど、1時間ほど洗う。

j	24	4	3次下請 正社員	AZ (1986/8/11)	中へ入っていくと、時々5分ほどでアラームメーターが鳴った者がいた。音が聞こえるようにイヤホンをつけていた。機械はいつも正常とは限らないが、正常だとして、許容線量内で働いていた。放射線は目に見えない。臭いもしない。機械で測るしかその強さがわからん。使用済みの靴下をまだ使えるものと汚染して使えないものに分けてナイロン袋に詰めて運んだ。ナイロン袋を放管の所へ持っていくと、ビーとなるものを触っていた。ほんのひとしずくの水がかかっていたらもうその防護服は高被曝をしていた。一滴かかった部分を切り取ってから計測すると、切り取った後の服の被曝線量は低く出たことがあった。汚染がひどく、使えないものについては、ドラム缶に詰めるところに運んだ。
j	72	5	2次下請 日雇	AA (1987/1/1)	1次系の蒸気発生器の点検整備をする。熱交換器が正常かどうか調べる。次の定検まで使用に耐えうる状態かどうか、データを取る仕事もある。今の現場には地元の人はおらん。全員SU工業の者。熟練した者ばかりで来ている。特に資格は要らないが、経験がない者がするのは危険な作業。もたもたしとったら、線量をいっぱい浴びる。僕らの危険というのは、線量を浴びるということ。
j	77	5	2次下請 日雇	AA (1987/1/1)	北九州で健康診断を受けてから、定検で美浜に来ている。これまでの4年間の集積被曝線量は、5,000ミリレム程度。
j	78	5	2次下請 日雇	AA (1987/1/1)	アラームメーターが鳴ることはよくある。セットした数値より少ないのに鳴る時もあるが、セットした数値以上になってから鳴る時もある。そうなると、ゲートで引っ掛かる。
j	17	5	3次ないし4次 下請日雇	AC (1986/8/1)	ボルト1本締めて飛び出す仕事をしたことがある。
j	238	5	2次ないし3次 下請日雇	AL (1986/8/18)	7年ほど被曝労働についているが、体に異常はない。ないから働けている。地元の1年中被曝労働についている者は、長く働いていられるように、そしてまたいつ高被曝しなければできない仕事が入るかわからないから、その時のために、継続して高被曝するところで働かせない。高線量被曝の所へ行ったら、次は低線量被曝の所へ行かされる。定検の時に高被曝する場所があるが、運転中の線量は高いが運転を止めると線量が低くなる場所もある。今は、だいたい1日1ミリか2ミリレムくらい被曝している。
j	240	5	2次ないし3次 下請日雇	AL (1986/8/18)	昼飯の後は昼寝している。待機用詰所にはクーラーがある。原発の中に入ると40度くらいする場所がある。長時間作業していられない。作業は、テレビで監視されているからええ加減なことはできんが、思ったようにし上がらない内にアラームがすぐにピッピッと鳴る。そうすると外に出る。トイレは服を着替えるところにあるから、作業に入る前に用を足しておく。それでも作業中にしたくなったら、服を脱いで出てくるほかない。重装備で高被曝するところの作業は、短時間にならざるを得ないから、短時間の作業を好んでいく者もいる。
j	242	5	2次ないし3次 下請日雇	AL (1986/8/18)	原発では、取り掛かった仕事ができるまでその場で作業することができない。5分や10分で作業場を離れねばならないこともある。高被曝するところは、服装が煩わしいしし窓がなく密閉されたところは、気分がイライラする。放射線の強いところと弱いところの予測がつかない。水漏れを直す作業、バルブ修理は、水がかからないように合羽を着る。放管が仕事の箇所を指示し点検する。しかし放管に僕らのほんまの仕事はわからん。ほんまに一緒に機械や配管を見て作業してみんとわからん。何でも使えば傷むものだ。傷んでから傷みの内容が分かる。

j	124	5	3次下請日雇労働者の妻	AV (1987/3/24)	夫から聞いた限りでは、夫は、洗濯や被曝線量の測定係、1次系での除染作業やワイヤーをつなぐ作業等をしていたそうだ。作業現場に入っているのは長くて1、2時間と聞いた。洗濯の仕事には高齢者が回されていたらしい。毎月25日は働いていた、まじめ一方で働いていた。私が日曜日ぐらい休んだらと言っても、代りの者がおらんと言って出勤していた。残業も多かった。仕事を終えると、外に出る前に被曝線量を測っていた。ビーッと鳴るとシャワーを浴びたそうだ。ビーッと鳴らなくなるまで、風呂で体を擦らないといけなかったそうだ。私は放射線がシャワーでとれて家に戻ってきたのではないと思っている。
j	50	5	3次ないし4次下請日雇	AX (1986/1/9)	僕は、ポケット線量計で、30分で200ミリレムを記録したことがあった。ホールボディカウンターの検査で引っかかった三方町の人は、3カ月ほど1次系への出入りを禁止された。引っかかった者はしばらく管理区域外で働いていた。僕が働いていた70年代は、入札制ではなく、下請の人夫の頭数によって、電力会社は人件費を支払っていた。
j	119	5	3次下請日雇	BC (1987/3/24)	原発で働いた4年間、ずっと1次系のクリーニングの仕事をした。私は主に円管服をたたむ作業をしていた。午前8時30分から午後7時まで、1人で1日700から1,200枚の服をたたんでいた。フィルムバッジとアラームメーター、身分証明番号が記されたカードを携帯した。アラームメーターが鳴ったことはしょっちゅうあった。作業に入る前に自分のパンツ1枚になって、専用の服を着た。作業場を出る時に、度々赤ランプがついた。1回でパスすることはほとんどなかった。ランプがつくとシャワーを浴びねばならなかった、線量計がオーバーしていて、外に出られずシャワー室と計測器とを行き来して、昼ご飯を食べずに1時間を費やしたことは、度々あった。放射性物質が爪の間に入った時はうっとおしい。常に爪を短く切っていた。切り傷をしたものは、1次系に入れてもらえず、2次系に回されるか1日遊ぶかだった。
j	120	5	3次下請日雇	BC (1987/3/24)	定検のピークの時には、専用の洗濯粉は使用していなかった。実際には水洗いしかしていなかった。2～3回ドラムが回るとすぐに止めて乾燥機に放り込んでいた。定検の時は、1,200枚の1.5～2倍の量の洗濯物があった。1寸くらいのボルトを締めるのに20人くらい必要になると、ボルトを締めに行っているものの後に、防護服を着た者が4～5人待機していた。洗濯しても線量が落ちていないので、乾燥させた服をたたんでいる私のアラームがすぐに鳴った。ここの洗濯場で、安心して働くことはなかった。
j	131	5	3次ないし4次下請日雇	BF (1987/4/10)	中卒後仕事を転々とした後、30代半ばに、原発日雇となった。安全管理は一応されているということで、皆被曝労働を続け収入を得ているが、私は気持ちが悪くて働き始めて間もなくやめた。白血病になるものもあると聞いた。初めの会社では1次系の配管の点検、掃除などをした。1日1～2ミリレム被曝した。次の会社はランドリーの仕事で、靴下、手袋、ヘルメット、円管服などの除染作業だった。僕は、主に裏返しになっている服を表に返す作業をした。表に返した服を洗濯することになる。定検時、毎日被曝線量の限度まで働いた。働いていて急に血圧が高くなる人もいた。症状によっては1週間も2週間も休まざるを得ないケースもある。原発日雇をやめてからリサイクル関係の自営業を始めた。

k	104	2	元請会社 正社員	AG (1987/2/16)	蒸気発生器の作業をすると被曝量が増える。1日100ミリレム以内と決まっているが、時によっては線量計を150ミリにセットすることもある。ただし、年間の被曝線量の限度内で働いている。僕らの場合、原爆のような急性被曝をすることはまずない。しかし、微量でも浴びて作業していると、人体に影響があるのではないかと思う。
k	231	3	1次下請 正社員	AB (1986/8/18)	2次系に移ってから放射線管理手帳を返してもらった。会社17の放管が管理していた。手帳の本人確認印の欄に、わしの名字の印が押してあるが、わしは一度も印鑑を押したことはない。被曝線量を印字したテープは貰うが、たいていの人は捨てていると思う。
k	19	4	3次下請 正社員	AZ (1986/8/11)	アラームメーターが重いので、外している者もいた。50ccのバイクに乗るのにヘルメットをかぶれというのと一緒で、面倒くさいからだ。それに、これだけの仕事がしたい、続けたいのにアラームメーターが鳴るとできなくなるから、汚染の少ないところにメーターを隠している人がいた。自分はちゃんと持っていた。
k	30	5	3次下請 日雇	AK (1986/1/5)	原発で働きだした頃は、アラームメーターが鳴ると止めた。報告書には、200ぐらい浴びても95と書いて、毎日仕事をした。今は、管理がうるさくなったので、アラームメーターが鳴ると飛び出してくる。
k	31	5	3次下請 日雇	AK (1986/1/5)	何度シャワーを浴びてもホールボディでパスしない時、願書に判を押して外に出してもらった。
k	52	5	3次ないし4次 下請日雇	AX (1986/1/9)	同級生で電力会社Yの放管をしていた者がいた。放管たちは一応、作業員の管理や汚染物の処理に注意を払っていたのだが、作業員はいくらでもその裏をかくことができた。管理区域内で使って汚染した道具類を処分せず、示し合わせてトラックできている者の所へ運び、外に持ち出して使われていた。汚染しているが見た目には新品。下請の親方は、道具は処分したというと、上の会社から道具の代金が支払われていた。親方はそれで、よい儲けができた。
l	24	4	3次下請 正社員	AZ (1986/8/11)	中へ入っていくと、時々5分ほどでアラームメーターが鳴った者がいた。音が聞こえるようにイヤホンをつけていた。機械はいつも正常とは限らないが、正常だとして、許容線量内で働いていた。放射線は目に見えない。臭いもしない。機械で測るしかその強さがわからん。使用済みの靴下をまだ使えるものと汚染して使えないものに分けてナイロン袋に詰めて運んだ。ナイロン袋を放管の所へ持っていくと、ビーとなるものを触っていた。ほんのひとしずくの水がかかっていたらもうその防護服は高被曝していた。一滴かかった部分を切り取ってから計測すると、切り取った後の服の被曝線量は低く出たことがあった。汚染がひどく、使えないものについては、ドラム缶に詰めるところに運んだ。
l	78	5	2次下請 日雇	AA (1987/1/1)	アラームメーターが鳴ることはよくある。セットした数値より少ないのに鳴る時もあるが、セットした数値以上になってから鳴る時もある。そうなると、ゲートで引っ掛かる。
l	51	5	3次ないし4次 下請日雇	AX (1986/1/9)	僕が働いていた70から71年の頃、ホールボディははっきり測定できる機械だったが、あとのフィルムバッジやポケット線量計、それにチェックポイントの被曝測定機は、かなりいい加減なもの、不良品が多かったと思う。

m	111	1	電力会社 正社員の妹	AY (1987/7/11)	兄は、工業高校を出て電力会社X社員になった。80年度は電力会社X学園で勉強をし、81～82年度はE原発、83年度はD原発に配属された。3交代の運転室勤務だった。頑丈な体つきで病気はしたことがなかった。月1回ほど実家に戻っていた。83年6月の下旬、立ちくらみやめまいがする、寝ても疲れがとれないと私に訴えた。休みで実家に帰ってきて寝っぱなしに寝ていた。実家に戻る前に兄は市民病院で診てもらっていた。その病院から会社の運転室に兄の検査結果とともに再検査が必要と連絡されていた。上司が兄を伴って市民病院へ行き即入院となった。入院した翌日に、病院から親（実家）に電話があり、急性骨髄性白血病の疑いがあるので、すぐ病院へ来るようにとのことだった。抗がん剤の点滴を受けて、市民病院へ1カ月入院していたが、電力会社Xの上司から親の方に電力会社X病院で治療を受けた方がよいとの連絡があった。市民病院の救急車で電力会社X病院へ移り、2人のきょうだいの骨髄を移植したが、2回とも成功しなかった。9月と10月のことだった。この頃兄は、本社の原子力管理部に人事異動されていた。兄はまもなく亡くなった。兄が電力会社X病院に入院していた時、兄と同じような症状で入院していた電力会社X社員Yさんがいた。その人は、D原発にいたが、入院時点で本社の原子力管理部に人事異動されていた。
m	107	2	元請会社 正社員	AG (1987/2/16)	被曝と関係があるのかないのかわからないが、5年ほど前、盲腸の付近が痛くて舞鶴病院へ行った。医者に、白血球が増えていないから盲腸ではないと言われた。それから1年余り具合が悪く、痛いのだからともかく腹部の手術をしてくれと頼んだ。盲腸がかなり前に破裂していてひどい状態になっていた。もしかしたら被曝によって、白血球数が通常の値より減ってしまっていたのではないかと思う。
m	109	2	元請会社 正社員の妻	AP (1987/2/28)	夫は、日雇労働者としていくつかの建設会社で働いていた。常雇いではなく工事ごとに雇ってくれるところへ行っていた。1968年頃から日雇で原発の仕事をするようになり、隣の集落の知人に誘われて72年から元請～1次下請会社Cの社員になった。機械の組み立て、分解、その掃除などをしていると言っていた。けれども75年10月に亡くなった。夫は、元請～1次下請会社Cで働きだしてから病気がちになり、時々仕事を休んでいた。疲れやすく足がだるい足がだるいと言いながら原発で働いていた。右足の大腿部にコブができた。悪性だったため、地元の病院で73年に腫瘍を取る手術をした。それでも駄目だったので74年に金沢の病院で右足を切断した。土方仕事の時は国保だったが、腫瘍で入院した時は健康保険に加入していたので、助かった。元請～1次下請会社Cからは、僅かな退職金が出た。夫が亡くなってから、私に元請～1次下請会社Cから働かないかと声かけがあり、言われるままに入社し、電力会社Xが使用している事務所の清掃をしている。社会保険に加入している。私には会社から家族扶養の手当が出たので、それも助かった。息子も高校を卒業した80年代半ばから元請～1次下請会社Cの社員になった。

第2部　原発労災裁判梅田事件に係る原告側意見書

m	230	3	1次下請 正社員	AB (1986/8/18)	1971年の第1回定期検査の時、1次系に入った。機械仕事の必要な時、1983年まで1次系に入った。原発で働きだしてから血圧が高くなった。そして血圧の上下の差がなくなり苦しんだ。元請～1次下請会社Cが会社17の社員の健康管理もしている頃、1981年に相当血圧が高かったので、1次系へは入れないと言われた。しかし技術職なので、元請～1次下請会社Cの担当者と一緒に産業医の許可をもらい、1次系に入れるようにした。81年には、股にできものができて切除してもらった。老眼用のメガネをつけなければならないし、マスクをしているとやりにくいところへは、血圧が高いので入れないと自分から申し出て84年から1次系には行かなくなった。その後2次系で働いている。2次系といっても、一般の作業現場と離れて、休憩室の近くの工作室で働いている。メインは私であと一人若い者が工作室にいる。部品の摩耗や原発の外に出せない物の修理をしている。わしのいる作業室には、電力会社の社員以外はあまり来ない。1次系には1次系の専従の工作室担当者がいる。工作室の他に、労働者の通勤用の中型バスの運転手もしている。このバスには、ところどころにある会社17のバス停から1次系に行く者も2次系に行く者も乗り込む。
m	236	3	1次下請 正社員	AB (1986/8/18)	元請～1次下請会社Cの下請の会社17の作業員で、ポックリ死ぬ例が多い。会社17の倉庫番をしていて、紡績会社に転職した人は、転職後間もなく脳血栓で入院した。K町とT市の人は、皮膚に電気で火傷をしたような白と黒の斑点ができた。2人とも原発の内部で清掃ばかり担当し、ほこりを吸っていた。古顔の守衛さん3人が、体に斑点ができた。守衛は1次系に入らないが、1次系で働いている者だけが被曝するとは限らないのではないか。
m	66	4	3次ないし4次 下請正社員	AF (1986/11/30)	健康管理は、自分で責任をもってしなさいと言われている。白血球が急に増えたり減ったりした者や血圧の高い者は管理区域に入らせてもらえない。健康診断で引っかかった者は、作業待機する。とにかく出勤さえすれば、待機で時間をつぶしても日給は貰える。短期雇用の日雇の者は、休まず働かないと金が入らない。
m	139	4	3次ないし4次 下請正社員の妻	AH (1987/2/26)	夫は、国鉄を定年前に早期退職せざるを得なかった。国鉄が民営化される前のリストラ。39年勤めて53歳の時退職した。この時知り合いの会社17の社長がうちの家に来て、原発で働かないかと言われ、国鉄を辞めて3カ月後に再就職となった。息子は浪人していたし、兄弟が借金して家を建てたので、少しでも援助してやりたい、自分はまだ働けると言っていた。会社17の従業員として原発で働き始める前に、健康診断をした。癌で亡くなったのは56歳。55歳の夏、お盆に、前から胃が重だるいと思っていたが今日は特に変だと言った日に、私も付き添って病院へ行った。その日も次の日も諸検査をし、9月に手術をしたが、胃、十二指腸、大腸に転移しており手遅れだった。原発で働いたのは2年3カ月だった。働き始める前にも途中でも健康診断をしたはずなのに、手遅れになる前になぜわからなかったのかと思う。夫は、倉庫に入っている1次系で働く人たちのための手袋、服、マスク、諸道具を整理したり、衣類をトラックに積み込む仕事をしていると言っていた。近所に住むTさんは、クリーニングの仕事でたくさん被曝するが、わしの被曝量は少ないと言っていた。夫も被曝していた。労災かどうか調べなかった。医師は少しずつ進行して、一気に広がったのではないかと言っていたが、いつから癌になったのかは分からない。

m	22	4	3次下請正社員	AZ (1986/8/11)	現在、心臓からでている動脈が正常に動かない。医師から、じっとしていれば心臓のパンクはしにくいと言われている。今は家で、妻の内職の手伝い程度をしている。息子夫婦は働いている。わしは軍人恩給と国民年金がある。これらを寄せ集めて暮らせている。
m	23	4	3次下請正社員	AZ (1986/8/11)	原発で働いていた時、大飯の診療所で心臓動脈が膨れていることがわかった。D原発の放管に、G原発のほうへ早く帰ってくれと言われた。D原発の管理区域に入る「証」がもらえなかった。G原発で重労働はせず、2年ほど作業監督として働いた。仕事を辞める前に右手首にちょっと白い型ができていた程度だったが、手、足、首、顔がまだらに白くなっている。大きく広がっている。まだらに白い皮膚が外の暑い気温に触れると、顔も手も色が血のような紫色になる。でも、どの医者の所へ行っても、放射線が原因だと言ってくれない。色素が無くなったんだろうと言われるだけ。誰か、医者が放射線の影響もあるかもしれないといってくれたなら、私も会社にいいようがあるのだが。病気で仕事ができなくなっても、何の補償もない。
m	137	4	3次下請会社社長の妻	BA (1987/2/25)	ギャンブルは、独身時代はしていたかもしれないが、結婚してからはしていない。自分から好んでいかない人だった。酒は付き合い程度に飲む人だった。とても几帳面に帳簿をつけ、私には生活費として毎月30万円渡してくれた。請け負った仕事によって単価が違うから、儲かった時も赤字の時もあったと思う。ある日、あんまり気分が悪いから病院へ行くと言って、行った時には手遅れの肝臓癌で、医師の診断通り10日後に亡くなった。原発で定期的に健診していたが、これほどになるまで癌がわからないものだろうか? 風邪ひとつひかない元気な人だったのに。病院へ行く前には、体がだるいと言っていた。労災の申請はしなかった。冷静に前後関係を考える事ができなかったし、知識もなかった。夫が亡くなった時私は腑抜けのような状態になった。福井に来て10年目に家を建て、そのローンがあったが、夫の生命保険で支払うことができたし事務所として購入した土地を貸すこともできた。ただ、これからの子ども教育費や自分の将来を考えると、私は体が弱いので不安がつのる。
m	27	5	3次下請日雇	AK (1986/1/5)	G原発の他にJ原発や電力会社Zの原発にも、1～2週間単位で、出かけたこともある。76年から79年まで1次系を中心に仕事をした。79年に身体検査の結果、1次系に入れなくなった。G原発の場合、白血球数が4,500から8,500あれば中に入れる。それが3,000から3,500に減っていった。何度検査しても白血球数は減ったままだったので、2次系の仕事に回った。賃金は変わらなかった。白血球数が減った理由は、わからない。医者から聞いていない。
m	28	5	3次下請日雇	AK (1986/1/5)	81年から82年に、頭が痛くてたまらない状態が続いた。吐き気がして何も食べられずに寝ていると、1週間ほどで治った。月に2、3回そんな具合になって、それが1年余り続いた。近くの病院や福井市の診療所にも行ったが、原因がわからなかった。
m	60	5	3次ないし4次下請日雇労働者の妻	AT (1986/8/14)	主人は、原発で働いているうちに具合が悪くなって、医者からはなにも納得のいく説明のないままに死亡した。

第2部　原発労災裁判梅田事件に係る原告側意見書

m	61	5	3次ないし4次 下請日雇 労働者の妻	AT (1986/10/14)	主人は癌で死んだんだと思います。小浜の医者からは詳しいことは聞かせてもらえなかったんです。主人が生きている時、どんな仕事をしているかと聞いても、「洗濯や」と、いつも短い返事だけでした。主人が死んでからもう7年も経つんです。主人が死んだことが、原発で働いていたことが原因だということで、会社から何か補償でもしてもらえるんなら話しますが、あんたさんに話をしても、それで補償金でも入ることにはなりませんやろ。そんなんやったら、もういやなことには触れんといてほしい。
m	131	5	3次ないし4次 下請日雇	BF (1987/4/10)	中卒後仕事を転々とした後、30代半ばに、原発日雇となった。安全管理は一応されているということで、皆被曝労働を続け収入を得ているが、私は気持ちが悪くて働き始めて間もなくやめた。白血病になるものもあると聞いた。初めの会社では1次系の配管の点検、掃除などをした。1日1～2ミリレム被曝した。次の会社はランドリーの仕事で、靴下、手袋、ヘルメット、円管服などの除染作業だった。僕は、主に裏返しになっている服を表に返す作業をした。表に返した服を洗濯することになる。定検時、毎日被曝線量の限度まで働いた。働いていて急に血圧が高くなる人もいた。症状によっては1週間も2週間も休まざるを得ないケースもある。原発日雇をやめてからリサイクル関係の自営業を始めた。
m	93	6	元医療機関 非正規職員	AJ (1987/2/11)	病院の健康診断室の受付や検査結果の事務処理の仕事をしていた。原発の下請労働者が、定期的に健康診断に来ていた。平常時は、毎日約20人、定検時は、毎日50から60人。採血をすると翌日その結果が出た。一度引っ掛かると再検査になる。何度も引っ掛かると精密検査になる。まれに体重が極端に減った人があった。白血球の数が極端に多かったり少なかったりする人がいた。骨髄液を取って詳しく調べねばならない人もいた。会社は営利本位だから、ひどい症状になったらお払い箱になる。そうなったら、会社で働かせてもらえない。本人の体よりも、仕事に出られるかどうかという、労働者の頭数の方が会社には大事みたいに見えた。
m	95	6	元医療機関 非正規職員	AJ (1987/2/11)	P病院の院長も地元の開業医も、長年住民を診てきたが、原発労働者だけではなく、原発のある地域で暮らしている住民の中でも、白血病になるものが目に付くようになったと言っていた。
n	137	4	3次下請会社 社長の妻	BA (1987/2/25)	ギャンブルは、独身時代はしていたかもしれないが、結婚してからはしていない。自分から好んでいかない人だった。酒は付き合い程度に飲む人だった。とても几帳面に帳簿をつけ、私には生活費として毎月30万円渡してくれた。請け負った仕事によって単価が違うから、儲かった時も赤字の時もあったと思う。ある日、あんまり気分が悪いから病院へ行くと言って、行った時には手遅れの肝臓癌で、医師の診断通り10日後に亡くなった。原発で定期的に健診していたが、これほどになるまで癌が分からないものだろうか？風邪ひとつひかない元気な人だったのに。病院へ行く前には、体がだるいと言っていた。労災の申請はしなかった。冷静に前後関係を考える事ができなかったし、知識もなかった。夫が亡くなった時私は腑抜けのような状態になった。福井に来て10年目に家を建て、そのローンがあったが、夫の生命保険で支払うことができたし、事務所として購入した土地を貸すこともできた。ただ、これからの子ども教育費や自分の将来を考えると、私は体が弱いので不安がつのる。
n	77	5	2次下請 日雇	AA (1987/1/1)	北九州で健康診断を受けてから、定検でG原発に来ている。これまでの4年間の被曝集積線量は、5,000ミリレム程度。

n	132	5	3次ないし4次 下請日雇	BF (1987/4/10)	J原発へ行く前にはJ市のT病院で健診を受けた。E原発へ行く前にはJ市のU医院で健診をした。
n	93	6	元医療機関 非正規職員	AJ (1987/2/11)	病院の健康診断室の受付や検査結果の事務処理の仕事をしていた。原発の下請労働者が、定期的に健康診断に来ていた。平常時は、毎日約20人、定検時は、毎日50から60人。採血をすると翌日その結果が出た。一度引っ掛かると再検査になる。何度も引っ掛かると精密検査をしなければならない。まれに体重が極端に減った人があった。白血球の数が極端に多かったり少なかったりする人がいた。骨髄液を取って詳しく調べねばならない人もいた。会社は営利本位だから、ひどい症状になったらお払い箱になる。そうなったら、会社で働かせてもらえない。本人の体よりも、仕事に出られるかどうかという、労働者の頭数の方が会社には大事みたいに見えた。
n	94	6	元医療機関 非正規職員	AJ (1987/2/11)	P病院の事務のアルバイトしている時に、会社9の人が、被曝労働と労働者の白血病とは無関係ということを証明してくれと言ってきたことがある。健康診断室担当の医師も看護婦も簡単に証明できないと言ったが、承知されなかったので、院長が説明にあたった。その会社にとっては、労働者のことはどうでもいいようで、会社に火の粉がかからないための方策を考えているようだった。大きい会社になれば、会社の中に健康管理担当の有資格者がいるが、小さい会社は書類もぐちゃぐちゃで、ただ提出のために書類をこしらえているようだった。
n	96	6	元医療機関 非正規職員	AJ (1987/2/11)	H病院なんかは、もっと簡単に済むのに、ここの病院は厳しく検査すると言って、労働者が文句を言ったことがあった。健康診断のために労働者は半日休むことになる。出勤扱いとされているが、仕事が進まない点で、会社にとっても労働者にとっても健康診断は煩わしいようだった。
n	97	6	元医療機関 非正規職員	AJ (1987/2/11)	P病院の健康診断の証明用紙に、別の医療機関のゴム印か、あるいは下請の会社が勝手に作ったゴム印で、「異常なし」という文字が押されていた。私が働いていたT病院では、現在、その件で院内では、トラブルが起きていないのだから、ほおっておけという対応でした。
o	111	1	電力会社 正社員の妹	AY (1987/7/11)	兄は、工業高校を出て電力会社X社員になった。80年度は電力会社X学園で勉強をし、81～82年度はE原発、83年度はD原発に配属された。3交代の運転室勤務だった。頑丈な体つきで病気はしたことがなかった。月1回ほど実家に戻っていた。83年6月の下旬、立ちくらみやめまいがする、寝ても疲れがとれないと私に訴えた。休みで実家に帰ってきて寝っぱなしに寝ていた。実家に戻る前に兄は市民病院で診てもらっていた。その病院から会社の運転室に兄の検査結果とともに再検査が必要だと連絡されていた。上司が兄を伴って市民病院へ行き即入院となった。入院した翌日に、病院から親（実家）に電話があり、急性骨髄性白血病の疑いがあるので、すぐ病院へ来るようにとのことだった。抗がん剤の点滴を受けて、市民病院へ1カ月入院していたが、電力会社Xの上司から親の方に電力会社X病院で治療を受けた方がよいとの連絡があった。市民病院の救急車で電力会社X病院へ移り、2人のきょうだいの骨髄を移植したが、2回とも成功しなかった。9月と10月のことだった。この頃兄は、本社の原子力管理部に人事異動されていた。兄はまもなく亡くなった。兄が電力会社X病院に入院していた時、兄と同じような症状で入院していた電力会社X社員Yさんがいた。その人は、D原発にいたが、入院時点で本社の原子力管理部に人事異動されていた。

第２部　原発労災裁判梅田事件に係る原告側意見書

o	113	1	電力会社 正社員の妹	AY (1987/7/11)	兄が急性骨髄性白血病で亡くなった後、被曝によるものかどうかという話は、電力会社Ｘ側とするにはした。会社側に、被曝のデータを見せてもらった。しかし、私たち家族が積極的に関連付ける方向で行動しなかった。本人が行きたいと言っていた会社や進路まで否定すると思われた。突き詰めると父母もよいと思っていかせた会社が悪かったという結論になる。それはとても父母には耐えられなかった。死ぬような会社に行かせたと考えたくなかったと思う。また、近隣から原発へ行っている人の意識も考えて、被曝と白血病に関しては、周囲に語ることをしなかった。同じ仕事についている人に不安を与えたくないと、父は言った。兄の職業と病気、死の関係について深く追求しないことは、父母が判断した。会社側から病名を伏せてくれといった圧力はなかった。会社側から労災だという話はなかった。
o	109	2	元請会社 正社員の妻	AP (1987/2/28)	夫は、日雇労働者としていくつかの建設会社で働いていた。常雇いではなく工事ごとに雇ってくれるところへ行っていた。1968年頃から日雇で原発の仕事をするようになり、隣の集落の知人に誘われて72年から元請〜１次下請会社Ｃの社員になった。機械の組み立て、分解、その掃除などをしていると言っていた。けれども75年10月に亡くなった。夫は、元請〜１次下請会社Ｃで働きだしてから病気がちになり、時々仕事を休んでいた。疲れやすく足がだるいと言いながら原発で働いていた。右足の大腿部にコブができた。悪性だったため、地元の病院で73年に腫瘍を取る手術をした。それでも駄目だったので74年に金沢の病院で右足を切断した。土方仕事の時は国保だったが、腫瘍で入院した時は健康保険に加入していたので、助かった。元請〜１次下請会社Ｃからは、僅かな退職金が出た。夫が亡くなってから、私に元請〜１次下請会社Ｃから働かないかと声かけがあり、言われるままに入社し、電力会社Ｘが使用している事務所の清掃をしている。社会保険に加入している。私には会社から家族扶養の手当が出たので、それも助かった。息子も高校を卒業した80年代半ばから元請〜１次下請会社Ｃの社員になった。
o	110	2	元請会社 正社員の妻	AP (1987/2/28)	舅は86年、姑87年に特養で亡くなった。夫が亡くなった75年は、家を建てたときの借金、風呂を直した時の借金、それに夫が足を切断してから特別仕様の車を購入する際にした借金が少しずつ残っていて、教育費とともにやりくりが大変だった。舅さんとともに旅館をしていなかったら、生活していけなかったと思う。私も原発元請〜１次下請会Ｃ社で働かせてもらえるし、息子も高卒後元請〜１次下請会Ｃ社働かせてもらえるということもあって、労災申請は考えなかった。
o	232	3	１次下請 正社員	AB (1986/8/18)	１次系、２次系を問わず、怪我をすると仕事が与えられない。しかし作業が無くても出勤せよと言われる。これは労災にしないためかと思う。歳の行った者が怪我をするとなかなか治らないが、痛いのに出てくる。出勤して何もしないでいるのは耐えられないから、痛くても私は治りましたと言う。周りの者は、裏でかわいそうやなと、ヒソヒソ言っている。会社17には中高齢者が多いが、86年は高卒や大卒が入ったので、専務は高齢者に嫌なら辞めてくれと言うようになった。この地域は、企業が少なく働く場がない。職を確保しようと思うと原発しかない。みな家のローンや車のローン、教育費などを払って、地域で付き合いをしていかねばならない。

436

o	234	3	1次下請 正社員	AB (1986/8/18)	職場にいる者同士であまり仕事のことは口にしない。お前、どんな仕事やってるんやとは聞かない。仮に事故につながることがあっても、互いに隠しあう。会社も隠す。隠されてしまったことはその現場にいた者以外わからない。知っている者は言わない。会社に迷惑がかかると思ったり、自分が職を失うことにつながると思うから。かわいそうなのは怪我や病気になった時だ。大卒で原発で働いていた丹後出身の人は癌で死んだが、家族はなぜか沈黙した。金で病気を買うことはある。
o	101	4	2次下請 正社員の妻	AE (1987/2/10)	夫は、勤めていた下請会社の運動会を、町内会の仕事があるので欠席すると言っていた。しかし会社から是非とも出席してくれと言われて、町内の仕事を早く済ませて運動会に参加した。騎馬戦の途中、頭から落ちて半身不随になった。その後全身マヒになり、入院先で亡くなった。会社は、労災にしないでくれと言ってきた。そのかわり、給料を半年分出すとのことだった。夫の勤めていた会社の労務課の人が話をしに来たのだが、その人は、警官あがりの人だった。
o	137	4	3次下請 会社社長	BA (1987/2/25)	ギャンブルは、独身時代はしていたかもしれないが、結婚してからはしていない。自分から好んでいかない人だった。酒は付き合い程度に飲む人だった。とても几帳面に帳簿をつけ、私には生活費として毎月30万円渡してくれた。請け負った仕事によって単価が違うから、儲かった時も赤字の時もあったと思う。ある日、あんまり気分が悪いから病院へ行くと言って、行った時には手遅れの肝臓癌で、医師の診断通り10日後に亡くなった。原発で定期的に健診していたが、これほどになるまで癌が分からないものだろうか？ 風邪ひとつひかない元気な人だったのに。病院へ行く前には、体がだるいと言っていた。労災の申請はしなかった。冷静に前後関係を考える事ができなかったし、知識もなかった。夫が亡くなった時私は腑抜けのような状態になった。福井に来て10年目に家を建て、そのローンがあったが、夫の生命保険で支払うことができたし、事務所として購入した土地を貸すこともできた。ただ、これからの子どもの教育費や自分の将来を考えると、私は体が弱いので不安がつのる。
o	13	4	2次下請 正社員	BE (1986/8/19)	管理区域内で怪我をしたら必ず報告するように言われているが、下請は隠す。それは後がうるさいからだ。怪我は、県やほかの役所に報告することになっている。始末書を取られて済む場合と出入り禁止になる場合がある。物を壊したときより怪我をした時のほうがうるさい。
o	29	5	3次下請 日雇	AK (1986/1/5)	原発で働いていて3回ほど怪我をした。指の骨折、足の骨折で、後遺症が残った。労災は元請の元請〜1次下請会社Cが掛けていて、怪我についての保険金を出す手続きをしてくれた。被曝との関係はどうこうしなかった。

o	123	5	3次下請 日雇労働者 の妻	AV (1987/3/24)	栄養失調状態で戦地から帰ってきた夫が健康を取り戻し、敦賀の会社の従業員として、18年間、底引き網の漁船に乗っていた。そこが倒産したので、潜水の会社に18年勤めたが、そこも倒産した。別の潜水の会社に入り15年間務めたが倒産した。最後の15年勤めた会社で厚生年金に入れたので、今、その年金が下りている。それまでの会社では、何の保険にも加入していなかった。それぞれ長く勤めていた会社だったが、3つとも倒産した。夫は、それから10年、原発日雇だった。元請～1次下請会社Cの下請の会社17の下請の会社の日雇。会社21では、社会保険に加入していなかった。J原発に5年、G原発に5年通った。ずっと大病なしで暮らしてきたが、満70歳になる前に、年寄りは使われんと言って辞めさせられた。辞める前に、会社17の看護婦さんが、おんちゃん、5キロも痩せたんやから、辞めたあとどこかで精密検査をしてもろたほうがええでと言ったそうだ。1カ月に5キロも痩せたので、病院で見てもらったら、胃、大腸、すい臓などいたるところに癌が広がっていた。81年9月に13か所癌を焼き切る手術をしたが、翌年9月に亡くなった。定期的に会社の健康診断を受けていた。退職するまでに、なにもおかしいと言われなかったのはおかしいと思っている。癌になったのは、原発で10年働く間に放射線を浴びたせいかと思う。夫は、現金収入を得るため、危険を承知で原発へ行ったのだし、歳もとっていたのだし、今さら会社を相手に訴えるつもりはない。60過ぎた者をそれなりの給料で雇ってくれるところは原発しかなかった。月13～15万円。若い人の行くところじゃないと思う。
o	124	5	3次下請 日雇労働者 の妻	AV (1987/3/24)	夫から聞いた限りでは、夫は、洗濯や被曝線量の測定係、1次系での除染作業やワイヤーをつなぐ作業等をしていたそうだ。作業現場に入っているのは長くて1、2時間と聞いた。洗濯の仕事には高齢者が回されていたらしい。毎月25日は働いていた、まじめ一方で働いていた。私が日曜日ぐらい休んだらと言っても、代わりの者がおらんと言って出勤していた。残業も多かった。仕事を終えると、外に出る前に被曝線量を測っていた。ビーッと鳴るとシャワーを浴びたそうだ。ビーッと鳴らなくなるまで、風呂で体を擦らないといけなかったそうだ。私は放射線がシャワーでとれて家に戻ってきたのではないと思っている。
o	94	6	元医療機関 非正規職員	AJ (1987/2/11)	P病院の事務のアルバイトしている時に、会社9の人が、被曝労働と労働者の白血病とは無関係だということを証明してくれと言ってきたことがある。健康診断室担当の医師も看護婦も簡単に証明できないと言ったが、承知されなかったので、院長が説明にあたった。その会社にとっては、労働者のことはどうでもいいようで、会社に火の粉がかからないための方策を考えているようだった。大きい会社になれば、会社の中に健康管理担当の有資格者がいるが、小さい会社は書類もぐちゃぐちゃで、ただ提出のために書類をこしらえているようだった。
o	99	6	元医療機関 非正規職員	AJ (1987/2/11)	一般の労働者の場合、現場の事故で怪我をしたら救急病院のP病院へ運ばれるのが常だ。しかし原発の場合は違う。小さな事故でも、原発から救急車が出ても、最も原発に近いP病院の前を素通りして、県境を越えたところにある病院へ運んでいる。よほど単純な怪我の場合は、P病院へ連れてくる。地元の病院へ入院させて内部情報が地元で漏れ広がることを恐れてのことかと思う。

別紙資料

o	100	6	元医療機関 非正規職員	AJ (1987/2/11)		原発敷地内でクレーン作業中、クレーンのフックが落下し、下にいた労働者の腰にあたった。海べりでの作業中だったと聞く。50歳代後半のその人は、O病院に半年入院していた。会社25の社員だった。会社25は、原発の仕事にかかっている。退院後その人は、行きと帰りだけ原発作業員を乗せるバスを運転している。その間の時間は寝ているそうだ。労災で長期休んだ後もその人のできる仕事に就くことができている。日雇ではなく、会社25というそれなりの規模の会社の正社員だったこと、常に姿が見える地元住民であったことから、そのような待遇になったのかもしれない。
p	232	3	1次下請 正社員	AB (1986/8/18)		1次系、2次系を問わず、怪我をすると仕事が与えられない。しかし作業が無くても出勤せよと言われる。これは労災にしないためかと思う。歳の行った者が怪我をするとなかなか治らないが、痛いのに出てくる。出勤して何もしないでいるのは耐えられないから、痛くても私は治りましたと言う。周りの者は、裏でかわいそうやなと、ヒソヒソ言っている。会社17には中高齢者が多いが、86年は高卒や大卒が入ったので、専務は高齢者に嫌なら辞めてくれと言うようになった。この地域は、企業が少なく働く場がない。職を確保しようと思うと原発しかない。みな家のローンや車のローン、教育費などを払って、地域で付き合いをしていかねばならない。
p	234	3	1次下請 正社員	AB (1986/8/18)		職場にいる者同士であまり仕事のことは口にしない。お前、どんな仕事やってるんやとは聞かない。仮に事故につながることがあっても、互いに隠しあう。会社も隠す。隠されてしまったことはその現場にいた者以外分からない。知っている者は言わない。会社に迷惑がかかると思ったり、自分が職を失うことにつながると思うからだ。かわいそうなのは怪我や病気になった時だ。大卒で原発で働いていた丹後出身の人は癌で死んだが、家族はなぜか沈黙した。金で病気を買うことはある。
p	38	5	3次ないし4次 下請日雇	AN (1986/8/17)		僕は3年間E原発の2次系で働いていた。車の運転中、国道上で脳梗塞になった。それから雇われて働く仕事はしていない。
p	98	6	元医療機関 非正規職員	AJ (1987/2/11)		末端の労働者は、ともかく雇ってもらっているという感じだった。働き先はそこにしかないという感じ。特に中・高齢者の就職先は、原発以外にない。こうして働いている人たちは、健康の間は気付かないが、万一怪我をしたり、病気になったら、その時に自分には何の保障もなかったことに気付く。
q	228	3	1次下請 正社員	AB (1986/8/18)		谷あいの農家で生まれた。6人兄弟の3番目。1942年から45年9月まで、大阪陸軍の技能者養成所というところで大砲を作っていた。戦争が終わって地元に戻った。地元の工場に勤めだして結婚した。婿養子。その後工場を幾つか転々とした。正規の営業手続をせずに自営の運送屋を10年ほどしていたこともある。O市の中では規模の大きいS製作所の下請の鉄工所の社員になったが、安い賃金で食えなくて辞め、運転手や雑役など何でもした。1968年、知り合いに原発の建設の仕事に来ないかと誘われた。よそから流れてくる者と一緒に働くのにためらいがあったが、賃金がましならと思い元請～1次下請会社Gの下請会社の日雇となった。元請～1次下請会社Gは元請～1次下請会社Iの下請をしていた。美浜、大飯、伊方の建設に携わった。わしは資格を持っていないが旋盤やパイプの端を溶接しやすい形状にする機械を扱う技術があった。1975年に元請～1次下請会社Gの下請会社を辞めて元請～1次下請会社Cの下請の会社17の社員になった。社会保険加入。75年に会社17に雇われているのだが、放射線管理手帳には、76年4月入社と記されている。86年現在も会社17の正社員。

439

第2部　原発労災裁判梅田事件に係る原告側意見書

q	54	5	3次ないし4次下請日雇	AX (1986/1/9)	原発日雇の仕事は、いつまでたっても落ち着きのない不安定なものだった。定検の時期ごとに各原発を移動した。他県の原発にも行った。次第に原発は将来性のないものと思うようになり、地元に新しくできる事業所があると知り合いに誘われ、一部事務組合の正規職員に転職した。
r	136	4	3次下請会社社長の妻	BA (1987/2/25)	私は大阪生まれ。私が30歳、夫が29歳の時大阪で所帯を持った。その頃夫は建設会社の鳶をしていた。正規雇用だった。腕の良い鳶職だったから、元請～1次下請会社Lの人に見込まれ、一本立ちして福井で仕事をしてみないかと声をかけられた。1967年に福井に来た。原発建設の仕事が無くなってからは、定検作業などに携わった。その頃は会社17の下請だった。当初3年くらい福井で仕事をするつもりだったが、長くなった。大阪から労働者を連れてきてくれる仲介人がいた。10日とか20日間の契約で、労働者を集めてもらって、建てた寮に泊めていた。私はその人たちの食事の世話をした。大阪から来た労働者を使って、夫が親方として、G原発やE原発、D原発で仕事をしていた。
r	138	4	3次下請会社社長の妻	BA (1987/2/25)	私たちは大阪から福井に引っ越して、原発の下請会社を営んでいた。仲介人に大阪で労働者を集めてもらって仕事をしていたが、だんだん地元の美浜や小浜の人にも働いてもらうようになった。地元の人だと、何日間という契約で労働者を次々と組みかえて呼んでくる必要はなく、使う人夫もまじなかでかたかったから。請け負った仕事によって、使う人夫の数を増やしたり減らしたりした。暇な時は地元の人10人程度を使い、忙しい時は大阪から人夫を呼んだ。一番忙しい時、2～3年のことだったが、全部で70人くらい雇っていたことがある。
r	69	5	2次下請日雇	AA (1987/1/1)	島根県に生まれ育った。高卒後、東京に本社のある大手の建設会社に入った。ダム工事ばかり、毎日山の中ばかりで同じ人の顔ばかり見ての仕事で嫌になった。10年働いたが、結婚のチャンスも逃すと思って辞めた。九州に渡って地盤改良の仕事を4年前、1981年頃までやっていた。新工法ができて、僕の働いていた会社の仕事が減った。公共事業の発注額は横ばい。諸経費は上がるから、しわ寄せは労働者に来た。先の見通しが暗いので辞めた。原発で働いている人の中に知り合いがおり、そのつてで、原発で働くようになった。定検中の期間雇用だ。一つの仕事について日給月給の雇用契約を結んでいる。雇用保険はない。国保だ。
r	71	5	2次下請日雇	AA (1987/1/1)	人手が足りなくなったので、敦賀に来た。自宅は九州。今、敦賀の寮で寝泊まりしている。元請～1次下請会社Gの下請会社で常駐しているところがあるが、会社14の者は常駐ではない。
r	72	5	2次下請日雇	AA (1987/1/1)	1次系の蒸気発生器の点検整備をする。熱交換器が正常かどうか調べる。次の定検まで使用に耐えうる状態かどうか、データを取る仕事もある。今の現場には地元の人はおらん。全員会社14の者。熟練した者ばかりで来ている。特に資格は要らないが、経験がない者がするのは危険な作業。もたもたしとったら、線量をいっぱい浴びる。僕らの危険というのは、線量を浴びるということ。
r	76	5	2次下請日雇	AA (1987/1/1)	仕事で原発に入る度に、安全教育を受ける。もう耳にたこができるほど聞いた。今までに、玄海、美浜、東海、伊方、福島の原発で働いたことがある。
r	239	5	2次ないし3次下請日雇	AL (1986/8/18)	3カ月ほどの定検期間中、九州から出稼ぎに来ている労働者がいる。会社1や会社2の関連会社の労働者の中には、1年中日本中の原発を回っている者もいる。

r	241	5	2次ないし3次 下請日雇	AL (1986/8/18)	ギャンブルはしない。酒はビールを少し飲むだけ。日給11,000円。他に手当はない。土曜日は半日仕事だが、今はほとんど仕事がない状態。1人雇っていくらピンハネするかでやっている親方にすれば、月給制は損だ。労働者にとっても、健康保険に入ると収入のごまかしがきかないから課税が大きい。僕は、建設が予定されている火力発電所建設の日給が少しでもよかったなら、そちらへ移る。被曝して修理する仕事より、新しいものを作る仕事の方がよい。火力発電所が建設される場所は、家から通える。僕の場合、妻が店をしているし自宅の一部を人に貸しているので、僕の賃金と合わせて住宅ローンや子どもへの仕送りができている。
r	55	5	3次ないし4次 下請日雇	AR (1986/10/26)	百姓の合間に土方をしていた。美浜原発や大飯原発建設時の配管工として働いた。その後、80年からポンプ専門の仕事に就いた。85年から1次系に入っている。年中被曝労働をしている者の場合、被曝線量がすぐに閾値に達しないように、作業内容が加減されている。短期契約でよそから来る者は、最も危ないところへ入っている。
r	20	5	3次下請 日雇	AZ (1986/8/11)	釜ケ崎から、若狭へ行ったら1日1万やと言って連れてこられた者がいた。逃げ帰った者もいたし、仕方なく10日ほど被曝して帰る者もいた。九州から出稼ぎに来た者も、飲み食いしたら残せるものは少ない。出稼ぎの者はかわいそうや。
s	87	1	電力会社 正社員	AW (1987/1/15)	四国や中国地方出身の電力会社Xの社員が、けっこう若狭の原発で働いていた。地元の人を嫁にもらって社宅で暮らしている例もあるが、多くは婚養子という形で地元住民となっている。
s	229	3	1次下請 正社員	AB (1986/8/18)	元請〜1次下請会社Cの下請の会社17の下請には、会社12や会社33、会社21、会社15などがある。頭数がいるときは、さらに下請から人夫を集めている。会社12の親方は、兵庫県から出てきた人。元請〜1次下請会社Gにいて辞めて会社17から仕事を受ける会社を作り若狭に定住した。会社12の親方は、クレーンや溶接の仕事ができた。会社15の親方は、M町で会社を経営していたが倒産したので、下請会社を作った。人夫を集めて原発の仕事をもらっている。会社17の正社員は、いろいろな仕事を転々としてきたものが多い。地元で条件の良い仕事先があれば、そちらに行くがこの辺では原発しかないのが実情。元請〜1次下請会社Cも中途就職が多いが、このごろはコネなしには入れない。転職者は、電力会社の正規社員になるのは難しいから、このごろは狙って元請〜1次下請会社Cへ行く者もいる。
s	136	4	3次下請 会社社長 の妻	BA (1987/2/25)	私は大阪生まれ。私が30歳、夫が29歳の時大阪で所帯を持った。その頃夫は建設会社の鳶をしていた。正規雇用だった。腕の良い鳶職だったので、元請〜1次下請会社Lの人に見込まれ、一本立ちして福井で仕事をしてみないかと声をかけられた。1967年に福井に来た。原発建設の仕事が無くなってからは、定検査業などに携わった。その頃は会社17の下請だった。当初3年くらい福井で仕事をするつもりだったが、長くなった。大阪から労働者を連れてきてくれる仲介人がいた。10日とか20日間の契約で、労働者を集めてもらって、建てた寮に泊めていた。私はその人たちの食事の世話をした。大阪から来た労働者を使って、夫が親方として、G原発やE原発、D原発で仕事をしていた。

441

第2部　原発労災裁判梅田事件に係る原告側意見書

s	126	4	2次ないし3次下請自営	BB (1987/2/27)	四国出身。工業高校卒業後、電力会社正社員となった。若狭のあちこちの原発で、計11年にわたり勤務した。辞める時点の月給は月30万あった。当時地元の若者どうしで地域活動をしていた。日曜はもとより、仕事は定時で終えて帰り、活動していた。当時電力会社Xではほとんどの社員が残業していたから、僕の行動は例外的でよく思われていなかった。参議院選挙の時、原発に批判的な候補者の応援をした。そういったことで会社から目をつけられていた。そうなると昇給も昇格も望めないと思ったから、辞めた。被曝するからやめたのではない。表向きの理由は、単身赴任があると嫌だからということにした。その頃地元の人と結婚。辞めてから3年間地元の会社で見習いをして、今は独立し自営業をしている。電力会社をやめたといっても、元請～1次下請会社Cの下請の下請をしている。原発と無関係の仕事の注文も受けている。被曝作業ではない仕事だ。G原発で働いた2年間で、約900ミリレム被曝した。
s	57	5	3次ないし4次下請日雇	AR (1987/2/27)	会社52の親方の父は石川県出身。鉄道の溶接の仕事で北海道に行きそこに家を構えた。会社52の親方は、父にならって溶接の仕事を専門にするようになっていた。仕事の誘いがあり福井へ来たと聞いた。
s	116	6	元町会議員	AM (1987/3/12)	原発が働き先になって、ある程度過疎になるのを防いでいると思う。ただし、ほとんどの住民の雇用形態は日雇。住民は特殊技術を持たないものがほとんど。働き先を選びようがない。となると、最末端の単純労働に配置される。だから社会保険や福祉厚生というものは、会社でみてもらえず、何か病気になったり怪我をするとほとんど、自己負担になっている。福利厚生はなくとも、原発日雇は、遠くに出稼ぎに行かずとも家から通えるところにメリットがあった。人夫の親方になるような人は、この町の人ではない。特殊技術をもって会社を作り、この町に入り込んだのは、この町の人ではない。
t	102	2	元請会社正社員	AG (1987/2/16)	38歳。妻と子ども2人の核家族。母は40代で亡くなった。父は農業をしながら測量技師として働いていた。僕はしばらく農業を継承していたが、機械化の波がものすごくて、きっぱりやめた。山があるので、その手入れはしている。
t	233	3	1次下請正社員	AB (1986/8/18)	元請～1次下請会社Cの下請の会社17の作業員の健康管理を元請～1次下請会社Cがやっていた時はちゃんとしていたが、会社17自身が健康管理をやるようになってから、ズサンになった。例えば会社17には、美浜原発に常駐する看護婦はおらず、看護婦は、美浜、大飯、高浜を回って歩いている。
t	75	5	2次下請日雇	AA (1987/1/1)	20代はよく飲んだ。給料の3カ月分くらいは、常にバーに借金があった。しかし29歳の時結婚して酒はやめた。ギャンブルもしない。
t	122	5	3次下請日雇労働者の妻	AV (1987/3/24)	夫は親戚にあたる。親が決めた結婚だった。私は15歳から20歳まで朝鮮のセイシンという所で、海産物の店の手伝いをしていた。20歳で帰国し、大阪の病院で看護婦見習いをしてから、難波の派出婦協会の付き添い婦になった。24歳の時大阪から戻って地元で結婚した。26歳の時子どもを産んだが、夫はその直後に召集されて5年後に、栄養失調になって戻ってきた。舅、姑、夫、子どもを私が面倒見た。月千円の生活保護をもらっていたが、実際には5千円は必要で、闇屋や魚の行商をしていた。戦地から帰って、体調が戻って、夫が初めて雇われた会社が倒産してから、私は30年間、市場で働いた。家から近かった。子ども5人を育てた。最初は間借り、次に借家、14年借家で暮らしたがその家を買い取ったのは、1966年。

別紙資料

t	91	5	3次ないし4次下請日雇労働者の父	BD (1986/11/30)	息子は今、E原発へ行っています。会社31の事務所も寮も敦賀にあるのですが、今行っている現場がE原発なんです。仕事のなかみは知りません。
t	92	6	元医療機関非正規職員	AJ (1987/2/11)	父母と姉夫婦、姉の子2人と自分の7人家族。高卒後関西の短大へ行ったが、お嬢さん学校的で、なじめず中退。家に戻り近くの公的病院の事務アルバイトをしていた。
t	114	6	元町会議員	AM (1987/3/12)	87年現在、私はボランティアで文学・芸術関係の民間施設の運営管理を手伝っている。生活は年金でできる。戦前は舞鶴海軍軍事部で働いていた。軍艦に必要なあらゆる医療、食料、燃料、武器を供給するところだった。わずかの間兵役もあった。52年から65年まで木材会社の人夫として働いた。65年から79年まで病院の事務職員としてキャリアを積み管理職となった。その間、71年から79年まで町会議員も務めた。

別紙2：2012年以降聴き取り一覧

項目	聴取番号	属性番号	属　性	対象者略称（聴取日）	聴取内容
a	148	1	元電力会社正社員	CB (2012/8/31)	地元の工業高校卒。工業高校の先生の紹介で電力会社に勤めた。私は、敦賀1号機の運転要員を育成するため、地元採用された中の一人。およそ工業高校で所属したコースごとに、電力会社での配属も決まっていた。工業高校の電気科→運転員、工業高校の機械科→保修（メンテナンス）、工業高校の化学科→プラントの水と大気等測定（東海村は炭酸ガスで冷却する原子炉だったので）。環境の測定（発電所のまわりの放射能）。
a	205	1	電力会社正社員	CC (2012/11/22)	地元の工業高校を卒業後、70年代半ばに入社した。後で聞いたことだが、親戚が自治体の幹部に就職を頼みに行ったという。コネがあったと思う。いくつかの部署に所属したのち、一番長いのは保修課の業務。
a	209	1	電力会社正社員	CC (2012/11/22)	電力会社Xの社員には、関西、北陸、九州方面出身者がいる。その他の地域もある。高専は各県に1つしかないので、各地（鳥取、島根出身者あり）から来る。美浜、高浜、大飯の原子力で働いている電力会社Xの社員は、福井県出身者が多い。福井県出身者は、原発部門の正社員で約3分の1程度。大企業の正社員として地元から一定数雇用することで、地元に貢献することになる。地元住民としては、大会社での就職があ: る程度確保できる。
a	182	2	元・元請正社員	CD (2012/1/22)	中卒後、漁と農業をしていた。原発の地質調査の日雇もした。京都で7年修業して地元で自営業をしていたが、20代半ばに結核になった。結核で2年入院。退院後、農業離職者訓練を半年くらい受けた。電気科へ行った。元請～1次下請会社Cの所長と訓練校とのつながりがあり、私に元請～1次下請会社Cで雇うという話がきた。はじめの2年程は日給月給だったが、3年目から正規雇用で月給制になった。今でも電力会社Yに貸している土地がある。今も工事用の建物が建っている。

443

第2部　原発労災裁判梅田事件に係る原告側意見書

a	168	4	2次ないし3次下請会社の一人親方	CI (2013/6/22)	中卒後、自動車の整備士として地元の会社に就職した。正規雇用だったが給料は安かった。26歳、1975年頃、車のメンテナンスの店に転職した。国保だったが、保険料の幾分かを、社長が給料に上乗せしてくれた。賃金は、自動車整備工場よりはましになった。車のメンテナンスの店は幹線道路沿いにあり。バイパスができるまでは経営は安定していた。バイパスができてから経営不振に陥った。その経営状態が分かっていたので、車のメンテナンスの店を自ら辞めて、客としてきていた原発関係の業者に話をして、原発の一人親方になった。当時、正規雇用にして欲しいと言えばできたかもしれない。一人親方になったのは、自ら申し出てそのようにした。車のメンテナンスの店よりやや給料はよかった。一人親方になった時期に結婚した。原発関連の仕事に従事することに抵抗感があった。おそろしいと思った。今でも怖い、見えない。まわりが騒いでいたから、なお不安だった。収入の面もあったが、原発へ行ったのは、その時雇ってもらえたこと、そして機械関係を触るのが好きだったこともある。2013年3月までは一人親方だったが、4月から正規雇用となった。正規雇用と言っても日給月給制。ずっと同じ会社で働いてきた。辞令のような書類は貰っていない。行政が上の会社に常時雇っている者を正規雇用にするよう指導したようだ。
a	187	4	3次ないし4次下請社長	CJ (2013/7/21)	親族が最初にやっていた有限会社会社26に30歳のときに入った。親族は原発の作業員として仕事を覚え、身内を従業員とする会社を作った。僕は、中卒後に就職した工場を辞めてから20代は不安定就労を続けていた。僕が原発で働きだした時は、日給月給制で国保加入だった。ただし労災保険や雇用保険には入っていた。長年、会社を経営する役割を担っていた親族が亡くなり、次の社長（身内）も癌で亡くなり、今は僕が社長になっている。社長と言っても実際には現場作業員だ。会社26ができた時からずっと、会社10の下請をしている。
a	194	4	3次ないし4次下請社長	CJ (2013/7/21)	例えば、電力会社Xが元請～1次下請会社C、元元請～1次下請会社Cに発注する。元請～1次下請会社Cは、元請～1次下請会社Iや元請～1次下請会社F、会社10等に発注する。会社10は元請～1次下請会社Cから受注することもあるが、元請～1次下請会社I等から受注することもある。その下請がうちの会社。会社10の下請でも、1カ月だけしか仕事をもらえないところもある。うちの会社は継続して仕事をもらってきた。元請～1次下請会社Fの従業員は、電力会社YのOBが多い。元請～1次下請会社Cの従業員は、電力会社XのOBが多い。
a	198	4	3次ないし4次下請社長	CJ (2013/7/21)	従業員は、入って仕事をしながら必要なことを覚えていく。そして、専門的な仕事ができるようになる。僕らの仕事の場合、特に資格は問われない。うちの会社に入りたいと、人づてで聞いて来る人がいた。転職者やトラックの運転手、若い時とびをしていた者等。実際に中に入って、仕事の内容についていけない人は辞めた。賃金が減った時辞める者はあった。24～25歳から入る者、30歳すぎて入る者もいる。

a	141	4	2次ないし3次下請社長	CK (2014/11/6)	中卒。地元出身。戦中・終戦当初は、親が大きな塩田を営んでいた。その後親が魚の取引をするようになり、わしは19歳のときから鳥取まで魚を買い付けに行きその場で現金で払っていた。魚を京都、大阪、名古屋の中央市場へ売っていた。その後、ある土建会社の社長が独立しないかと言ったことをきっかけに会社21を立ち上げた。25歳だった。貯木場に入ってきた原木を管理する仕事や土建関係の仕事をしていた。79年頃、看板屋の知人に原発の仕事をしないかと言われ、原発の仕事をするようになった。電力会社や元請の正社員がすると高くつく仕事を、うちの会社が日給月給の労働者を雇って引き受けてきた。原発で当初は足場をしていた。足場を組んでいた頃は、地元の鳶2人、型枠大工1人がうちの専属で働いていた。それから海水を引き込んだり排出するための管の清掃の仕事もなんでもした。
a	143	4	2次ないし3次下請社長	CK (2014/11/6)	北海道の北見から出稼ぎに来てもらっていた。4人ほど。北見の人たちは漁業していた。むこうの人はみなよい人柄。一冬中来てもらっていたことがある。
a	144	4	2次ないし3次下請社長	CK (2014/11/6)	昔はハローワークに頼まなくても人は来てくれた。うちへ来てくれる労働者が遊んでいる人をつれてきて紹介してくれた。今はハローワークに募集を出している。昔は1人や2人予備の労働者を雇っていたが、今は予備を置いておく余裕はない。昔は儲かったが、今は単価が下がりまったく利益が出ない。日給制。
a	226	4	3次下請社長の妻	CN (2013/9/12)	3次下請会社社長。もう80歳近い。晩年と言っていいのか、何度も癌の手術をし、入退院を繰り返している。私は、若い時は公営企業に勤めていたが夫が会社を立ち上げてしばらくして会社の事務に専念するようになった。夫は宮崎県出身だが、入院患者どうしの関係で私の父と夫が知り合い、よい人間関係ができたことが縁で、私と結婚するに至った。夫は、所帯を持ち若狭の地を拠点に仕事をすることを決めた。夫は会社36に勤めていたが、ある時、電力会社Yの元請さんが夫に独立しないかと声をかけた。この時会社36は電力会社Yの仕事を請け負っていた。夫の父は宮崎県で鳶をしていた。夫は父に鍛えられて鳶職としてすぐれた技術をもっていた。元請～1次下請会社Hの下請で仕事が入るルートを見込んで会社を作った。ウチは全国で仕事をしている。敦賀、美浜、北海道の泊、玄海など。従業員を社会保険に入れると、事業主負担が大きい。厚生年金、健保、介護保険の保険料。介護保険料は40歳以上の従業員にかかってくる。小さい会社だと、社会保険料を納めていくのは厳しいから、正規雇用を絞る。ウチの従業員は、昔は20人余りいた。今は10人くらい。定年退職した後の補充をしていない。ただ受注した仕事で頭数がいる時は、うちの下請会社を使う。正規雇用を多くすると仕事がない時困る。しかし、10年たたないと熟練が育たないところが、悩みだ。従業員が4～5人の会社が経営は難しいと思う。
a	184	5	3次ないし4次下請日雇	CG	中卒後、親族を頼り、大阪の鉄工所で働いて技能を身につけ、配管工として全国を渡り歩くようになった。1967年、27歳のときに原発の建設期からこの地で働くようになった。この地域には原発が集中して建設され、稼働するようになったから。出身地ではないこの街で所帯を持った。敦賀を拠点にする原発下請会社の社長のもとで、九州の原発へも行った。

a	223	5	4次下請クラスの元日雇労働者の叔父	CO (2014/4/8)	私は、Y県に住んでいる。沖縄出身。妹は沖縄に住んでいる。妹の息子は、人材派遣業者を通じて、何人か一緒に福井の原発へ行った。一緒に行った者は、原発であったことを、だれにも言うなと言われていたそうだ。固く口封じされているようだ。甥は、2001年6月の2日間敦賀半島の原発で働いて、その後敦賀と遠く離れた福井県内の歯科診療所と内科のある病院で検査を受けた。甥の部屋に2種類の領収証が残っていた。福井から沖縄に戻ってトラックの運転手などをしていて心臓の具合いが悪くなり、琉球病院に入院した。それから名古屋の心臓の専門病院に転院し手術した。名古屋の病院を退院後、2012年7月に死亡。原発で働いたのは、2001年6月だけではなかったようだ。
a	166	6	一般住民	CF (2013/4/5)	この村の住民は、今の世帯主の親の代から原発関連の会社で働いている者が多い。原発で働いていて、癌でなくなった者は少なくない。各家の耕地面積はそれほど広くないし、林業で生計が成り立つ時代でなくなり、安定して雇ってもらえる事業所は少なく、家を守りながら働けるところとして村民は原発へ行くようになった。この村の各家は地縁・血縁の結びつきが強い。高校の就職指導で原発関係の会社で働くようになった者もいるが、たいてい村の内外のつながりを使って原発で働いていると思う。
b	186	2	元請会社正社員の母	CP (2013/10/12)	夫は私と農業をしながら、土方仕事に行っていた。それから電力会社Yの守衛の仕事に3交代で行っていたことがある。息子は高校卒業後、元請〜1次下請会社Cの正社員になった。35年働いて、50で肩たたきで辞めざるを得なかった。定年は60だし辞めたくないから最後までねばったけど、と言っていた。辞めたくなかったと言っていた。一度手術を受けた。本人ははっきり言わなかったが癌だったんじゃないか。転職して、長時間のきつい仕事に就いてから重症の癌になっていることがわかった。その時はもう手遅れで、数え年の58歳で亡くなった。原発では、機械の中へ順番に入る仕事で、夏なんかは暑て暑て出てきたくらいなら汗びっしょりでどんなに暑いかわからんと言っていた。この年寄りには、病気や肩たたきの詳しいきさつはわからん。
b	222	3	1次下請社長	CL (2013/11/13)	僕のところも電力会社Yの仕事をするけども、電力会社Yからの発注ではない。打ち合わせは直接電力会社Yの社員とするけど、電力会社Yの元請の会社5が僕の会社に発注する。電力会社Yの正社員で、ある程度まで出世した友人が、僕のところに仕事を回してくれていたけれど、友人が定年退職してから、仕事はこなくなった。てきめんや。次の課長などとつながった会社があるんだと思うよ。僕の会社はそれがメイン業務じゃないから困りはしないが。
b	187	4	3次ないし4次下請社長	CJ (2013/7/21)	親族が最初にやっていた有限会社会社26に30歳の時に入った。親族は原発の作業員として仕事を覚え、弟たちを従業員とする会社を作った。僕は、中卒後に就職した工場を辞めてから20代は不安定就労を続けていた。僕が原発で働きだした時は、日給月給制で国保加入だった。ただし労災保険や雇用保険には入っていた。長年、会社を経営する役割を担っていた親族が亡くなり、次の社長（身内）も癌で亡くなり、今は僕が社長になっている。社長と言っても実際には現場作業員だ。会社26ができた時からずっと、会社10の下請をしている。

b	199	4	3次ないし4次下請社長	CJ (2013/7/21)	40歳代のとき、妻が手術をした。僕の給料だけで医療費や生活費等を賄えなかった。その時、働いていた娘が結構家計を助けてくれた。一番下の息子は、大学に行かせてやれなかったが、専門学校で勉強して、今は電力会社正社員になっている。現在、うちの会社の従業員には、僕を除き、親族の子が2人と親族でない者2人がいる。
b	152	4	元2次下請会社社長の子	CM (2013/5/5)	祖父から引き継いで父は鉄工所を経営していた。もともと船関係の工場だったが、原発建設期に、元請〜1次下請会社Lから原子炉の付属建屋の仕事を直接請け負った。1970年頃から10年間くらいは元請〜1次下請会社Lの請負をしていた。いつも、現場監督から見積額にゲタをはかせろと言われていた。そのゲタの部分はリベートで現場監督に渡していた。それ以外に接待費、ゴルフ道具の購入などさせられた。その後、地元の会社26の下請をするようになり、会社26に工場を売った。父は会社26の役員の肩書をもらったものの、しばらくして辞めた。会社26は原発の仕事を契機に大きくなった。
b	166	6	一般住民	CF (2013/4/5)	この村の住民は、今の世帯主の親の代から原発関連の会社で働いている者が多い。原発で働いていて、癌でなくなった者は少なくない。各家の耕地面積はそれほど広くないし、林業で生計が成り立つ時代でなくなり、安定して雇ってもらえる事業所は少なく、家を守りながら働けるところとして村民は原発へ行くようになった。この村の各家は地縁・血縁の結びつきが強い。高校の就職指導で原発関係の会社で働くようになった者もいるが、たいてい村の内外のつながりを使って原発で働いていると思う。

第2部　原発労災裁判梅田事件に係る原告側意見書

| b | 167 | 6 | 一般住民 | CF
(2013/4/5) | 「1家の息子は電力会社正社員」「2家の世帯主は、元請～1次下請会社Cの正社員だったが、癌だとわかって肩たたきにあい、会社をかわってから癌で死亡した」「3家の今のおじさんも電力会社Xの下請で働いている」「4家の世帯主は、下請会社へ行っていた。息子は電力会社の正社員。別の電力会社に出向している」「5家の世帯主は、原発の下請に行っていたが辞めた。その息子は電力会社正社員」「6家の者は、元請会社正社員」「7家の者も、元請会社正社員」「8家の息子も、電力会社正社員」「9家の長男は、電力会社正社員」「10家の世帯主は、原発の下請会社で働いている」「11家の娘婿は、電力会社正社員」「12家の世帯主は、電力会社正社員」「13家の娘婿は、電力会社Xの社員で、守衛をしている」「14家の世帯主は、下請会社の正社員だったが、癌になり、今はその会社を辞めている」「15家の娘婿は電力会社正社員」「16家の息子は2人とも電力会社の下請で働いている」「17家の長男は原発の下請会社に勤めている。次男は電力会社正社員」「18家の世帯主は、元請会社正社員だったが、定年前に肺がんになり、亡くなった」「19家の世帯主は、O市の工場で働いていたが、リストラで原発の元請会社に中途採用してもらった。そこももう定年となった」「20家の世帯主は、電力会社正社員」「21家の息子は電力会社正社員」「22家の世帯主は、下請会社の非正規労働者」「23家の世帯主は、電力会社正社員」「24家の世帯主は、元請会社の正社員」「25家の世帯主は、公務員だったが定年退職後、知識・技能を生かして電力会社の嘱託として働いている」「26家の世帯主は、公務員を定年退職し、天下りで県の原発関連の仕事に就いた」「27家の世帯主は、高卒後ずっと原発の元請会社正社員だったが、癌になって肩たたきにあった。別会社に転職後、癌で死亡した」「28家の世帯主は、元請会社正社員」「29家の息子は、一時電力会社正社員になったが、途中退職し、公務員になった」「30家の娘婿は元請会社の正社員」「31家の娘婿は、元請会社の正社員」「32家の息子は、原発の下請会社で働いている」「33家の息子は電力会社正社員」「34家の世帯主は、大手プラント会社の正社員で、全国の原発のあるところに行っている」「35家の娘婿は、正規雇用かどうかわからないが原発の守衛をしている」「36家の世帯主は、電力会社正社員」「37家の世帯主は、原発の下請会社で働いていて癌で死亡した」「38家の世帯主は、下請会社の正社員」「39家の世帯主は、電力会社正社員」「40家の父は電力会社の正社員だったが定年退職したのはだいぶ昔。息子も電力会社の正社員になった」「41家の娘婿は、電力会社正社員」「42家の世帯主は、元請会社正社員」「43家の世帯主は、下請会社で働いている」「44家の世帯主の弟は元請会社正社員」「45家の息子は電力会社正社員」「46家の息子は電力会社正社員」「47家の世帯主も原発関係の会社で働いている」「48家の息子は、電力会社正社員」「49家の世帯主は原発の下請で働いていた」「50家の息子は、電力会社正社員」「51家の息子は、電力会社正社員」「52家の息子は、電力会社正社員。癌治療をしている」「53家の者は、原発の守衛」「54家の息子は、電力会社正社員」「55家のおじいさんは電力会社正社員だった」「56家の娘婿は、原発関係の会社に勤めている」「57家の息子は電力会社正社員と元請会社正社員」「58家は、資材会社の従業員として原発へ行っている」「59家の世帯主は、元請け会社の正社員」「60家の娘婿は電力会社正社員」「61家の娘婿も電力会社正社員」「62家の息子は、電力会社正社員」「63家の娘婿は電力会社正社員」「64家の世帯主は原発の日雇。息子は電力会社正社員」「65家の娘婿は電力会社の正社員」「190世帯ほどの村だが高齢者のみ世帯が相当数ある。家族構成員が公務員や団体職員をしていて、原発に行っていない家もあるが、原発関係の会社で働いている者がいる家と親戚関係で結ばれている場合が少なくない」。 |

c	206	1	電力会社 正社員	CC (2012/11/22)	電力会社X社員は、元請の作業責任者に、作業指示をする。元請の作業責任者等と打ち合わせを行っている。作業責任者等の「等」の意味は、話の内容によっては、下請業者のボーシンに来てもらったり、さらに作業員にも来てもらうことがあるということ。ボーシンに来てもらう理由は、例えば、急いでしなければならない工事の場合、元請の作業責任者に尋ねるより、何にどのくらいの時間がかかるか、具体的にわかるから。また、ボーシンや作業員に、作業内容を直接伝えた方が、また聞きを防ぎスムーズに仕事が運ぶから。一つの定期検査が終わると、次の準備をする。予算計画→発注手続→定検へ。
c	207	1	電力会社 正社員	CC (2012/11/22)	下請関係は、例えば次のようなものだ。 電力会社X 会社I　会社C　会社H　会社G　会社9 会社C　会社H　　　　　会社11　会社17 会社C　会社G 元請～1次下請会社C、元請～1次下請会社H、元請～1次下請会社G等は、電力会社Xの元請にもなるし、電力会社Xの元請に入る元請～1次下請会社Iの下請にもなることがある。電力会社Xの元請に入った元請～1次下請会社Iの下請に入った元請～1次下請会社Hと契約している下請会社がいくつもある。電力会社Xの元請に入る元請～1次下請会社Cの下請会社は、会社11、会社17等。電力会社Xの元請に入る元請～1次下請会社Gや会社9等の下請会社もある。元請～1次下請会社Gや会社9等の下請会社のさらに下請会社がある。ただし、電力会社Xが直接元請～1次下請会社Iに発注するのではない。具体的には商事会社Bに発注する。商事会社Bは、元請～1次下請会社Iの大阪支社を間に入れて、会社3や会社4等に発注する。元請～1次下請会社Iのようなメーカーは、全国的に正社員が来ている。ただし、肩書は元請～1次下請会社Iだが、他社から元請～1次下請会社Iに出向している立場の人もいる。
c	210	1	電力会社 正社員	CC (2012/11/22)	会社6は、地元の会社だ。基本的に地元の従業員が多いが、会社6が請け負った仕事のために九州や沖縄から来ている人もいる。九州や沖縄から来ていることは、発電所構内への入門許可申請や建屋の入域申請等で、住所を見ればわかる。九州や沖縄から来ているのは、会社6の下請だけではない。

第2部　原発労災裁判梅田事件に係る原告側意見書

c	161	3	元1次下請 正社員	CH (2013/9/30)	1970年代はじめに、地元の工場の経営状態がよくない中で、早期退職した者数名が、設備の保守管理・電気工事業の小さな会社を作った。79年に有限会社23になり、86年に株式会社になった。88年に労働者派遣事業許可を得た。地元の者ばかりで作った会社だ。私は、70年代末から80年代半ばまで会社23に正社員として勤めていた。高校卒業後、1年間アルバイトしながら電気専門学校へ行った。そこで計装士という資格をとった。会社23に入って経験を積み、3年ほど電力会社Xの社員のする仕事を担当していた。今でいう派遣労働といえるのかどうかわからないが、「短契」といって、会社23の正社員だが、会社23が元請〜1次下請会社Cと短期間契約して、元請〜1次下請会社Cの職員という肩書きで仕事をした。その時の給料は、会社23ではなく元請〜1次下請会社Cの方から出ていたが、私は電力会社Xの指揮命令下で働いていた。現場では、元請〜1次下請会社Cが電力会社Xから請け負った仕事を、電力会社Xの社員と同じ服を着て、会社23の社員の私がしていた。電力会社Xは、私が会社23の社員とわかっているが、元請〜1次下請会社Cの者（私）を電力会社Xの社員がするべき業務につかせていた。会社23は、元請〜1次下請会社Cが手足に使う業者だった。その頃私は、雇われ方について問題意識を持っていなかった。元請〜1次下請会社Cは電力会社Xから受けた仕事を、例えば、会社20と会社22に発注していた。当時元請〜1次下請会社Cには技術者がいなかったので、毎朝、私が、段取りを指示していた。
c	162	3	元1次下請 正社員	CH (2013/9/30)	1980年前後、電力会社Xが支払うのは、1人工54,000円と言われていた。1人工とは、労働者1人当りの人件費プラス諸経費のこと。職種によって幾らか差があったかもしれない。元請〜1次下請会社Cが下請会社に支払うのは1人工が16,000円だった。元請〜1次下請会社Cは従業員を多く雇っていない。電力会社Xからの出向や電力会社XのOBが元請〜1次下請会社Cの従業員にいた。会社23は私に1人工8,000円支払っていた。私が働いていた頃、会社23は従業員全員の社会保険と雇用保険に入れていた。皆同じ日給月給制。私が辞める頃、従業員は50人くらいいたが。定検の時だけという雇い方ではなかった。
c	221	3	1次下請 社長	CL (2013/11/13)	僕が昔からよく知っている原発の下請会社の中に、会社26がある。会社26は、元請〜1次下請会社Kからくる仕事は、どんな仕事でも黙ってする。会社26のように一切黙ってなんでもする会社にしかさせられない、そんな仕事がある。上の会社に対し権利を主張したり労働安全上問題があるというようなことを言う者にはさせられない仕事。要するに本当に汚れ仕事、危険な仕事で、そこそこ熟練した技能がないとできない仕事を会社26のような会社にさせている。何というか、かつて差別されてきた地域の者が作った会社や親が外国籍だった者等に対し、上の会社は、お前らは普通にしていたら仕事はあたらない立場なんやと、けどもさせてやっているんやからありがたく思えという態度だ。小さな会社26は恒常的に仕事を請け負っているのだが、会社26に特命でいい仕事がばんばん発注されるのを見て、僕は、地元のいわゆるがらの悪い人夫まわしをしている親分連中に怒らないのか？と聞くと、彼らは、会社26は仕方がないという。会社26は、絶対逆らうことなく、上の会社からしろと言われたことは何でもしている。夜中でも危険な仕事でも。だから重宝されている。

450

c	222	3	1次下請 社長	CL (2013/11/13)	僕のところも電力会社Yの仕事をするけども、電力会社Yからの発注ではない。打ち合わせは直接電力会社Yの社員とするけど、電力会社Yの元請の会社5が僕の会社に発注する。電力会社Yの正社員である程度まで出世した友人が、僕のところに仕事を回してくれていたけれど、友人が定年退職してから、仕事はこなくなった。てきめんや。次の課長などとつながった会社があるんだと思うよ。僕の会社はそれがメイン業務じゃないから困りはしないが。
c	169	4	2次ないし3次 下請会社 一人親方	CI (2013/6/22)	一人親方と言っても、会社28との契約書はなにもなかった。会社28が請け負った仕事を毎日、現場に行ってしていただけだ。仕事の内容は、1～2カ月間は決まっていた。その1～2カ月が終わると、会社28が受けた次の工事現場へ行く。一人親方として仕事に慣れてからは、ボーシンして働いてきた。業務内容を書いた契約書など何も交わしていないが、現場に行けばすることはたくさんあり、解っている。
c	172	4	2次ないし3次 下請会社の 一人親方	CI (2013/6/22)	会社28は、兵庫県に本社がある会社27の下請として長年仕事をしてきた。会社27の下請業者は、会社28を含め地元に複数ある。県外にもある。会社27は、川崎市にも支店がある。会社28の社長と従業員は地元の者。会社28の常雇は4人。会社28の社長は、忙しく人手がいる時、派遣会社から人手を集めている。93、94年頃から、派遣会社から労働者が来ている。それまでは、人夫集めの親方が人を集めていた。
c	188	4	3次ないし4次 下請社長	CJ (2013/7/21)	30歳のとき会社26に入ったが、日給月給で30万円くらいだった。35～36歳で40～50万円くらい。40歳頃には、手取りで50万円くらいあった。バブルの時期までは結構仕事があった。バブル崩壊まで出せていた賃金が出せなくなって、皆辞めていった。兄は社長を辞め、弟が引き継いだ。この時、僕の給料は半分になった。契約額は、上位の会社10の担当者が指示してくる。会社26の場合は、K会社10から請け負って得る金は、大半が人件費にまわる。アルコール、グリス、ウエス、ヘルメット、防護服、安全帯等の消耗品は、会社10の仕事を受けた時は、向こう持ち。作業服は会社10から会社26が購入して、自前で会社26のネームを入れている。安全靴は労働者が個人で買う。福井県内の原発に仕事がない時、会社10の担当者は、例えば2人行けるか？と聞いてくる。県外の仕事に行くメンバーは、会社26の社名で行けないといっていた。
c	194	4	3次ないし4次 下請社長	CJ (2013/7/21)	例えば、電力会社Xが元請～1次下請会社C、元請～1次下請会社Cに発注する。元請～1次下請会社Cは、元請～1次下請会社Iや元請～1次下請会社F、会社10等に発注する。会社10は元請～1次下請会社Cから受注することもあるが、元請～1次下請会社I等から受注することもある。その下請がうちの会社。会社10の下請でも、1カ月だけしか仕事をもらえないところもある。うちの会社は継続して仕事をもらってきた。元請～1次下請会社Fの従業員は、電力会社YのOBが多い。元請～1次下請会社Cの従業員は、電力会社XのOBが多い。

c	197	4	3次ないし4次 下請社長	CJ (2013/7/21)	事故とかトラブルがあったら、うちみたいに小さい会社はすぐ切られると思う。他の小さい会社でトラブルがあったところは切られている。ちょこちょこ聞く。大きい会社は切られることはない。関連する大きな会社がないと電力会社自体が困るから、切られることはない。例えば、廃液をタンクに移すときのバルブの開け閉めの点検、受け入れタンクの状態の点検、漏れないかどうかスイッチの点検等、手順がすべて決まっている。電力会社や元請会社の担当者がOKといっても、実際に点検をする下請の労働者本人による確認を徹底することになっている。電力会社がOKを出していても、万一間違っていたことがあると、直接従事した下請会社に責任追及がある。
c	200	4	3次ないし4次 下請社長	CJ (2013/7/21)	大飯や高浜原発の仕事の時、昔、会社10は、交通事故防止のために労働者を民宿に泊めていた。今は、長距離でも若狭の範囲なら自宅から通わせている。会社10は宿泊費分をハネていると思う。電力会社Xは、無理な通勤のさせ方をすると発注者責任を問われるから、宿泊費を払っているはず。
c	152	4	元2次下請 会社社長の子	CM (2013/5/5)	祖父から引き継いで父は鉄工所を経営していた。もともと船関係の工場だったが、原発建設期に、元請～1次下請会社Lから原子炉の付属建屋の仕事を直接請け負った。1970年頃から11年間くらいは元請～1次下請会社Lの請負をしていた。いつも、現場監督から見積額にゲタをはかせろと言われていた。そのゲタの部分はリベートで現場監督に渡していた。それ以外に接待費、ゴルフ道具の購入などさせられた。その後、地元の会社26の下請をするようになり、会社26に工場を売った。父は会社26の役員の肩書をもらったものの、しばらくして辞めた。会社26は原発の仕事を契機に大きくなった。
c	153	4	元2次下請会 社社長の子	CM (2013/5/5)	会社11は大阪に本社があると思う。70年代から若狭の原発の仕事を元請～1次下請会社C等から受注するようになったと思う。次第に若狭地域に支社や出張所ができていったと思う。会社17は地元若狭の業者。会社17は、儲けてあちこちに土地を買ってきた。会社17が「人夫まわしでもうけてきた」と、市民は皆言っている。人材派遣業としての許可をうけていない末端の業者（人夫まわし）は、その下に山ほどある。
c	154	4	元2次下請会 社社長の子	CM (2013/5/5)	元請側からの見積に基づいて発注額を、例えば電力会社Xが予算化する。3次下請は2次下請がどれくらいもらっているかわかっている。元請～1次下請会社Cは元請。ほとんど電力会社Xが出資している会社だと思う。
c	155	4	元2次下請会 社社長の子	CM (2013/5/5)	一人親方は労災特別加入ができる。しかし、上の事業者の証明が必要。証明を出してくれと言えない。上の事業者は証明をしたがらない。労災事故を出す下請は入れてもらえなくなるからだ。一人親方も仕事をもらいにくくなるから、内々ですませることがザラにある。

c	226	4	3次下請会社社長の妻	CN (2013/9/12)	3次下請会社社長。もう80歳近い。晩年と言っていいのか、何度も癌の手術をし、入退院を繰り返している。私は、若い時は公営企業に勤めていたが夫が会社を立ち上げてしばらくして会社の事務に専念するようになった。夫は宮崎県出身だが、入院患者どうしの関係で私の父と夫が知り合い、よい人間関係ができたことが縁で、私と結婚するに至った。夫は、所帯を持ち若狭の地を拠点に仕事をすることを決めた。夫は会社36に勤めていたが、ある時、電力会社Yの元請さんが夫に独立しないかと声をかけた。この時会社36は電力会社Yの仕事を請け負っていた。夫の父は宮崎県で鳶をしていた。夫は父に鍛えられて鳶職としてすぐれた技術をもっていた。元請〜1次下請会社Hの下請で仕事が入るルートを見込んで会社を作った。ウチは全国で仕事をしている。敦賀、美浜、北海道の泊、玄海など。従業員を社会保険に入れると、事業主負担が大きい。厚生年金、健保、介護保険の保険料。介護保険料は40歳以上の従業員にかかってくる。小さい会社だと、社会保険料を納めていくのは厳しいから、正規雇用を絞る。ウチの従業員は、昔は20人余りいた。今は10人くらい。定年退職した後の補充をしていない。ただ受注した仕事で頭数がいる時は、うちの下請会社を使う。正規雇用を多くすると仕事がない時困る。しかし、10年たたないと熟練が育たないところが、悩みだ。従業員が4〜5人の会社が経営は難しいと思う。
c	158	6	自営業	CA (2013/4/5)	親方は、上の会社2の社員に飲ませ食わせする。会社2の社員は元請〜1次下請会社Dの社員にペコペコする。元請〜1次下請会社Dの社員は電力会社Yの社員にペコペコしている。
d	169	4	2次ないし3次下請会社の一人親方	CI (2013/6/22)	一人親方といっても、会社28との契約書はなにもなかった。会社28が請け負った仕事を毎日、現場に行ってしていただけだ。仕事の内容は、1〜2カ月間は決まっていた。その1〜2カ月が終わると、会社28が受けた次の工事現場へ行く。一人親方として仕事に慣れてからは、ボーシンとして働いてきた。業務内容を書いた契約書など何も交わしていないが、現場に行けばすることはたくさんあり、解っている。
d	143	4	2次ないし3次下請社長	CK (2014/11/6)	北海道の北見から出稼ぎに来てもらっていた。4人ほど。北見の人たちは漁業していた。むこうの人はみなよい人柄。一冬中来てもらっていたことがある。
d	223	5	4次下請クラス元日雇労働者の叔父	CO (2014/4/8)	私は、Y県に住んでいる。沖縄出身。妹は沖縄に住んでいる。妹の息子は、人材派遣業者を通じて、何人か一緒に福井の原発へ行った。一緒に行った者は、原発であったことを、だれにも言うなと言われていたそうだ。固く口封じされているようだ。甥は、2001年6月の2日間敦賀半島の原発で働いて、その後敦賀と遠く離れた福井県内の歯科診療所と内科のある病院で検査を受けた。甥の部屋に2種類の領収証が残っていた。福井から沖縄に戻ってトラックなどの運転手をしていて心臓の具合が悪くなり、琉球病院に入院した。それから名古屋の心臓の専門病院に転院し手術した。名古屋の病院を退院後、2012年7月に死亡。原発で働いたのは、2001年6月だけではなかったようだ。

第 2 部　原発労災裁判梅田事件に係る原告側意見書

d	225	5	4次下請クラス元日雇労働者の叔父	CO (2014/4/8)	2001年6月に、甥から突然電話がかかった。その時のことを今でも覚えている。"おじさん、今、内地に来たよ""知らんとこへ来た。仕事や"と甥は言った。私はいやな予感、原発ではないかという気がしたので"海がみえるか？"と聞いた。"みえてきたよ"と言うので、私は"大きな工場のようなものがみえるか？"と聞くと、"みえてきた"と応答した。"電力会社の看板がみえるか？"と聞くと"みえてきた"と応答した。私は"大げんかしてでも、歩いてでも帰れ"と言い、甥は"わかった"と応じたが、仕事をしてから帰った。名古屋か大阪の空港から高速で福井に行ったと思われる。空港から降りてすぐに車に乗せられたという。
e	206	1	電力会社正社員	CC (2012/11/22)	電力会社Xの社員は、元請の作業責任者に、作業指示をする。元請の作業責任者等と打ち合わせを行っている。作業責任者等の「等」の意味は、話の内容によっては、下請業者のボーシンに来てもらったり、さらに作業員にも来てもらうことがあるということ。ボーシンに来てもらう理由は、例えば、急いでしなければならない工事の場合、元請の作業責任者に尋ねるより、何にどのくらいの時間がかかるか、具体的にわかるから。また、ボーシンや作業員に、作業内容を直接伝えた方が、また聞きを防ぎスムーズに仕事が運ぶから。一つの定期検査が終わると、次の準備をする。予算計画→発注手続→定検へ。
e	161	3	元1次下請正社員	CH (2013/9/30)	1970年代はじめに、地元の工場の経営状態がよくない中で、早期退職した者数名が、設備の保守管理・電気工事業の小さな会社を作った。79年に有限会社23になり、86年に株式会社になった。88年に労働者派遣事業許可を得た。地元の者ばかりで作った会社だ。私は、70年代末から80年代半ばまで会社23に正社員として勤めていた。高校卒業後、1年間アルバイトしながら電気専門学校へ行った。そこで計装士という資格をとった。会社23に入って経験を積み、3年ほど電力会社Xの社員のする仕事を担当していた。今でいう派遣労働といえるのかどうかわからないが、「短契」といって、会社23の正社員だが、会社23が元請〜1次下請会社Cと短期間契約して、元請〜1次下請会社Cの職員という肩書きで仕事をした。その時の給料は、会社23ではなく元請〜1次下請会社Cの方から出ていたが、私は電力会社Xの指揮命令下で働いていた。現場では、元請〜1次下請会社Cが電力会社Xから請け負った仕事を、電力会社Xの社員と同じ服を着て、会社23の社員の私がしていた。電力会社Xは、私が会社23の社員とわかっているが、元請〜1次下請会社Cの者（私）を電力会社Xの社員がするべき業務につかせていた。会社23は、元請〜1次下請会社Cが手足に使う業者だった。その頃私は、雇われ方について問題意識を持っていなかった。元請〜1次下請会社Cは電力会社Xから受けた仕事を、例えば、会社20と会社22に発注していた。当時元請〜1次下請会社Cには技術者がいなかったので、毎朝、私が、段取りを指示していた。
e	169	4	2次ないし3次下請会社の一人親方	CI (2013/6/22)	一人親方といっても、会社28との契約書はなにもなかった。会社28が請け負った仕事を毎日、現場に行ってしていただけだ。仕事の内容は、1〜2カ月間は決まっていた。その1〜2カ月が終わると、会社28が受けた次の工事現場へ行く。一人親方として仕事に慣れてからは、ボーシンとして働いてきた。業務内容を書いた契約書など何も交わしていないが、現場に行けばすることはたくさんあり、解っている。

454

e	203	4	3次ないし4次下請社長	CJ (2013/7/21)	家を出るのは7時。4人いるので、2人、2人で2台の車で行く。その日の仕事の都合に合わせられるし、交通事故など万一の事態も考える。片道40分前後。勤務時間は、8時20分～17時20分。全部の作業員で朝礼、体操には会社10の社員もくる。作業内容の打ち合わせ、リスクアセスメント、班に分かれて打ち合わせをする。いくつかの会社がひとつの班を作るのはまれだ。ほぼ会社26（4人）のみで打ち合わせをする。13時の昼礼は、する会社としない会社がある。午後はまた、会社10から作業指示書をもらう。請負といっても、すべて時間管理され、上の会社から作業の指示を受けて行っている。例えば計装の分野を担っている一つの会社が、従業員を分けて組織的に分業させるのとは異なる。
e	144	4	2次ないし3次下請社長	CK (2014/11/6)	昔はハローワークに頼まなくても人は来てくれた。うちへ来てくれる労働者が遊んでいる人をつれてきて紹介してくれた。今はハローワークに募集を出している。昔は1人や2人予備の労働者を雇っていたが、今は予備を置いておく余裕はない。昔は儲かったが、今は単価が下がりまったく利益が出ない。日給制。
e	225	5	4次下請クラス元日雇労働者の叔父	CO (2014/4/8)	2001年6月に、甥から突然電話がかかった。その時のことを今でも覚えている。"おじさん、今、内地に来たよ""知らんとこへ来た。仕事や"と甥は言った。私はいや予感、原発ではないかという気がしたので"海がみえるか？"と聞いた。"みえてきたよ"と言うので、私は"大きな工場のようなものがみえるか？"と聞くと、"みえてきた"と応答した。"電力会社の看板がみえるか？"と聞くと"みえてきた"と応答した。私は"大げんかしてでも、歩いてでも帰れ"と言い、甥は"わかった"と応じたが、仕事をしてから帰った。名古屋か大阪の空港から高速で福井に行ったと思われる。空港から降りてすぐに車に乗せられたという。
f	190	4	3次ないし4次下請社長	CJ (2013/7/21)	入所教育は必須で、定検ごとに、次の事柄が話されている。所長の話（15～20分）、安全に関して、高所で作業する時などの注意点（15～20分）、品質管理の例として具体的なトラブル例を挙げる（15～20分）例えば、品質について注意されることは、「材質の違ったものを使ってはいけない」「トルクをかけすぎてはいけない、ビス」「ケーブルの端末が違ってはいけない」「パッキンの種類の確認」「配管をフランジとフランジを割った時、中に異物が入らないよう養生する。養生してないと異物が入ることもある」等。放射線被曝管理として防具の説明、遮蔽の仕方・距離、時間等（15～20分）。1次系と2次系への出入りの方法。1次系は1日10時間以内。アラームは8時間で鳴る。はじめて原発で働く者にも30年も40年も働いている者も、同じ「教育」を受ける。放管に教育される。ゴム手袋の脱ぎ方や被曝した防護服やマスクを素手で触らないよう言われている。エリアによって服装は違う。全面マスク、綿手袋の上にゴム手袋2枚のところもある。
g	151	1	元電力会社正社員	CB (2012/8/31)	定年後の再雇用も含めて46年余り原発で働いた。放射線管理手帳は家にある。積算でいうと50ミリシーベルトくらい被曝した。200ミリシーベルトまで浴びても死ぬことはない。敦賀で原子炉の燃料を取り出し、水を抜いて空っぽにして点検、改造したことがある。その時、結構被曝した。実際に多く被曝しているのはメーカーの人。閾値より1ミリオーバーした事例は、県に申請する。そういう高被曝をするのはメーカーの正社員。メーカーの下請社員はさらに多く被曝すると思う。私は、その下請の労働者を直接目にすることはなかった。きびしい作業が、下請にいっているのは事実。

h	209	1	電力会社正社員	CC (2012/11/22)	電力会社Xの社員には、関西、北陸、九州方面出身者がいる。その他の地域もある。高専は各県に1つしかないので、各地（鳥取、島根出身者あり）から来る。美浜、高浜、大飯の原子力で働いている電力会社Xの社員は、福井県出身者が多い。福井県出身者は、原発部門の正社員で約3分の1程度。大企業の正社員として地元から一定数雇用することで、地元に貢献することになる。地元住民としては、大会社での就職がある程度確保できる。
h	175	2	元・元請正社員	CD (2012/1/22)	1970年代初頭、元請〜1次下請会社Cで働くようになった年に高被曝した。そのためホールボディで被曝量を測った。その直後は、半年ほど出勤するが被曝する作業現場にいかないですんだ。その半年は除いて1970年代初頭から80年代初頭まで、被曝労働についていた。80年代に入り、失神発作が起きるようになり、下痢が度々起こり、白血球数が変化するようになった。地元の医療機関の医師は原発の中に入って働いてもよいと言ったが、産業医は入ってはダメと言った。初めて失神したのは、出勤するため、家から車で出ようとした時。死ぬかと思った。オールカラーで一生のことが頭に浮かんだ。市民病院や県立病院へ行きいろいろ検査した。失神してからも、1年くらいは原発内部で働いていた。その後、現場で数回失神した。会社の産業医から被曝作業につくなと言われた。それから、着工届、作業員名簿、工事に関する事務手続、日常点検の月々の報告書を作る事務にまわった。私の場合、事務はできたし、元請の正社員であり地元住民だったから、配置転換という措置になったのではないかと思う。現場の仕事を辞めてから失神は起こらなくなった。R大学病院まで行ったが、失神の原因がわからなかった。労災の申請はしていない。医者は原因が分からないと言った。私自身は、被曝労働と防護服を着た特殊な作業環境が失神や下痢、白血球数の異変等の症状の原因と思っている。事務に異動するまでの集積被曝線量は、17,875ミリレム。ピットに鉄板を落とす前は集積で100くらい。ピットの鉄板を落としたとき、1,000は浴びただろう。それ以降は、閾値以下だったと思う。同じ村の電力会社Yに行っていたAさんも失神発作を起こしている。その人は私より若いが、車の運転ができなくなった。この地域には、"あったことは言うな"という、何かにつけて口の聞こえない見えない圧力がある。自己規制もある。自分の生命や健康が危険であっても、言うと悪いやろという思いがある。
h	181	2	元・元請正社員	CD (2012/1/22)	原発を建設する前の地質調査の段階では、市街地の人は雇用せずに建設地の集落の人だけが雇われた。街の者が入ってくると情報が拡散しやすい。立地地域の住民だけを雇えば村人は経済的に助かるし、村人どうしの中で秘密を漏らさない環境が作れる。電力会社Yはそう考えた。私は、専門の会社の手伝いでボーリングをした。その後も、原発のある足元の集落の住民は、少なからず原発の仕事に就いている。原発建設で道をつけるというので住民は期待した。国も自治体も企業も、原発は、絶対に安全だと説明していた。原発の建設を受け入れるかどうか、地元の集落では、男の世帯主だけが集まって話し合ったと聞いている。いわゆる家長は、子や妻には詳しいことは一切語らなかった。

h	186	2	元請会社正社員の母	CP (2013/10/12)	夫は私と農業をしながら、土方仕事に行っていた。それから電力会社Yの守衛の仕事に3交代で行っていたことがある。息子は高校卒業後、元請〜1次下請会社Cの正社員になった。35年働いて、50で肩たたきで辞めざるを得なかった。定年は60だし辞めたくないから最後までねばったけど、と言っていた。辞めたくなかったと言っていた。辞める幾分か前に、一度手術を受けた。本人ははっきり言わなかったが癌だったんじゃないか。転職して、長時間のきつい仕事に就いてから重症の癌になっていることがわかった。その時はもう手遅れで、数え年の58歳で亡くなった。原発では、機械の中へ順番に入る仕事で、夏なんかは暑て暑て出てきたくらいなら汗びっしょりでどんなに暑いかわからんと言っていた。この年寄りには、病気や肩たたきの詳しいきさつはわからん。
h	165	3	元1次下請正社員	CH (2013/9/30)	私が地域で取り組んでいた文化サークルでは、電力会社Xから頼まれて慰問活動をしていた。電力会社Xは地域住民に受け入れられる活動をしたがっていた。慰問活動が終わると、夜は飲み会があり、その費用はすべて電力会社X持ちだった。電力会社Xからサークルに寄付金も入った。私は、ある時、政治的には革新的といわれた劇団の公演を企画したところ、あらゆる協力がピタリと止まった。大飯の元請〜1次下請会社Cの支所を作るとき、私にその支所長をやらせるから、その劇団の公演の企画から手を引くよう、電力会社Xの労務管理の担当者に言われた。そして、元請〜1次下請会社Cから、会社23の社長に対し、私のことがあるので、仕事をまわさないとも言ってきた。結局、私は退職した。
h	221	3	1次下請社長	CL (2013/11/13)	僕が昔からよく知っている原発の下請会社の中に、会社26がある。会社26は、元請〜1次下請会社Kからくる仕事は、どんな仕事でも黙ってする。会社26のように一切黙ってなんでもする会社にしかさせられない、そんな仕事がある。上の会社に対し権利を主張したり労働安全上問題があるというようなことを言う者にはさせられない仕事。要するに本当に汚れ仕事、危険な仕事で、そこそこ熟練した技能がないとできない仕事を会社26のような会社にさせている。何というか、かつて差別されてきた地域の者が作った会社や親が外国籍だった者等に対し、上の会社は、お前らは普通にしていたら仕事はあたらない立場なんやと、けどもさせてやっているんやからありがたく思えという態度だ。小さな会社26は恒常的に仕事を請け負っているのだが、会社26に特命でいい仕事がばんばん発注されるのを見て、僕は、地元のいわゆるがらの悪い人夫まわしをしている親分連中に怒らないのか？と聞くと、彼らは、会社26は仕方がないという。会社26は、絶対逆らうことなく、上の会社からしろと言われたことは何でもしている。夜中でも危険な仕事でも。だから重宝されている。
h	193	4	3次ないし4次下請社長	CJ (2013/7/21)	誓約書は2枚くらいある。「飲酒運転をしない」「飲みに行っても暴れたり迷惑をかけない」といった、何項目かが書かれている。誓約書の紙には書いてないが、入所教育の時に、仕事にかかわることは、飲み屋さんや他人に喋らないようにと必ず言われる。

第２部　原発労災裁判梅田事件に係る原告側意見書

h	224	5	４次下請クラス元日雇労働者の叔父	CO (2014/4/8)	甥の葬儀の時、僕は、その場をかりて"甥は被曝で死んだと思う。一緒に原発へ行った人を教えてくれ"と訴えた。甥の友人から、自分は２回原発に行ったが甥はもっと多い回数原発へ行っていたこと、現場はものすごく暑く、マスクを着けていたから呼吸が苦しかったこと、現場へ入って１分もたたない内にピーピー測定器が鳴ったが、無視して作業をやらざるを得なかったことを聞いた。沖縄の人材派遣会社の募集に応じ、数人で、行き先や仕事内容を知らされず、電力会社とだけ聞いて行ったという。2001年６月に行ったのが最初。甥は2012年に35歳で死んでから、甥の母は、甥の部屋で２枚の領収証を見つけた。それで、働き終わった後に２つの医療機関を受診していたことがわかった。しかし、私の妹、つまり甥の母は、沖縄で商売をしているので、"どこかから圧力がかかると生活できなくなるので、誰にも息子の辿った経緯を話したくない。息子の友達についても経験を話すとどこで話したことが漏れるか分からず、漏れたらもう仕事をもらえなくなる可能性もある。そっとしておいてほしい"と言っている。
h	156	6	自営業	CA (2013/4/5)	うちの店にも作業員の方はこられる。新聞記者も店にくるが話を聞きにくいそうだ。会社から強く口止めされているようだ。客として、電力会社Ｙの社員や家族を何人も知っているが、結構おつきあいのあった方でも、原発の中の話を聞きづらい。だから、紹介もできない。
h	159	6	自営業	CA (2013/4/5)	原発のことを意識したのは市民劇団にかかわった頃から。平成元年頃。市民劇団の手伝いをするようになった。うちの店でチケット販売を引き受けた。電力会社Ｙが「ふれあい財団」を作っていたが、劇団に反原発の人が２人いたため、財団から劇団に助成金がもらえなかった。パンフの広告料ももらえなかった。
h	160	6	自営業	CA (2013/4/5)	民宿経営者は、地元外の労働者は、一定期間、必ず一定数宿泊するし、管理されていてわがままを言わないので、観光客よりよいと言っている。

h	167	6	一般住民	CF (2013/4/5)	「1家の息子は電力会社正社員」「2家の世帯主は、元請〜1次下請会社Cの正社員だったが、癌だとわかって肩たたきにあい、会社をかわってから癌で死亡した」「3家の今のおじさんも電力会社Xの下請で働いている」「4家の世帯主は、下請会社へ行っていた。息子は電力会社の正社員。別の電力会社に出向している」「5家の世帯主は、原発の下請に行っていたが辞めた。その息子は電力会社正社員」「6家の者は、元請会社正社員」「7家の者も、元請会社正社員」「8家の息子も、電力会社正社員」「9家の長男は、電力会社正社員」「10家の世帯主は、原発の下請会社で働いている」「11家の娘婿は、電力会社正社員」「12家の世帯主は、電力会社Xの社員」「13家の娘婿は、電力会社Xの正社員で、守衛をしている」「14家の世帯主は、下請会社の正社員だったが、癌になり、今はその会社を辞めている」「15家の娘婿は電力会社正社員」「16家の息子は2人とも電力会社の下請で働いている」「17家の長男は原発の下請会社に勤めている。次男は電力会社正社員」「18家の世帯主は、元請会社正社員だったが、定年前に肺がんになり、亡くなった」「19家の世帯主は、O市の工場で働いていたが、リストラで原発の元請会社に中途採用してもらった。そこももう定年となった」「20家の世帯主は、電力会社正社員」「21家の息子は電力会社正社員」「22家の世帯主は、下請会社の非正規労働者」「23家の世帯主は、電力会社正社員」「24家の世帯主は、元請会社の正社員」「25家の世帯主は、公務員だったが定年退職後、知識・技能を生かして電力会社の嘱託として働いている」「26家の世帯主は、公務員を定年退職し、天下りで県の原発関連の仕事に就いた」「27家の世帯主は、高卒後ずっと原発の元請会社正社員だったが、癌になって肩たたきにあった。別会社に転職後、癌で死亡した」「28家の世帯主は、元請会社正社員」「29家の息子は、一時電力会社正社員になったが、途中退職し、公務員になった」「30家の娘婿は元請会社の正社員」「31家の娘婿は、元請会社の正社員」「32家の息子は原発の下請会社で働いている」「33家の息子は電力会社正社員」「34家の世帯主は、大手プラント会社の正社員で、全国の原発のあるところに行っている」「35家の娘婿は、正規雇用かどうかわからないが原発の守衛をしている」「36家の世帯主は、電力会社正社員」「37家の世帯主は、原発の下請会社で働いていて癌で死亡した」「38家の世帯主は、下請会社の正社員」「39家の世帯主は、電力会社正社員」「40家の父は電力会社の正社員だったが定年退職したのはだいぶ昔。息子も電力会社の正社員になった」「41家の娘婿は、電力会社正社員」「42家の世帯主は、元請会社正社員」「43家の世帯主は、下請会社で働いている」「44家の世帯主の弟は元請会社正社員」「45家の息子は電力会社正社員」「46家の息子は電力会社正社員」「47家の世帯主も原発関係の会社で働いている」「48家の息子は、電力会社正社員」「49家の世帯主は原発の下請で働いていた」「50家の息子は、電力会社正社員」「51家の息子は、電力会社正社員」「52家の息子は、電力会社正社員。癌治療をしている」「53家は、原発の守衛」「54家の息子は、電力会社正社員」「55家のおじいさんは電力会社正社員だった」「56家の娘婿は、原発関係の会社に勤めている」「57家の息子は電力会社正社員と元請会社正社員」「58家は、資材会社の従業員として原発へ行っている」「59家の世帯主は、元請会社の正社員」「60家の娘婿は電力会社正社員」「61家の娘婿も電力会社正社員」「62家の息子は、電力会社正社員」「63家の娘婿は電力会社正社員」「64家の世帯主は原発の日雇。息子は電力会社正社員」「65家の娘婿は電力会社の正社員」「190世帯ほどの村だが高齢者のみ世帯が相当数ある。家族構成員が公務員や団体職員をしていて、原発に行っていない家もあるが、原発関係の会社で働いている者がいる家と親戚関係で結ばれている場合が少なくない」。

i	208	1	電力会社正社員	CC (2012/11/22)	定検についてだが、G原発の場合、元請～1次下請会社Gが服を着替える仕事を担当している。元請～1次下請会社Gは本社が東京なので関東の出身者も多いが、全国に営業所がある。G原発で、服を着替えなくてよいのが元請～1次下請会社H。一方、E原発1、2、3、4号機で、服を着なくてよいのが元請～1次下請会社G、着なければならない作業をするのが元請～1次下請会社H。D原発1、2号では、元請～1次下請会社Gは服を着ないが、元請～1次下請会社Hは服を着る。D原発3、4号はその逆。労働者の被曝線量の調節が行われていると思われる。一人親方の掛け持ち作業もある。クレーンが必要な作業は、ちょっとずつだから、複数の会社の仕事を掛け持ちすることがある。例えば会社7は、元請～1次下請会社Gと元請～1次下請会社Hの工事を受注している。会社7は、ある作業員、それが一人親方のことがあるが、午前中にたくさん被曝した場合、午後は被曝させられないので、作業場所を変えさせる。報酬を払っているから、遊ばせておくわけにはいかない。だから、同一の作業員が午前中元請～1次下請会社Gのヘルメットをかぶり、午後元請～1次下請会社Hのヘルメットをかぶって作業させる場合がある。
i	177	2	元・元請正社員	CD (2012/1/22)	被曝する原発内の作業員の基本的な服装は、赤いシャツに黄色い上着（つなぎ）だ。最も危険な区域に入る者は、赤いシャツに赤いつなぎを着ている。三交替だが、仕事がなければまた夜仮眠している。本当は着なければならなかったが赤服を着ずに、黄服でバルブを閉めに行ったこともあった。配管は床から2m以上の高いところにある。バルブを閉めるのにハシゴをかけず、パイプを伝って登って閉めた。小便はそこらへんのピットでしていた。小便のために服を脱いで外へ出て行ったら仕事にならない。私が被曝作業についていたのは70年代初頭から80年代初頭。
i	202	4	3次ないし4次下請社長	CJ (2013/7/21)	原発の仕事場は、25度～45度くらい。場所による。
i	203	4	3次ないし4次下請社長	CJ (2013/7/21)	家を出るのは7時。4人いるので、2人、2人で2台の車で行く。その日の仕事の都合に合わせられるし、交通事故など万一の事態も考える。片道40分前後。勤務時間は、8時20分～17時20分。全部の作業員で朝礼、体操には会社10の社員もくる。作業内容の打ち合わせ、リスクアセスメント、班に分かれて打ち合わせをする。いくつかの会社がひとつの班を作るのはまれだ。ほぼ会社26（4人）のみで打ち合わせをする。13時の昼礼は、する会社としない会社がある。午後はまた、会社10から作業指示書をもらう。請負といっても、すべて時間管理され、上の会社から作業の指示を受けて行っている。例えば計装の分野を担っている一つの会社が、従業員を分けて組織的に分業させるのとは異なる。

j	208	1	電力会社正社員	CC (2012/11/22)	定検についてだが、G原発の場合、元請～1次下請会社Gが服を着替える仕事を担当している。元請～1次下請会社Gは本社が東京なので関東の出身者も多いが、全国に営業所がある。G原発で、服を着替えなくてよいのが元請～1次下請会社H。一方、E原発1、2、3、4号機で、服を着なくてよいのが元請～1次下請会社G、着なければならない作業をするのが元請～1次下請会社H。D原発1、2号では、元請～1次下請会社Gは服を着ないが、元請～1次下請会社Hは服を着る。D原発3、4号はその逆。労働者の被曝線量の調節が行われていると思われる。一人親方の掛け持ち作業もある。クレーンが必要な作業は、ちょっとずつだから、複数の会社の仕事を掛け持ちすることがある。例えば会社7は、元請～1次下請会社Gと元請～1次下請会社Hの工事を受注している。会社7は、ある作業員、それが一人親方のことがあるが、午前中にたくさん被曝した場合、午後は被曝させられないので、作業場所を変えさせる。報酬を払っているから、遊ばせておくわけにはいかない。だから、同一の作業員が午前中元請～1次下請会社Gのヘルメットをかぶり、午後元請～1次下請会社Hのヘルメットをかぶって作業させる場合がある。
j	219	1	電力会社正社員	CC (2014/5/24)	いわゆる1次系の放射線管理区域の外で、離れた場所で管理区域になっているところがある。そこへ入るときは線量計を持っていく。今でも機械で読みとりできんところがある。そこへ入った時は、行って帰ってきたら自分で数字を読んで書いて、それを放管に出している。記録物の管理は、放射線管理の担当社員がしている。
j	220	1	電力会社正社員	CC (2014/5/24)	まあ、昔ほどではないにしても福島なんかでもあったわな。ある線量を超えたら作業につけない。仕事に入れなかったら金は入ってこんから、線量計に鉛でカバーするというようなことが。福島でなくても線量計の機械的な管理がされていなかった昔は、被曝線量のごまかしはあったやろうな。まあ、僕もちょっと被曝限度を超えたことがあった。工作室のおっちゃんがいて、工具を借りに行った時におっちゃんに線量計を預かってもらった。おっちゃんは、『預かっておいちゃるで』と言った。工作室へ放射線管理担当者と一緒に行くわけではないから、放管はその時見ていない。今はないと思う。見つかったら大変や。ちょっと水飲み場に置いてうろうろしてしまったというだけでも大変だ。その労働者の行動を逐一精査せにゃならん。

第2部　原発労災裁判梅田事件に係る原告側意見書

j	175	2	元・元請正社員	CD (2012/1/22)	1970年代初頭、元請〜1次下請会社Cで働くようになった年に高被曝した。そのためホールボディで被曝量を測った。その直後は、半年ほど出勤するが被曝する作業現場にいかないですんだ。その半年は除いて1970年代初頭から80年代初頭まで、被曝労働についていた。80年代に入り、失神発作が起きるようになり、下痢が度々起こり、白血球数が変化するようになった。地元の医療機関の医師は原発の中に入って働いてもよいと言ったが、産業医は入ってはダメと言った。初めて失神したのは、出勤するため、家から車で出ようとした時。死ぬかと思った。オールカラーで一生のことが頭に浮かんだ。市民病院や県立病院へ行きいろいろ検査した。失神してからも、1年くらいは原発内部で働いていた。その後、現場で数回失神した。会社の産業医から被曝作業につくなと言われた。それから、着工届、作業員名簿、工事に関する事務手続、日常点検の月々の報告書を作る事務にまわった。私の場合、事務はできたし、元請の正社員であり地元住民だったから、配置転換という措置になったのではないかと思う。現場の仕事を辞めてから失神は起こらなくなった。R大学病院まで行ったが、失神の原因がわからなかった。労災の申請はしていない。医者は原因が分からないと言った。私自身は、被曝労働と防護服を着た特殊な作業環境が失神や下痢、白血球数の異変等の症状の原因と思っている。事務に異動するまでの集積被曝線量は、17,875ミリレム。ピットに鉄板を落とす前は集積で100くらい。ピットの鉄板を落としたとき、1,000は浴びただろう。それ以降は、閾値以下だったと思う。同じ村の電力会社Yに行っていたAさんも失神発作を起こしている。その人は私より若いが、車の運転ができなくなった。この地域には、"あったことは言うな"という、何かにつけての聞こえない見えない圧力がある。自己規制もある。自分の生命や健康が危険であっても、言うと悪いやろうという思いがある。
j	176	2	元・元請正社員	CD (2012/1/22)	70年代初頭から、電力会社Yの元請企業、元請〜1次下請会社Cの発電課に所属し、技術のある作業員の手伝いをした。バルブしめやや汚染水処理、廃棄物処理、濃縮された廃棄物をコンクリートで固める作業をした。セメント詰めにしたものをフォークリフトに積んで、スレート葺きの平屋の建物に奥のほうから積み上げる作業もした。その建物は、後に鉄筋コンクリートの建物になった。廃棄物処理建屋のコントロールルームの中で三交替で働いていた。沸騰水型の原発は、どこへいっても放射性物質に汚染されていた。
j	177	2	元・元請正社員	CD (2012/1/22)	被曝する原発内の作業員の基本的な服装は、赤いシャツに黄色い上着（つなぎ）だ。最も危険な区域に入る者は、赤いシャツに赤いつなぎを着ている。三交替だが、仕事がなければ夜仮眠している。本当は着なければならなかったが赤服を着ずに、黄服でバルブを閉めに行ったこともあった。配管は床から2m以上の高いところにある。バルブを閉めるのにハシゴをかけず、パイプを伝って登って閉めた。小便はそこらへんのピットでしていた。小便のために服を脱いで外へ出て行ったら仕事にならない。私が被曝作業についていたのは70年代初頭から80年代初頭。
j	178	2	元・元請正社員	CD (2012/1/22)	私が高被曝したのは、地下へ降りて、鉄板をあげようとした時だ。動かしたら鉄板が水の底に落ちた。これをあげようとして水をくみ上げた。水の中に入るわけにいかないから、底から水位30cmくらいにまでくみ上げた。その間に異常被曝した。元請会社社員4人で作業した。水位が下がれば被曝量が増えるのに、動転していた。結局、鉄板は引き上げられず、その後も長期に渡り沈んだままにされていた。

462

別紙資料

j	173	4	2次ないし3次 下請会社の一 人親方	CI (2013/6/22)	いくつもの会社27の下請業者が、会社27の工事として、同じ現場で同じ作業についている。配管と機械類のメンテナンスが主な仕事。定検に入ると、経年で変化したパイプ、サビも多く寿命のきたパイプを取り替える。これまで使用していたポンプ関係を分解・点検して組み立て直す、機械類のメンテナンスもしている。これまでずっと1日の線量限度を超えたことはない。ぎりぎりで走って出たことならある。
j	191	4	3次ないし4次 下請社長	CJ (2013/7/21)	定検が入れば、燃油の取扱設備の仕事もする。ピットから燃料を抜いたり入れたりする際の、クレーン、コンベアカー、その中についているスイッチ類のメンテもしている。これは、3日ほどで終わる。その作業は土日でもする。24時間交代制で、仕事をする。そこにいる必要がある。お釜の真上に行ってもそれほど被曝しない。一番被曝するのは、コンベア点検やバスケットのスイッチの点検だ。その場所へ行くのに時間がかかる。その場へ行く時間と戻る時間の他に、コンベア点検などに5～6分かかる。これは、うまく行った場合。うまくいかないと再調整で倍の時間がかかる。5～6分で2～3ミリシーベルト被曝する。10分以上かかるとさらに被曝する。
j	192	4	3次ないし4次 下請社長	CJ (2013/7/21)	会社10の仕事をする場合、1日100ミリシーベルトが限度で、アラームは80ミリシーベルトで鳴るように設定。アラーム設定の時間や被曝線量の限度は、1次下請の会社によって違う。
j	145	4	2次ないし3次 下請社長	CK (2014/11/6)	炉心部のモーターをバラし、バラした機械をみがいて、もとどおり組み立てる作業もした。服装は重装備。たくさん被曝するので10分といられないところの作業。
k	219	1	電力会社正社 員	CC (2014/5/24)	いわゆる1次系の放射線管理区域の外で、離れた場所で管理区域になっているところがある。そこへ入るときは線量計を持っていく。今でも機械で読みとりできんところがある。そこへ入った時は、行って帰ってきたら自分で数字を読んで書いて、それを放管に出している。記録物の管理は、放射線管理の担当社員がしている。
k	220	1	電力会社正社 員	CC (2014/5/24)	まあ、昔ほどではないにしても福島なんかでもあったわな。ある線量を超えたら作業につけない。仕事に入れなかったら金は入ってこんから、線量計に鉛でカバーするというようなことが。福島でなくても線量計の機械的な管理がされていなかった昔は、被曝線量のごまかしはあったやろうな。まあ、僕もちょっと被曝限度を超えたことがあった。工作室のおっちゃんがいて、工具を借りに行った時におっちゃんに線量計を預かってもらった。おっちゃんは、「預かっておいちゃるで」と言った。工作室へ放射線管理担当者と一緒に行くわけではないから、放管はその時見ていない。今はないと思う。見つかったら大変や。ちょっと水飲み場に置いてうろうろしてしまったというだけでも大変や。その労働者の行動を逐一精査せにゃならん。
k	178	2	元・元請正社 員	CD (2012/1/22)	私が高被曝したのは、地下へ降りて、鉄板をあげようとした時だ。動かしたら鉄板が水の底に落ちた。これをあげようとして水をくみ上げた。水の中に入るわけにいかないから、底から水位30cmくらいにまでくみ上げた。その間に異常被曝した。元請会社社員4人で作業した。水位が下がれば被曝量が増えるのに、動転していた。結局、鉄板は引き上げられず、その後も長期に渡り沈んだままにされていた。
k	179	2	元・元請正社 員	CD (2012/1/22)	当時、被曝の上限は100ミリレムだった。当時ののぞいて見る線量計は、何かにあたるとすぐ壊れた。多く浴びると働き続けられないので、労働者は、線量計を身につけず、加減して持っていた。

463

第2部　原発労災裁判梅田事件に係る原告側意見書

k	163	3	元1次下請正社員	CH (2013/9/30)	放射線管理手帳には「工事名」が載る。1カ月単位の被曝線量が記録される。1カ月単位の記録は、労働者が書き込むのではなく、会社20（1次下請）や元請〜1次下請会社Cの放管が書いていた。1次系に入る労働者はポケット線量計とフィルムバッジの両方を持っている。ポケット線量計を、1次系から2次系に出るときに機械に差し込む。電力会社Xの機械が記録する。各労働者が機械に表示されたデータを覚えて帰って元請〜1次下請会社Cの放管に伝える。口頭で言うか若しくは労働者本人が記録する。これはポケット線量計の話。フィルムバッジは1カ月後に現像されていた。現像の専門業者がある。元請〜1次下請会社Cの放管は、私は、フィルムバッジの数字とポケット線量計の数字が違ったときはどうするのか尋ねたことがあるが、尋ねた放管は、照らし合わせて低い方を放管手帳に書くと言っていた。フィルムバッジを現像したデータを、労働者本人は見ることがない。
k	164	3	元1次下請正社員	CH (2013/9/30)	労働者自身が、フィルムバッジとポケット線量計を、実際に作業する場所と違う場所に置くと、線量を低く記録できた。
k	195	4	3次ないし4次下請社長	CJ (2013/7/21)	ゼロ被曝の日もあるが、現在、多くて1日に1〜2ミリシーベルト。昔は、多くて1日に25ミリシーベルト被曝した。被曝線量を記載するのに、消えるボールペンが売られ始めた頃それを使っていたこともあったが、今は消えるボールペンは禁止されている。
k	146	4	2次ないし3次下請社長	CK (2014/11/6)	会社21が放射線管理手帳を管理している。労働者個人のものかもしれないが、労働者が辞める時には持ち帰らせない。辞める人に返していない。次にもし原発の被曝作業につく時まで預かっておいてくれという人もいる。
k	223	5	4次下請クラス元日雇労働者の叔父	CO (2014/4/8)	私は、Y県に住んでいる。沖縄出身。妹は沖縄に住んでいる。妹の息子は、人材派遣業者を通じて、何人か一緒に福井の原発へ行った。一緒に行った者は、原発であったことを、だれにも言うなと言われていたそうだ。固く口封じされているようだ。甥は、2001年6月の2日間敦賀半島の原発で働いて、その後敦賀と遠く離れた福井県内の歯科診療所と内科のある病院で検査を受けた。甥の部屋に2種類の領収証が残っていた。福井から沖縄に戻ってトラックの運転手などをしていて心臓の具合が悪くいなり、琉球病院に入院した。それから名古屋の心臓の専門病院に転院し手術した。名古屋の病院を退院後、2012年7月に死亡。原発で働いたのは、2001年6月だけではなかったようだ。
l	150	1	元電力会社正社員	CB (2012/8/31)	線量計を2つつける（すぐ数値が見られるものと、あとで被曝合計を正確に測るもの）。衝撃で針が触れることもある。今は、フィルムはなくなった。90年代初頭、20年くらい前までは、フィルムだった。フィルムは精度が少し悪い。しかし、フィルムのよいところは放射線が種類別にわかった。今は、放射線を受けると発光するものを使っている。
l	179	2	元・元請正社員	CD (2012/1/22)	当時、被曝の上限は100ミリレムだった。当時ののぞいて見る線量計は、何かにあたるとすぐ壊れた。多く浴びると働き続けられないので、労働者は、線量計を身につけず、加減して持っていた。
l	185	5	3次ないし4次下請日雇	CG (2013/8/11)	僕の経験では、マスクのフィルターのねじが壊れていることがあった。フィルターを閉めても壊れているので、空気が漏れているものが少なくない。このことは、安全教育の際にも話されていた。アラームメーターの破損は、よくあった。1度使ったものは、1日の作業が終わると、「ゼロ」に戻して翌日また使った。しかし、壊れていると測れない。被曝線量の限度が来てもアラームメーターが鳴らない。

別紙資料

m	175	2	元・元請正社員	CD (2012/1/22)	1970年代初頭、元請〜1次下請会社Cで働くようになった年に高被曝した。そのためホールボディで被曝量を測った。その直後は、半年ほど出勤するが被曝する作業現場にいかないですんだ。その半年は除いて1970年代初頭から80年代初頭まで、被曝労働についていた。80年代に入り、失神発作が起きるようになり、下痢が度々起こり、白血球数が変化するようになった。地元の医療機関の医師は原発の中に入って働いてもよいと言ったが、産業医は入ってはダメと言った。初めて失神したのは、出勤するため、家から車で出ようとした時。死ぬかと思った。オールカラーで一生のことが頭に浮かんだ。市民病院や県立病院へ行きいろいろ検査した。失神してからも、1年くらいは原発内部で働いていた。その後、現場で数回失神した。会社の産業医から被曝作業につくなと言われた。それから、着工届、作業員名簿、工事に関する事務手続、日常点検の月々の報告書を作る事務にまわった。私の場合、事務はできたし、元請の正社員であり地元住民だったから、配置転換という措置になったのではないかと思う。現場の仕事を辞めてから失神は起こらなくなった。R大学病院まで行ったが、失神の原因がわからなかった。労災の申請はしていない。医者は原因が分からないと言った。私自身は、被曝労働と防護服を着た特殊な作業環境が失神や下痢、白血球数の異変等の症状の原因と思っている。事務に異動するまでの集積被曝線量は、17,875ミリレム。ピットに鉄板を落とす前は集積で100くらい。ピットの鉄板を落としたとき、1,000は浴びただろう。それ以降は、閾値以下だったと思う。同じ村の電力会社Yに行っていたAさんも失神発作を起こしている。その人は私より若いが、車の運転ができなくなった。この地域には、"あったことは言うな"という、何かにつけての聞こえない見えない圧力がある。自己規制もある。自分の生命や健康が危険であっても、言うと悪いやろという思いがある。
m	186	2	元請会社正社員の母	CP (2013/10/12)	夫は私と農業をしながら、土方仕事に行っていた。それから電力会社Yの守衛の仕事に3交代で行っていたことがある。息子は高校卒業後、元請〜1次下請会社Cの正社員になった。35年働いて、50で肩たたきで辞めざるを得なかった。定年は60だし辞めたくないから最後までねばったけど、と言っていた。辞めたくなかったと言っていた。辞める幾分前に、一度手術を受けた。本人ははっきり言わなかったが癌だったんじゃないか。転職して、長時間のきつい仕事に就いてから重症の癌になっていることがわかった。その時はもう手遅れで、数え年の58歳で亡くなった。原発では、機械の中へ順番に入る仕事で、夏なんかは暑て暑て出てくるくらいなら汗びっしょりでどんなに暑いかわからんと言っていた。この年寄りには、病気や肩たたきの詳しいきさつはわからん。
m	171	4	2次ないし3次下請会社の一人親方	CI (2013/6/22)	持病は高血圧で治療中。加齢とともに高血圧になったと思う。糖尿病予備軍でもある。
m	147	4	2次ないし3次下請社長	CK (2014/11/6)	肝臓がんで、2012〜2014年の間に手術5回。今度入院して6回目の手術をする。心臓の手術は、2013年にした。健康状態は悪い。癌になるまで、大病をしたことはなかったが。

第２部　原発労災裁判梅田事件に係る原告側意見書

m	223	5	４次下請クラス元日雇労働者の叔父	CO (2014/4/8)	私は、Y県に住んでいる。沖縄出身。妹は沖縄に住んでいる。妹の息子は、人材派遣業者を通じて、何人か一緒に福井の原発へ行った。一緒に行った者は、原発であったことを、だれにも言うなと言われていたそうだ。固く口封じされているようだ。甥は、2001年６月の２日間敦賀半島の原発で働いて、その後敦賀と遠く離れた福井県内の歯科診療所と内科のある病院で検査を受けた。甥の部屋に２種類の領収証が残っていた。福井から沖縄に戻ってトラックの運転手などをしていて心臓の具合が悪くいなり、琉球病院に入院した。それから名古屋の心臓の専門病院に転院し手術した。名古屋の病院を退院後、2012年７月に死亡。原発で働いたのは、2001年６月だけではなかったようだ。
m	196	4	３次ないし４次下請社長	CJ (2013/7/21)	30代で原発に入るために受けた健診の時から血圧は高かった。あれから30年たつが、大きく体調をくずしたりしなかった。ケガもなかった。だから現場で働いている。ただ年相応に体は弱った。
o	175	2	元・元請正社員	CD (2012/1/22)	1970年代初頭、元請〜１次下請会社Ｃで働くようになった年に高被曝した。そのためホールボディで被曝量を測った。その直後は、半年ほど出勤するが被曝する作業現場にいかないですんだ。その半年は除いて1970年代初頭から80年代初頭まで、被曝労働についていた。80年代に入り、失神発作が起きるようになり、下痢が度々起こり、白血球数が変化するようになった。地元の医療機関の医師は原発の中に入って働いてもよいと言ったが、産業医は入ってはダメと言った。初めて失神したのは、出勤するため、家から車で出ようとした時。死ぬかと思った。オールカラーで一生のことが頭に浮かんだ。市民病院や県立病院へ行きいろいろ検査した。失神してからも、１年くらいは原発内部で働いていた。その後、現場で数回失神した。会社の産業医から被曝作業につくなと言われた。それから、着工届、作業員名簿、工事に関する事務手続、日常点検の月々の報告書を作る事務にまわった。私の場合、事務はできたし、元請の正社員であり地元住民だったから、配置転換という措置になったのではないかと思う。現場の仕事を辞めてから失神は起こらなくなった。Ｒ大学病院まで行ったが、失神の原因がわからなかった。労災の申請はしていない。医者は原因が分からないと言った。私自身は、被曝労働と防護服を着た特殊な作業環境が失神や下痢、白血球数の異変等の症状の原因と思っている。事務に異動するまでの集積被曝線量は、17,875ミリレム。ビットに鉄板を落とす前は集積で100くらい。ビットの鉄板を落としたとき、1,000は浴びただろう。それ以降は、閾値以下だったと思う。同じ村の電力会社Ｙに行っていたＡさんも失神発作を起こしている。その人は私より若いが、車の運転ができなくなった。この地域には、“あったことは言うな”という、何かにつけての聞こえない見えない圧力がある。自己規制もある。自分の生命や健康が危険であっても、言うと悪いやろうという思いがある。
o	183	2	元・元請正社員	CD (2012/1/22)	労災の場合も、下請は自己規制する。公に言うと仕事をもらえないから。労災が公になると、発注した会社からかなり怒られる。仕事ができなくなるのは痛手。建前は、起こったら言ってくださいというが、言うとあとが厳しい。労災扱いになった場合、必ず再発防止の書類を出せと言われ、厳しいチェックがされる。70年代から働いていたが、労災がすべて公になっているとは言えなかった。
o	174	4	２次ないし３次下請会社の一人親方	CI (2013/6/22)	作業中、指を切るといった赤チン災害は珍しくない。それらをいちいち労災として報告していないと思う。

o	224	5	4次下請クラス元日雇労働者の叔父	CO (2014/4/8)	甥の葬儀の時、僕は、その場をかりて"甥は被曝で死んだと思う。一緒に原発へ行った人を教えてくれ"と訴えた。甥の友人から、自分は2回原発に行ったが甥はもっと多い回数原発へ行っていたこと、現場はものすごく暑く、マスクを着けていたから呼吸が苦しかったこと、現場へ入って1分もたたない内にピーピー測定器が鳴ったが、無視して作業をやらざるを得なかったことを聞いた。沖縄の人材派遣会社の募集に応じ、数人で、行き先や仕事内容を知らされず、電力会社とだけ聞いて行ったという。2001年6月に行ったのが最初。甥は2012年に35歳で死んでから、甥の母は、甥の部屋で2枚の領収証を見つけた。それで、働き終わった後に2つの医療機関を受診していたことがわかった。しかし、私の妹、つまり甥の母は、沖縄で商売をしているので、"どこかから圧力がかかると生活できなくなるので、誰にも息子の辿った経緯を話したくない。息子の友達についても経験を話すとどこで話したことが漏れるか分からず、漏れたらもう仕事をもらえなくなる可能性もある。そっとしておいてほしい"と言っている。
o	211	6	敦賀労働基準監督署長	CE (2013/12/13)	厚生労働省の大原則として、臨検監督は、予告しない。もちろんケースによっては事前に準備をしてもらうケースもあります。事故などで、関係者や事故現場、クレーンなど事故を起こした機械などがあれば、事前に予告して用意してもらいます。通常の定期監督であれば、抜き打ちです。ただ、原子力発電所については、ゲートがありまして、テロ対策も含めて、すっと入れない状況です。現状では、ぎりぎりのやりとりの中で、行く当日に、メンバーの生年月日や乗っていく車のナンバーを通告する約束になっている。事前に何の通告もしないで行くと、向こうの所内の手続をするために、ゲートで1時間ほど待たされてしまいます。ですから、朝ファックスを入れておくと、せいぜい30分程度でゲートを通過することができます。一般の建設現場へ行くようなわけにはいかないですね。
o	212	6	敦賀労働基準監督署長	CE (2013/12/13)	いわゆる管理区域と管理区域外とがあるので、管理区域に入る班と入らない班と、複数で行きます。管理区域に入る班は、私どもの監督署でアラームをセットしていくので、現地での手続が必要です。そこでも一定の時間がかかっています。内部を電力会社側の担当者に案内してもらいます。原発内は広いです。今日はどこの現場で、例えば今日は元請～1次下請会社Iが作業をしていますと担当者から聞いて、その現場に案内・同行してもらって作業を見せてもらいます。現場を見ることと書類を見る仕事があります。労務管理を見ないといけないので、多数の業者のうち、監督署が選定した業者について、書類をそろえて出してもらいチェックさせていただくことになります。そういう形が定着しています。例えば、放管手帳は国が義務付けた制度によるものではないですが、書類としてちゃんとあるかどうか、3カ月の管理、1年の管理という期間ごとに、被曝線量限度を守ってやっているかということをチェックします。
o	213	6	敦賀労働基準監督署長	CE (2013/12/13)	過去の被曝状況を踏まえた上で作業計画をたてなければなりませんから、何に依拠するかというと、何に頼るかということになると、放管手帳になってしまうんです。それが辛いところでもあります。放管手帳を偽造されたら終わりですね。過去に未成年者について、住民票を偽造したこともありました。もちろん放管手帳だけではなくて、入構するときに住民票等をチェックしていますから、放管手帳だけを偽装するということはできません。

第2部　原発労災裁判梅田事件に係る原告側意見書

o	214	6	敦賀労働基準監督署長	CE (2013/12/13)	申請があって、労災認定されれば、我々はそれは労災ですと言えます。申請されても認定されなければ労災とは言えませんし、申請自体がなされなければまったく我々の与かり知らないことになります。
o	215	6	敦賀労働基準監督署長	CE (2013/12/13)	ここは本当に汚染がひどいので行くと大変ですよと説明を受けることはあります。そこで誰かが作業しているというのであれば、我々が短時間でいいので入りますと言えば、入れてくれます。私は20年前にこの監督署にきたときに一度被曝しました。
o	216	6	敦賀労働基準監督署長	CE (2013/12/13)	私自身、あまり知識もなくて、エリアの中に線量の高いところと低いところがあって、あんまり警戒もせず線量の高いところに立ち止まって、元請の人と話しこんでしまった時、ピーピーと鳴りました。本当に知識がないと、そうなるんだなと思いました。もちろん元請の人も同じ場所に立っていました。たまりかねてその人がここは線量が高いので向こうへいきましょうと言いました。でも労働者は日常的にそういう目にあっていますね。
o	217	6	敦賀労働基準監督署長	CE (2013/12/13)	仕事中のけが等で休業があった場合に、報告が義務付けられていますが、赤チン災害といわれる不休の災害の報告義務はないです。もうひとつ労災の申請をするかどうかですが、労災の申請自体は権利として労働者本人が持っていますが、申請をするかしないかは自由です。ようは保険を使うかどうかということですから、自費診療できる限りにおいては、なんら法律に触れるものではありません。例えば、休業がなくて、朝出勤してすぐケガをして、すぐ病院へ行ってその後仕事を休み、翌日には出勤したということになると、休業がないので、報告はいらないのです。また、いくらその日1日治療したとしても自費診療で行う、労災申請をしないということであれば、それで終わってしまいます。実際には休業があった事例で、過去に労災隠しで送検したことはあります。一応、業者が県に報告する事例を、法律外のところで労基署が県にお願いをしていただいています。
o	218	6	敦賀労働基準監督署長	CE (2013/12/13)	明日から来なくていいよと解雇された状態であっても、休業があれば、雇いの状況に関係なく労災の対象になります。事業主は、休業させないようにすることはあるかもしれませんね。クビにするというより、出勤させるというケースが多いかもしれません。不休なら労基署に報告する必要はありませんから。仕事をしなくても、松葉杖をついていようが事務所に来ていれば不休ですから。
q	149	1	元電力会社正社員	CB (2012/8/31)	E原発の3、4号が定検に入ると、通常の従業員以外に3,000人くらい増えると聞いている。ジプシーの労働者が来る。定検がないとそれで生計をたてている民宿等はやっていけない。熟練した労働者集団を全国でまわすために、定検の時期は、電力会社間で調整して決めている。どれだけの作業者が必要かは、元請のファミリー企業が計算する。
q	189	4	3次ないし4次下請社長	CJ (2013/7/21)	福井県内の原発で定検がないときは、泊原発、伊方原発、島根原発、六ヶ所村の再処理施設、浜岡原発へも行った。会社10から発注を受けて各地へ行った。
q	201	4	3次ないし4次下請社長	CJ (2013/7/21)	東海村の仕事でうちの会社から3人行く時、宿泊する。うちの会社は出張赤字が出る。しかし、地元の茨城の業者を使わない。地元にも熟練した業者があると思うが。
q	142	4	2次ないし3次下請社長	CK (2014/11/6)	若狭の各原発以外に伊方や福島の原発へも行った。定検があると、応援に来てくれと言われて行った。

q	227	4	3次下請社長の妻	CN (2013/9/12)	県外の現場へ出張する際の社長の旅費は、請負の金に含まれない。社長の宿泊料も出ない。全国の仕事をしているので、盆や正月や連休は、従業員に有給休暇を保証する。元請会社は、うちの会社の「乗り込み」と「引きあげ」の旅費は出してくれるが、途中で休みの日に従業員が自宅に帰る旅費は、うちが払わねばならない。寮の経費は元請が出してくれるが、土日はうちが出さなければならない。元請に、仕事のない日の分は出してもらえない。民宿は寮より高くつく。
r	149	1	元電力会社正社員	CB (2012/8/31)	E原発の3、4号が定検に入ると、通常の従業員以外に3,000人くらい増えると聞いている。ジプシーの労働者が来る。定検がないとそれで生計をたてている民宿等はやっていけない。熟練した労働者集団を全国でまわすために、定検の時期は、電力会社間で調整して決めている。どれだけの作業者が必要かは、元請のファミリー企業が計算する。
r	209	1	電力会社正社員	CC (2012/11/22)	電力会社X社員には、関西、北陸、九州方面出身者がいる。その他の地域もある。高専は各県に1つしかないので、各地(鳥取、島根出身者あり)から来る。美浜、高浜、大飯の原子力で働いている電力会社X社員は、福井県出身者が多い。福井県出身者は、原発部門の正社員で約3分の1程度。大企業の正社員として地元から一定数雇用することで、地元に貢献することになる。地元住民としては、大会社での就職がある程度確保できる。
r	210	1	電力会社正社員	CC (2012/11/22)	会社6は、地元の会社だ。基本的に地元の従業員が多いが、会社6が請け負った仕事のために九州や沖縄から来ている人もいる。九州や沖縄から来ていることは、発電所構内への入門許可申請や建屋の入域申請等で、住所を見ればわかる。九州や沖縄から来ているのは、会社6の下請だけではない。
r	180	2	元・元請正社員	CD (2012/1/22)	定検になると、他所から車に1台分くらいでいくつものグループが入っていた。東北や新潟などから来ていた。彼らは、原発を渡り歩いていた。
r	170	4	2次ないし3次下請会社一人親方	CI (2013/6/22)	車のメンテナンスの店には、元請～1次下請会社Hの正社員で現地に派遣されていた人も来ていた。他県から1カ月程度の期限付きでやってくる業者もあった。大阪や神戸、姫路などから来ていた。どこの業者かは、車のメンテナンスの店の伝票を見ればわかった。
r	143	4	2次ないし3次下請社長	CK (2014/11/6)	北海道の北見から出稼ぎに来てもらっていた。4人ほど。北見の人たちは漁業していた。むこうの人はみなよい人柄。一冬中来てもらっていたことがある。
r	227	4	3次下請社長の妻	CN (2013/9/12)	県外の現場へ出張する際の社長の旅費は、請負の金に含まれない。社長の宿泊料も出ない。全国の仕事をしているので、盆や正月や連休は、従業員に有給休暇を保証する。元請会社は、うちの会社の「乗り込み」と「引きあげ」の旅費は出してくれるが、途中で休みの日に従業員が自宅に帰る旅費は、うちが払わねばならない。寮の経費は元請が出してくれるが、土日はうちが出さなければならない。元請に、仕事のない日の分は出してもらえない。民宿は寮より高くつく。

第2部　原発労災裁判梅田事件に係る原告側意見書

r	223	5	4次下請クラス元日雇労働者の叔父	CO (2014/4/8)	私は、Y県に住んでいる。沖縄出身。妹は沖縄に住んでいる。妹の息子は、人材派遣業者を通じて、何人か一緒に福井の原発へ行った。一緒に行った者は、原発であったことを、だれにも言うなと言われていたそうだ。固く口封じされているようだ。甥は、2001年6月の2日間敦賀半島の原発で働いて、その後敦賀と遠く離れた福井県内の歯科診療所と内科のある病院で検査を受けた。甥の部屋に2種類の領収証が残っていた。福井から沖縄に戻ってトラックの運転手などをしていて心臓の具合が悪くいなり、琉球病院に入院した。それから名古屋の心臓の専門病院に転院し手術した。名古屋の病院を退院後、2012年7月に死亡。原発で働いたのは、2001年6月だけではなかったようだ。
r	224	5	4次下請クラス元日雇労働者の叔父	CO (2014/4/8)	甥の葬儀の時、僕は、その場をかりて"甥は被曝で死んだと思う。一緒に原発へ行った人を教えてくれ"と訴えた。甥の友人から、自分は2回原発に行ったが甥はもっと多い回数原発へ行っていたこと、現場はものすごく暑く、マスクを着けていたから呼吸が苦しかったこと、現場へ入って1分もたたない内にピーピー測定器が鳴ったが、無視して作業をやらざるを得なかったことを聞いた。沖縄の人材派遣会社の募集に応じ、数人で、行き先や仕事内容を知らされず、電力会社とだけ聞いて行ったという。2001年6月に行ったのが最初。甥は2012年に35歳で死んでから、甥の母は、甥の部屋で2枚の領収証を見つけた。それで、働き終わった後に2つの医療機関を受診していたことがわかった。しかし、私の妹、つまり甥の母は、沖縄で商売をしているので、"どこかから圧力がかかると生活できなくなるので、誰にも息子の辿った経緯を話したくない。息子の友達についても経験を話すとどこで話したことが漏れるか分からず、漏れたらもう仕事をもらえなくなる可能性もある。そっとしておいてほしい"と言っている。
r	225	5	4次下請クラス元日雇労働者の叔父	CO (2014/4/8)	2001年6月に、甥から突然電話がかかった。その時のことを今でも覚えている。"おじさん、今、内地に来たよ""知らんとこへ来た。仕事や"と甥は言った。私はいやな予感、原発ではないかという気がしたので"海がみえるか？"と聞いた。"みえてきたよ"と言うので、私は"大きな工場のようなものがみえるか？"と聞くと、"みえてきた"と応答した。"電力会社の看板がみえるか？"と聞くと"みえてきた"と応答した。私は"大げんかしてでも、歩いてでも帰れ"と言い、甥は"わかった"と応じたが、仕事を終えてから帰った。名古屋か大阪の空港から高速で福井に行ったと思われる。空港から降りてすぐに車に乗せられたという。
r	157	6	自営業	CA (2013/4/5)	25年ほど前、90年ごろまでは、地元外の労働者は、敦賀に着いた日は休み。翌日は敦賀の指定病院で健診（H病院だったと思う）。3日目に仕事が始まるパターンが普通だった。今は着いた日に健診を受けて翌日から仕事につく。

s	226	4	3次下請社長の妻	CN (2013/9/12)	3次下請会社社長。もう80歳近い。晩年と言っていいのか、何度も癌の手術をし、入退院を繰り返している。私は、若い時は公営企業に勤めていたが夫が会社を立ち上げてしばらくして会社の事務に専念するようになった。夫は宮崎県出身だが、入院患者どうしの関係で私の父と夫が知り合い、よい人間関係ができたことが縁で、私と結婚するに至った。夫は、所帯を持ち若狭の地を拠点に仕事をすることを決めた。夫は会社36に勤めていたが、ある時、電力会社Yの元請さんが夫に独立しないかと声をかけた。この時会社36は電力会社Yの仕事を請け負っていた。夫の父は宮崎県で鳶をしていた。夫は父に鍛えられて鳶職としてすぐれた技術をもっていた。元請～1次下請会社Hの下請で仕事が入るルートを見込んで会社を作った。ウチは全国で仕事をしている。敦賀、美浜、北海道の泊、玄海など。従業員を社会保険に入れると、事業主負担が大きい。厚生年金、健保、介護保険の保険料。介護保険料は40歳以上の従業員にかかってくる。小さい会社だと、社会保険料を納めていくのは厳しいから、正規雇用を絞る。ウチの従業員は、昔は20人余りいた。今は10人くらい。定年退職した後の補充をしていない。ただ受注した仕事で頭数がいる時は、うちの下請会社を使う。正規雇用を多くすると仕事がない時困る。しかし、10年たたないと熟練が育たないところが、悩みだ。従業員が4～5人の会社が経営は難しいと思う。
s	184	5	3次ないし5次下請日雇	CG (2013/8/11)	中卒後、親族を頼り、大阪の鉄工所で働いて技能を身につけ、配管工として全国を渡り歩くようになった。1967年、27歳のときに原発の建設期からこの地で働くようになった。この地域には原発が集中して建設され、稼働するようになったから。出身地ではないこの街で所帯を持った。敦賀を拠点にする原発下請会社の社長のもとで、九州の原発へも行った。
t	204	4	3次ないし4次下請社長	CJ (2013/7/21)	会社26の2013年7月1日現在の社長の給料は、本俸30万円、役職手当5万円、手取29万円。下請の社長でこんなもん。僕は社会保険労務士に必要な事務を頼んでいる。

第 2 部　原発労災裁判梅田事件に係る原告側意見書

別紙 3　原子炉内作業求人の件（1982.3.26 労働者 A より聴取）

①就労先　高浜原子力発電所 2 号炉

（注）高浜 2 号炉

加圧水型軽水炉

82.6 万 kW

1975.11.24 運転開始

炉＝三菱重工系統

②就労者数　49 人

内 ⎰ 46 人炉内　契約（20 日）満了

2 人（視力が弱く別作業）満了

1 人　3 ／ 5　5 万円の待機料を受け取りトンコ

③就労期間（日数 20 日）

3 ／ 5　西成出発（大型バス 2 台）

高浜寮到着（大飯郡高浜町 B 電業高浜寮）

入所手続き　WBC（ホールボディ検査）

3 ／ 6　安全教育

3 ／ 8 ～仕事の説明、作業訓練（現場の実物大模型にて）等及び本番作業

3 ／ 24　WBC　健康診断（尿、血、血圧、眼）、大阪に戻る

④労働条件

日数 20 日契約、この間休日も含め日当 8,000 円・飯抜。

西成出発までの待機料 1 日 4,000 円（5 日 20,000 円）

（事前に大阪 C 郵便局ウラの貸ビルにある診療所で健康診断を受ける。なお、B 電業 KK 大阪支店は同じく C 郵便局近くの貸ビルの 1 室。）

⑤作業内容（（イ）及び（ロ））

（イ）蒸気発生器（ＳＧと略称、３器あり）内、細管へのプラグ（栓）打ち込み。プラグ１本打ち込むとすぐさまＳＧから飛び出す。（１本打つのに約40〜50秒）

《契約では、１度入った時は必ず１本は打つこと、とのこと。労働者Ａは 3/0 − 2本 計5本 3/0 − 2本 打たされた。（計）１分30秒余》

（ロ）ＳＧ底に敷いた鉛粉末の取り出しに伴う、それの袋詰め（約4〜5kg、約40袋）の手渡し運搬作業１日（炉内）

⑥作業服（以下、着順）

・えんか服（つなぎ）−白色綿製

・薄い布手袋

・白色の軍足

・紙製のえんか服（つなぎ）

・ゴム手袋

・赤色の綿製くつ下

・黄色のナイロン製ズボン

・黄色のナイロン製胸あて

・ゴム手袋（端をテープでとめる）

・エアポンプ（呼吸用）の調整器を腰にバンドでとめる

・頭布付きカッパ状のもの（黄色・ナイロン製を上半身にまとう）

・ゴムマスク（全面マスク）

⑦所持した放射線量計器

フィルムバッジ

デジタル線量計（アラームメーターも内蔵……とのこと　300ミリレムにセット）

⑧指揮・世話

作業訓練指揮‥‥Ｂ電業、（時々）三菱重工

安全教育‥‥‥‥同上

世話役‥‥‥‥‥Ｄ工業のＥ氏

⑨労働者Ａの被曝量（デジタル線量計による数値の記載あり。フィルムバッジによる量は不明　白→真黒）

3／○　ＧＳに２回入る（プラグ２本打つ）−89ミリレム

473

第2部　原発労災裁判梅田事件に係る原告側意見書

　3／○　ＧＳに３回入る（プラグ３本打つ）－156 ミリレム
（中１日おく）
　3／○　鉛の袋運搬　　－４ミリレム　（計）249 ミリレム
（注）
「ミリレム」
　１ミリレム＝１／1,000 レム　レム……体に吸収される放射線量（単位＝ラド）
と放射線の種類による生体への影響度をかけあわせてきまる単位
　β 線、γ 線では、１レム≒１ラド
　a 線では、　　　　10 レム≒１ラド（a 線……貫通力は弱いが、体内に取り込ま
　　　　　　　　　　　　　　　　　　れると、白血病、肺癌の原因となる）
　ＩＣＲＰ（国際放射線防護委員会）の勧告に基づき、日本では職業人は年
間「許容量」5,000 ミリレム（全身に対して）、一般人は年間「許容量」500
ミリレム（全身に対して）（アメリカでは一般人 170 ミリレム）。この「許容量」
については、多くの論争がある。ＩＣＲＰ勧告の許容値も年々低下してい
る。以下は職業人の許容値。
1931 年 73,000 ミリレム　1936 年 50,000 ミリレム　1948 年 25,000 ミリレム
1954 年 15,000 ミリレム　1958 年 5,000 ミリレム……許容値以内であれば安全
という確たる保障はなく、低線量被曝による障害も問題視されてきている。
⑩被曝手帳
　全員Ｄ工業へ保管委任の形式で預けることになる。
⑪請負関係
（関西電力）－（　？　）－Ｂ電業－Ｄ工業－Ｆ土木　（雇保印紙はＦ名）
　　　　　　　　↑
　　　　　　　　関電興業が入っているのではないか……とのこと
⑫その他
Ｂ電業高浜寮にはＤルート以外の労働者も多く同宿
西成からの就労者が最も危険な現場にまわされた……との労働者Ａの言
　　　　　　　　　　　　　　　　　　　　　　　　　　　　　　　以上

※　1982 年３月 26 日に、西成労働福祉センターで作成された資料から、筆
　　者が転記した。筆者の判断で固有名詞を一部記号で表した。

別紙資料

別紙4　原発労働者の健康問題対策や労災封じに関する問題を取り上げた国会質疑等について

　本資料は、今回改めて1980年代および2012年以降の筆者による聴き取り調査記録をまとめた中で明らかになった原発労働者に対するずさんな被曝管理や、労災隠し、政府が原発被曝労働者の生命の安全と健康を守るために不可欠の調査とそれに基づく対策に真剣に取り組んでこなかったこと等の問題が、国会においても早くから取り上げられてきた事実を挙げたものである。ここでは、国会での質疑で注目すべき点を紹介し、質疑の意味について、筆者が若干の説明と見解を加えた。

1　1977（昭和52）年3月17日第80回衆議院予算委員会議事録第24号における楢崎弥之助委員の質問からわかること

⑴　楢崎委員の、政府は被曝労働者のうち死亡された方の追跡調査をされたかとの質問に対し、当時の伊原義徳科学技術庁原子力安全局長は、電気事業者に追跡調査をさせていると答えている。この回答はつまり、政府自らは追跡調査を行っていないという意味である。

⑵　また、楢崎委員は、1975年4月に慢性骨髄性白血病で死亡した、北海道電力社員S氏について取りあげている。楢崎委員は、S氏が、71年から約2年間日本原電に出向した経験があり、その出向時の健康診断で病名がわかったこと、遺族が死因と被曝との関係を問題にしはじめたところ、76年4月から未亡人を北電の正社員として採用した経緯を紹介し、「悪く考えれば口封じということになりましょう」と指摘している。

⑶　楢崎委員は、美浜原発の下請の幹部に連絡をし、氏自身が、その時点で何年か前に死亡されていた元原発労働者の台帳等を見せてもらったが、台帳は「真新しい」「非常に間違いがある」ものであったと指摘している。

⑷　楢崎委員は、ICRPの見解を引用して、日本政府が作った閾値による労災認定基準は誤りであると指摘し、「どのように線量が低かろうと影響があるものという認識に立つことがまず第一番に必要」と述べている。

⑸　楢崎委員は、被曝と疾病の「因果関係については、むしろ企業側に挙証

475

第2部　原発労災裁判梅田事件に係る原告側意見書

責任がある」と述べている。

(6)　政府側が、労災認定の担当官が実地調査表をチェックして書くこと、チェックは作業所に備えつけてあるいろいろな記録によると答弁したところ、楢崎委員は、そのチェックの場合、「企業がデータとっているものをそのまま写す」ことになると指摘している。

このように、1977年当時から、政府が主体的に原発労働者の健康問題の追跡に関与し、労災認定のあり方を見直すべきとの意見が国会においてあがっていた。しかし、政府は今日まで、原発労働者の閾値による労災認定の基準を、基本的に変えていないし、多重下請構造の中で、被曝との因果関係が疑われる病に罹患し、死に至っている個々の事例の経緯を丁寧に追跡していない。

2　衆議院会議録　第94国会　社会労働委員会第14号（1981年5月12日）（甲第36号証）

(1)　丹波雄哉委員の質問

丹波委員は、建前上は講じられるはずの安全対策が実際には機能していないことを質問している。

これに対し、当時藤尾国務大臣は、「私ども、労働基準局といいます役所、そういったものの出先を当然十二分に持っておるわけでございますから、今回の事故が発生をいたしまして直ちに、現場並びに基準局からもこういった係員が参りまして、所要といたします調査はしております。しかしながら、そういったことではないわけでございますから、私みずからが原子力発電株式会社の社長さん、会長さんを招致いたしまして、今回の責任を十二分に果たし、今後の原子力発電の将来のためにも十二分の調査と責任をとってもらいたいということは申しつけてございます」と答弁している。つまり、藤尾大臣は、電力会社の社長・会長を招致して上記の話をしたのみということである。

吉本実労働省労働基準局長は、労働安全衛生法や電離放射線障害防止規則に基づいて、さまざまな規制や監督指導を行っている、下請事業所も含めた適切な放射線管理を行えるよう対処していると答弁している。

しかし、実際の現場の労基署の監督のありようは、「別紙：2012年以降聴き

476

取り一覧」の「o 労災の扱い」(211) ～ (218) にあるように、おおむね企業側にコントロールされている。今日まで政府は、本格的な原発労働者の労働と健康の実態調査を、責任をもって行っていない。

(2) 小沢和秋委員の質問

小沢委員は質問の中で、「原発で働いている労働者の健康について調査と分析を、ぜひ労働省の責任で至急やってもらいたい」と申し入れている。

これに対し、林部弘労働基準局安全衛生部労働衛生課長は、業務に起因するがんが現在発見されていない事実があるので、いろいろな情報の蓄積を待った上でがん調査を行うことを検討すると回答している。この回答の意味は、今は何もしない、ということである。

敦賀原発での情報隠蔽体質を目の当たりにしてなお、政府は労働者の健康調査のために動く姿勢を示さなかったのである。結局、国が労働者の健康調査(「原子力発電所等放射線業務従事者に係る疫学的調査」) を始めるのは 1990 (平成 2) 年からになるが、それは死亡率調査であって、本格的な労働実態とかみ合わせた健康調査ではないのである。この推移により、労働者の健康問題をできるだけ表に出さずに放置することになっている。そして、たまたま労災申請があった場合に個別対応する「処理」で済ませるという結果を生んでいる。

なお、この委員会において林部氏は、1981 年 3 月 8 日の敦賀原発の事故隠しに関して、「大量に廃棄物を含んだ廃液が流出した事故について申しますと、実際にそういう風な事故が起こったとき速やかに報告があったかどうかという意味では、報告はなかった」と答えている。政府は、その事故の調査と労働者の労働・健康実態に関する調査とを切り離している。事故が起きたならば、通常作業に増して労働者は高被曝し、そのことによって急速にあるいは時間をかけて健康・生命を害していくということを、ひとくくりに見据えた調査を組むべきところである。

第2部　原発労災裁判梅田事件に係る原告側意見書

3　2002年4月24日提出の、第154回国会　北川れん子衆議院議員による「原
　　子力発電施設等放射能業務従事者に係る疫学的調査に関する質問主意書」
（http://www.shugiin.go.jp/internet/itdb_shitsumon.nsf/html/shitsumon/a154061.
htm）
および2002年5月28日に衆議院議長が受領した「衆議院議員北川れん子君
提出原子力発電施設等放射能業務従事者に係る疫学的調査に関する質問に対す
る答弁書」
（http://www.shugiin.go.jp/internet/itdb_shitsumon.nsf/html/shitsumon/b154061.
htm）

　北川れん子衆議院議員は、第154国会において「原子力発電施設等放射能業
務従事者に係る疫学的調査に関する質問主意書」を提出し、13の質問をして
いる。

(1)　5番目の質問の趣旨は、放射線業務従事者の「健康調査」という名目で、
　　電源開発促進税から多額を投じて疫学調査を行っているが、実際に行われ
　　ているのは死亡率調査である。これは疫学調査と言えないし、健康調査を
　　するというなら、労働者の追跡健康アンケート調査が必要というものであ
　　る。これに対し、政府は、「死亡率調査は広く採用されている手法である」
　　旨回答している。
　　　筆者は、現実の労働者の労働環境を改善し、労働者と退職者の健康を生
　　涯に渡り守るための体系的手だてを講ずるには、死亡率のみを調査するの
　　ではなく、綿密な労働実態調査と労働者の追跡健康実態調査（医療機器を
　　使った健康診断結果だけでなく労働者の自覚症状を含む）をこそ追及すべきで
　　あると考える。政府は、原発を運転するにも廃炉にするにも不可欠の被曝
　　労働者の労働と健康の実態を綿密に捉えるための努力を怠っている。
(2)　6番目の質問の趣旨のうち1つは、「放射線管理手帳は離職時に本人に
　　手渡すことを義務付けるべきではないか」というものである。これに対し、
　　政府は、「法令等で義務付けることについては、手帳の運用が放影協等に
　　おいて自主的に行われていることにかんがみ、その必要があるとは考えて

478

いない」と回答している。

　筆者は、すべての被曝労働者に対して、粉じん作業に関する健康管理手帳と同様の健康管理手帳を政府が交付する必要があると考えている。被曝労働者に関しては、その作業に就く当初から交付し労働者個人に所持させる必要があると考えるが、少なくとも、そうした制度ができるまでは、放射線管理手帳（以下、放管手帳）の仕組みを政府の責任において作るべきであると考える。

　その意味で、離職時に本人に放管手帳を手渡すことを厳しく義務付ける規制を作ることは、重要である。現在の運用・記入要領のまま放置すると、労働者自身が就労時に確認しづらい環境に置かれたまま、離職時にも返却されないことが起こり、現実にアクセスする機会を得られずに、被曝によって健康を害していく事例が積み重なっていくであろう。

　制度上は労働者本人が、原則として事業者を通じてや放射線従事者中央登録センターからデータを得られるようになっているとはいえ、労働者の置かれた社会的立場は極めて弱い。

(3)　7番目の質問の趣旨は、「放射線業務を有害業務に指定し、健康手帳を交付すべきと思うがどうか」というものである。これに対し、国は、「（法令により）個々の放射線業務従事者につき被曝限度を超えないことが事業者に義務付けられ、その遵守が徹底されているところであって、健康管理手帳による離職後の健康管理が必要とまでは言えないと考えている」と回答している。

(4)　6番目の質問に関する箇所で、筆者の見解を述べたが、健康管理手帳は必要である。政府の回答には、晩発性の疾患への配慮が見られず、科学的根拠のない閾値による管理でよしとしている。放管手帳の制度は、政府の指導のもとで、原子力事業者、元請事業者等の協力により、放射線従事者中央登録センターが主体となって自主的に運営している制度にすぎない。

あとがき

　「80 年代調査」並びに「2012 年以降調査」に応じて下さった原発被曝労働者とそのご家族（ご遺族）の皆さまをはじめ、すべての聴き取りに応じて下さった方々に、深くお礼申し上げる。

　修士論文執筆過程においては、まず故三塚武男先生に感謝申し上げたい。

　福井県美浜町にある自宅と愛知県美浜町にある大学とを片道 5 時間かけて往復する際に、三塚先生は、筆者の乗換駅となる米原駅まで来て下さり、在来線側の古い駅舎前の喫茶店でおよそ 3 時間、家事・育児・介護の実情や研究に関する話を聞いて下さり、「何を課題にしているのか」「生活問題の構造を社会科学的に捉える理論を先行文献から学びなさい」「孝橋正一、服部栄太郎、江口英一、丸山博、野村拓、角田豊、久保全雄諸先生の著書を読みなさい」「大牟羅良著『ものいわぬ農民』も必読書」「聴き取り調査で苦労していることも書きとめておきなさい。調査拒否にあった時はどのように拒否されたかを記録しなさい。それも大事な調査記録だ」「事例調査と既存の労働者統計と政策動向を結びつけると何か見えてこないか」等、研究姿勢や社会調査を実施する主体がどうあるべきか、原則を問うて下さった。経済的にも時間的にも身体的にも生活が続くように、精神的に折れないように時間を作って下さった。このようにして育てられた研究者は少なくない。

　福井県美浜町社会福祉協議会の職員時代に、当時福井県立短大の久常良先生に勧められて孝橋正一先生の著書を読んだことがきっかけで、孝橋理論を発展的に継承されていた三塚先生の著書・論文を読み、三塚研究室を訪ねたことが、その後の交流につながった。社協を退職後、同志社大学大学院の聴講生になってから、三塚先生は大学院で社会福祉領域の授業を担当されていないことを知った。結局、日本福祉大学の修士課程に行くことになった。1 年時は故坂寄俊雄先生、2 年時は大友信勝先生が指導教員であった。おふたりとも、完全に自由に調査研究をさせて下さった。その環境故に、やり遂げねばという思いを強くすることができた。子どもとの時間を削っていること、美浜町社協職員として深いつながりを持てた住民の皆さんや福井県内の社協の仲間たちの姿も常

あとがき

に心の底にあった。

　口頭試問の場で、故髙島進先生が「日本福祉大学研究紀要に、この修士論文を基にした論文を載せなさい」と言って下さったことを覚えている。「梅田訴訟」の弁護団は、この時の紀要（第79号）論文を、入手されていたのである。

　野村拓先生には、同志社大学の聴講生だった時期に、初対面で手弁当でのシンポジストをお願いする無茶をきいて頂き、その後今日まで文通させて頂いている。修士課程在籍中に公表した論文を評価して下さり、修了後、当時の医療経済研究会（現医療福祉政策学会の前身）等で発表するよう促して下さった。その後の社会福祉労働者政策の本質を捉えるための看護・介護職員養成・配置政策に関する研究も含め、書きあげるまで黙しその後しっかりと受け止めて下さった。野村先生を知るきっかけとなった『講座　医療政策史』を、今も折に触れて読ませて頂いている。

　「意見書」を書くようお声がけ頂いた梅田隆亮氏と弁護団の皆さまにもお礼を申し上げたい。この機会を得て、閉じられていた80年代の記録を再調査することができ、社会的に意義ある裁判にわずかながら加わらせて頂くことができた。外野席にいて、時々梅田裁判を支える会のみなさまと交流するのではないとの思いがある。

　表紙挿画を快く提供して下さった清水敦さんにもお礼申し上げる。敦・晶子夫妻には、40年余り励まされている。

　本書の出版にあたって、明石書店の神野斉氏と、清水聰氏、この他スタッフの皆さまには大変お力添えいただいた。心から感謝申し上げたい。

　2011年当時の神野斉氏とのやりとりは、夫髙木繁明に話していた。また、2012年から聴き取りを再開したことも夫は知っていた。2016年春、神野氏に届けたのは、修士論文（手書き）と意見書であった。その後、夫のパソコンから修士論文を活字にしたファイルが見つかった。おそらく2011年夏ごろから、夫自身も昼夜そして土日も職務で多忙な中、折をみては活字にしていたのだと思う。未完成であったが、それが今回どれほど助けになったかしれない。

481

筆者の著書・論文リストのファイルは、2012年で止まっている。夫の手が止まった作業のひとつである。夫は2014年8月に末期がんであることが分かり、2015年2月に亡くなった。

ふだん、面と向かってなかなか言えなかったが、感謝の念はきえない。

2017年8月27日

髙木　和美

著者紹介

髙木利美（たかき　かずみ）岐阜大学教授　地域科学部在籍。
1998年3月 金沢大学大学院社会環境科学研究科博士課程修了。博士（学術）。

【著書】
単著：『社会福祉労働者政策－ホームヘルパーの労働・生活・健康の質を規定する社会的条件－』桐書房、2007年／『障害児・者と母たちの生涯を健やかに「まちづくり」としてのさつき福祉会総合（10ヵ年）計画　障害児・者等とその介護者のくらしと健康実態調査報告書』桐書房、2002年／『新しい看護・介護の視座－看護・介護の本質からみた合理的看護職員構造の研究－』看護の科学社、1998年8月　。
共著：「貧困者対策と民間福祉活動」「医療・福祉サービスの拡大」「福祉・医療サービスの変容」「井伊文子と沖縄」『新修彦根市史　第4巻　通史編　現代』上野輝将他編、彦根市、2015年／「『社会的な自立』による人間らしい暮らし」『中山間地域は再生するか－郡上和良からの報告と提言－』白樫久他編、アカデミア出版会、2008年／「暮らしの中で背負う健康問題への視点を」『21世紀の医療政策づくり』国民医療研究所編、本の泉社、2003年／「原発日雇労働者の医療保障問題－国保加入階層の生活問題として－」『地域を考える－住民の立場から福井論の科学的創造をめざして－』日本科学者会議福井支部、1990年など。

【単著論文】
「若狭地域住民は原発関連事業所とどのようにつながっているか（労働環境と地域環境）－「80年代」と「2012年以降」の聴き取り調査から分かること－」『岐阜大学地域科学部研究報告』　第41号、2017年9月／"Listen To Their Silent Cry: The Devastated Lives of Japanese Nuclear Power Plant Workers Employed by Subcontractors or Labour-brokering Companies"『社会医学研究』第31巻1号、2013年12月／「ドイツにおける高齢者看護師（AltenpflegerIn）の職業領域に関する判決とその理由」『社会医学研究』　第23号、2005年12月／「ホームヘルパーによる医療行為の一部解禁策が意味するもの」『社会医学研究』第21号、2003年12月／「看護とは何か、介護とは何か－看護職員と介護職員を分断する政策と所説を問う－」『賃金と社会保障』No.1335、2002年12月／「介護問題対策とは何か－介護保険と介護保障の違い－」『日本医療経済学会会報』No.62、2000年8月／「患者住民からみた『在宅重視』の診療報酬改定の問題点」『日本の地域福祉』第6号、1993年3月／「日雇労働者生活問題の実態分析－若狭地域の原発日雇労働者の生活実態調査から－」『日本福祉大学研究紀要』第79号第2分冊、1989年3月など。

原発被曝労働者の労働・生活実態分析

原発林立地域・若狭における聴き取り調査から

2017 年 10 月 30 日　初版第 1 刷発行

著　者	髙　木　和　美
発行者	石　井　昭　男
発行所	株式会社 明石書店

〒 101-0021 東京都千代田区外神田 6-9-5
電　話　03-5818-1171
ＦＡＸ　03-5818-1174
振　替　00100-7-24505
http://www.akashi.co.jp

装丁　明石書店デザイン室
カバー挿画:『ポプラ』(直刻銅版画)　銅版画家　清水　敦
印刷・製本　モリモト印刷株式会社

(定価はカバーに記してあります)　　　　　　ISBN978-4-7503-4572-7

JCOPY　〈(社) 出版者著作権管理機構　委託出版物〉
本書の無断複写は著作権法上での例外を除き禁じられています。複写される場合は、そのつど事前に、(社) 出版者著作権管理機構 (電話　03-3513-6969、FAX　03-3513-6979、e-mail: info@jcopy.or.jp) の許諾を得てください。

崩れた原発「経済神話」
新潟日報社原発問題特別取材班著
柏崎刈羽原発から再稼働を問う
● 2000円

東日本大震災 希望の種をまく人びと
寺島英弥
● 1800円

海よ里よ、いつの日に還る
寺島英弥
東日本大震災3年目の記録
● 1800円

東日本大震災4年目の記録 風評の厚き壁を前に
寺島英弥
降り積もる難題と被災地の知られざる苦闘
● 1800円

東日本大震災 何も終わらない福島の5年 飯舘・南相馬から
寺島英弥
● 1800円

ガレキの中にできたカフェ
西山むん
● 1300円

東日本大震災 教職員が語る子ども・いのち・未来
宮城県教職員組合編
あの日、学校はどう判断し、行動したか
● 2200円

理念なき復興
東野真和
岩手県大槌町の現場から見た日本
● 2200円

希望の大槌
碇川豊
逆境から発想する町
● 1600円

大槌町 保健師による全戸家庭訪問と被災地復興
村嶋幸代、鈴木るり子、岡本玲子編著
東日本大震災後の健康調査から見えてきたこと
● 2600円

教育を紡ぐ
山下英三郎、大槌町教育委員会編著
大槌町 震災から新たな学校創造への歩み
● 2200円

復興は教育からはじまる
細田満和子、上昌広編著
子どもたちの心のケアと共生社会に向けた取り組み
● 2200円

大津波を生き抜く
田中重好、高橋誠、イルファン・ジックリ著
スマトラ地震津波の体験に学ぶ
● 2800円

防災教育
ショウ・ラジブ、塩飽孝一、竹内裕希子編著
澤田晶子、ベンジャミン由里絵訳
学校・家庭・地域をつなぐ世界の事例
● 3300円

東日本大震災を分析する1
平川新、今村文彦 東北大学災害科学国際研究所編著
地震・津波のメカニズムと被害の実態
● 3800円

東日本大震災を分析する2
平川新、今村文彦 東北大学災害科学国際研究所編著
震災と人間・まち・記録
● 3800円

〈価格は本体価格です〉

東日本大震災後の持続可能な社会 世界の識者が語る 診断から治療まで

名古屋大学 環境学叢書3　林良嗣/安成哲三/神沢博/加藤博和
名古屋大学グローバルCOEプログラム「地球から基礎・臨床環境学への展開」編

●2500円

震災復興と宗教

叢書 宗教とソーシャル・キャピタル 第4巻
稲場圭信・黒崎浩行編著

●2500円

震災とヒューマニズム 3・11後の破局をめぐって

日仏会館・フランス国立日本研究センター編
クリスチーヌ・レヴィ/ティエリー・リボー監修　岩澤雅利/園山千晶訳

●2800円

3・11後の持続可能な社会をつくる実践学

被災地・岩手のレジリエントな社会構築の試み
山崎憲治・本田敏秋・山崎友子編

●2800円

災害とレジリエンス

ニューオリンズの人々はハリケーン・カトリーナの衝撃をどう乗り越えたのか
トム・ウッテン著　保科京子訳

●2200円

レジリエンスと地域創生

伝統知とビッグデータから探る国土デザイン
林良嗣・鈴木康弘編著

●4200円

「辺境」からはじまる

東京/東北論
赤坂憲雄・小熊英二編著

●1800円

アジア太平洋諸国の災害復興

人道支援・集落移転・防災と文化
林勲男編著

●4300円

3・11被災地子ども白書

大橋雄介

●1600円

東日本大震災と外国人移住者たち

移民・ディアスポラ研究2
駒井洋監修　鈴木江理子編著

●2800円

大災害と在日コリアン

兵庫における惨禍のなかの共助と共生
高祐二

●2800円

東北地方「開発」の系譜

近代の産業復興政策から東日本大震災まで
松本武祝編著

●3500円

自然災害と復興支援

みんぱく 実践人類学シリーズ⑨　林勲男編著

●7200円

資料集 東日本大震災と教育界 法規・提言・記録・声

大森直樹・渡辺雅之・荒井正剛、倉持伸江・河合正雄編

●4800円

資料集 東日本大震災・原発災害と学校

岩手・宮城・福島の教育行政と教職員組合の記録
国民教育文化総合研究所 東日本大震災と学校 資料収集プロジェクトチーム編

●18000円

資料集 市民と自治体による放射能測定と学校給食

チェルノブイリ30年とフクシマ5年の小金井市民の記録
大森直樹監修　東京学芸大学教育実践研究支援センター編

●3000円

〈価格は本体価格です〉

福島第一原発事故の法的責任論1

国・東京電力・科学者・報道の責任を検証する

丸山輝久 著

A5判/上製/424頁 ◎3200円

東日本大震災による福島原発事故被災者支援弁護団の共同代表を勤める著者が、膨大な資料をもとに、国および東京電力の法的責任、原発推進を担ってきた原子力学者の責任、原発推進の世論形成の旗振りをしてきた報道の責任をそれぞれ、徹底検証する。

● 内容構成 ●

I部 福島第一原発の概要と過酷事故の原因
1章 原発の仕組みと内包する危険
2章 福島第一原発の概要
3章 本件原発事故の経緯とその状況
4章 福島第一原発設置時からの問題点
5章 ベント、海水注入の遅れがSAの原因
6章 津波対策の致命的欠陥
7章 耐震対策の懈怠

II部 福島第一原発事故の責任概論
1章 東京電力の法的責任と根拠事実の整理
2章 東京電力元役員らの刑事上の責任
3章 東京電力の民事上の責任
4章 国の法的責任
5章 「原子力ムラ」の実態とその関係者の責任
6章 マスコミの責任

福島原発と被曝労働

石丸小四郎 建部暹 寺西清 村田三郎著

隠された労働現場、過去から未来への警告

◎2300円

原発事故と私たちの権利

日本弁護士連合会 公害対策・環境保全委員会編

被害の法的救済とエネルギー政策転換のために

◎2500円

福島原発事故 漂流する自主避難者たち

戸田典樹編

実態調査からみた課題と社会的支援のあり方

◎2400円

新版 原子力公害

ジョン・W・ゴフマン/アーサー・R・タンプリン著
河宮信郎訳

人類の未来を脅かす核汚染と科学者の倫理・社会的責任

◎4600円

南三陸発！志津川小学校避難所

志津川小学校避難所自治記録保存プロジェクト実行委員会、志水宏吉・大阪大学未来共生プログラム編

59日間の物語～未来へのメッセージ～

◎1200円

大事なお話 よくわかる原発と放射能

高校教師かわはら先生の原発出前授業①

川原茂雄

◎1200円

本当のお話 隠されていた原発の真実

高校教師かわはら先生の原発出前授業②

川原茂雄

◎1200円

これからのお話 核のゴミとエネルギーの未来

高校教師かわはら先生の原発出前授業③

川原茂雄

◎1200円

〈価格は本体価格です〉